高等院校材料类创新型应用人才培养规划教材

材料工艺及设备

主　编　马泉山
副主编　沈宏芳　刘广君
主　审　耿桂宏

北京大学出版社
PEKING UNIVERSITY PRESS

内 容 简 介

本书是高等院校材料类创新型应用人才培养规划教材。全书共 10 章，分为四篇，主要内容包括材料工艺概论、材料固态成形加工工艺及设备、材料液态成形加工工艺及设备和材料工艺及设备课程设计。本书以训练学生掌握材料工艺的创新途径为宗旨，以材料的固态工艺和液态工艺为主线，分别介绍了金属材料、无机非金属材料、高分子材料、复合材料的工艺及设备。全书内容丰富，风格新颖，实践性强。

通过本书课程设计部分的学习，学生可以加深对理论的理解，此外，不仅能熟悉材料生产工艺及设备，还能得到一份设计资料和自己设计生产的实物。

本书可作为高等院校材料科学与工程专业的本科生教材，也可作为材料类其他专业相关课程的教材，还可供相关行业工程技术人员学习和参考。

图书在版编目(CIP)数据

材料工艺及设备/马泉山主编. —北京：北京大学出版社，2011.9
（高等院校材料类创新型应用人才培养规划教材）
ISBN 978-7-301-19454-6

Ⅰ. ①材… Ⅱ. ①马… Ⅲ. ①工程材料—工艺学—高等学校—教材 Ⅳ. ①TB3

中国版本图书馆 CIP 数据核字(2011)第 183292 号

书 名：	材料工艺及设备
著作责任者：	马泉山 主编
责 任 编 辑：	童君鑫
标 准 书 号：	ISBN 978-7-301-19454-6/TG·0024
出 版 者：	北京大学出版社
地 址：	北京市海淀区成府路 205 号 100871
网 址：	http://www.pup.cn http://www.pup6.cn
电 话：	邮购部 010-62752015 发行部 010-62750672 编辑部 010-62750667
电 子 邮 箱：	编辑部 pup6@pup.cn 总编室 zpup@pup.cn
印 刷 者：	北京虎彩文化传播有限公司
发 行 者：	北京大学出版社
经 销 者：	新华书店
	787 毫米×1092 毫米 16 开本 23.25 印张 540 千字
	2011 年 9 月第 1 版 2024 年 1 月第 7 次印刷
定 价：	59.00 元

高等院校材料类创新型应用人才培养规划教材
编审指导与建设委员会

成员名单 （按拼音排序）

前　言

材料的种类繁多，其生产和加工工艺也各种各样，不同性能的材料所对应的工艺也各具特色。金属、非金属、高分子和复合材料都有其具体的生产和加工工艺及设备，且已形成其独立的知识体系和教材。对于材料科学与工程专业本科学生来讲，分别介绍4大类材料的工艺及设备既没有可能，也无必要；而该专业学生又需要掌握这部分知识的精髓。本书以强基础、宽专业，增强创新意识和创新能力的培养为指导思想，使金属、非金属、高分子和复合材料四大材料体系相互靠拢、相互渗透。全书重点介绍了材料工艺的共性、互换性、替代性及部分设备的通用性，以起到举一反三、融会贯通的作用。

在本书的编写过程中，注意突出以下特色。

（1）以增强创新意识和创新能力的培养为出发点，注重以实际应用实例讲解材料工艺及设备的创新途径，如金属浸融工艺用于 C - C 复合材料的生产；粉末冶金法生产 CuWSn 合金材料；冶金法生产高纯硅；注塑法生产陶瓷材料等。以这样的方式来介绍材料工艺及设备的一些基本方法和设备应用，创新意识、创新途径与具体工艺设备相联系，使学生便于理解、掌握和记忆。

（2）注重介绍材料的基本生产与加工工艺，全方位地了解材料工艺的现状。在此基础上以材料的固态工艺和液态工艺为主线，介绍金属、非金属、高分子和复合材料4大材料及其新材料的工艺及设备，使学生掌握更多的材料理论及工艺和设备的应用知识。

（3）理论与实践相结合，训练学生的动手能力。本课程体系第4部分是课程设计。从金属、非金属、高分子和复合材料4大材料都可能用到的工艺与设备出发，综合体现为课程设计。材料工艺及设备课程设计要求完成：课程设计的目标物设计图纸一份；生产工艺、设备流程图一份；材料成形的基本原理示意图一份；制品照片一份；设计说明书一份。

本书由马泉山担任主编，耿桂宏主审。沈宏芳、刘广君担任副主编。马泉山负责全书的统稿。编写分工如下：第1章、第2章由马金福编写；第3章、第4章、第6章由沈宏芳编写；第5章由郭生伟编写；第7章、第8章由刘广君编写；第9章、第10章由马泉山编写。

本书在编写过程中参考了大量国内外有关教材、科技著作、学术论文和网络资料，书中仅列出了主要参考文献，在此，特向有关作者表示深切的谢意。

本书在编写过程中，得到了北方民族大学的领导，材料科学与工程学院及相关单位的支持和帮助，在此，表示衷心感谢。

由于编者水平有限，疏漏和不妥之处在所难免，欢迎同行和读者指正。

编　者

2011 年 7 月

目　录

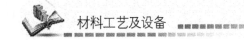

第一篇

材料工艺概论

材料工艺的任务是通过改变和控制材料的外部形状和内部组织结构把材料加工成人类社会所需求的各种零部件或成品。通过本课程的学习能够了解掌握现代材料生产工艺和加工工艺中的主要工艺技术方法及设备，开阔视野，为以后的学习工作奠定基础。由于材料的种类繁多，其生产和加工工艺也就各种各样，不同性能的材料所对应的工艺也各具特色。材料工艺往往又与设备条件联系在一起，其先进程度在一定程度上反映了一个国家的材料工业水平。几乎所有的高新技术的发展与进步都以新材料的问世、新材料制备工艺及设备的发展和突破为前提。

第 1 章
材料工艺及其创新途径

 本章教学要点

知识要点	掌握程度	相关知识
材料工艺的概念	掌握	材料 4 要素及相互关系
材料工艺的重要性	掌握	影响材料工艺的 6 个方面
材料工艺的创新途径	掌握	材料工艺的创新的 5 个途径
材料工艺的经济性和环境兼容性	了解	材料的绿色制造方法

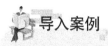

导入案例

神舟七号载人航天飞船

神舟七号载人航天飞船(图 1.0)于 2008 年 9 月 25 日 21 点 10 分 04 秒 988 毫秒从中国酒泉卫星发射中心载人航天发射场用长征二号 F 火箭发射升空,于 2008 年 9 月 28 日 17 点 37 分成功着陆于中国内蒙古四子王旗主着陆场,共计飞行 2 天 20 小时 27 分钟。神舟七号载人飞船(Shenzhou-Ⅶ manned spaceship)是中国神舟号飞船系列之一,是中国第三个载人航天飞船,飞船全长 9.19 米,由轨道舱、返回舱和推进舱构成,重达 12 吨。长征 2F 运载火箭和逃逸塔组合体整体高达 58.3 米。

中国科学院披露的载人航天实验中材料工艺技术研究内容主要包括研制多工位晶体生长炉和晶体生长观测装置;研究二元和三元半导体光电子材料、透明氧化物晶体、金属和合金等材料的空间生长;研究空间晶体生长动力学等。

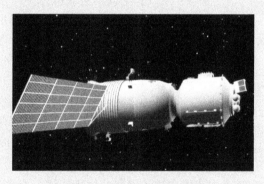

图 1.0 神舟七号载人航天飞船

1.1 材 料 工 艺

材料是人类文明的物质基础,是社会进步和高新技术发展的先导。从 20 世纪 70 年代开始,人们把信息、能源和材料誉为人类文明的三大支柱,20 世纪 80 年代以来又把新材料技术与信息技术、生物技术一起列为高新技术革命的重要标志。新材料和新材料技术的研究、开发与应用反映了一个国家的科学技术与工业化水平。以大规模集成电路为代表的微电子技术,以光纤通信为代表的现代通信技术,以载人飞船或航天飞机为代表的航空航天技术等几乎所有高新技术的发展与进步,都以新材料和新材料技术的发展和突破为前提。

材料的制备和加工、与材料的成分和结构、材料的性质构成决定材料使用性能的最基本的三大要素,这充分反映了材料制备与加工技术的重要作用和地位。材料制备与加工技术的研究和开发是目前材料科学技术中最活跃的领域之一。材料制备与加工的先进技术的发展既对新材料的研究开发、应用和产业化具有决定性的作用,同时可有效地改进和提高传统材料的使用性能,对传统材料产业的更新改造具有重要作用。发展材料先进制备与加工技术对于提高综合国力,保障国家安全,改善人民生活质量,促进材料科学技术自身的进步与发展具有重要作用，也是国民经济和社会可持续发展的重大需求。

另外材料的种类很多，涉及面非常广。从大的分类看，包括金属材料、无机非金属材料、高分子材料、复合材料四大类；从用途来分，既可以分为结构材料和功能材料两大类，也可以细分为电子信息材料、新能源材料、生物医用材料、航天航空材料、交通运输材料、建筑材料等。同样材料的制备与加工技术也多种多样，因为材料的种类、几何形状与尺寸、使用要求等不同而异，就方法而言，有物理的、化学的和机械的方法。

1.1.1 材料工艺的作用与地位

一般认为，现代材料科学与工程由 4 个基本要素组成即材料的成分与结构、性质、制备与加工工艺(技术)、使用性能，它们之间形成所谓的四面体关系，如图 1.1 所示。

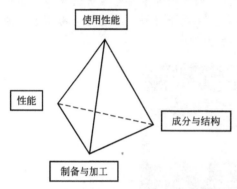

图 1.1 材料科学与工程的 4 个基本要素

在图 1.1 所示的四面体结构中，不但清楚地示出了材料的使用性能与其他三个因素之间的关系，而且也体现了其他三个因素之间的相互影响关系，例如材料的性质与结构均受到制备加工工艺的影响。非晶态金属材料的性质和结构均与相同组成(成分)的晶态材料相差很远，其主要原因就是制备加工工艺与参数不同。

关于材料的制备、成形与加工技术的研究和开发，是目前材料科学技术中最活跃的领域之一。材料先进制备、成形与加工技术的发展，既对新材料的研究开发、应用和产业化具有决定性的作用，同时可有效地改进和提高传统材料的使用性能，对传统材料产业的更新改造具有重要作用。

1.1.2 材料加工技术的分类

材料加工技术的分类方法有多种，其中较常用的分类方法有两种，即按照传统的三级学科进行分类的方法和按照加工过程中被加工材料所处的相态进行分类的方法，如图 1.2 所示。

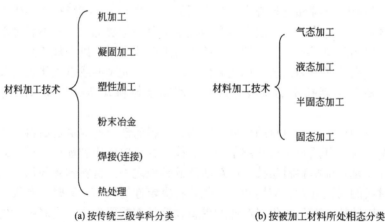

(a) 按传统三级学科分类   (b) 按被加工材料所处相态分类

图 1.2 材料加工技术的分类

按照传统的三级学科进行分类，材料加工技术(方法)包括机加工(车钻刨铣磨等)、凝固加工(铸造)、粉末冶金、塑性加工(压力加工)、焊接(连接)、热处理等。

按照被加工材料在加工时所处的相态不同进行分类，材料加工技术包括气态加工、液态加工(凝固成形)、半凝固加工、固态加工。

材料加工技术的总体发展趋势可以概括为三个综合，即过程综合、技术综合、学科综合。过程综合主要两个方面的含义，其一是指材料设计、制备、成形与加工的一体化，各个环节的关联越来越紧密；其二是指多个过程(如凝固与成形)的综合化或称短流程化，如喷射成形技术、半固态加工技术、铸轧一体化技术等。

技术综合是指材料加工工程越来越发展成为一门多种技术相结合的应用技术科学，尤其体现为制备、成形、加工技术与计算机技术(计算机模拟与过程仿真)、信息技术的综合，与各种先进控制技术的综合等。

学科综合则体现为传统三级学科(铸造、塑性加工、热处理、连接)之间的综合，与材料物理与化学、材料学等二级学科的综合，与计算机科学、信息工程、环境工程等材料科学与工程学科以外的其他一级学科的综合。其中与材料科学与工程的其他二级学科的综合的最大特点是各二级学科之间的界限越来越不明显，学科渗透与相互依赖性越来越强。

从一定意义上来讲，学科综合的发展趋势起因于现代科学技术的发展要求按照使用要求来设计材料的性能的特点。例如要研制(生产)一种新材料或加工一种新产品，需要综合研究和解决材料设计、材料的组成与结构、材料制备与加工工艺、材料服役行为(包括与环境的交互作用)、材料的保护与再利用的一系列问题，这既包括材料科学与工程的所有二级、三级学科问题，也包括计算机科学技术、控制工程等其他一级学科问题。

由上述材料加工技术的总体发展趋势可以预见，在今后较长一段时间内，材料制备、成形与加工技术的发展具有以下两个特征。

(1) 性能设计与工艺设计的一体化。

(2) 在材料设计、制备、成形与加工处理的全过程中对材料的组织性能和形状尺寸进行精确控制。

实际上，第一个特征是实现材料技术的第5次革命、进入新材料设计与制备加工工艺时代的重要标志。实现第二个特征则要求具备两个基本条件：一是计算机模拟与仿真技术的高度发展；二是材料数据库的高度完备化。

1.2 材料工艺的重要性

1. 材料工艺是材料4要素之一

在材料科学与工程所涉及的4个要素中，材料的工艺(也称技术)是一个至关重要的因素。材料本身的制造过程以及从材料成为人类所能利用的产品的过程都必须通过一定的工艺才能实现。

2. 材料工艺是新材料、新产品产生的关键

材料只有通过各种加工(如制取、改性和成形等)最终形成产品,才能体现其功能和价值。材料工艺技术的突破往往成为新材料和新产品能否问世的关键。通常提到的"材料科学与工程"的概念,工程部分往往指的就是材料的工艺和技术,故人们常常把新材料、新工艺、新技术相提并论。

3. 材料工艺的内容

材料工艺的内容主要包括两方面:①材料的生产工艺;②材料的加工工艺。如冶金厂负责冶炼生产钢材,属材料生产,机械厂负责产品的制造,属材料加工。当然有些材料的生产和加工是合二为一的,如陶瓷,因为陶瓷产品往往成形之后,不再经任何加工就投入使用。啤酒易拉罐的生产厂需要从其他厂家购进钢板或铝板,然后通过冲压等工艺生产出产品来;对于生产啤酒瓶子的工厂而言,则必须从原料开始熔化它们,然后在一个车间内吹制成瓶子。

4. 材料的加工性能

材料的加工性能即材料被加工的能力。根据特定的制造方法要求,材料的加工性能包括可焊接性、可铸造性、可切削性和可变形性等,它是材料能否大量工业应用的一个重要因素,目前金属材料之所以能被广泛应用到各个领域,与其可以经济地加工成形是密不可分的。

5. 材料工艺及设备

材料工艺往往与设备条件联系在一起,其先进程度在一定程度上反映了一个国家的材料工业水平。就我国而言,可以说材料工艺方面的问题还非常突出,这其中有各种原因,但最主要的原因还是相关生产工艺落后。

6. 国际政治的影响

受国际政治的影响,有些发达国家还对我国进行技术封锁,我国对一些高新工艺技术设备的进口受到限制,因此对工艺的研究是相当重要的,它对于振兴经济、增加国家经济实力起重要作用。例如我国虽有高质量的粘土,但许多高等级的陶瓷制品却不能制造,而国外却可以生产。又如,我国目前钢产量超过了6亿吨,名列世界第一,但质量和品种上却和国外有很大差距,如一些汽车用薄板、变压器用的硅钢片等仍靠大量进口。

这里还要提到一点,就是科学上的新发现可以很快地通过论文等形式在全世界范围内传播开来,尤其是现代网络技术的发展使这一过程所需的时间越来越短,知识全球共享,但是新的工艺技术却往往是具有知识产权的,受专利保护的,具有独占性和排他性,一经发明就可以使产品占领大量市场,而其他同行无法参与竞争。例如我国的稀土含量约占全世界总储量的80%,但是稀土永磁材料的生产专利却在日本,尽管我们也可以生产出这种产品来,我们却无法合法地大量出口稀土永磁产品,只能出口廉价的稀土原料。

1.3 材料工艺的创新途径

1. 改变外界条件，获得新工艺

材料工艺就是通过一系列的过程完成材料由一种状态到另一种状态的变化。实际上是材料内部的组织结构或外部形状在外界条件的作用下(如温度、压力、气氛等)发生的变化过程，因此通过改变外界条件获得新的工艺是研制新工艺的一个要点。

2. 利用材料性能，获得新工艺

金属通过大变形和一定的热处理工艺得到超细的甚至纳米尺寸的晶粒，同时提高强度和韧性，把其强度和使用寿命提高一倍，为建设 1000 米以上的高层建筑提供材料保证，这就是目前日本、中国、韩国等国正在进行的"超级钢"研制项目的一个主要目标。

从历史上看，新材料的研制成功一方面是源于理论上的突破，如半导体和激光晶体等，而另一方面(很大程度上)是工艺上的突破所带来的，包括一些超常规的工艺条件，这方面的一个明显的例子就是非晶合金(也称金属玻璃)。1960 年发现通过超快速的冷却工艺可以使金属在凝固后仍保持其液态的非晶体结构，从而获得了具有各种优越性能的非晶合金，目前已经在很多工业领域得到应用。

另外，通过一些特殊的加工工艺过程可以获得由纳米尺寸的超细颗粒组成的纳米陶瓷材料，这种材料不仅强度高，而且具有很好的韧性，如氟化钙纳米材料可以在室温下大幅度弯曲而不断裂。

3. 采用新方法，获得新工艺

为了提高汽轮机的高温持久强度和抗蠕变性能，人们通过提拉法等方法制造出超粗晶材料，甚至一个产品只有一个晶粒的单晶材料。

4. 将传统工艺之间互相结合，获得新工艺

通过一些传统工艺之间的结合也可以产生新的工艺，如喷射气相沉积就是把凝固和成形过程结合的一种制备新材料的方法；现代钢铁企业普遍采用的连铸连轧工艺也是将传统的浇注和轧制工艺进行有机结合，该工艺成为钢铁生产的主流工艺，同时大大降低成本和能耗。

5. 将传统工艺应用到新领域，获得新工艺

把一些传统的工艺应用到新的领域也往往促进了新工艺技术的出现和发展，如陶瓷的注射成形就是借鉴塑料的成形工艺发展起来的，可以适用于复杂零件的自动化大规模生产；国际目前正受普遍关注的纳米碳管直径只有 1.4nm，最早是用电弧放电的冶金方法使碳气化成为原子后，在一定的气氛中自然凝聚形成的，很可能为微电子、超导等领域带来巨大的变化。所以对新工艺的研制既可以从突破旧工艺极限的角度出发，利用超出常规的条件发展新工艺，也可以利用原有的工艺通过新组合或应用到新领域而得到新的成果。

XGK轧机发明者郑红专

滔滔黄河，湍湍不息；孕育出了多少英雄豪杰……

中原大地，文明的发祥地，所有中华儿女的根……

这里物华天宝，人杰地灵，贾商云集，群雄逐鹿；历来兵家必争，商家必登之地也！

时代的弄潮儿——郑红专、赵林珍夫妇，这对钢铁伉俪就在这块神奇而古老的土地上怒放着智慧的光芒，演绎着精彩的钢铁人生，创造出东方钢铁瑰奇的神话故事，谱写了曲曲动听的钢铁乐章。

在世界近代发明史上，人们不会忘记英国工业之父——瓦特，瓦特发明的蒸汽机推动了人类的进步，使英国率先完成了工业革命，从而走向了富强。瓦特的名字名垂史册，灿烂生辉！在中国的现代发明史上，同样烙印着一对熠熠生辉的名字——郑红专、赵林珍。

20世纪80年代，这对钢铁伉俪经过多年的探索和研究，历尽坎坷艰辛，终于成功研制出了领先于国际水平、其精密度高出国际上同类产品一个数量级的高科技轧钢机械产品—XGK轧钢机。国人唏嘘、世人震惊！

轧机是生产钢材及有色金属的重型设备，从世界上第一台问世至今，已有100多年的历史。多年来，制造拥有自主知识产权的尤其大于1米的大型轧机一直是我国钢铁行业的一个梦想和期待。而其核心技术一直控制在德国、美国、日本、韩国等少数发达国家手里，我国大型钢铁企业所用的大型轧钢设备无不是用几亿、十几亿乃至几十亿的巨资从国外进口。拓普集团XGK轧机的发明问世填补了我国钢铁轧制业的一个空白，打破了我国大型轧钢设备长期依赖进口的被动局面，改写了世界轧机领域从未有中国制造的历史。这对钢铁夫妇20年如一日，沉溺于钢铁事业，矢志不渝、开拓创新、锐意进取，设计出的XGK系列轧钢机，一直牢踞世界轧机业技术的制高点。20年来XGK系列轧机已在全球60多个国家和地区申请了专利保护，截止目前共申请专利157项，其中国内79项，国外78项，已授权专利共96项，其中国内43项，国外53项，其余正在审理中。2005年1月XGK轧机支撑辊组件国际专利获得尤里卡世界发明金奖；2005年5月XGK-LD1400二十辊轧机精密带钢生产线成套设备列入国家重点火炬计划项目并颁发证书；2006年5月二维控制挠曲度轧机国际专利获得世界知识产权组织和中国知识产权局联合颁发的第九届专利金奖。

来自北京科技大学、北京钢铁研究院、武汉设计院、河南冶金设计院、安阳钢铁公司等27名专家教授对中国人自行设计制造的XGK轧机进行了技术鉴定，测量的钢带厚差不足1微米，全场震惊。鉴定结论为：XGK轧机原理先进、结构合理、轧制运行稳定、横向刚度高、国内外独创；产品精度高、板型好，带钢精密度比国外市场还高出一个数量级，已达到国际先进技术水平。

国家一级查新机构、原冶金部信息标准研究院对XGK系列轧机的查新结论为："从有关文献中所报道的冷轧带钢厚度公差标准范围看，本课题研制的轧机轧制出的带钢精密度与国外相比高出一个数量级，处于世界领先水平。"

▄ 资料来源：河南报业网，《郑州拓普集团跨越式发展纪实及XGK轧机发明者郑红专》.

1.4　材料工艺的经济性和环境兼容性

1.4.1　材料工艺的经济性

在材料工艺方面，特别要强调工艺的经济性，因为它在工程上具有决定性的作用。物美价廉是商品经济的基本原则，是一种产品能够被社会接受成为商品的一个基本条件，许多工艺的使用在一定程度上也是为了降低产品的制造成本。如利用表面耐腐涂层的镀锌和镀锡工艺，可以用普通低碳钢板代替昂贵的不锈钢材料用于腐蚀介质中使用的容器，大大降低成本。

对许多工程材料而言，加工成本常常超过毛坯材料的成本，因而从降低产品总成本的角度出发，有时采用相对较贵的但易加工材料所花的费用比采用加工费用高的廉价材料所花的费用低，因此加工成本有时直接影响到材料的选择。例如尽管黄铜的密度和成本都比钢铁高，但是因为它能高速切削，所以有些黄铜零件反而比冷轧碳钢便宜；铝和塑料产品越来越多地取代钢铁产品，加工性能优异也是重要因素之一。又如为了提高钢铁材料的加工性能，在成分上增加了硫、磷和钙等元素的含量，在钢中形成了一定的夹杂物，有意破坏其组织的连续性，虽降低了强度和韧性等力学性能，但却获得了良好的加工性能，这形成了一类专门的钢种——易切削钢。

在实际的工程应用中，为降低加工成本要选择最佳加工工艺，需要考虑到以下几方面。

（1）工件的形状和大小。

（2）加工材料的工艺性能。

（3）要求的精度和表面质量。

（4）零件的数量和批量等诸多因素。

如铸造、锻造、粉末冶金，焊接组装等方法在不同的产品上各有不同的经济效果。复杂的零件或大批量的零件一般用铸造法比较好，而对小批量生产的大尺寸简单构件用机加工法更合适。对于一些精密构件，用粉末冶金的方法成本更低，虽然金属粉末原材料很贵，但不需要切削加工，因而与其他方法比较节约了成本，甚至要考虑到现有生产设备和条件，对于一些贵重的材料，还要把废屑的回收率考虑进去。在很多条件下，各种加工方法之间具有相互竞争性和可替代性。

1.4.2　材料工艺的稳定性

材料工艺性能的稳定性是一个很重要的考虑因素，特别是大生产的企业，迫切要求材料的工艺性能稳定，所采用的加工工艺稳定才能保证产品的稳定。如使用板材进行冷加工的工厂，必须要求板材的硬度等性能稳定才能在相同的工艺条件下生产出合格的产品。

传统陶瓷产品多采用压制成形的方法，产品性能的不稳定性，是影响陶瓷制品作为机械零部件广泛使用的一大障碍。1991 年我国的陶瓷发动机汽车成功地从上海和北京之间试开了一个来回，但至今为止，在世界范围内陶瓷发动机还都没有得到真正的工业应用，

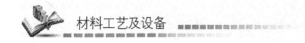

其中的一个重要因素就是其工艺稳定性还有待提高。

1.4.3　材料工艺的环境兼容性

为了社会经济的可持续发展和保护人类的生存环境，材料工艺对环境的影响也逐步成为必须考虑的一个因素，一些严重污染环境的工艺已经或将要被取缔，例如有毒的氰化液的电镀工艺等。

目前在材料科学领域出现了一个环境材料的新概念，把材料制造工艺对环境带来的负担和循环利用的能力作为了一个材料的评价指标。据此，制造铝的环境负担要远远大于钢铁材料，因为电解铝需要耗费大量的能源；高分子材料制成之后很难回收利用，其环境兼容性也不好。广大科技工作者在材料工艺的发展和材料使用上都必须加强环境保护意识。

环境意识作为一种现代意识，已引起了人们的普遍关注和国际社会的重视。20 世纪下半叶是人类历史发展的黄金时代，随着科技和经济的高速发展，工业化大生产与高科技结合产生空前巨大的社会和经济效益使人们在饱尝工业文明带来的甜头后，也不得不吞下生态环境遭到破坏这颗自己种植的苦果。

1970—1995 年的 25 年间，人类消耗了地球 1/3 的自然资源。现实要求人类从节约资源和能源、保护环境和社会可持续发展的角度出发，重新评价以往研究、开发、生产和使用材料的活动；改变单纯追求高性能、高附加值的材料而忽视生存环境恶化的做法；探索发展既有良好性能或功能，又对资源和能源消耗较低并且与环境协调较好的材料及制品。图 1.3 为材料的"生命周期"示意图。

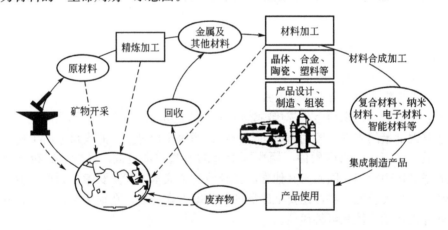

图 1.3　材料的"生命周期"示意图
（虚线箭头表示可能的污染源）

1.4.4　绿色设计

绿色设计的基本思想就是维护地球绿色生态环境的设计，就是在设计阶段将环境因素和预防污染的措施纳入产品设计之中，将环境性能作为产品的设计目标和出发点，力求产品对环境的影响最小。绿色设计如图 1.4 所示。

绿色设计的基本特征：绿色设计是指在产品整个生命周期内以产品环境属性为主要

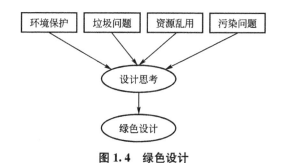

图 1.4 绿色设计

设计目标，着重考虑产品的可拆卸性、可回收性、可维护性、可重复利用性等功能目标并在满足环境目标要求的同时，保证产品应有的基本功能、使用寿命和经济性等，突出了"生态意识"和"以环境保护为本位"的设计观念。

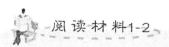阅读材料1-2

绿色设计的基本原则- 6R 原则

(1) 研究(Research)

研究产品的环境对策着眼于人与自然的生态平衡关系，从设计伦理学和人类社会的长远利益出发，以满足人类社会的可持续发展为最终目标，详尽考察研究新产品生命周期全过程对自然环境和人的影响，即在设计过程的每一个决策中都充分考虑到环境效益，尽量减少对环境的破坏。

(2) 保护(Reserve)

最大限度地保护环境避免污染，尽可能减缓由于人类的消费而给环境增加的生态负荷，减少原材料和自然资源的使用，减轻各种技术、工艺对环境的污染。

(3) 减量化(Reduce)

减量化原则的目标是减少物质浪费与环境破坏，包括产品设计中的减小体量，精减结构；生产中的减少消耗；流通中的降低成本与消费中的减少污染。

(4) 回收(Recycling)

回收内容：一通过立法形成全社会对资源回收与再利用的普遍共识；二通过材料供应商与产品销售商的联手建立材料回收的运行机制；三通过产品结构设计的改革使产品部件与材料的回收运作成为可能。

(5) 重复使用(Reuse)

重复使用的两个层次：一是将废弃产品的可用零部件用于合适结构中，继续发挥其作用；二是更换零部件使原产品重新返回使用过程。产品重复使用的频率越高越是降低了废弃物产生的速率。

(6) 再生(Regeneration)

再生的内容：一通过回收材料并进行资源再生产的新颖设计，使得资源再利用的产品得以进入市场；二是通过宣传与产品开发的成功使再生产品的消费为消费者接受与欢迎。

资料来源：袁宏. SO_2 法与三乙胺法制芯工艺的比较 [J]. 中国铸造装备与技术，2001, (2): 20-22.

1.5　面向环境、能源和材料的绿色制造方法实施

资源、能源和环境问题已成为制约全球经济发展的三大主要问题。环境的日益恶化以及能源、材料的急剧消耗对人类的生存和发展造成了严重的威胁,特别是在机械制造工业中,与材料、能源、环境密切相关的原材料的开采方式、产品的制造工艺、使用方法以及产品的回收处理等造成环境污染、资源迅速减少的主要问题,目前尚未完全解决。绿色制造就是在这种情况下提出的能够满足可持续发展战略的先进制造模式。

1.5.1　绿色制造的概念与内涵

绿色制造(Green Manufacturing)又称环境意识制造(Environmental Conscious Manufacturing)、面向环境的制造(Manufacturing for Environment)等。由于绿色制造的提出和研究历史较短,其概念和内容尚处于探索阶段,至今还没有一个统一的定义。

基于产品生命周期的概念,综合现有文献,绿色制造的基本内涵可定义如下:绿色制造是指在保证产品的功能、质量、成本的前提下,综合考虑环境影响和资源利用效率的现代制造模式,其目标是使产品从设计、制造、包装、运输、使用到报废处理的整个产品生命周期中,对环境的负影响最小、资源利用率最高、能源消耗最少并使企业经济效益和社会效益协调优化。

从上述定义可以看出,绿色制造中的"制造"涉及产品整个生命周期,是一个"大制造"的概念并且涉及多学科的交叉和集成,体现了现代制造科学的"大制造、大过程、学科交叉"的特点。绿色制造涉及的领域包括3部分:①制造问题,包括产品生命周期的全过程;②环境保护问题;③资源优化利用问题。

1.5.2　绿色制造的体系结构

作为20世纪末才兴起的先进制造模式,绿色制造还没有形成完整的体系结构,这方面的研究也较少,本文从材料、能源、环境的角度出发,提出一种面向环境、能源、材料的绿色制造体系结构,如图1.5所示。

从图1.5可以看出,面向环境、能源和材料的绿色制造体系结构包括2个层次的全过程控制、3项具体内容和3个实现目标。

2个层次的全过程控制:(1)具体的制造过程,即物料转化过程中充分利用资源,减少环境污染,实现具体绿色制造的过程;(2)在整个产品生命周期中的每个环节均充分考虑资源和环境因素,以实现资源的优化利用和减少环境污染的广义绿色制造过程。

绿色制造的内容包括绿色资源(包括绿色材料、能源)、绿色生产过程和绿色产品三方面,即用绿色材料、绿色能源经过绿色生产过程生产出绿色产品。三项内容是用制造系统工程的观点,综合分析产品生命周期从产品材料的生产到产品报废回收处理全过程的各个环节的环境及资源问题。

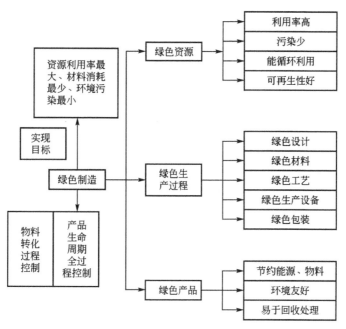

图1.5 面向环境、能源和材料的绿色制造体系结构

1.5.3 面向环境、能源和材料的绿色制造实施方法

1. 绿色设计

研究表明，产品70%～80%的性能是由设计阶段决定的，设计阶段是产品生命周期的源头。传统的设计是以人为中心，终端是人的需求和解决问题，无视产品生产和使用过程中的资源和能源消耗以及对生态环境的影响。绿色设计又称为面向环境的设计(Design for Environment，DFE)，是一种全新的设计理念，指在产品的整个生命周期的各个阶段，包括设计、选材、生产、包装、运输、使用及报废处理都必须综合考虑其对资源和环境的影响，即在考虑产品功能、质量、开发周期和成本的同时，优化设计因素，使产品在制造及使用过程中对环境和资源消耗的总体影响减到最小。与传统设计方法相比，绿色设计是将绿色产品的要求作为设计约束的一部分，从可持续发展的高度审视产品的整个生命周期，提倡无废物、可回收设计技术，将3R(Reduce、Reuse、Recycle)直接引入产品研发阶段。绿色设计的核心思想在于彻底抛弃传统的"先污染，后治理"的环境治理方式，代之以"预防为主，治理为辅"的环境保护策略。绿色设计是实施绿色制造的核心技术和前提。

2. 绿色材料的选择

绿色材料是指在满足一般功能要求的前提下具有良好的环境协调性的材料。长期以来，人们在材料选择上过多地考虑了材料的性能和作用而忽视了其对环境的影响，同时对材料的回收再利用等问题也考虑较少，因而在产品的制造中造成资源的严重浪费以及使用过程中对环境造成了极大的污染。在绿色制造系统中，绿色材料的选择应遵循以下原则：①优先选用储量丰富、可再生材料和回收材料以提高资源利用率，实现制造业可持续发展；②尽量选用低能耗、少污染的材料；③尽量选用无毒、无害和低辐射特性的材料。

3. 绿色工艺设计

工艺设计是产品生产过程中的一个关键因素。良好的工艺设计不仅可以实现资源优化利用，减少能源消耗，还能最大限度地避免或减少对人体的危害以及噪声、有毒气体、液体等对环境的污染。绿色工艺设计是以传统的工艺技术为基础并结合材料科学、表面技术、控制技术等新技术的先进制造工艺技术，是制造工业实施绿色制造的可靠保障。大量的研究和试验表明，产品制造过程中的工艺方案对材料、能源以及环境都有直接的影响。工艺方案不同，材料、能源的消耗也不一样，对环境的影响程度也就不一样，因此在产品制造过程中，应根据实际需要，尽可能采用材料和能源消耗少、废弃物少、对环境污染最小的工艺方案和工艺路线。例如采用少无切削工艺、干式切削工艺和新型特种加工等代替传统的切削加工，既可以节省大量的原材料，也可消除切削液带来的污染问题，进而缩短产品的生产周期、提高生产效率、降低产品成本。图 1.6 所示为绿色制造中常见的工艺技术。

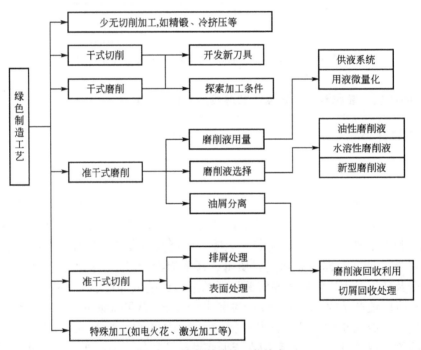

图 1.6　绿色制造的工艺技术

4. 绿色包装设计

绿色包装设计又称生态包装设计，是指绿色产品与绿色包装寿命周期相复合的设计。它从环境保护的角度出发，通过优化产品包装方案降低材料、能源消耗并使包装在产品生命周期中发挥作用后无环境污染。实施绿色包装设计应考虑以下几点：①包装材料要选择无毒、无害、无污染、可再生和降解的材料，发展纸包装，开发各种替代塑料薄膜的防潮、保鲜纸包装制品；②优化包装结构，减少材料消耗；③包装的废弃物应可回收重用、循环再生或可降解。图 1.7 所示为包装与产品的复合作用。

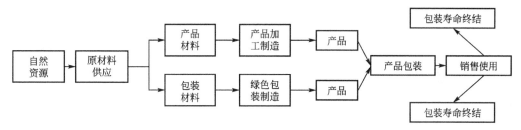

图 1.7 包装与产品的复合作用

5. 绿色回收与处理

产品的生命周期终结后，应及时回收利用与处理，否则将造成资源浪费和环境污染。产品的绿色回收与处理是一项贯穿于产品整个生命周期的多层次、多方位的系统工程，从产品设计的设计阶段开始就应充分考虑这个问题。

1）面向回收的设计

产品的回收设计是实施绿色制造的关键因素，同时也是目前最活跃的研究领域。产品的回收在其全生命周期中占有重要的地位。回收可以有多种不同的处理方案，如再使用、再利用、废弃等，各种方案的处理成本和回收价值都不一样，因此需要对各种方案进行分析与评估，确定出最佳的回收处理方案，从而以最少的成本代价获得最高的回收价值。正是通过各种各样的回收策略，产品的生命周期形成了一个闭合的回路，寿命终结的产品最终通过回收又进入下一个生命周期的循环之中，因此回收是实现制造业可持续发展的先决条件。

2）面向拆卸的设计

拆卸是从装配体上实现零部件分离的过程并保证不对目标零部件造成损害。产品的可拆卸性设计充分利用产品的模块化，这样既可以简化拆卸工作，节约处理时间，又易于回收材料和残余废弃物的分类和后处理。拆卸分为破坏性拆卸和非破坏性拆卸两种，目前面向拆卸的设计研究主要集中于非破坏性拆卸。拆卸是实现绿色回收的重要手段，只有拆卸才能实现材料回收和零部件再利用。只有在产品设计的初始阶段就开始考虑报废后的拆卸问题，才能实现产品最终的高效回收。产品的模块化设计也是提高可拆卸性的重要手段。

面向环境、能源、材料的绿色制造是现代制造的一种发展趋势。我国的资源并不丰富，环境污染问题日益突出，推行绿色制造技术是一个非常迫切的需要。绿色制造是彻底解决环境问题的根本途径和方法，是人类社会可持续发展战略在现代制造业中的体现，是现代制造业的必经之路。

 习 题

1. 为什么材料工艺很重要？具体表现在哪些方面？
2. 何谓创新？从材料工艺角度如何创新？

第 **2** 章

材料的传统工艺及
新工艺和新技术

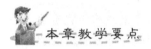本章教学要点

知识要点	掌握程度	相关知识
材料生产工艺	了解	金属、无机非金属、高分子材料生产工艺
材料加工工艺	了解	金属、晶体、高分子材料生产工艺
材料的工艺性能	掌握	直接实验法及泰勒速度、可焊性
新工艺新技术	了解	表面改性、雾化沉积、半固态加工等

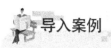
导入案例

越王勾践剑和吴王夫差矛

春秋战国时期青铜剑的合金组成中，铜与锡的含量依制作的年代、地点、原料来源、工艺的不同而不同。一般说来，铜的含量在 70%～80% 或稍高，锡的含量在 10%～20% 左右，此外合金中常常还含有铅、铁等其他成分。

越王勾践剑(图 2.0(a))的含铜量约为 80%～83%，含锡量约为 16%～17%，另外还有少量的铅和铁(可能是原料中含的杂质)。作为青铜剑的主要成分铜是一种不活泼的金属，在日常条件下一般不容易发生锈蚀，这是越王勾践剑不锈的原因之一。越王勾践剑让人惊奇的是这把青铜宝剑穿越了两千多年的历史长河，但剑身丝毫不见锈斑。它千年不锈的原因是什么呢？

随着越王勾践剑研究的不断深入和各种"复制"或仿制的剑的相继出现，人们普遍相信越王勾践剑千年不锈的原因是因为剑身经过硫化处理。

吴王夫差青铜矛(图 2.0(b))是一种春秋后期的刺击兵器，器身与剑身相似而稍短，中线起脊，脊上有血槽，两面血槽后端各铸一兽首，骹中空，骹口扁圆。它通体满是菱形几何暗纹，基部有错金铭文 2 行 8 字，记器为吴王夫差自做。它冶铸精良、花纹优雅、保存完好可与越王勾践剑媲美。这件兵器为青铜铸造，其状如矛，长 29.5 厘米，两面脊部均有凹槽，凹槽基部有铺首装饰，铺首有孔可系绦，鐏部中空，器身遍饰精美的几何形花纹，上篆错金铭文 8 字："吴王夫差自乍(作)甬(用)"。

(a) 越王勾践剑　　　　　　　(b) 吴王夫差青铜矛

图 2.0

2.1　材料生产工艺

材料的生产工艺就是把天然原料(包括人造原料)经过物理和化学变化而变成工程上有用的原材料的工艺技术。

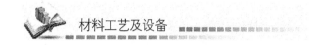

对不同种类的材料而言，其生产工艺也有很大的差别，下表给出了各类材料生产工艺特性的比较，从原料、工艺、产品、理论基础几个方面比较了金属、陶瓷和高分子材料的生产工艺。

下面将分别对这几种材料进行介绍。

2.1.1　金属材料

1. 火法冶金

火法冶金是指在高温下应用冶金炉把有价金属和精矿中的大量脉石分离开的各种作业。火法冶金是提取纯金属最古老、最常用的方法。火法冶炼所采用的步骤有焙烧、熔炼、吹炼、火法精炼、电解精炼以及化学精炼。电解精炼可以使用火法冶金炼出来的金属达到较高的纯度。

矿石准备：选矿得到的细粒精矿不易直接加入鼓风炉(或炼铁高炉)，须先加入冶金熔剂(能与矿石中所含的脉石氧化物、有害杂质氧化物作用的物质)，加热至低于炉料的熔点烧结成块或添加粘合剂压制成形，或滚成小球再烧结成球团，或加水混捏，然后装入鼓风炉内冶炼。硫化物精矿在空气中焙烧的主要目的是除去硫和易挥发的杂质并使之转变成金属氧化物，以便进行还原冶炼；使硫化物成为硫酸盐，随后用湿法浸取；局部除硫使其在造锍熔炼中成为由几种硫化物组成的熔锍。

冶炼：此过程形成由脉石、熔剂及燃料灰分融合而成的炉渣和熔锍(有色重金属硫化物与铁的硫化物的共熔体)或含有少量杂质的金属液。冶炼有还原冶炼、氧化吹炼和造锍熔炼3种冶炼方式。还原冶炼是在还原气氛下的鼓风炉内进行。加入的炉料除富矿、烧结块或球团外，还加入熔剂(石灰石、石英石等)以便造渣，加入焦炭作为发热剂产生高温和作为还原剂。可还原铁矿为生铁，还原氧化铜矿为粗铜，还原硫化铅精矿的烧结块为粗铅。氧化吹炼是在氧化气氛下进行，如对生铁采用转炉，吹入氧气以氧化除去铁水中的硅、锰、碳和磷炼成合格的钢水，铸成钢锭。造锍熔炼主要用于处理硫化铜矿或硫化镍矿，一般在反射炉、矿热电炉或鼓风炉内进行，加入酸性石英石熔剂与氧化生成的氧化亚铁和脉石造渣，熔渣之下形成一层熔锍。在造锍熔炼中，有一部分铁和硫被氧化，更重要的是通过熔炼使杂质造渣提高熔锍中主要金属的含量，起到化学富集的作用。

精炼：进一步处理由冶炼得到的含有少量杂质的金属，以提高其纯度。如炼钢是对生铁的精炼，在炼钢过程中去气、脱氧并除去非金属夹杂物，或进一步脱硫等；对粗铜则在精炼反射炉内进行氧化精炼，然后铸成阳极进行电解精炼；对粗铅用氧化精炼除去所含的砷、锑、锡、铁等并可用特殊方法如派克司法以回收粗铅中所含的金银。对高纯金属则可用区域熔炼等方法进一步提炼。

2. 湿法冶金

湿法冶金就是金属矿物原料在酸性介质或碱性介质的水溶液进行化学处理或有机溶剂萃取、分离杂质、提取金属及其化合物的过程。湿法冶金作为一项独立的技术是在第二次世界大战时期迅速发展起来的，在提取铀等一些矿物质的时候不能采用传统的火法冶金，只能用化学溶剂把它们分离出来，这种提炼金属的方法就是湿法冶金。陈家镛是我国最早从事湿法冶金的人，他用近半个世纪的时间奠定了我国今天的湿法冶金事业。

中国在北宋时期已用湿法(胆铜法)生产铜，《宋史·艺文志》记载有《浸铜要略》一卷，可惜已失传。1752 年西班牙里奥·廷托(Rio·Tinto)开始用湿法生产铜，工艺与我国北宋胆铜法基本相同，其重要进展是采用人工焙烧硫化铜矿而不靠自然风化。同期，俄国古米雪夫斯基(Гумещевский)也开始用湿法生产铜。1889 年开始用湿法生产氧化铝，以后湿法炼锌、金、银、钴、镍等工厂相继出现。

第二次世界大战后，湿法冶金技术迅速发展，主要表现在以下几方面：①从矿物中提取铀的技术有很大发展；②1954 年在加拿大对硫化镍、钴、铜矿加压湿法冶金技术研究成功并投入生产；③20 世纪50 年代起稀有金属、半导体材料(锗、镓等)的提取技术有了迅速的发展；④水解、沉淀、置换等分离、提纯的传统技术逐渐被新兴的离子交换、溶剂萃取等新技术所取代。

湿法冶金原理：湿法冶金在我国古代就有，《天工开物》中好像有记载——曾青得铁则化为铜(曾青是指硫酸铜溶液)，就是在铜的硫酸盐溶液中加入铁，可以得到铜。其实就是用金属性强的物质去置换比它弱的金属，如在硫酸铜溶液中加入金属锌或铁，可置换得到金属铜，这就是湿法炼铜的原理，主要反应为：①$CuSO_4＋Zn＝Cu＋ZnSO_4$；②$CuSO_4＋Fe＝Cu＋FeSO_4$。

我国劳动人民很早就意识了铜盐溶液里的铜能被铁置换，从而发明了水法炼铜。水法炼铜成为湿法冶金术的先驱，在世界化学史上占有光辉的一页。

在汉代许多著作里有记载"石胆能化铁为铜"，晋葛洪《抱朴子内篇·黄白》中也有"以曾青涂铁，铁赤色如铜"的记载。南北朝时更进一步认识到不仅硫酸铜，其他可溶性铜盐也能与铁发生置换反应。南北朝的陶弘景说："鸡屎矾投苦酒(醋)中涂铁，皆作铜色"，即不纯的碱式硫酸铜或碱式碳酸铜不溶于水，但可溶于醋，用醋溶解后也可与铁起置换反应。到唐末五代年间，水法炼铜的原理应用到生产中去，至宋代更有发展，成为大量生产铜的重要方法之一。

提炼方法：现代的湿法冶金几乎涵盖了除钢铁以外的所有金属提炼，有的金属其全部冶炼工艺属于湿法冶金，但大多数是矿物分解、提取和除杂采用湿法工艺，最后的还原成金属采用火法冶炼或粉末冶金完成。典型的湿法冶金有钨、钼、钽、铌、钴、镍、稀土、铀、钍、铋、锡、铜、铅、锌、钛、锰、钒、金、银、铂、钯、铟、钌、锇、铱、锗、镓等。

湿法冶金最新萃取器：高效逆流萃取器特点是萃取效率极高，每小时可实现上万级萃取，对于分配系数差异较小的两种物质也能轻松分离，适用范围广，可用于液液萃取的所有应用领域，节省成本，设备占地面积小，节省溶剂，易工艺放大，可轻松实现从试验级到生产级的放大，安全环保，仪器密闭性好，溶剂不易挥发，不产生固体废弃物，工作灵活，运行中途可停止并不影响分离效果。

湿法冶金包括下列步骤。

(1) 将原料中有用成分转入溶液，即浸取。

(2) 浸取溶液与残渣分离，同时将夹带于残渣中的冶金溶剂和金属离子洗涤回收。

(3) 浸取溶液的净化和富集，常采用离子交换和溶剂萃取技术或其他化学沉淀方法。

(4) 从净化液提取金属或化合物。在生产中，常用电解提取法从净化液制取金、银、铜、锌、镍、钴等纯金属。铝、钨、钼、钒等多数以含氧酸的形式存在于水溶液中，一般先以氧化物的形式析出，然后还原得到金属。20 世纪50 年代发展起来的加压湿法冶金技术可从铜、镍、钴的氨性溶液中直接用氢还原(例如在180℃，25 大气压下)得到金属铜、镍、钴粉，并能生产出多种性能优异的复合金属粉末，如镍包石墨、镍包硅藻土等，这些都是很好的可磨密封喷涂材料。

许多金属或化合物都可以用湿法生产。湿法冶金在锌、铝、铜、铀等工业中占有重要地位，目前世界上全部的氧化铝、氧化铀，约 74% 的锌，近 12% 的铜都是用湿法生产出来的。

20 世纪 60 年代末至 70 年代初，出现了研究所谓无污染冶金的高潮。以湿法处理硫化铜矿为例，较成功的方法有：①阿比特(Arbiter)法，即低压氨浸、萃取分离、残渣浮选法。硫产品形式为 $(NH_4)_2SO_4$ 或 $CaSO_4$。②加压硫酸浸取法，85% 的硫产品为单质硫。③氯化铁浸出法，即氯化铁浸取、溶剂萃取、电沉积法。95% 以上的硫产品为单质硫。④舍利特高尔顿(Sherritt Gordon)法，即加压氨浸法。硫产品形式为 $(NH_4)_2SO_4$ 或 $CaSO_4$。⑤R. L. E. (Roasting-Leaching-Electrowinning)法，即焙烧-浸取-电积法。硫产品形式为 $CaSO_4$ 或 H_2SO_4。中间试验证实这些方法都可消除二氧化硫对空气的污染，同时能综合回收原料中的硫。

1981 年在加拿大建成一个直接加压湿法炼锌车间。硫化锌精矿不再经氧化焙烧而是直接进行浸出，可节省 25% 的投资，并消除了二氧化硫对大气的污染。生产出的硫产品为单质硫，回收率为 96%。

地壳中可利用的有色金属资源品位愈来愈低，以铜为例，20 世纪初可采品位均在 1% 以上，70 年代已降到 0.3% 左右，而一些稀贵金属原料的含量往往只有百万分之几，这些金属的提取将更多地依赖于湿法冶金。

湿法冶金的优点是原料中有价金属综合回收程度高，有利于环境保护，并且生产过程较易实现连续化和自动化。

3. 电冶金

电冶金是以电能为能源进行提取和处理金属的科学和技术。根据电能转化形式的不同分为电化冶金和电热冶金。电化冶金是使直流电能通过电解池转为化学能，把金属离子还原成金属的过程，电能起着相当于还原剂的作用。在水溶液电解中，电能主要用于金属的还原；在熔盐电解中，电能除用于金属的还原外，还消耗于加热电解质，维持电解过程中所需的高温。电热冶金中电能仅为热源。

有色金属电化冶金的历史可以追溯到 19 世纪的最初几年。1799 年伏打电堆的发明为实验室电解奠定了基础。1800～1803 年俄国科学家克里尤克申克以电解的方法从水溶液中电解出铜、铅、锌。英国化学家戴维(H. Davy)于 1807 年电解熔融 NaOH 和 KOH 制得了钠和钾。有色金属的工业电解生产始于 19 世纪末期。1865 年电解精炼铜的第一个专利发表，1867 年在英国开始用电解法生产精铜。1886 年在德国开始电解光卤石生产金属镁。1886 年美国人霍尔(C. M. Hall)及法国人埃鲁(P. L. T. Her·oult)几乎同时发明制取金属铝的冰晶石—氧化铝熔盐电解法，该法于 1888 年在美国开始应用于工业生产。锂、钠于 19 世纪 90 年代开始工业电解生产。20 世纪上半叶是有色金属电解生产技术不断取得显著进步的时期。这一时期，湿法炼锌的出现使锌电解成为金属锌生产的主要方法。硫化镍的电解精炼也实现了工业化。稀土金属的电解由于电解工艺条件和电解槽结构的改进，已能生产出纯度很高的单一金属。从 20 世纪 20 年代起，人们开始致力于高熔点稀有金属的电解生产，钽、铌、锆、铪都实现了工业电解生产，但其产量在总产量中所占份额不大。20 世纪 50 年代以后，有色金属电解工业发展达到了一个新阶段，电解槽容量不断扩大，铝电解及镁电解生产的电流强度已达 250～300kA，稀土金属电解的电流强度达 50kA，电能消耗大幅度下降。例如吨铝和吨锌电解的能耗已分别降至 13000～13500kW·h 和 3000～3200kW·h，铜电解精炼吨铜能耗已降至 220～240kW·h。电解车间和电解槽已普遍实行机械化操作，计算机控制的应用日渐增多。1882～1892 年法国化学家埃鲁发明了工业用电弧炉并于 1899 年用电弧炉炼钢。20 世纪初叶，电热冶金在有色冶金工业中逐渐发展。尔后，电弧炉、电阻炉、感应电炉都在有色冶金工业中获得了广泛应用。20 世纪 50 年代以后，为适应科学技术发展对高纯金属、高性能金属及其合金的需要，特别是对高熔点金属钨、钼、钽、铌、钛、锆和活性金属及其合金的需要发明了电子束炉和等离子炉。

在电化冶金中，根据所使用的电解液是水溶液还是熔盐，分为水溶液电解和熔盐电解。这两种电解方法按目的都可分为电解提取和电解精炼两种。电解提取是以金属盐的水溶液或熔盐类作电解液，通过电解在阴极产出金属。电解精炼也是以金属盐水溶液或熔盐作电解液，但用粗金属做原料，通过电解在阴极产出纯金属。电解提取时的阳极不溶解；电解精炼时电极用粗金属制成的阳极在电解过程中发生电化学溶解而消耗，故电解提取也称为不耗(不溶)阳极电解，电解精炼则称为消耗(可溶)阳极电解。电化冶金是一门综合性极强的学科，它主要涉及电化冶金过程的原理和工艺。电极过程的热力学和动力学，电解液的物理化学性质和结构，电解槽的磁场、电场、热场、流场等均属电化冶金过程原理的研究对象，而电解槽及电极的结构、材质，电解工艺条件的确定、测量和控制则是电化冶金工艺的主要研究对象。

电热冶金用于许多冶金过程，主体设备为电炉。根据电热转换方式，将电炉分为电阻炉、感应炉、电弧炉、等离子炉和电子束炉等。电热冶金则按其所用电炉的不同，分为电弧熔炼、电阻—电弧熔炼、感应熔炼、电子束熔炼、等离子体冶金等。这些电热冶金涉及的范围均包括工艺过程所应用的物理化学原理，电热转换的原理、方式、效率，电炉的结构、材质以及操作系统的控制等。

电化冶金在电解槽中进行。电解槽是进行电解反应的反应器，由电极(阳极和阴极)和辅助设施构成。电极是发生电解反应的地点，在其上进行着电化学氧化(阳极)和电化学还原(阴极)。电解过程主要涉及电化学原理及电解槽工学两个方面的内容。由于电化学原理又涉及电解反应的热力学和电极过程动力学、电解质的结构以及电解质的物理化学性质和电化学性质等方面的内容，因此有色金属电化冶金与电化学、物理化学、化学热力学和化学动力学等学科存在密切关系。另一方面，由于电解槽工学是一门研究电解槽、电极的结构、配置和制造材料以及电解槽内物料的流动、电场、磁场、力场的分布如何影响电化冶金过程的科学，因此有色金属电化冶金必然与应用流体力学、传热学、电磁学、工程力学、材料科学等学科有密切关系。

电热冶金涉及多种冶金过程，与冶金过程物理化学相关。由于电热冶金在电炉中进行，电炉除具有一般冶金炉的特点外，还涉及电热转换，因此电工学、热工学便成为电热冶金的技术基础。

有色金属生产的方法有火法冶金、湿法冶金和电冶金 3 种。这些方法各有优缺点和适用场合。大多数有色金属都是采用两种或三种冶金方法相互配合的生产流程生产出来的。当前用电化冶金生产和精炼的有色金属已达 30 种。重金属中的铜主要采用火法冶金制得粗金属，然后用电化冶金得到纯金属的生产流程获得的；而世界上 80％的金属锌则是采用湿法冶金制得金属化合物，然后用电化冶金得到金属锌的生产流程制取的。轻金属中全部的铝、钠，80％的镁是用湿法冶金或火法冶金制得金属化合物，然后用电化冶金得到金属的生产流程生产出来的。大部分的稀土金属及其中间合金是用电化冶金方法生产出来的。与用高温热还原法生产稀有金属相比，电化冶金法生产稀有金属由于具有生产过程连续、不需用贵重的还原剂和产品纯度高等优点而受到重视。贵金属中的金和银几乎全部都要经过电化冶金才能得到纯金属。和火法冶金生产金属相比，电化冶金生产金属除具有低温操作的一般优点之外，电解提取还具有不需经过粗金属生产的中间阶段能一次得到纯度较高的金属，溶剂还可以再生的优点。电解精炼能一次除去粗金属中的绝大部分杂质，主金属回收率高，除去的杂质可作为副产品回收，可见电化冶金在有色金属生产中占有非常重要的地位，是有色金属生产的重要方法和不可缺少的环节。

与以燃料加热的冶金方法相比，电热冶金由于具有能获得高温(一般在 2273K 以上，等离子冶金可达 5273～20273K)、加热快、热效率高、炉内温度和气氛易于控制以及易于实现机械化、自动化操作等优点，除普遍用于金属的熔铸过程外，还广泛用作火法冶金、湿法冶金和电冶金过程的热源。

当前，电化冶金工业正在发展大容量和高效节能的新型电解槽以强化生产过程和降低能耗，克服原有的电化冶金能耗较高和电解槽生产效率低的缺点。电热冶金耗电量大，只有在电能丰富的条件下才能充分发挥它的优点。

金属生产工艺示意图如图 2.1 所示。

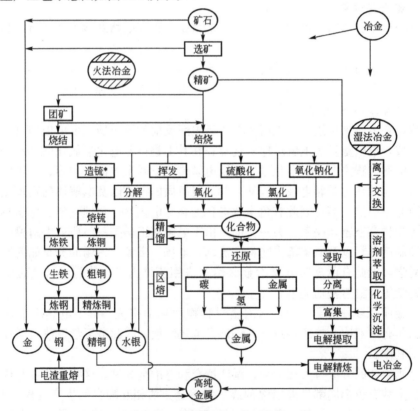

图 2.1 金属生产工艺示意图

4. 粉末冶金

粉末冶金是制取金属或用金属粉末(或金属粉末与非金属粉末的混合物)作为原料经过成形和烧结制造金属材料、复合以及各种类型制品的工艺技术。粉末冶金法与生产陶瓷有相似的地方,因此一系列的粉末冶金新技术也可用于陶瓷材料的制备。由于粉末冶金技术的优点,它已成为解决新材料问题的钥匙,在新材料的发展中起着举足轻重的作用。

1)粉末冶金的现状

我国粉末冶金行业已经经过了近10年的高速发展,但与国外的同行业仍存在以下几方面的差距:①企业多,规模小,经济效益与国外企业相差很大;②产品交叉,企业之间相互压价,竞争异常激烈;③多数企业缺乏技术支持,研发能力落后,产品档次低,难以与国外竞争;④再投入缺乏与困扰;⑤工艺装备、配套设施落后;⑥产品出口少,贸易渠道不畅。

我国加入WTO以后,以上种种不足和弱点得到改善,这是因为加入WTO后,市场逐渐国际化,粉末冶金市场得到进一步扩大的机会,而同时随着国外资金和技术的进入,粉末冶金及相关的技术水平也得到了提高和发展。

2)粉末冶金的特点

粉末冶金具有独特的化学组成和机械、物理性能,而这些性能是用传统的熔铸方法无法获得的。运用粉末冶金技术可以直接制成多孔、半致密或全致密材料和制品,如含油轴承、齿轮、凸轮、导杆、刀具等。粉末冶金技术是一种少无切削工艺。

(1)粉末冶金技术可以最大限度地减少合金成分偏聚,消除粗大、不均匀的铸造组织。在制备高性能稀土永磁材料、稀土储氢材料、稀土发光材料、稀土催化剂、高温超导材料、新型金属材料(如Al-Li合金、耐热Al合金、超合金、粉末耐蚀不锈钢、粉末高速钢、金属间化合物高温结构材料等)时起到重要的作用。

(2)粉末冶金技术可以制备非晶、微晶、准晶、纳米晶和超饱和固溶体等一系列高性能非平衡材料,这些材料具有优异的电学、磁学、光学和力学性能。

(3)粉末冶金技术可以容易地实现多种类型的复合,充分发挥各组元材料各自的特性,是一种以低成本生产高性能金属基和陶瓷复合材料的工艺技术。

(4)粉末冶金技术可以生产普通熔炼法无法生产的具有特殊结构和性能的材料和制品,如新型多孔生物材料、多孔分离膜材料、高性能结构陶瓷磨具和功能陶瓷材料等。

(5)粉末冶金技术可以实现净近形成形和自动化批量生产,从而可以有效地降低生产的资源和能源消耗。

(6)粉末冶金技术可以利用矿石、尾矿、炼钢污泥、轧钢铁鳞、回收废旧金属做原料,是一种可有效进行材料再生和综合利用的新技术。

常见的机加工刀具、五金磨具,很多就是用粉末冶金技术制造的。

3)粉末冶金的生产过程

(1)生产粉末。粉末的生产过程包括粉末的制取、粉末的混合等步骤。为改善粉末的成形性和可塑性通常加入汽油、橡胶或石蜡等增塑剂。

(2)压制成形。在500~600MPa压力下,把粉末压成所需形状。

(3)烧结。在保护气氛的高温炉或真空炉中进行。烧结不同于金属熔化,烧结时至少有一种元素仍处于固态。烧结过程中粉末颗粒间通过扩散、再结晶、熔焊、化合、溶解等一系列的物理化学过程，成为具有一定孔隙度的冶金产品。

（4）后处理。一般情况下，烧结好的制件可直接使用，但对于某些尺寸要求精度高、高硬度、耐磨性的制件还要进行烧结后处理。后处理包括精压、滚压、挤压、淬火、表面淬火、浸油、及熔渗等。

4）粉末冶金材料的应用与分类

（1）应用。粉末冶金材料可用于汽车、摩托车、纺织机械、工业缝纫机、电动工具、五金工具、电器、工程机械等的各种粉末冶金（铁铜基）零件。

（2）分类。粉末冶金材料分为粉末冶金多孔材料、粉末冶金减摩材料、粉末冶金摩擦材料、粉末冶金结构零件、粉末冶金工模具材料、粉末冶金电磁材料和粉末冶金高温材料等。

5）粉末冶金子工艺与粉末性能

粉末冶金子工艺分为等静压成形粉末冶金、金属喷射成形粉末冶金、粉末锻造粉末冶金、压力烧结粉末冶金。

粉末性能是粉末所有性能的总称。它包括粉末的几何性能（粒度、比表面、孔径和形状等）；粉末的化学性能（化学成分、纯度、氧含量和酸不溶物等）；粉体的力学特性（松装密度、流动性、成形性、压缩性、堆积角和剪切角等）；粉末的物理性能和表面特性（真密度、光泽度、吸波性、表面活性和磁性等）。粉末性能往往在很大程度上决定了粉末冶金产品的性能。

几何性能最基本的是粉末的粒度和形状。

（1）粒度。它影响粉末的加工成形、烧结时收缩和产品的最终性能。某些粉末冶金制品的性能几乎和粒度直接相关，例如过滤材料的过滤精度在经验上可由原始粉末颗粒的平均粒度除以 10 求得；硬质合金产品的性能与 wc 相的晶粒有很大关系，要得到较细晶粒度的硬质合金，唯有采用较细粒度的 wc 原料才有可能。生产实践中使用的粉末，其粒度范围从几百个纳米到几百个微米。粒度越小，活性越大，表面就越容易氧化和吸水。当小到几百个纳米时，粉末的储存和运输很不容易而且当小到一定程度时量子效应开始起作用，其物理性能会发生巨大变化，如铁磁性粉会变成超顺磁性粉，熔点也随着粒度减小而降低。

（2）粉末的颗粒形状。它取决于制粉方法，如电解法制得的粉末，颗粒呈树枝状；还原法制得的铁粉颗粒呈海绵片状；气体雾化法制得的基本上是球状粉。此外，有些粉末呈卵状、盘状、针状、洋葱头状等。粉末颗粒的形状会影响到粉末的流动性和松装密度。由于颗粒间机械啮合，不规则粉的压坯强度也大，特别是树枝状粉其压制坯强度最大，但多孔材料采用球状粉最好。

粉末的力学性能即粉末的工艺性能，它是粉末冶金成形工艺中的重要工艺参数。粉末的松装密度是压制时用容积法称量的依据；粉末的流动性决定着粉末对压模的充填速度和压机的生产能力；粉末的压缩性决定压制过程的难易和施加压力的高低；粉末的成形性则决定坯的强度。

化学性能主要取决于原材料的化学纯度及制粉方法。较高的氧含量会降低压制性能、压坯强度和烧结制品的力学性能，因此粉末冶金大部分技术条件中对此都有一定规定。例如粉末的允许氧含量为 0.2%～1.5%，这相当于氧化物含量为 1%～10%。

6）粉末冶金产业发展前景

近年来，通过不断引进的国外先进技术与自主开发创新技术相结合，中国粉末冶金产业和技术都呈现出高速发展的态势，是中国机械通用零部件行业中增长最快的行业之一，每年全国粉末冶金行业的产值以 35% 的速度递增。

全球制造业正加速向中国转移，汽车行业、机械制造、金属行业、航空航天、仪器仪表、五金工具、工程机械、电子家电及高科技产业等的迅猛发展，为粉末冶金行业带来了不可多得的发展机遇和巨大的市场空间。另外，粉末冶金产业被中国列入优先发展和鼓励外商投资的项目，发展前景广阔。

2.1.2 陶瓷材料

陶瓷材料既包括传统的陶器和瓷器，也包括玻璃、搪瓷、耐火材料、砖瓦、水泥、石灰、石膏等无机非金属材料。由于这些材料中常含有硅酸盐矿物(含二氧化硅的化合物)，所以也把陶瓷材料称为硅酸盐材料。现代新型陶瓷的发展已经远远超出了硅酸盐的范畴，其所含的成分包括氧化物、氮化物、碳化物、硼化物以及复合的硅酸盐、铝酸盐、硅铝酸盐，等等，实际上陶瓷材料已成为各种无机非金属材料的总称。

陶瓷生产工艺就是以相图和高温物理化学为理论基础的矿物合成工艺。由于陶瓷的成分、键合方式以及物理化学性质与金属差别很大，其生产工艺也与金属极为不同，一个重要的区别就是陶瓷不能从棒料或板材用机械加工或锻造成形的方法制成成品。在多数情况下，陶瓷是将原料压制成形后，加热烧制而成(这里谈到的陶瓷生产工艺不包括玻璃)，除了磨削和抛光以外，几乎不能进行任何加工。也就是说陶瓷的生产工艺和加工工艺是合二为一的，因此陶瓷的生产工艺直接影响到制品的性能，所以非常重要。

陶瓷制品的生产过程比较复杂，主要包括原料准备、成形和烧结 3 个阶段。

1. 原料准备

陶瓷的基本原料往往直接来源于自然界，成分非常复杂，我国发明的传统三元瓷原料以粘土、石英和长石为主。这些原料的配比不同就形成了日常所见到的各种陶瓷制品，如建筑陶瓷、日用陶瓷、电工陶瓷等。陶瓷的成分还可以包括许多其他物质，如英国的一种骨灰瓷中含有约 45% 的牛骨灰，25% 的粘土，其余为长石和石英。利用骨灰中的磷酸钙产生一种低熔点的玻璃相，使其透明度大大提高，用于制造高级日用陶瓷。对于新型特种陶瓷而言，要求纯度很高，所以要采用化工原料。

粘土(如高岭土)为细颗粒的含水铝硅酸盐，具有层状的晶体结构，提供室温下的可塑性和成形能力；石英即二氧化硅，质硬难熔，在瓷坯中起骨架作用；长石是含有钾、钠或钙离子的无水铝硅酸盐，属于助熔剂，高温下熔融后成为玻璃相，可以部分熔解石英并起到粘结的作用。

为了便于塑性成形、降低气孔率和陶瓷的脆性，陶瓷原料要先经过分别粉碎后再配料。配料后还要用球磨机湿法球磨混合，以细化原料并使原料充分混匀，对可塑坯料再经过筛除铁、炼泥、挤制泥段等过程，就可送下一步成形了。成坯时要求颗粒的致密度越高越好，颗粒越细越好。新型陶瓷材料获得高韧性的一个有效措施就是使用超纯超细(小于 1 微米)的粉末。

陶瓷原料中的杂质(如铁)对陶瓷产品的影响很大，因此在坯料准备过程中必须严防有害杂质的混入，加强化学成分和物理性能的检测和控制。

对陶瓷原料的基本要求可以概括为"细、密、匀、纯"。

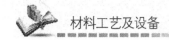

2. 成形

成形就是把准备好的原材料加工成一定形状和尺寸的半成品的过程。根据坯料(可塑泥料、粉料、浆料)的不同,成形的方法主要有以下几种。

(1)湿塑成形:将可塑的泥料采取手工、挤压、机加工等方式成形。这是最传统的陶瓷成形工艺,在日用和工艺陶瓷中应用最多。

(2)注浆成形:将陶瓷颗粒制成浆料,浇注到石膏模(也有用多空塑料模的)中,石膏模可以把浆料中的液体吸出,模具内留下坯体成形。该法适用于生产形状复杂、大型薄壁、精度要求不高的日用和建筑陶瓷制品。这种成形方法类似于金属的铸造过程,近年来也引进了许多铸造新工艺,发展了离心注浆、真空注浆、压力注浆等方法。

(3)干压成形:在粉末中加入少量水分或润滑剂(如油酸和蜡)和粘结剂(如聚乙烯醇)然后在金属模具中加一定的压力(常采取双向加压以便压力均匀),把粉料压制成坯的过程。该法适用于生产形状简单、尺寸较小的特种陶瓷制品。

(4)注射成形:在粉料中加入有机粘结剂,加热混炼,用注射机在130~300℃温度下注射入金属模具中成形的方法。注射成形工艺简单、成本低、坯体密度均匀,适用于复杂零件的自动化大规模生产。这种成形方法与许多塑料的成形方法相似。

(5)热压成形:成形同时进行压制和煅烧,可获得大密度的坯体,通常采取保护气氛的方法以防止氧化和提高模具寿命。该法适用于生产高质量要求的新型陶瓷,可采取普通热压、高压热压和热等静压等方式利用高温高压促进成形。

成形后的各种坯体一般含有较高的水分,为提高成形后的坯体强度和致密度,需要进行干燥,以除去部分水分,但同时坯体也失去了可塑性。

对于水泥和石膏等产品,加水后可以使其中的物质分解或者与水化合生成新相直接凝结成形,这种现象称为化学键合。陶瓷材料几种成形工艺比较见表2-1,陶瓷产品成形工艺举例见表2-2。

表2-1 陶瓷材料几种成形工艺比较

工艺	优点	缺点
注浆成形	可做形状复杂件、薄壁件,低成本	收缩大、尺寸精度低、生产率低
干压成形	可做形状复杂件、高密度、高强度、较高精度	设备复杂、成本高
注射成形	成形工艺简单,适于自动化大规模生产	设备复杂
湿塑成形	尺寸精度高,可做形状复杂件	成本高

表2-2 陶瓷产品成形工艺举例

产品	湿塑成形	注浆成形	干压成形	热压成形	化学键合
砖瓦、粘土管道	▲		▲		
耐火材料、绝缘子	▲		▲	▲	
杯子、盘子	▲	▲			
砂轮			▲		
铸件模型	▲	▲			
磁铁、激光晶体			▲	▲	
陶瓷刀具			▲		
水泥、石膏					▲

3. 烧结

将干燥好的坯体放到窑或炉内加热到高温，通过一系列物理化学变化成瓷并获得所要求的性能的过程就是烧结。烧结的温度很高，如日用瓷一般在1250～1450℃烧结。在烧结过程中会发生膨胀、气体产生、收缩、液相出现、晶相的长大和转变等变化，随着这些变化，气孔率降低、体积密度增大，坯体转变成具有一定尺寸形状和强度的制品。

烧结是一个决定陶瓷质量的非常重要的扩散过程，因为陶瓷中的高熔点原料实际上不可能靠熔化而结合到一起，主要是通过扩散使颗粒之间形成真正的键合。

烧结过程中可以有液相的出现，此时陶瓷颗粒在液相表面张力的作用下重新排列并随温度变化发生溶解以及沉淀，有助于增加烧结体的致密度。但高温使用的耐火材料中，则不希望出现低熔点的液相而降低使用性能。

普通陶瓷在烧结过程中发生如下的变化。

低温阶段(室温～300℃)：排除水分。

分解氧化阶段(300～950℃)：矿物中结构水分解，碳素和有机物氧化，石英晶型转变。

高温阶段(950℃～烧结温度)：液相出现，晶体长大，体积收缩，成瓷。

冷却阶段(烧结温度～室温)：二次晶体析出，液相玻璃化，晶型转变。

烧结的方法也很多，如常压烧结、热压烧结、热等静压烧结、超高压烧结、反应烧结、爆炸烧结、自蔓延烧结和微波烧结等。

有些陶瓷表面要施釉或者绘画，由于釉料的热膨胀系数与基体不同，往往造成釉层的开裂，可以采用热膨胀系数比基体材料小的釉料，在冷却过程中使釉处于压应力状态，以避免龟裂。

4. 熔融固化(玻璃)

玻璃的主要成分是二氧化硅，与一般陶瓷不同，玻璃具有独特的工艺性能。熔融的玻璃在固化时，没有明显的凝固点，也没有体积的突变，材料的粘度连续变化，在液态流动性很好，因而可以进行吹制成形，也可以像金属一样进行铸造、轧制、拉丝和挤压。

一些天文望远镜玻璃镜片(直径超过0.5米)，可通过铸造工艺生产，此时缓慢均匀的冷却工艺很重要，否则将导致破裂。离心浇铸可用来制造显像管后部的漏斗形管壳，通过让金属模具旋转，使玻璃液体因离心力而升起成形。

辊压轧制工艺多用来生产平板玻璃和窗玻璃。该工艺就是把一定粘度的玻璃喂入轧辊中间进行轧制，然后去应力退火，最后研磨和抛光。近来，平板玻璃的生产采用了一种新方法，即浮法生产法，可以减少价格昂贵的研磨和抛光工序。玻璃浮法生产就是让液态玻璃流到液态锡的浮池上面，并控制气氛防止氧化，在浮池内玻璃的两个表面都可达到镜面一样的光洁度，最后通过退火炉退火。

玻璃管的拉拔生产方法和轧制有些类似，使液态玻璃直接在一个陶瓷管(心棒)的四周流动，并用石棉覆盖的滚筒牵引心棒的移动得到玻璃管。往往要在心棒中吹空气以保持玻璃管通过心棒后不收缩。

大量的玻璃容器和玻璃工艺品(如酒瓶等)，是通过吹制法制造的。一些宽口的容器也可以先挤压成坯，然后吹制成形。

拉丝是制造玻璃纤维的重要方法，使熔融的玻璃流过带有针孔的铂板得到细丝，用高速的旋转缠绕管来牵引玻璃丝的流动。玻璃纤维现在已成为制造复合材料（如玻璃钢）的重要原料。

陶瓷制品的质量受到生产工艺的影响很大，影响因素包括多种，如原料的纯度、细度、均匀度、成形的密度和均匀度、烧结温度、保温时间、炉内气氛、升温速度、冷却速度、压力等，很多陶瓷制品方面的研究目前还处于经验阶段，还需要大量深入的工作才能使陶瓷制品的质量和稳定性达到新的高度。

2.1.3 高分子材料

虽然自然界有大量的天然高分子物质，如蚕丝、纤维素、淀粉、蛋白质、羊毛、橡胶等，但工程上使用的大量高分子材料主要是人工合成的各种有机材料（塑料、橡胶和纤维）。这些材料都是由小分子量的单体通过化学反应合成而形成大分子量的高分子材料的。其生产工艺包括单体制备、加聚反应和缩聚反应等。

1. 单体制备

高分子化合物的分子量虽高（一般大于5000），但其化学组成并不复杂，绝大多数是碳氢化合物，每个分子都是由一种或几种较简单的低分子连接起来组成，这类低分子称为单体。

制备单体的材料主要是天然气和粗石油等化工原料。在一定的压力、温度和催化剂的作用下，这些原料通过取代、消去、环化、接枝、配位、降解等有机化学反应过程形成所需要的单体，如乙烯（C_2H_4）、氯乙烯（C_2H_3Cl）、四氟乙烯（C_2F_4）和丙烯（C_3H_6）等。

2. 加聚反应

一种或多种单体在加热、加压、光照或引发剂的条件下，相互加成而连接成聚合物的反应，称加成聚合反应（加聚反应），其产物叫加聚物。在加聚反应的过程中，没有其他产物析出，所有单体全部连接起来，生成的加聚物是单体的简单叠加，其相对分子量也是单体分子量的整数倍。

加聚反应的单体可以是一种，称均加聚反应；也可以是两种或多种，称共加聚反应。大多数加聚物都是均加聚反应的产物，但共聚反应通过不同单体的结合，可以改进性能，创造新品种（如丁苯橡胶、丙烯腈-丁二烯-苯乙烯的共聚物ABS塑料）

加聚反应是高分子材料合成工业的基础，四大通用塑料（聚乙烯、聚氯乙烯、聚丙烯和聚苯乙烯）和合成橡胶都是加聚物，目前大约80%的高分子材料是利用加聚反应生产的。

3. 缩聚反应

单体在每一步聚合的过程中，不断析出某种低分子物质（如水、氨、氯化氢、醇或酚）的反应叫缩聚反应，其产物称缩聚物界面缩聚装置示意图如图2.2所示。缩聚反应

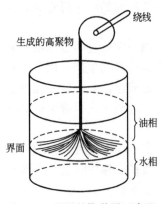

图2.2 界面缩聚装置示意图

相对加聚反应要复杂一些，缩聚物的化学配比也与单体不同。许多工程塑料如聚酰胺（尼龙）和聚碳酸酯等都是通过缩聚反应得到的。缩聚反应对于改善聚合物的性能和发展新品种（如聚酰亚胺和聚苯并咪唑等）具有重要意义。

根据参加反应的单体情况，缩聚反应也分为均缩聚反应（只有一种单体）和共缩聚反应（两种或更多种单体）。

4. 加成缩聚反应

由加成和缩聚两种反应不断反复进行而聚合高分子的方法叫加成缩聚，如酚醛树脂便是两种不同的单体先加成变成新的单体，再缩聚而逐步形成的。

5. 共混

将以上方法得到的不同的聚合物通过一定的手段再混合到一起，得到多相的高分子合金的过程称共混。它包括物理共混（机械混合、溶液浇铸、乳液混合）和化学共混（交织网络、溶液接枝）等。

2.1.4 单晶材料

以上所讨论的各种材料生产工艺，主要涉及日常和工程应用中大量使用的多晶材料。随着电子技术、激光技术和一些新型陶瓷材料的迅速发展，在很多场合下需要单晶材料（材料整体只有一个晶粒）。单晶材料的制备关键是避免多余晶核的形成，保证唯一晶核的长大，因此要求材料纯度高，以避免非均匀形核，要求过冷度低以防止形成其他晶核。目前单晶制备已发展成为一种重要的专门技术，按照单晶材料原子的来源，可以分为液相法、气相法和固相法，其中液相法应用较多，如单晶硅的制备。

1. 液相法

液相法是从液体中结晶出单晶体的方法。其基本原理是设法使液体结晶时只有一个晶核形成并长大，它可以是事先制备好的籽晶（小尺寸单晶），也可以是在液体中析出的晶核。液体可以是水溶液，但更多的是高温下的熔体。

垂直提拉法是制备大尺寸单晶硅（重达十几公斤）的主要方法，其工作原理如图 2.3 所示。先将材料放入坩埚熔化，将籽晶放在籽晶杆上，下降到与熔体接触，然后使坩埚温度缓慢下降，并向上旋转提拉籽晶杆，这样液体以籽晶为核心不断长大，形成单晶体。为保证材料纯度，避免非均匀形核，全部操作应在真空或惰性气体保护下进行。

另一种方法是尖端形核法，其原理是将材料放入具有尖底的容器中熔化，然后使容器从加热炉中缓慢退出，让尖端部分先冷却，形成第一个晶核并不断长大，形成单晶体，如图 2.4 所示。

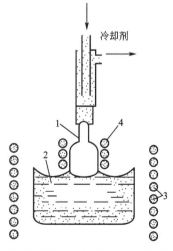

图 2.3　垂直提拉法制备单晶示意图
1—籽晶；2—熔体；
3—加热器；4—后加热器

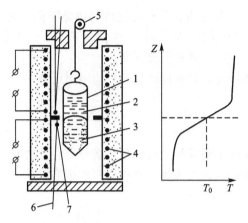

图 2.4　尖端形核法制备单晶示意图
1—容器；2—熔体；3—晶体；4—加热器；
5—下降装置 ；6—热电偶；7—热屏

其他制备方法还有晶体泡生法(图 2.5)，浮区法(图 2.6)，水平区域法(图 2.7)等。

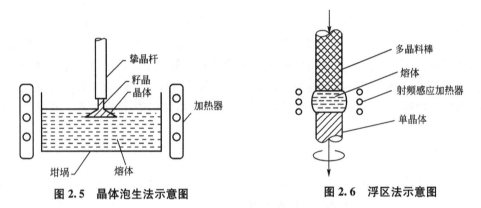

图 2.5　晶体泡生法示意图　　　　　　　图 2.6　浮区法示意图

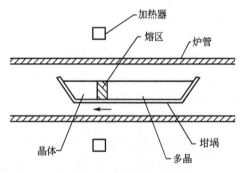

图 2.7　水平区域法示意图

2. 气相法

气相法是直接从气体中凝固或利用气相化学反应制备单晶体的方法，包括升华法(如硫化镉和硫化锌单晶)、气相反应法(如氧化锌、氮化铝和氮化钒单晶)、气相分解法(如低价氧化物和金属单晶)、气相外延法(如砷化镓、磷化镓、砷化铟和磷化铟单晶)。

3. 固相法

在固态条件下，使异常晶粒不断长大吞并其他小晶粒而得到单晶的方法称为固相法。应用较多的是根据应变后退火再结晶获得单晶的方法。金属材料(如高纯铝)在经一定的应变(1%～10%)之后，在一定的温度条件下会发生晶粒再结晶过程，此时大晶粒的长大速度快，小晶粒长大速度慢，大晶粒就会不断长大，吞并小晶粒，形成单晶体。通常用温度梯度来促进大晶粒的长大，先进入热区的部分开始异常的晶粒长大，随样品的移动，大晶粒继续长大获得单晶。形变后，在退火温区缓慢升稳，也可以获得单晶。

单晶材料利备按照加热方式不同还可划分为均匀整体熔化和局部熔化两种(表2-3)。

表2-3 制备单晶的各种熔体法比较

加热方式	方法名称	冷却方法	举例
均匀整体熔化	凝固析晶法、溶剂法、温度梯度法、提拉法	缓慢冷却、缓慢冷却或蒸发后缓冷、温度梯度下缓冷	氟云母纤维状人造氟石棉、$BaTiO_3$、NiZn 铁氧体、Si、Ge、Ga、As、TiO_2、高温合金叶片、Ⅲ-Ⅴ族化合物半导体、Ⅲ-Ⅴ族化合物半导体
	液封提拉法、液相外延法	缓慢提拉冷却、缓慢接触	
局部熔化	浮区法、火焰熔融法	反复的缓慢接触冷却、熔化液滴缓慢冷却	Si、W、Mo、Al_2O_3、红宝石、白宝石

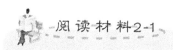 阅读材料2-1

冶金法太阳能级多晶硅制备技术

冶金法太阳能级多晶硅制备技术是近年来针对太阳能级多晶硅的质量要求发展起来的新技术。该技术采用湿法冶金、电子束精炼、真空定向凝固等先进的冶金技术对工业硅进行进一步提纯，得到光伏电池能够使用的太阳能级多晶硅。这个技术由于工艺路线短，能耗仅为改良西门子法的20%左右，因此被认为最有可能生产价格低廉太阳能级多晶硅的新技术。随着该技术的日益成熟，加上成本低、耗能低、投资少、环境友好等优点得到了国内外多家光伏主流企业的青睐。日本从2001年起，针对光伏用途开始试验冶金法多晶硅，德国和挪威也从2004年开始进行研究，加拿大和美国则从2007年开始进行有关试验和研究。

中国则是从2005年开始对此进行研究的。目前，宁夏发电集团、上海普罗(图2.8)、厦门佳科、河南迅天宇等公司与厦门大学、大连理工大学、昆明理工大学等高校紧密合作，联合攻关生产的冶金法多晶硅已经成功制成了太阳能光伏电池，并开始销售和进入并网电站大量使用，产业化技术达到国际先进水平。由于我国的冶金法多晶硅制备技术都是自主研发，完全拥有自己的核心知识产权，对国外厂家不存在任何依赖，设备也全部由国内制造，因此，今后的技术升级空间大，成本下降的空间也大，装备制造的能力也较强。我国完全具备成为全球太阳能级多晶硅制造强国的实力。

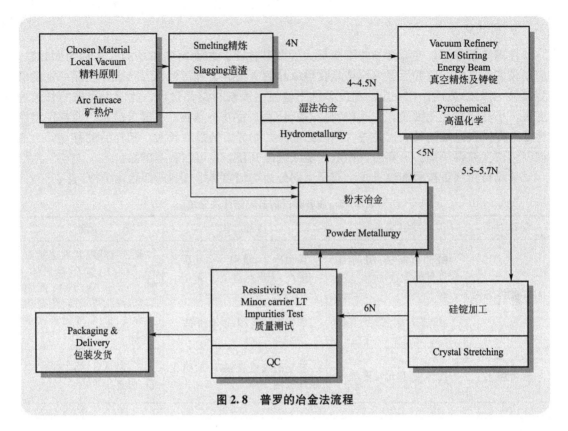

图 2.8 普罗的冶金法流程

2.2 材料加工工艺

材料的加工就是把材料制备成具有一定形状、尺寸和性能的制品的过程。它主要指材料的成形加工、内部组织结构的控制以及表面处理等。由于陶瓷部件成形后，除了磨削加工外，几乎不能进行任何其他加工，所以这里重点讨论金属材料、高分子材料和复合材料的加工工艺。

2.2.1 金属材料的加工工艺

金属材料的塑性较好，加工工艺也多种多样，包括铸造、压力加工、焊接和粘接、热处理、切削加工等如图 2.9 所示。其中粉末冶金已经在生产工艺一节中讨论过了；热处理工艺是只改变组织性能，不改变形状的过程，在有关章节专门讲述，因此这里只讨论铸、压、焊和机加工几个工艺过程。

1. 铸造

铸造是将金属材料由液态直接成形的一种通用方法，即将熔融金属浇注到型腔内，凝固后得到一定形状的铸件。

铸造的特点是金属一次成形，可用于各种成分、形状和重量的构件，其成本低廉，能经济地制造出内腔形状复杂的零件。对韧性很差的材料如铸铁，只能采用铸造法生产；对高温合金成形复杂形状的零件，铸造也是最经济的方法。

铸造法是一种广泛应用的重要的加工工艺，如汽车发动机的约95％重量都是铸铁件，典型的铸件如汽缸体、汽缸盖、凸轮轴、活塞环、挺杆、进气管、曲轴、摇臂，此外还有机床床身、齿轮箱、水暖管道等。铸件的缺点是机械性能一般不如变形组织。

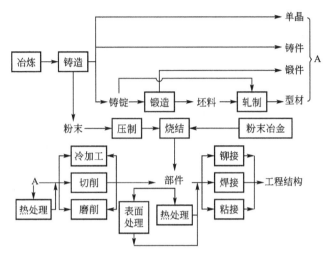

图2.9 金属材料的加工工艺

铸件的质量取决于合金的成分和铸造性能、铸造工艺和铸件的形状结构。从内在质量考虑，铸件的主要缺点是成分不匀和晶粒尺寸较大。由于非共晶合金的凝固过程是在一定的温度区间内进行的，有一个液固两相并存区，高温结晶的部分杂质含量要低，低温结晶的部分杂质含量高，如图2.10所示。

此外由于存在液固双相区，先析出的固相往往长成树枝状(称枝晶)，阻碍液态金属的流动，不利于获得优质铸件，因此共晶合金(或接近共晶成分的合金)的铸造性能要好于非共晶合金，这就是铸铁铸造性能远优于铸钢的原因。

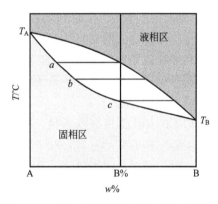

图2.10 具有液固双相区的匀晶合金相图

同样道理，接近共晶成分的铝和铜合金的铸造性能也很好，几种常用金属材料的铸造性能比较见表2-4。

表2-4 各种金属材料铸造性能比较

材料	流动性	体积收缩性	偏析倾向	其他
灰口铸铁	好	小	大	锻造内应力
球墨铸铁	稍差	大	小	易出缩孔
铸钢	差	大	大	导热性差，易冷裂
铸造黄铜	好	小	较小	易形成集中缩孔
铸造铝合金	尚好	小	较大	易吸气，易氧化

为了细化组织，消除粗大的枝晶，可以人为地向熔融金属中添加一些高熔点的、晶体结构相近的细小的杂质作为核心，促进不均匀形核的发生而得到更多更细的晶粒。如铝合金加入细化剂之后，晶粒大小可以由毫米量级减少到原来的十分之一。

铸件的质量还在很大程度上与铸造工艺和铸件结构设计有关，在铸件中容易出现浇不满、缩孔、夹杂、气孔、裂纹等缺陷，影响铸件的质量，产生较高的废品率。为了提高铸件质量，除了传统的砂型铸造外，人们还发展了很多铸造方法，如金属型铸造、压力铸造、离心铸造和熔模铸造等。对铸件的结构设计上也必须充分考虑到壁厚均匀合理、转角处逐步过渡等因素。

2. 压力加工

对固态金属施加外力，通过塑性变形得到一定形状、尺寸和性能的制品的过程就是压力加工。除了在成形上的独特优势之外（如薄板、细丝），压力加工的一个重要特点是可改善金属材料的机械性能。通过再结晶细化晶粒、纤维流线的定向控制、晶粒内偏析组织的均匀化、夹杂物及其他组织的破碎和重新分布以及材料内部缩松的焊合等方式，都可以提高材料的强度和韧性，因此加工工艺对材料性能有至关重要的影响。

根据加工方式的不同，压力加工可分为锻造、轧制、挤压、拉拔、冲压等方式；根据加工温度的不同，通常分为热加工和冷加工。

1）热加工

热加工是指在再结晶温度以上进行的加工过程。再结晶温度可近似用熔点的 0.4 倍来估计（以绝对温度表示），如纯铁为 450℃。热加工过程中，材料不断回复和再结晶，消除加工硬化，而且高温时材料的强度低、塑性好，所以可以进行大变形量、高速率的加工，如锻造和热轧就是典型的热加工。热加工同时可以改善材料的内部组织结构，其主要缺点是表面的氧化不可避免，影响表面质量，同时尺寸精度也较低，常常用于成形毛坯，供后续工序进一步精加工。

热加工的加工温度、变形量、冷却条件都可以直接影响产品的性能。加工温度高，材料的强度低，塑性变形容易，对于提高生产效率有利，但氧化和脱碳程度越大，材料损耗也越大，更关键的是温度过高、晶粒过于粗大、发生过热现象，或者更严重出现局部熔化的过烧现象，将使材料的韧性急剧降低，产品报废，因此材料热加工温度的上限一般要低于熔点 150～300℃。加工温度低虽然对性能有利，但受设备限制，温度过低则很难加工，所以合理地选择加工的温度区间是非常重要的，尤其是对于一些高温合金材料，必须小心。此外，只有足够的变形量和科学的变形方式（如反复锻造）才能打碎材料内部的一些脆性相和减弱严重的组织偏析，故对于一些高碳高合金钢，常常要求大于一定的锻压比。热加工后的冷却也很重要，冷却过快（包括在空气中自然冷却），往往导致很大的热应力和组织应力，造成产品的开裂（尤其是大尺寸零件和高淬透性的材料，如马氏体不锈钢、高铬模具钢）；另一方面，较快的冷速有利于提高产品的强度，如近年来发展起来的控冷控轧新技术，就是通过控制轧制和冷却工艺（吹风或喷雾），在成分不做大的改变的前提下，得到更优越的力学性能的。

2）冷加工

冷加工是指低于再结晶温度下进行的加工过程。由于温度较低，冷加工过程不能产生回复和再结晶现象。冷加工过程中工件将不断受到加工硬化，因此冷加工在使工件成形的同时也使其得到强化，并使其进一步的加工越来越困难，往往需要在中间加入退火工序。冷加工可以获得较精密的尺寸和良好的表面质量。由于冷加工条件下材料的强度很高，因此受设备条件限制，多用于加工比较薄的产品。如易拉罐的生产过程是先热轧得到厚板，再冷轧成薄板，最后可以通过冷冲压的方式得到制品。

由于冷加工过程晶粒会发生变形和流动，因此冷轧产品一般在轧制的方向上性能要大大优于其他方向，对于这一点材料的使用者要充分注意和加以利用。

3) 超塑性加工

超塑性加工是近年来发展的新技术。金属在超细等轴晶（微米量级），高温和较慢的变形速率下，塑性会比常态提高几倍到几十倍（延伸率由<10%提高到100%～1000%），而变形抗力则大大降低，表现像高温的玻璃一样，这种奇特的性质就是超塑性。利用超塑性现象可以用来加工形状复杂的部件，如通过压缩空气成形可以制造航天上使用球状气体容器等。其主要缺点是受应变速率的限制，生产率低，成本过高，目前还只应用在一些特殊的领域。

4) 常用加工工艺

一般的金属型材（如棒材、板材、管材和线材等）大都是通过轧制、挤压和拉拔等形式制成的。如汽车外壳钢板、建筑钢筋、钢轨。拉拔通常是轧制或挤压的后步工序，主要用来生产各种细丝（拉丝）和薄管（拔管），如电线、电缆、钢绞线等。

由于锻造可以改善金属内部的组织结构和机械性能，所以工程上的承受载荷的重要零部件必须要用锻造方式制造。如机器的主轴、重要的齿轮、炮弹的弹头、汽车的前桥等。

3. 焊接

要把各种零部件组成一个整体，成为一个有机的结构以完成一定的功能，就需要一定的连接手段。几乎所有的工程结构都是由连接在一起的不同零件组成的。一种方式是机械连接，如螺钉连接、铆接等，这种方式对材料本身的性能几乎没有影响；另一种方式是在工程上广泛使用的借助于物理化学过程的焊接，它往往在很大程度上改变了材料原有的成分、组织和性能。

焊接是使两个分离的固态物质借助于原子间结合力而连接在一起的连接方法。焊接是一种高速高效的连接方法，通过金属间（也可以用于金属和非金属间）的压结、熔合、扩散、合金化、再结晶等现象，而使零件永久地结合，广泛地用于制造桥梁、船舶、车辆、压力容器、建筑物等大型工程结构。焊接过程对材料的影响很大，尤其是工程上大量应用的熔化焊接，相当于焊接区的局部重新冶炼和热处理过程，可以显著改变焊接区的成分、组织和性能。若处理不当，会导致焊接船舶的脆断事故以及局部腐蚀失效事故等，因此焊接是一个很重要的工艺过程。

根据焊接过程是否施加压力，可以把焊接分为压力焊接和熔化焊接，前者主要靠压力作用，在固态下连接，后者则利用热源把母材局部或焊条合金熔化成液态，不加压的情况下，互相熔合在一起。每一种焊接又可以根据加压、加热方式的不同分为几十种具体的焊接工艺。

　　熔化焊接包括电弧焊、气焊、气体保护焊、电渣焊和钎焊等，是工程上钢铁材料的主要焊接方法。电弧焊是应用最广泛的焊接方法，利用焊条与母材之间的电弧放电来加热熔化金属；气体保护焊就是利用外加气体(如氩气和二氧化碳)保护焊接熔池的电弧焊，以获得高质量的焊缝；电渣焊是利用电流通过液体熔渣所产生的电阻热来焊接，适合于厚板，生产率高，质量好。钎焊是把熔点低于母材的钎料加热熔化，而把固态的母材焊接起来的方法，可以焊接不同种的金属材料，焊接变形小，但其接头强度低，工作温度低。其中软钎焊(低于450℃)，可使用电烙铁加热，主要用于电子元件与电路板之间的连接，硬钎焊(高于450℃)也用于机械零部件的连接。气焊是利用氧和乙炔气体燃烧来熔化金属，设备简单，但焊后变形大，被电弧焊逐步取代。

　　熔焊是一个复杂的过程，包括加热过程、冶金过程、结晶和长大过程，涉及一系列的化学冶金反应，如有害气体原子氮、氢、氧的熔入和夹杂物的析出等，会使焊缝的塑性和韧性急剧下降。可以采取保护措施隔绝空气，并通过焊条药皮加入合金，进行脱氧、去硫、合金化，以保证和调整焊缝的化学成分。焊条的选择要求焊缝金属与母材的力学性能相当(至少不低于母材)，不能带入大量的有害气体元素，有时还要求成分与母材相同(如不锈钢)。在熔焊过程中，不仅焊接接头本身的组织和性能要发生变化，近焊缝区的金属母材由于受到高温的作用，也要发生组织和性能变化，这个区域称为焊接热影响区。

　　焊接热影响区可分为半熔化区、过热区、正火区、部分相变区和再结晶区几个部分。半熔化区和过热区的晶粒粗化严重，塑性有明显的降低，对焊后性能的不利影响最为显著，产生裂纹和局部脆性破坏的可能性最大。这就是为什么常发现很多焊接件的破坏不是发生在焊缝上，而是发生在热影响区的原因，因此热影响区越小越好。为减小热影响区的尺寸，需要选择温度高、热量集中的焊接方法，如一般手工电弧焊的热影响区宽度大约为6毫米，而埋弧自动焊的热影响区约为2.5毫米。在有些情况下，也可以对焊件进行整体或焊缝附近局部热处理，以消除应力、细化晶粒和提高性能。

　　焊接过程中还会产生焊接应力和变形，从而降低结构的强度和影响尺寸精度，严重时会导致结构的报废。除了合理地选择焊接方法和规范外，合理的焊接件的结构设计、合理的焊接顺序、焊后的机械矫正和热处理等都可以有效地减少焊接应力和变形。

　　熔焊除了可以作为连接的手段以外，往往也可作为一种切割的工艺，如气焊也可以用于气割，电弧焊也可以用于分割金属等。熔焊用于分割金属时要注意与焊接相类似，这种分割过程也对材料的组织和性能带来很大影响。

　　压力焊接中的冷压焊，是靠大压力进行焊接，不需加热，适用于铅、铝和铜导线等低熔点母材的焊接；超声波焊接借助于超声波的机械振荡作用，可以降低所需的压力，适用于有色合金薄板。

　　接触焊也称电阻焊，是利用电阻使接头部加热到高塑性状态或局部熔化状态，然后施加机械压力使焊件焊合的方法，包括点焊、滚焊(缝焊)和对焊。其中点焊主要用于无密封要求的薄板的连接，滚焊主要用于薄壁容器的焊接，对焊可以焊接受力的大尺寸棒料和管材。摩擦焊是利用焊件接触端面相对旋转产生的摩擦热，达到塑性状态，然后用压力焊接的方法，可用于导热性好、易氧化(即不易焊接)金属如铝的焊接，国外已大量应用于汽车和拖拉机等零部件的焊接。接触焊的优点是机械化程度高，生产率高，不需填充金属，焊接质量好，可焊接异种金属，其应用面正不断扩大。

近年来新发展了许多新的焊接工艺方法，如等离子弧焊接、电子束焊接、激光焊接和扩散焊等，广泛地应用于航天、军工、电子等尖端工业领域中，解决了各种铜合金、钛合金、高合金钢、难熔金属等的焊接问题，是焊接技术的新的发展方向。有些新技术也同时应用于切割工艺，如激光切割可以切割各种金属和非金属材料，具有切割精度高、效率高、切缝小、速度快的优点，但切割的厚度有一定的限制；等离子弧常用于切割不锈钢和一些有色合金，切割厚度可达 20 厘米。

4. 切削加工

很多零部件在通过铸造、压力加工和焊接成形之后，还要通过切削加工(机加工)来提高其尺寸精度和表面光洁度，或者获得其他手段不易得到的特殊的形状。金属的切削加工可分为车、铣、刨、钻和磨 5 种基本的方法。此外，还有一些特殊的切削方法(如化学蚀刻、电化学加工、超声波加工、电火花加工和激光加工等)主要用于一些特定的精度要求很高的场合。切削过程基本上是零件的纯粹形状改变过程，一般不引起材料内部组织和性能的变化(少量的加工硬化除外)，因此对各种切削方法的选择主要是从其成形能力和加工精度来考虑的。

另外，切削过程生产效率较低，成本相当高，所以经济因素考虑也是一个很重要的指标。如除非精度要求必要，磨削一般尽量避免。

2.2.2 塑料和橡胶的加工工艺

塑料制品的生产主要由成形、机械加工、装配等过程组成。其中成形是最重要的基本工艺。塑料的成形加工工艺中最主要的是注塑、挤塑、吹塑、压塑、铸塑和粘接等，其工艺实质与金属材料的铸造、压力加工和焊接以及陶瓷材料的生产工艺等具有很多相似之处。

由于塑料的熔点很低，塑料工业能又快又省地生产出具有高表面光洁度和高精度的零件，这是与金属和陶瓷制品不同的一个突出特点。

1. 注射成形(注塑)

注射成形是利用注塑机将熔化的塑料快速注入闭合的模具内，使之冷却固化，开模得到定型的塑料制品的方法。注塑过程包括加料、塑化、注射、冷却和脱模等工序。注塑制品成形后有时还需要适当的后处理以改善性能，提高尺寸的稳定性，包括退火和调湿处理。退火可以消除应力；调湿是让制品预先吸收一定的水分，使其尺寸稳定，避免使用过程吸水而变形。

2. 挤出成形(挤塑)

挤出成形是利用挤出机，借助柱塞或螺杆的挤压作用，使受热熔化的塑料连续通过口模成形的过程。为保证连续成形，需要有牵引设备(滚轮式和履带式)，对一些型材需要有定型工艺，有些制品还要进行后处理。挤塑主要用于生产各种热塑性的塑料板材、棒材、管材、异型材、薄膜、电缆护层等，具有生产效率高、用途广、适应性强等特点。它主要

的工艺参数是温度、压力和挤出速度。高温利于塑化,提高生产率,但制品的收缩率大,成形后的形状稳定性差。

3. 模压成形(压塑)

压塑是将原料放入加热的模具型腔内,加压加热使塑料发生交联化学反应而固化,得到塑料制品的过程。模压通常在油压机或水压机上进行,整个工艺包括加料、闭模、排气、固化、脱模和清理模具等工序。与挤塑和注塑比,压塑设备、模具和生产过程较为简单,易于生产大型制品,但生产周期长、效率低,较难实现自动化,也难于成形形状复杂的制品和厚壁制品。

模压成形多用于热固性工程塑料的成形,如酚醛树脂、环氧树脂和有机硅树脂等,也可用于热塑性的聚四氟乙烯预压成形和聚氯乙烯唱片的生产。

4. 吹制成形(吹塑)

吹塑类似于吹制玻璃器皿,是制造塑料中空制品或薄膜等的常用工艺。把挤塑、注塑得到的管状坯料,加热软化,置于对开的模具中,将压缩空气通入使其吹胀,紧紧贴于模具的内壁,冷却后脱模即得到制品。吹塑法广泛地用于生产口径不大的瓶、壶、桶等容器和儿童玩具等,主要使用的塑料为聚乙烯、聚氯乙烯、聚苯乙烯、聚碳酸脂等。

吹塑法还用于制造塑料薄膜,此工艺相当于管材挤出的继续。将连续挤出的管状坯料,在机头引入压缩空气,使管材扩大成为极薄管壁的圆筒,然后加工成袋状制品,剖开成为薄膜。影响吹塑制品质量的工艺参数包括温度、壁厚、压力、吹胀比、模具温度和冷却时间等。为提高薄膜的强度,需要在拉伸机上在一定温度下拉伸薄膜,使高分子排列整齐,并在拉应力下冷却定型。

5. 浇铸成形(铸塑)

铸塑类似于金属的铸造,将处于流动状态的高分子材料注入特定的模具,使之固化并得到与模具型腔一致的制品的过程。其特点是铸模的成本低,可以把塑料与其他材料包封在一起,但生产效率低,尺寸精度差。该方法主要用于热固性工程塑料的成形,既可以成形形状简单的制品,也可以成形一些复杂的零件,如齿轮、轴套、滑轮、转子和垫圈等。浇铸成形还可以用于橡胶制品的生产。浇铸成形的方法包括静态浇铸成形、嵌铸成形和离心浇铸成形等。

6. 橡胶的成形

橡胶制品的生产一般要经过混炼、成形和硫化等几个工序。压延成形是一种生产橡胶片材(胶片)的主要成形方法,类似于金属材料的轧制。压延成形就是使材料在相对旋转的加热辊之间被压延,而连续形成一定厚度和宽度的薄板材的过程。该法需要控制的参数是辊温、转速和辊间距,以保证产品的外观和性能。压延之后可以趁热通过压花辊,得到压花薄膜。

压延成形也用于塑料产品和复合材料的制造,如在压延同时向辊筒之间送入其他的基体材料(纸张、织物),使热的塑料或橡胶膜片在压力下与这些基材贴合在一起,可以制造出复合的制品,称为压延贴合、贴胶。人造革、地板革和壁纸等是用此方法制造的。

橡胶的另一种基本成形工艺是压出成形,类似于塑料的挤出成形。在橡胶工业中,很多产品都是压出成形的，如轮胎的胎面、内胎、电线和电缆的外套以及各种异形断面的制品等。压出成形的工艺参数包括压出温度、压出速度和冷却速度等。

7. 连接和机加工

高分子材料的连接方法有粘胶连接(粘接)、溶剂胶合、热焊和机械固定等。粘接是用粘接剂把两个零件连接起来并且使接合处有足够的强度的连接工艺。粘接的优点是能适用于任何表面，无须其他连接件，连接表面光滑，接合处密封性好，可以连接不同的材料，如高分子之间、高分子与金属之间、金属与玻璃之间等。目前粘接技术发展很快，已经广泛地应用于机械制造业、飞机制造业、电子制造业和建筑业等领域。在粘接过程中，粘接剂与被粘物体间通过机械作用、扩散作用、吸附作用和化学作用而牢固地粘接在一起。而粘接的质量与粘接剂的选择密切相关。

溶剂胶合适用于聚丙烯、聚苯乙烯和一些乙烯基能溶解的热塑性塑料，其接头强度和母材相当。热焊可用于大多数热塑性塑料，类似于金属的焊接，使高分子聚合物受热软化并被压在一起形成接头。热源可以是热气、加热的工具、摩擦加热等。

高分子材料可以进行机加工，其工艺与金属材料也是相似的，主要的差别是高分子材料切削时产生的热量很难散掉，若摩擦过热，可能使热固性塑料退化或碳化，使热塑性塑料软化并粘住切刀。使用锐利的刀具、抛光刀具工作面并使用冷却液可以避免过热的问题。大多数塑料可以高速切削，通常采用的切削条件与切削黄铜时类似。

2.2.3 复合材料的加工工艺

复合材料的种类繁多，其成形工艺也各种各样，主要是与复合材料的基体有关，原则上可以采用与基体材料相类似的生产方法。对树脂基复合材料而言，主要是手糊成形、喷射成形、压制成形、纤维缠绕成形和连接浇注等方法；对金属基复合材料而言，主要是粉末冶金法、热压扩散法、热挤热轧、铸造、熔融金属浸透、等离子喷涂法等；对陶瓷基复合材料，可采用热压烧结和化学气相渗透法等。许多工艺与已讲过的金属、高分子和陶瓷材料的生产工艺很类似，因此在这里仅加以简要介绍。

1. 树脂基复合材料的成形方法

(1) 手糊成形：在涂好脱膜剂的模具上，边涂刷树脂，边铺放玻璃纤维制品，然后固化成形。

(2) 喷射成形：把切断的玻璃纤维和树脂，一起喷到模具表面，然后固化成形。

(3) 压制成形：在模具上铺好玻璃纤维制品，然后加上配好的室温固化树脂，并加压固化成形。

(4) 纤维缠绕成形：把连接玻璃纤维边浸胶(也可用预浸纱)，边缠到芯模上，然后固化成形。

(5) 连接成形：把连接玻璃纤维不断地浸以树脂，并通过模口和固化炉，固化成棒、板或其他型材。

2. 金属基复合材料的成形方法

(1) 粉末冶金法：用于各种颗粒、晶须及短纤维增强的金属基复合材料。其工艺与金属材料的粉末冶金工艺基本相同，首先将金属粉末和增强体均匀混合，制得复合坯料，再压制烧结成锭，然后可通过挤压、轧制和锻造等二次加工成形。

（2）热压扩散法：是连续纤维增强金属基复合材料成形的一种常用方法。按照制品的形状、纤维体积密度及性能要求，将金属基体与增强材料按一定顺序和方式组装成形，然后加热到某一低于金属基体熔点的温度，同时加压保持一定时间，使基体金属产生蠕变和扩散，与纤维之间形成良好的界面结合，得到复合材料制品。热压扩散法多用于制作形状较简单的板材和其他型材以及叶片等产品，易精确控制制品的形状。

3. 陶瓷基复合材料的成形方法

对颗粒、晶须及短纤维增强的陶瓷基复合材料可以采用热压烧结和化学气相渗透法等方法制造。对连续纤维增强的陶瓷基复合材料，还需要特殊的工序，如料浆浸渍热压成形，其工艺为：将纤维置于陶瓷粉浆料中，使纤维粘附一层浆料，然后将纤维布成一定结构，经干燥、排胶和热压烧结成为制品。

料浆浸渍热压成形方法优点是不损伤增强纤维，不需成形模具，能制造大型零件，工艺较简单，因此广泛用于连续纤维增强陶瓷基复合材料的成形。

化学气相渗透工艺，是将纤维做成所需形状的预成形体，在预成形体的骨架上开有气孔，在一定温度下，让气体通过并发生热分解或化学反应沉积出所需的陶瓷基质，直至预成形体中各孔穴被完全填满，获得高致密度、高强度、高韧性的复合材料制品。

2.3 材料工艺性能的表征

人们在了解材料的各种工艺的同时，也不可避免地要接触到各种材料的工艺性能。所谓工艺性能，就是材料适应工艺而获得规定性能和外形的能力。显然，这种能力除了与材料的成分和组织结构等内部因素有关以外，也与设备、气氛、温度、载荷等外部环境因素密切相关，因此对于工艺性能的表征也必须与特定的工艺和环境联系起来。这样，使得工艺性能的表征变得很复杂。人们通常采用直接实验法和相关法来表征材料的工艺性能。

1. 直接实验法

对于一些比较容易进行的加工过程，可以采取直接实验法来获得其工艺性能，如切削性能。切削是一种复杂的表层加工过程，切削性能与许多外在的因素有关，如切削工具、切削类型和条件，等等，因此在研究切削性能时往往采用标准的实验条件，对不同的材料进行相对的切削性能比较。常用比较参量有如下几项。

（1）泰勒速度：通常切削速度越快，刀具寿命越短。在其他条件恒定的情况下，选择不同的切削速度，把刀具寿命为 60 分钟时的切削速度表示为 V_{60}。V_{60} 越高，表示材料的可切削性能越好。

（2）钻入深度：用压力、速度及时间相等时的刀具钻入材料的深度来比较切削性能，有时也用钻入一定深度所用的时间来比较。

（3）消耗能量：用切削一定材料所消耗的能量或散热量来比较切削性能。耗能越大，切削性能越差。

需要注意的是，人们一般不用以上各种参量的绝对值来直接表示切削性能，而常常用各种材料之间的相对比值来表示相对切削性能。表2-5给出了各类合金的相对于镁合金的相对切削性能。

表2-5 常用合金的相对切削性能

材料	消耗能量	泰勒速度
镁合金	1.0	100
铝合金	1.8	55
黄铜	2.3	45
灰口铁	3.5	36
低碳钢	6.3	20
镍合金	10.0	11

2. 相关法

在工程应用中，人们希望把工艺性能与一些简单的物理、化学、力学参量联系起来，以利于更方便的应用，此即研究工艺性能的相关法。这方面的一个典型的例子就是焊接性能。

通过大量的实验结果，人们发现钢的焊接性能与其成分关系很大，尤其是碳含量。当碳含量高时，焊接区容易产生裂纹，合金元素含量增加也容易产生开裂现象，因此可以用合金成分的"碳当量"概念来表示焊接性能的好坏，常用的碳当量 $[C]$ 的计算公式为：

$$[C] = C + Mn/6 + (Ni + Cu)/15 + (Cr + Mo + V)/5$$

式中的元素符号代表这些元素在钢中的重量百分比。

经验表明，当 $[C]$ 小于 0.4% 时，钢材焊接冷裂倾向不大，焊接性良好；$[C]$ 在 $0.4\%\sim0.6\%$ 时，钢材焊接冷裂倾向较显著，焊接性较差，焊接时需要预热钢材和采取其他工艺措施来防止裂纹；当 $[C]$ 大于 0.6% 时，钢材焊接冷裂严重，焊接性能很差，基本上不适合于焊接，或者只有在严格的工艺措施下和较高的预热温度下才能进行焊接操作。

应当指出，碳当量的计算公式是一个经验公式，有一定的适用范围，在实际使用过程中只能作为参考，不能绝对化。

在工业界大量使用的薄板材(一般小于10毫米)，往往经过冷冲压成形，如汽车的外壳等。在评价板材的冲压性能时，除了直接实验的方法之外(即埃氏杯突实验，根据成杯时不开裂的高度来评定深冲性能的简单实验方法)，也可以用相关法。

人们通过大量的研究发现材料的深冲性能与材料的形变硬化指数 n 和板材的强度各向异性 R 有关。材料的 n 值越大，越容易加工硬化，则均匀拉伸越大，越不容易出现颈缩和断裂，深冲性能越佳；板材板面的强度要低于板厚方向的强度，这样有利于板材沿长度方向延伸，而不断裂，因此板材的强度各向异性越大，则深冲性越佳。

2.4 新工艺和新技术

2.4.1 表面改性

很多部件在使用过程中对表面和内部的要求是不同的。对表面的要求常常是耐磨、耐

蚀和抗氧化性能等，而对部件内部的要求是韧性好，抗冲击（从经济角度考虑，部件内部材料价格要便宜，成形要容易）。

为了满足这样的性能要求，除了传统的表面渗碳、表面热处理等手段外，目前还可以借助许多新技术，如离子束、激光、等离子体等改变材料表面的化学成分、物理结构和相应的使用性能，或者获得新的薄膜材料，这就是表面改性。

近年来，表面改性技术发展很快，已经发展为很多种类，包括离子注入、离子束沉积、物理气相沉积、化学气相沉积、等离子体化学气相沉积和激光表面改性等。

1. 离子注入和离子束沉积

离子注入就是在真空中把气体或固体蒸汽源离子化，通过加速后把离子直接注入固体材料表面，而改变材料表面（包括近表面数十到数千埃的深度）的成分和结构，达到改善性能之目的。可通过离子注入进行表面改性的材料除金属材料以外，目前已扩展到高分子材料和陶瓷材料。

金属材料离子注入的特点有如下几点。

(1) 几乎所有的元素都可注入，而且可得到高的表面浓度，获得非平衡结构和合金相。例如铜和钨不互溶，却可以将钨离子注入铜基体中；氮在钢中溶解度很低，通过氮离子注入的方法可以使钢表面氮浓度很高，并形成亚稳的氮化物。

(2) 离子注入可以在室温下进行，不需要把待处理的部件加热，从而可保持其外形和尺寸不变。

(3) 离子注入的深度和浓度易于控制，可以重复。

(4) 注入层和基体之间结合力强，界面连续。

主要缺点有如下几点。

(1) 注入层较薄。

(2) 离子直线注入，复杂部件很难处理。

(3) 设备费用昂贵。

有如下几个应用范围。

(1) 提高耐磨性能：氮离子注入的钛合金人造骨，磨损可降低 3 个数量级，使用寿命提高 100 倍；硬质合金制造的拉丝模具、工具钢制造的塑料挤压模具、切纸刀和橡胶切刀、钻头、冲头等，通过离子注入都可以使使用寿命提高几倍到十几倍。

(2) 提高耐蚀性能：在钢表面离子注入一层铬，可以得到与铬合金相当的耐蚀性能。

(3) 提高抗氧化性能：对一些金属，如钛、锆、铬、镍和铜等，离子注入钇、铯、铝等抗氧化元素可以使其表面氧化速率降低十倍之多。

如果使离子在较低的能量下，直接沉积到基体上称为离子束沉积，主要用于在基体上获得各种薄膜材料，如 AlN、TiN、BN、Si_3N_4、TiO_2、ZrO_2 等。将离子注入和薄膜沉积两者结合起来，形成离子束增强沉积表面改性技术。除了改善基体材料表面力学性能和耐蚀性能等，离子束沉积还可以提高膜的光学、电磁学性能等。

近年来又发展了等离子体源离子注入和金属蒸汽真空弧离子源离子注入表面改性技术，以提高表面改性质量、降低成本和提高效率。

2. 物理气相沉积

用热蒸发或电子束、激光束轰击靶材等方式产生气相物质，在真空中向基片表面沉积形成薄膜的过程称为物理气相沉积。它包括蒸发镀膜、溅射沉积和离子镀膜等物理方法。

1）蒸发镀膜

利用电阻加热、高频加热、载能束等轰击使镀料转化为气相以达到沉积的目的。其中激光物理气相沉积方法可以高效、高质地在基片表面形成硬质氧化物、氮化物陶瓷膜、氧化铝膜以及超导薄膜。

2）溅射沉积

以离子轰击靶材料，使其溅射并沉积到基体材料上称为溅射沉积。它包括二极溅射、三极溅射、四极溅射、磁控溅射、射频溅射和反应溅射等技术。

3）离子镀膜

离子镀膜是在镀膜的同时采用离子轰击基体表面和膜层的镀膜技术，包括空心阴极离子镀和多弧离子镀等，广泛用于在高速钢刀具表面镀超硬 TiN 膜，在涡轮机叶片上镀防热腐蚀膜，可大大延长部件的使用寿命。

3. 化学气相沉积

利用气态物质在固体表面上进行化学反应生成固态沉积物的过程，称为化学气相沉积。化学气相沉积的优点是沉积速率高，每小时可沉淀数十微米以上；通过调节参数可以控制沉积层的化学组成、形貌、晶体结构和晶向等，利用中等温度和高气压的反应剂气体源，来沉积高熔点的相，如在 $900℃$ 下可沉积熔点 $3225℃$ 的 TiB_2。化学气相沉积的处理温度相对比较低，沉积层均匀。

化学气相沉积的不足之处是基体材料要加热，往往引起基体材料中的相变、晶粒的长大和组分的扩散；气相反应剂的腐蚀性常常会影响基体材料，导致沉积层多孔、粘着力低和化学污染；此外，化学气相沉积是平衡过程，不能得到亚稳态材料。

化学气相沉积的方法很多，包括常压化学气相沉积、低压化学气相沉积、激光化学气相沉积、金属有机化合物化学气相沉积和等离子体化学气相沉积等。已经用到的有几十种涂层材料(主要是金属碳化物、氮化物、硼化物和氧化物)和上百种反应体系。例如化学气相沉积在硬质合金刀具上获得碳化钛和碳氮化钛涂层，其硬度可达基体的两倍，仅次于金刚石，润滑性和耐磨性都很好，大大延长了刀具寿命，又改进了工件的表面质量。又如钢铁碳化钛涂层复合材料作为加工的工模具或耐磨部件，已广泛应用于板金压力加工、纺织、粉末冶金、陶瓷、塑料及钢丝绳加工等各种工业部门。

4. 激光表面改性

利用激光产生的热量对工件表面进行处理的过程就是激光表面改性。其优点是非接触式的处理；总输入热量小、热变形小；可以局部加热，能量密度高，处理时间短，可以在线加工；能精确控制处理条件，便于自动化过程。

激光表面改性的局限性是其处理效果与材料表面的反射率、密度和导热系数等密切相关，对表面反射率高的材料，激光能量不能充分被吸收；激光本身是转换效率低的能源；设备费用较贵，成本高；处理效率低，不适宜大面积处理等。

目前多用二氧化碳激光器进行激光表面改性处理，因为二氧化碳激光器的输出功率大（$\approx 20kW$），而且效率高。此外，YAG 固体激光器、一氧化碳激光器和受激准分子激光器也可用于激光表面改性。YAG 固体激光器含掺钕的钇铝石榴石晶体，（$Y_3Al_5O_{12}$）是激光器中的增益介质，即载体。

激光表面改性包括激光相变硬化(表面淬火和冲击波加工硬化)、激光表面熔融(表层熔化重凝)、激光涂敷(表面加涂料处理)、激光表面合金化(渗金属)等。工业上激光表面改性多用于耐磨铸铁件和高碳钢件以提高表面的硬度、耐磨、耐蚀等性能,也用于在铝合金表面熔入镍形成镍铝金属间化合物使硬度大幅度提高。

2.4.2 金属雾化喷射沉积

金属雾化喷射沉积是指将金属熔化成液态后,雾化为熔滴颗粒,然后直接沉积在具有一定形状的收集器上,从而获得大块整体致密度接近理论密度的金属实体的过程。显然,金属雾化喷射沉积技术可以概括为熔化、雾化和沉积 3 个过程。已用此项技术制备了大规格的产品,如直径 40 厘米、厚 4 厘米、长 8 米的不锈钢钢管,宽 1.2 米、长 4 米、厚 1 厘米的板材,直径 15 毫米、长 1 米的棒坯等,单个产品的重量可达 600 公斤以上。

金属雾化喷射沉积技术的优越性有如下几个方面。

(1) 制品的致密度高:一般可达理论密度 95% 以上,在控制良好的条件下可超过 99%。

(2) 含氧量低:由于金属呈液态的时间极短(10^{-3} 秒),而且整个过程受到惰性气体的保护,氧的增量很低,低于粉末冶金的水平。

(3) 凝固快速很快:冷速一般在 $10^3 \sim 10^6 K/s$,因此喷射成形合金有快速凝固组织的特征,晶粒和组织细化,宏观偏析消除,合金成分均匀等。

(4) 合金性能改善:由于快速凝固组织的优点,可改善材料的许多性能,如耐蚀、耐磨、磁性、强韧性等。在有些合金中,还可以得到超塑性,为零件的精密成形创造了条件。

(5) 适用性广:可用于各种金属材料,如合金钢、铝合金和高温合金等,也可以适用于金属间化合物和复合材料等。

(6) 工序简化:喷射沉积成形是把合金、工艺和产品紧密结合,高度集成的制造过程,可以直接成形接近零件形状的坯料,减少中间工序,经济性好。

(7) 沉积效率高:工业化的生产率为 25~200 公斤/分,可以生产大件产品。

喷射沉积的装置主要有熔炼部分、雾化沉积室、气源及控制系统和沉积控制台等。对铝、钛和镁等活泼金属,还必须采取措施保证得到均匀的液态金属和不发生安全事故。

2.4.3 金属半固态加工

在金属凝固过程中,进行剧烈搅拌,或控制固-液态温度区间,可得到一种液态金属母液中均匀地悬浮着一定固相组分的固-液混合浆料,这种浆料具有某种流变特性,可以方便地进行成形加工。利用这种金属浆料加工成形的方法,称为金属的半固态加工。其基本原理是先凝固的固相,在剧烈的扰动下,初次枝晶被打破,呈圆整的颗粒状,类似砂浆,具有良好的流动性,可以用铸造和挤压及锻轧等方式成形。

半固态加工的主要流程包括金属浆料制备、半固态铸造、半固态压力加工等。

1. 制备金属浆料

制备金属浆料主要是熔体搅拌法,常用的方法有如下几种。

(1) 机械搅拌法:一边用高速旋转的叶片搅拌熔体,一边降温使熔体凝固,当固相达到一定的比例时(例如 55%)，将金属浆料送入压射室直接压铸成形，或先制成铸锭，再进行二次成形加工。这是目前使用最广泛的一种方法。

(2)电磁搅拌法：在控制温度的条件下，外加电磁力使正在凝固的金属液产生涡流运动，制备半固态合金。

(3)紊流效应法：让金属熔体通过特制的多流装置，使金属液的流动产生紊流效应，打碎枝晶，获得流变金属浆料。

此外，制备金属浆料还可以采用以下方法。

(4)粉末法：将金属粉末混合、压块，加热使一种粉末熔化或多种粉末相互扩散形成的合金熔化，得到固液混合金属浆料，例如 Ti-20Co。

(5)再结晶法：大变形的铝合金(如 Al-6Si)加热到固相线以上的温度，则发生再结晶并使共晶区熔化，得到金属浆料。

(6)喷射成形的坯料加热到局部熔化时也可得到金属浆料。

2. 半固态铸造

半固体铸造包括流变铸造、触变铸造和复合铸造。

(1)流变铸造：将搅拌法制造的金属浆料直接铸造(或压铸)成产品，或者制成供应触变铸造和触变锻造使用的坯锭。由于金属浆料的良好的流动性能，可以得到尺寸精确、形状复杂、组织致密的高质量铸件。

(2)触变铸造：将流变铸造得到的坯料，重新加热到固液温度，在压射室中直接成形。

(3)复合铸造：将非金属材料，如陶瓷、石墨等，与金属浆料复合铸造，制备复合材料，可以促进非金属和金属之间的均匀混合，避免传统复合材料制备方法中易出现的漂浮、沉淀和结块现象。

3. 半固态压力加工

半固态压力加工是把流变铸造得到的铸锭重新加热到固液相之间的温度，可以直接挤压和锻造零件(即触变挤压和触变锻造)。由于这种铸锭具有触变性，即其表观粘度随时间的延长而逐步下降，铸坯在成形后期具有明显的超塑效应和良好的填充性能，变形抗力小，可以高速变形，是一种很有前途的加工方法。半固态加工把铸造、锻压和焊接等多种工艺有机地结合起来，将有可能发展成新的金属成形工艺。

半固态压力加工主要有以下优点。

(1)铸件质量高：由于半固态加工中金属以实体充填型腔，浆料温度低且有高的固相分数，故成品缺陷少，组织致密，质量和性能高。

(2)应用范围广，可适用于多种合金，如铝合金、铜合金、钴合金和不锈钢等，而且可适用于铸、压、焊等多种工艺。

(3)加工温度低，节省能源，工艺简单，成本低，改善劳动条件。

(4)变形抗力小，提高模具使用寿命，为黑色金属压铸开辟了新途径。

(5)为金属基复合材料的制备提供了重要的新工艺，而且可以大幅度提高制品质量。

2.4.4　自蔓延高温合成技术

自蔓延高温合成技术也称燃烧合成，是一种利用化学反应(燃烧)本身放热制备材料的

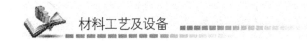

新技术，其特点有以下几方面。

(1) 利用化学反应自身放热，完全(或部分)不需要外热源。

(2) 通过快速自动波燃烧的自维持反应得到所需要成分和结构的产物。

(3) 通过改变热的释放和传输速度来控制反应过程的速度、温度、转化率和产物的成分及结构。

自蔓延高温合成技术的原理是把原料按一定比例混合成形，然后通过点火引燃，使其局部发生燃烧反应，并得到所需要的反应产物。同时，燃烧反应放出的热量足以使其他部分原料逐步燃烧，使整个坯料完全发生反应，获得具有所需要的一定成分和结构的材料。

自蔓延高温合成技术具有节能、工艺设备较简单、产品纯度高，可制备非平衡材料、多种类型复合材料等优点，是一种制备陶瓷和金属间化合物的新方法，从 1967 年在苏联首次发现以来，受到了广泛重视。但这种方法也有一定的局限性，限制了它的发展，如反应温度高、制造的粉末粒度较粗、反应复杂、瞬时高温和生产过程不易控制等。

自蔓延高温合成技术通常可应用在制粉、烧结、加压致密化、熔铸、焊接和涂层等几个方面，并可与其他传统的工艺相结合生产出产品，一些产品已经取得了工业应用，如 TiC 磨料、大型硬质合金轧辊、陶瓷内衬钢管、TiNi 形状记忆合金，耐火材料和铁氧体等。

自蔓延合成 TiNi 形状记忆合金型材的工艺是把原料粉末混合后，通过冷等静压成形，再点火自蔓延燃烧形成具有一定成分的 TiNi 合金；然后可以通过热等静压、热加工、冷加工等工艺过程获得管材、线材和板材等。

自蔓延离心铸造陶瓷内衬复合钢管技术，就是把铝粉和氧化铁粉混匀后装入钢管内，然后通过离心机带动钢管旋转，达到一定速度后，用火焰点燃钢管内的物料，使铝和氧化铁发生放热反应，得到铁和氧化铝。依靠反应本身放出的热量，这个化学反应过程可以自我维持并迅速在钢管内蔓延，燃烧温度可达 2180℃，使反应产物铁和氧化铝瞬时熔化，并在离心力的作用下分层分布。密度较小的氧化铝分布在钢管内壁，形成陶瓷层，可以得到比钢本身更良好的耐磨和耐蚀性能；而密度较大的铁处于钢管和氧化铝陶瓷层之间，起到过渡层的作用。目前已经制出了长 5.5 米 、直径 0.33 米的复合钢管用于铝液和高温腐蚀性气体的输运。

 习 题

1. 什么是材料的工艺性能？材料的工艺性能与其他性能的关系如何？

2. 金属、陶瓷、高分子材料的生产、加工工艺有何异同？

3. 表面改性的意义是什么？有哪些表面改性的方法？

4. 金属雾化喷射沉积有何特点？适用范围如何？

5. 什么是金属半固态加工？有何应用？

6. 自蔓延高温合成技术有何特点？适用范围如何？

7. 金属材料的生产工艺有哪些？各适用于哪些金属？

8. 陶瓷烧结的方法有哪些？

9. 单晶材料的制备关键是什么？有哪些制备方法？

第二篇

材料固态成形加工工艺及设备

材料的固体状态是材料的常见形态，材料的使用效能也主要是在固态下体现的。材料的工艺就是通过一系列的过程完成材料由一种状态到另一种状态的变化。材料加工实际上是材料内部的组织结构或外部形状在外界条件的作用下发生的变化过程。一种成熟的加工技术可以转移、转化为新的工艺和技术。例如来源于高分子材料加工的注塑技术已应用于粉末冶金和特种陶瓷的成形过程。

第3章
金属材料锻造成形
加工工艺及设备

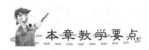
本章教学要点

知识要点	掌握程度	相关知识
自由锻造加工工艺	掌握	绘制锻件图，坯料质量和尺寸的确定，确定锻造温度，以齿轮为例介绍制定自由锻加工工艺的过程
模型锻造成形工艺	掌握	模锻件主要有长轴类、短轴类、弯曲类、叉类及枝芽类等5类锻件；模型锻造的工艺规程主要涉及锻件图的设计、坯料的质量和尺寸计算、模锻模膛的设计等
自由锻造设备	了解	空气锤、蒸汽-空气锤、水压机的结构及应用
模型锻造设备	了解	锤上模锻、胎模锻造、精密模锻等的结构形式及其应用范围；热模锻压力机、平锻机、螺旋压力机、摩擦压力机、曲柄压力机等的构造及适用范围

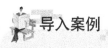导入案例

1.5 万吨水压机

由中国第一重型机械集团公司自行设计、制造的世界上吨位最大、技术最先进的 1.5 万吨重型自由锻造水压机（图 3.0）于 2006 年 12 月 30 日一次热负荷试车成功。这台大型战略装备的研制成功是我国制造实力的体现和综合国力的象征，它标志着我国重型锻造设备的设计制造水平已跨入当今国际领先行列，同时也标志着我国已具备自主生产高端大型锻造机械的能力，以往生产关键大型锻件受制于国外的时代有望终结。据介绍，目前国内有万吨以上的锻造水压机 3 台，均建于 20 世纪五六十年代。这些水压机生产效率较低，所生产的锻件等级和精度难以满足重点领域大型锻件生产制造要求。国际上俄罗斯和罗马尼亚各有 1 台 1.5 万吨级水压机，一重集团新建的 1.5 万吨水压机不仅在能力上超过国内现有的水压机，成为世界上吨位最大的水压机之一，而且在主机结构和控制系统水平上也有多项技术创新，是目前世界上最先进的重型自由锻造水压机。其建成后，一重将成为亚洲最大的铸锻件生产基地。

图 3.0　1.5 万吨重型自由锻造水压机

金属材料固态成形是利用金属的塑性使其产生变形，从而达到工件成形的目的。金属材料固态成形应用最广泛的工艺是锻造工艺，锻造工艺在汽车、拖拉机、动力机械、矿山机械、机床和航空航天等部门中占有重要的地位。

世界上锻造技术起源于何时虽无从考证，但中国是世界上应用最早的国家之一。从 1972 年河北藁城县商代遗址出土的兵器（距今已有 3300 余年），经采用现代技术经验确定，其刃口是采用合金嵌锻而成，这是我国至今发现最早生产的锻件。另外在陕西秦始皇兵马俑坑的出土文物中，有三把合金钢锻制的宝剑，其中一把至今仍光艳夺目、锋利如昔，令目睹者叹为观止。随着科学技术的不断革新，我国锻造行业也有了迅速的发展，当前已经生产出 1.5 万吨水压机这样的大型锻造设备，锻造的能力和水平也越来越高，锻造业在工业、农业和国防等部门起着举足轻重的作用。

锻造工艺主要包括自由锻加工工艺和模锻加工工艺。自由锻加工工艺适用于小批量、单件或大型锻件在锤上或水压机上进行生产，生产成本较为经济。模锻加工工艺特点则是材料利用率高，锻件尺寸稳定、生产率高，适用于中、小型锻件的成批和大量生产，它广泛应用在汽车、拖拉机、飞机等生产部门。

锻造工艺目前的主要目标是如何进一步提高锻件精度和内部质量，缩短生产周期和降低生产成本，提高竞争的能力，如何广泛利用计算机进行辅助设计、制造、工艺模拟及生产管理。

3.1 自由锻造加工工艺

自由锻造加工工艺是将金属材料的坯料加热到锻造温度，在自由锻造设备和简单工具的作用下，靠人工操作控制锻件的形状和尺寸。自由锻造加工工艺过程的实质是利用简单的工具逐步改变原坯料的形状、尺寸和组织结构，以获得所需锻件的加工过程。自由锻造加工工艺的优点是所用工具简单，通用性强、灵活性大，因此适合单件和小批锻件，特别是特大型锻件的生产。自由锻造加工工艺的缺点是锻件精度低，加工余量大、生产率低、劳动强度大。

自由锻造加工工艺的基本工序包括镦粗、拔长、冲孔、扩孔、弯曲和位移等。

自由锻造加工工艺有手工锻造和机器锻造。手工锻造的锻件精度差，工人劳动强度大，锻造生产率低，适用于中、小锻件。随着现代制造业的迅速发展，生产中主要采用机器锻造，机器锻造根据使用设备类型的不同，又分为自由锻和水压机自由锻，主要用于大型锻件的锻造。

在工业生产中，锻造锻件特别是大、中型锻件都要先制定锻造工艺规程。自由锻加工工艺规程包括绘制锻件图、计算锻件坯料的质量和尺寸、选择锻造变形工艺和工具、确定锻造设备和吨位、确定锻造温度范围、制定锻坯加热和锻后冷却规范、制定锻件的热处理规范、规定锻件的技术要求和检验要求、编制工艺卡片等，车间按照工艺卡片中的各项规定组织生产。

3.1.1 绘制锻件图

锻件图是编制锻造工艺过程、设计工具、指导生产和验收锻件的主要依据，也是与后续机械加工工艺有关的技术资料。它是在零件图的基础上考虑加工余量、锻件公差、锻造余块、检验试样及操作用夹头等因素绘制而成。

（1）加工余量：即机械加工预留量，是为了保持机械加工后的零件达到固定尺寸和精度所增加的一部分金属，如图 3.1(a)所示。加工余量的大小应随锻件尺寸、形状的变化而

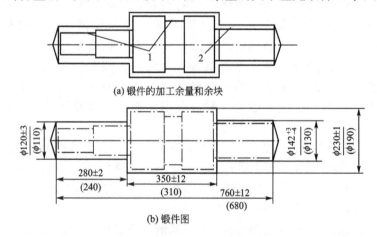

(a) 锻件的加工余量和余块

(b) 锻件图

图 3.1 锻件余量、余块及锻件图

1—余块；2—加工余量

变化,锻件越大加工余量也越大。零件外表面加工余量取正值,孔则取负值。

(2) 锻件公差:即锻造工艺允许误差。锻造时,由于各种因素影响(如终锻温度的差异、锻压设备、锻造时测量的误差、锻工的技术水平等)使锻件的实际尺寸达不到锻件的公称尺寸,允许有一定范围的误差。锻件实际尺寸大于公称尺寸的部分为正偏差,小于公称尺寸的部分为负偏差,如图3.1(b)所示。

(3) 锻造余块:为简化锻件外形轮廓,在零件的某些部位增加一部分大于余量的金属,这部分附加的金属叫锻造余块,如图3.1(a)2所示。

锻件的加工余量、锻造公差和锻造余块可从锻造手册中查出。

3.1.2 确定坯料质量和尺寸

自由锻用原材料有两种:一种是钢材、钢坯,多用于中小型锻件;另一种是钢锭,主要用于大中型锻件。

1. 坯料质量计算

锻件坯料质量 $G_{坯}$ 由锻件质量和各种损耗质量构成,可按式(3-1)计算:

$$G_{坯}=(G_{锻}+G_{芯}+G_{切})(1+\delta) \tag{3-1}$$

式中,$G_{坯}$ 为锻件质量(kg),由公称尺寸确定;$G_{芯}$ 为冲孔芯料损失(kg)。$G_{芯}$ 取决于冲孔方式、冲孔直径(d)和坯料高度(H_0),可按式(3-2)、式(3-3)、式(3-4)计算:

实心冲孔: $$G_{芯}=(1.18\sim1.57)d^2H_0\rho \tag{3-2}$$

空心冲孔: $$G_{芯}=6.16d^2H_0\rho \tag{3-3}$$

垫环冲孔: $$G_{芯}=(4.32\sim4.71)d^2H_0\rho \tag{3-4}$$

式中,ρ 为锻造材料的密度(g/cm³);$G_{切}$ 为锻件拔长后端部不平整而应切除的料头质量(kg),它与切除部位的直径(D)或宽度(B)和高度(H)有关,可按式(3-5)和式(3-6)计算:

圆形截面: $$G_{切}=(1.65\sim1.8)D^3\rho \tag{3-5}$$

矩形截面: $$G_{切}=(2.2\sim2.36)B^2H\rho \tag{3-6}$$

式中:δ 为钢料加热烧损率,它与所选用的加热设备类型有关,可根据表3-1选取。

表3-1 不同加热炉中加热钢的一次烧损率

加热炉类型	δ/%	加热炉类型	δ/%	加热炉类型	δ/%
室式油炉	3~2.5	连续式煤气炉	2.5~1.5	电接触加热炉	1.0~0.5
连续式油炉	3~2.5	电阻炉	1.5~1.0	室式煤炉	4.0~2.5
室式煤气炉	2.5~2.0	高频加热炉	1.0~0.5	—	—

2. 坯料尺寸的确定

锻件坯料尺寸确定与所选用的锻造成形工序有关,若选用的锻造成形工序不同,则确定坯料尺寸的方法也不相同。坯料体积 $V_{坯}$ 可由坯料质量除以材料密度 ρ 得到:

$$V_{坯}=G_{坯}/\rho \tag{3-7}$$

当头道工序采用镦粗法锻造时,为避免产生弯曲,坯料的高径比应小于2.5,为便于

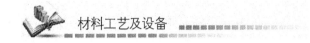

下料,高径比应大于 1.25,即

$$1.25 \leqslant \frac{H_0}{D_0} \leqslant 2.5 \qquad (3-8)$$

根据上述条件,将 $H_0 = (1.25 \sim 2.5) D_0$ 代入到 $V_{坯} = \frac{\pi}{4} D_0^2 H_0$,就求出坯料直径 D_0(或边长 a_0)的计算式:

$$D_0 = (0.8 \sim 1.0) \sqrt[3]{V_{坯}} \qquad (3-9)$$

$$a_0 = (0.75 \sim 0.9) \sqrt[3]{V_{坯}} \qquad (3-10)$$

由上面计算出的坯料直径 D_0(或边长 a_0),再按照国家材料规格标准,选择标准直径或标准边长,然后计算坯料高度(即下料长度):

圆坯料:
$$H_0 = \frac{V_{坯}}{\frac{\pi}{4} D_0^2} \qquad (3-11)$$

方坯料:
$$H_0 = \frac{V_{坯}}{a_0^2} \qquad (3-12)$$

3. 锻造比的选择

锻件在锻造成形时变形程度的表示方法称为锻造比。锻造比的大小反映了锻造对锻件组织与性能的影响。锻造比还是衡量锻件质量的重要指标。锻造比过小,锻件达不到性能要求;锻造比过大,不仅会增加锻造工作量,而且还会引起性能的各向异性,因此在制定锻造工艺规程时,应该合理选取锻造比。

(1) 若选用钢材锻制锻件,因为钢材在出厂前经过大变形量的锻或轧制,其钢材组织与性能已得到改善,所以一般不需考虑锻造比。

(2) 用钢锭(包括选用有色金属铸锭)锻造大形锻件,则必须考虑锻造比。如果零件的技术条件要求锻造比,则应根据技术要求选取锻造比。如果零件的技术要求没有规定锻造比,那么应该根据材料化学成分、零件受力情况等综合考虑选取。

合金结构钢锭的铸造缺陷比碳素结构钢锭严重,所需的锻造比要大些。

(3) 锻件选用一般结构钢,当零件受力方向与纤维方向不一致时,为了保证横向性能,避免产生各向异性,锻造比选为 $2 \sim 2.5$。

当零件受力方向与纤维方向一致时,为了提高纵向性能,锻造比可以选取到 4。

对于重要的锻件(如航空锻件、高合金钢锻件),为了充分破碎铸态组织,获得较高综合性能,常用镦粗-拔长工艺,此时锻造比选为 $6 \sim 8$。

3.1.3 确定锻造温度范围

1. 锻造温度范围

金属材料的锻造是在一定的温度范围内进行的。锻造温度包括始锻温度(开始锻造时的温度)和终锻温度(停止锻造时的温度)。

碳素钢的始锻温度应该是将其加热到单相奥氏体区,因为在这个区域碳素钢的塑性、韧性好，利于锻造，但加热温度不宜太高，否则碳素钢的晶粒会长大并会产生过热甚至过烧现象。碳素钢的始锻温度选在固相线以下 150～200℃左右。而碳素钢的终锻温度，对于亚共析钢，选在 A_1 温度以上 50～70℃左右。对于过共析钢，终锻温度同样选在 A_1 温度以上 50～70℃，不能选在 A_{cm} 和 A_1 温度区间，否则会产生二次渗碳体，影响机械性能。

合金钢的锻造温度要求控制准确，因为合金钢的锻造温度范围比碳素钢窄，所以合金钢的锻造温度控制在±5℃范围内。

2. 锻件的热处理规范

(1) 用低碳钢制作中、小型锻件时，对坯料可以快速加热到始锻温度以减少坯料的氧化和表面脱碳，还可提高生产率，但要防止产生过热和较大热应力。

(2) 用合金钢制作大型锻件，由于合金钢的导热率低和塑性差，对坯料采取缓慢升温，分段加热，减少应力，使坯料内外均匀热透后才出炉锻造成形，随后还应采取缓慢冷却，如随炉冷却或灰冷等工艺措施。

3.1.4 制定自由锻加工工艺规程举例

以齿轮零件(图 3.2)为例，制定自由锻工艺规程。该零件材料为 45 钢，生产数量 20 件，由于生产量小，采取自由锻锻制齿轮。其设计过程如下：

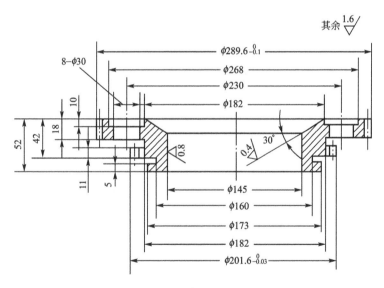

图 3.2 齿轮零件图

1. 设计、绘制锻件图

由于采用自由锻，要锻出零件的齿形如圆周上的狭窄凹槽，技术上是不可能的，应加上余块简化锻件外形以便锻造。

根据《圆环类自由锻件机械加工余量和公差(JB 4249.6‐86)》锻件水平方向的双边余量和公差为 $a＝(12±5)$mm，锻件高度方向双边余量和公差为 $b＝(10±4)$mm，内孔双边余量和公差为$(14±6)$mm，于是便可绘出齿轮的锻件图，如图 3.3 所示。

2. 确定齿轮变形工序及中间坯料尺寸

由锻件图 3.3 可知 $D=301\text{mm}$，凸肩部分 $D_{肩}=213\text{mm}$，$d=131\text{mm}$，$H=62\text{mm}$，凸肩部分高度 $H_{肩}=34\text{mm}$，得到 $D_{肩}/d=1.63$，$H/d=0.47$，齿轮的变形工序可定为：镦粗→冲孔→扩孔→修整。

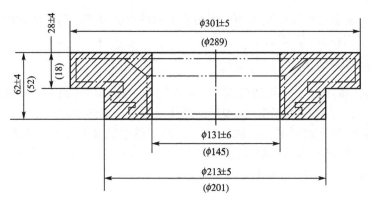

图 3.3　齿轮锻件图

（1）镦粗：由于锻件带有单面凸肩，需采用垫环镦粗，如图 3.4 所示，这时应确定垫环尺寸。垫环孔腔体积 $V_{垫}$ 应比锻件凸肩体积 $V_{肩}$ 大 $10\%\sim15\%$（厚壁取小值，薄壁取大值），此处取 12%，经计算 $V_{肩}=753253\text{mm}^3$，于是 $V_{垫}=1.12V_{肩}=1.12\times753253=843643\text{mm}^3$。

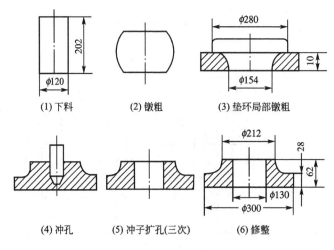

图 3.4　齿轮锻造工艺过程

考虑到冲孔时会产生拉缩，垫环高度 $H_{垫}$ 应比锻件凸肩高度 $H_{肩}$ 增大 $15\%\sim35\%$（厚壁取小值，薄壁取大值），此处取 20%，经计算 $H_{垫}=1.2H_{肩}=1.2\times34=40.8\text{mm}$，取 40mm。

垫环内径 $d_{垫}$ 根据体积不变条件求得 $d_{垫}=1.13\sqrt{\dfrac{V_{垫}}{H_{垫}}}=1.13\sqrt{\dfrac{843643}{40}}\approx164\text{mm}$。

垫环内壁应有斜度（$7°$），上端孔径定为 $\phi163\text{mm}$，下端孔径为 $\phi154\text{mm}$。为去除氧化皮，在垫环上镦粗之前应进行自由镦粗，齿轮锻造工艺过程如图 3.4 所示。自由镦粗后坯料的直径应略小于垫环内径，而经垫环镦粗后上端法兰部分直径应比锻件最大直径小些。

（2）冲孔：冲孔应考虑两个问题，即冲孔芯料损失要小同时又要考虑到扩孔次数不能太多，冲孔直径 $d_冲$ 应小于 D/3，即 $d_冲 \leqslant \dfrac{D}{3} = \dfrac{213}{3} = 71\text{mm}$，实际选用 $d_冲 = 60\text{mm}$。

（3）扩孔：总扩孔量为锻件孔径减去冲孔直径，即 $131-60=71\text{mm}$。按照每次扩孔量为 $25\sim30\text{mm}$，分配各次扩孔量。现分三次扩孔，各次扩孔量为 21mm、25mm、25mm。

（4）修整锻件：按锻件图进行最后修整。

3. 计算原坯料尺寸

原坯料体积 V_0 包括锻件体积 $V_锻$ 和冲孔芯料体积 $V_芯$，即：

$$V_0 = (V_锻 + V_芯) \times (1+\delta)$$

锻件体积按锻件图公称尺寸计算得 $V_锻 = 2368283\text{mm}^3$。

冲孔芯料体积：冲孔芯料厚度与毛坯高度有关。冲孔毛坯高度 $H_{孔坯} = 1.05 H_镦 = 1.05 \times 62 = 65\text{mm}$，$H_芯 = (0.2\sim0.3)H_{孔坯}$，比例系数取 0.2，则 $H_芯 = 0.2 \times 65 = 13\text{mm}$。于是 $V_芯 = \dfrac{\pi}{4} d_冲^2 H_芯 = \dfrac{\pi}{4} \times 60^2 \times 13 = 36757\text{mm}^3$。

烧损率 δ 取 3.5%，代入得到 $V_0 = 2489216\text{mm}^3$。

由于第一道工序是镦粗，坯料直径按公式 $D_0 = (0.8\sim1.0)\sqrt[3]{V_0} = 108\sim135.8$ 计算，取 $D_0 = 120\text{mm}$，$H_0 = \dfrac{V_0}{\frac{\pi}{4}D_0^2} = 220\text{mm}$。

4. 选择设备吨位

根据锻件形状尺寸查阅相关资料，选用 0.5t 自由锻锤。

5. 确定锻造温度范围

45 钢的始锻温度为 1200℃，终锻温度为 800℃。

6. 填写锻造工艺卡片（略）

3.2 模型锻造成形工艺

模型锻造是用模具使坯料产生变形而获得锻件的锻造成形方法，在模型锻造时，金属是在锻模的模堂内成形。模型锻造可以看作是自由锻的发展。

利用模型锻造成形能减少金属的消耗和机械加工量，缩短零件的制造周期。利用模型锻造成形工艺可以获得尺寸和形状非常接近于完整零件的技术要求。模型锻造工艺效率高，其生产率是自由锻加工工艺的 10 倍左右。模型锻造的主要缺点是模具制造费用高。

模型锻造成形种类很多，根据使用的设备分为锤上模锻、机械锻压机上模锻、平锻机上模锻、摩擦压力机上模锻、水平锻机上模锻等。根据有无飞边还可分为开式模锻和闭式模锻（无飞边模锻）。这里主要介绍锤上模锻。

3.2.1 模锻件分类

模锻件的分类是根据锻件分模线的形状、主轴线的形状及模锻件形状等进行分类的。

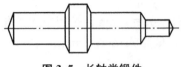

图 3.5 长轴类锻件

1. 长轴类锻件

常见的长轴类锻件有各种轴，如主轴、传动轴和机车轴等。它们的分模线和主轴线都是直线，如图 3.5 所示。

2. 短轴类锻件（方圆类锻件）

常见的短轴类锻件有齿轮、法兰盘、十字轴和万向节叉等。这类锻件在平面图上两个相互垂直方向上的尺寸大约相等，如图 3.6 所示。

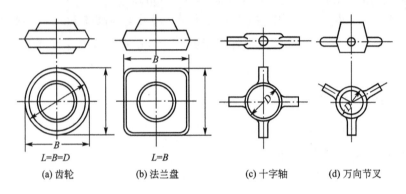

(a) 齿轮　　　　(b) 法兰盘　　　　(c) 十字轴　　　　(d) 万向节叉

图 3.6 短轴类锻件

3. 弯曲类锻件

这类锻件主轴线是弯曲线，而分模线是直线；或者分模线是弯曲的，主轴线是直线；或者主轴线和分模线都是弯曲的，如图 3.7 所示。

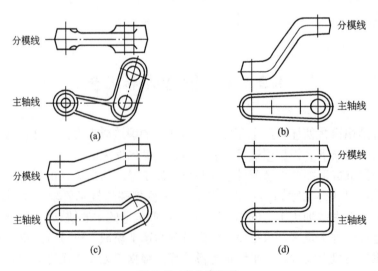

图 3.7 弯曲类锻件

4．叉类锻件

叉类锻件的主轴线仅通过锻件主体的一部分，而且在一定的地方主轴线通过锻件两个部分之间，如图3.8所示。

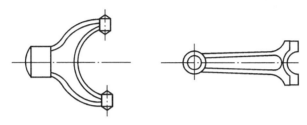

图 3.8 叉类锻件

5．枝芽类锻件

枝芽类锻件的主轴线是直线或曲线，而且在局部有圆滑的弯曲或急凸起部分，凸起的部分称为枝芽，如图3.9所示。

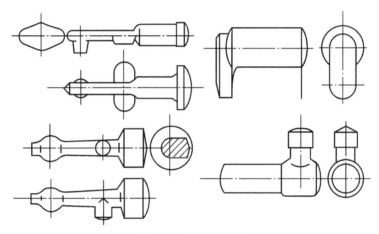

图 3.9 枝芽类锻件

3.2.2 模型锻造工艺规程

模型锻造工艺规程内容包括锻件图的制定、坯料的计算、工序的确定、模锻模膛的设计、设备吨位选择、坯料的加热规范、热处理等。

1．锻件图的设计

锻件图是根据产品零件图结合技术条件和实际工艺而制定，它是用作设计及制造锻模、计算坯料及作为验收合格锻件的基本依据，是指导生产的重要技术文件。设计锻件图包括确定锻件分模线形状、机械加工余量，选定锻件公差、模锻斜度和圆角半径、确定冲孔连皮，给定附加的技术要求等。

1) 分模面的选择

所谓分模面是指上、下(或左、右)锻模在锻件上的分界面。它的位置直接影响到模锻工艺过程，锻模结构及锻件质量等，因此分模面的选择是锻件图设计中的一项重要工作，需要从技术和经济指标上综合分析确定。确定分模面位置最基本的原则是保证锻件形状尽可能与零件形状相同，以及锻件能完整地从模膛内方便的取出，如图 3.10 所示。确定分模面时，应考虑以镦粗成形为主，使模锻件容易成形。此外，还应考虑以下几点要求。

(1) 保证金属容易充满模膛(图 3.11)。

(2) 简化模具制造，尽量选择平面(图 3.12)。

(3) 容易检查上下模膛的相对错移(图 3.13)。

(4) 有利于平衡模锻错移力(图 3.14)。

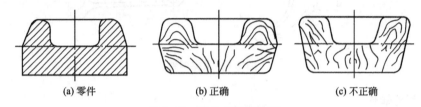

图 3.10　锻件分模面位置

(a) 零件　　(b) 正确　　(c) 不正确

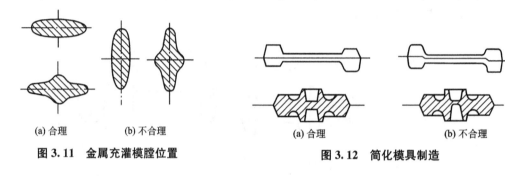

图 3.11　金属充灌模膛位置　　　　图 3.12　简化模具制造

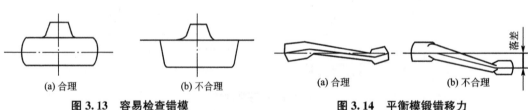

图 3.13　容易检查错模　　　　图 3.14　平衡模锻错移力

(5) 有利于干净的切除飞边(图 3.15)。

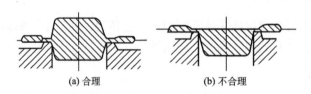

图 3.15　干净的切除飞边

2) 确定机械加工余量和公差

锻件上所有需要进行机械加工的部位，都要给出一定的加工余量。余量的大小由锻件的质量大小、形状复杂程度和零件表面粗糙度确定。余量过大会增加锻件的切削加工量和金属的损耗；余量过小，会引起加工量不足而增加废品，因此确定合理的加工余量十分重要。

在模锻锤设备上生产的模锻件，其机械加工余量可参照 GB/T 12362—1990《钢质模锻件公差及机械加工余量》的规定进行设计。以下以齿轮轴为例说明模型锻造件确定加工余量和公差的方法。

零件名称：齿轮轴(图 3.16(a))；材料：45CrNi；生产条件：成批生产，在 5t 模锻锤上锻造。

已知零件最大高度 $H=80$mm；最大长度 $L=350$mm；最大宽度 $B=80$mm；$L/B=350/80=4.4$，查阅资料得单边加工余量为 3mm，高度方向允许偏差 $^{+2.4}_{-1.2}$。再查资料得出水平方向允许尺寸偏差为 $356^{+3.5}_{-1.8}$ 及 $86^{+2.0}_{-1.0}$。根据上述数值绘出齿轮轴模锻图(图 3.16(b))。

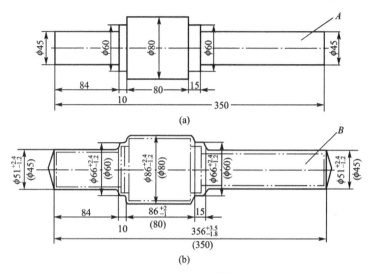

图 3.16 齿轮轴模锻图

3) 确定模锻斜度

模锻件上与分模面相垂直的表面附加的斜度称为模锻斜度或出模角，作用是使锻件很容易从模腔中取出，同时使金属更好的充满模腔。锻件冷却时趋向离开模壁的部分称为外斜度，用 α 表示，反之称为内斜度，用 β 表示。模锻斜度可以是锻件侧壁附加的斜度，也可以是侧壁的自然斜度。附加的模锻斜度会增加金属的损耗和机械加工余量，因此在保证锻件出模的前提下，应选用较小的模锻斜度。如果锻件的自然斜度可以保证出模，就不该增加模锻斜度。内斜度通常比外斜度略大，锻模上深而窄的形槽选用较大的模锻斜度，反之可选用较小的斜度。

模锻斜度的大小一般均用角度(°)表示。为加工模具的方便，模锻斜度应选取 0°、0.25°、0.5°、1.5°、3°、5°、7°、10°、12° 和 15° 等标准度数。一个锻件某部分斜度的大小，视金属充填该部分形槽深度 H 及宽度 B 的比值而定，形槽窄而深者模锻斜度大。表 3-2 是常用的模锻斜度范围。表 3-3 给出了钢质锻件的外壁斜度，L 表示锻件在确定模锻斜度处的长度。图 3.17 是轴锻件、长方形锻件和圆形锻件的模锻斜度。

表 3-2 各种金属锻件的模锻斜度范围

锻件材料	外模锻斜度	内模锻斜度
铝、镁合金	3°~5°	5°~7°
钢、钛、耐热合金	5°~7°	7°、10°、12°

表3-3　钢质锻件外壁斜度

L/B		H/B					
		<1	1~3	3~4.5	4.5~6.5	6.5~8	>8
<1.5	α	5°	7°	10°	12°	15°	15°
>1.5		5°	5°	7°	10°	12°	15°

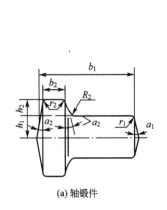
(a) 轴锻件

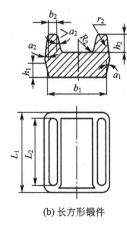
(b) 长方形锻件

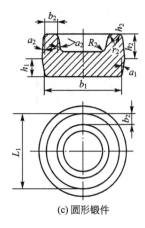
(c) 圆形锻件

图 3.17　模锻斜度的确定

4）确定圆角半径

为了使金属易于流动和充满形槽，提高锻件质量并延长锻模的寿命，模锻件上所有的转接处都要用圆弧连接，使尖角、尖边呈圆弧过渡，此过渡处称为锻件的圆角。

锻件上的凸圆角半径称为外圆角半径，用 r 表示（图 3.18），它的作用是避免锻模相应部位因产生的应力集中导致开裂。若外圆角半径过小，金属充填模具形槽相应处十分困难，而且易在此处引起应力集中使其开裂（图 3.19）；若外圆角半径过大，会使锻件凸角处余量减小。

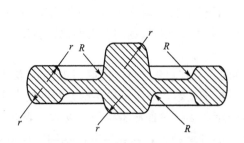

图 3.18　锻件圆角半径的确定

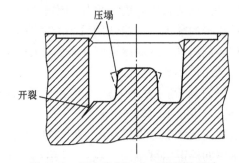

图 3.19　圆角半径过小对模具的影响

锻件上的凹圆角半径称为内圆角半径，用 R 表示（图 3.18），它的作用是使金属易于充满形槽，避免锻件产生折叠，防止形槽过早被压塌变形（图 3.19）。若锻件内圆角过小，则金属流动时形成的纤维容易被割断（图 3.20），导致力学性能下降，还容易产生回流，最后形成折叠（图 3.21）使锻件报废，或使模具上凸出部分压塌而影响锻件出模；若内圆角半径过大，将增加机械加工余量和金属损耗，对某些复杂锻件，内圆角半径过大，使金属过早流失，造成局部充不满现象。

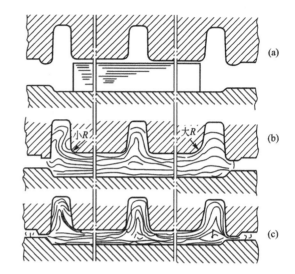

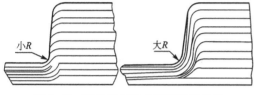

图 3.20　圆角半径与金属纤维的关系　　　　图 3.21　折叠与圆角半径的关系

5）冲孔连皮的选择

模型锻造时，不能直接锻出透孔，仅能冲出一个初孔形，而孔内还留有一层具有一定厚度的金属称为冲孔连皮。孔径小于 25mm 时，一般不宜冲孔，为利于金属充满形槽，可制成盲孔。冲孔连皮可以在切边压力机上冲掉或在机械加工时切除。模锻冲出初孔形，为的是使锻件更接近零件形状，减少金属的浪费，缩短机械加工时间，同时可以使空壁的金属组织更致密。冲孔连皮可以减轻锻模的刚性接触，起到缓冲作用，以免损坏锻模。

图 3.22 所示为冲孔连皮的 4 种形式。连皮设计必须选择合适的连皮厚度。连皮太薄，需要较大的打击力来保证锻件充满，对设备和模具不利；连皮太厚，既浪费金属，锻件又容易在冲孔时变形。

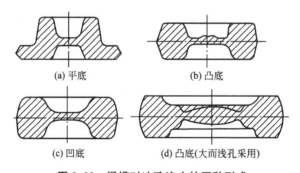

(a) 平底　　　　　　　　　(b) 凸底

(c) 凹底　　　　　　　(d) 凸底(大而浅孔采用)

图 3.22　锻模时冲孔连皮的四种形式

2. 坯料的质量和尺寸计算

模锻件坯料的计算涉及的因素较多，只能作粗略的估算。估算式如下：

模锻件坯料质量＝模锻件质量＋飞边质量＋氧化烧损

一般根据模锻件的基本尺寸来计算质量，当有冲孔连皮时，应包括连皮量。飞边质量的多少与锻件的质量和形状大小有关，差别较大，一般可按锻件质量的 20%～25% 计算。

氧化烧损按锻件质量和飞边质量总和的 3%～4% 计算。

模锻件坯料的尺寸与锻件的形状和所选的模锻种类有关。

1）盘形锻件

这类锻件在分模面上的形状是圆的或近似圆的，如齿轮坯锻件。金属的变形主要属于镦粗过程，因此坯料尺寸可按式：1.25＜（坯料高度/坯料直径）＜2.5 来计算，防止镦弯。

2）长轴类锻件

锻件沿轴线各处的截面积相差不多，则坯料尺寸可按式：坯料截面积＝（1.05～1.3）（坯料体积/锻件长度）来计算。

对于形状复杂而各处截面积相差较大的复杂锻件，主要有拔长、滚压过程使金属有积聚变形。坯料尺寸可按式：坯料面积＝（0.7～0.85）锻件最大部分的截面积（包含飞边）来计算。

3．模锻模膛设计

模锻模膛包括终锻模膛和预锻模膛。所有的锻件都要用终锻模膛，模锻件的几何形状和尺寸靠终锻模膛保证，而预锻模膛要根据具体情况决定是否需要，因此该节只对终锻模膛设计做简单介绍。

终锻模膛是用来完成锻件最终成形的模膛，因此锻模设计首先应设计终锻模膛。终锻模膛通常由模膛本体、飞边槽和钳口 3 部分组成，其中模膛本体是根据热锻件图设计的。

1）热锻件图制定

热锻件图是将冷锻件图的所有尺寸计入收缩率而绘制的。钢锻件的收缩率一般取 1.2%～1.5%；钛合金锻件取 0.5%～0.7%；铝合金锻件取 0.8%～1.0%；铜合金锻件取 1.0%～1.3%；镁合金锻件取 0.8% 左右。

加放收缩率时，对无坐标中心的圆角半径不加放收缩率；对于细长的杆类锻件、薄的锻件、冷却快或打击次数较多而终锻温度较低的锻件，收缩率取小值；带大头的长杆类锻件可根据具体情况将较大的头部和较细杆部取不同的收缩率。

由于终锻温度难以准确控制，不同锻件的准确收缩率往往需要在长期实践中修正。

为了保证能锻出合格的锻件，一般情况下，热锻件图形状与锻件图形状完全相同，但在某些情况下，需将热锻件图尺寸做适当的改变以适应锻造工艺过程要求。

（1）终锻模膛易受磨损处应在锻件负公差范围内预留磨损量，以在保证锻件合格率的情况下延长锻模寿命。如图 3.23 所示的齿轮锻件，其模膛中的轮辐部分容易磨损，应使锻件的轮辐厚度增加，因此应将热锻件图上的尺寸 A 比锻件图上相应的尺寸减小 0.5～0.8mm。

（2）锻件上形状复杂且较高的部位应尽量放在上模。在特殊情况下要将复杂且较高的部位放在下模时，锻件在该处表面易"缺肉"，这是由于下模局部较深处易积聚氧化皮。如图 3.24 所示的曲轴，可在其热锻件图相应部位加深约 2mm。

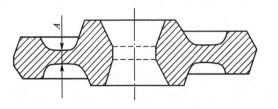

图 3.23 齿轮锻件

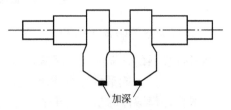

图 3.24 曲轴锻件局部加厚

（3）当设备的吨位偏小，上下模有可能打不靠时，应使热锻件图高度尺寸比锻件图上相应高度减小（接近负偏差或更小一些），抵消模锻不足的影响。相反，当设备吨位偏大或锻模承击面偏小时，可能产生承击面塌陷，应适当增加热锻件图高度尺寸，其值应接近正公差，保证在承击面下陷时仍可锻出合格锻件。

（4）锻件的某些部位在切边或冲孔时易产生变形而影响加工余量，应在热锻件图的相应部位增加一定的弥补量，提高锻件合格率，如图 3.25 所示。

（5）对一些形状特别的锻件（图 3.26），不能保证坯料在下模膛内或切边模内准确定位，在锤击过程中，可能因转动而导致锻件报废，因此热锻件图上需增加定位余块，保证多次锤击过程中的定位以及切飞边时的定位。

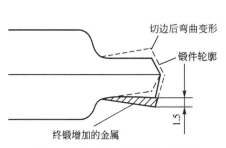

图 3.25　切边或冲孔易变形锻件

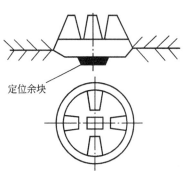

图 3.26　需增设定位余块的锻件

2）飞边槽及其设计

锤上锻模为开式模锻，一般终锻模膛周边必须有飞边槽，其主要作用是增加金属流出模膛的阻力，迫使金属充满模膛。飞边还可容纳多余金属。锻造时飞边起缓冲作用，减弱上模对下模的打击，使模具不易压塌和开裂。此外，飞边处厚度较薄，便于切除。

飞边槽一般由桥口和仓部组成，其结构形式如图 3.27 所示。

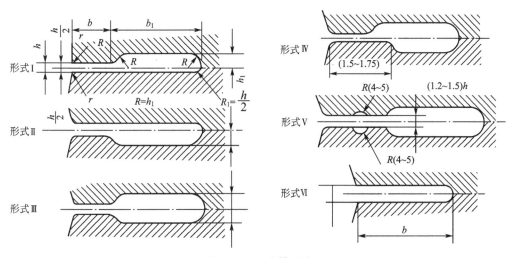

图 3.27　飞边槽形式

形式 I 是使用最广泛的一种，其优点是桥部设在上模块，与坯料接触时间短，吸收热量少，因而温升少，能减轻桥部磨损或避免压塌。

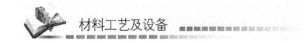

形式Ⅱ适用于高度方向形状不对称锻件。因复杂部分设在上模，为简化切边冲头形状，通常将锻件翻转180°，故桥部设在下模，切边时锻件也易放平稳。

形式Ⅲ适用于形状复杂，坯料体积不易计算准确而往往偏多的锻件，增大仓部容积，不致于发生上下模压不靠。

形式Ⅳ适用对象同形式Ⅲ，由于加宽下模毛边桥部，因而提高了桥部强度，避免过快地磨损和过早地压塌。

形式Ⅴ只用于锻模局部，桥部增设阻尼沟，增加金属向仓部流动的阻力，迫使金属流向形槽深处或枝芽处。

形式Ⅵ称为楔形毛边槽，其特点是终锻时水平方向金属流动越来越困难，适用于形状更复杂的锻件，缺点是切除毛边困难。

3）钳口及其尺寸

终锻形槽和预锻形槽前端留下的凹腔称为钳口（图3.28）。钳口是用来容纳夹持坯料的夹钳，便于锻件从形槽中取出。制造锻模时，钳口还用作浇铅或金属盐的浇口，以复制形槽的形状，作检验用。钳口与形槽间的沟槽叫钳口颈，其作用主要是增加锻件与钳夹头连接的刚度，便于锻件出模，同时也是浇铅水或金属盐溶液的浇道。

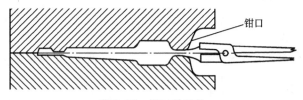

图3.28　钳口的结构

3.3　自由锻造设备

自由锻是指用简单的通用性工具，或在锻造设备的上、下砧之间直接使坯料变形而获得锻件的方法。常用自由锻设备有空气锤、蒸汽-空气锤和水压机。

3.3.1　空气锤

空气锤的外形及主要结构如图3.29所示。空气锤使用空气作为工作介质，但它不是用压缩空气站供应的压缩空气，而是由电动机6直接驱动空气锤本身的压缩活塞3做上、下运动，在压缩缸2内制造压缩空气，再推动工作活塞4上、下运动，驱动锤头即上砧11下落进行打击。当压缩活塞下降时，相反推动工作活塞带动上砧上升。空气锤主要用于自由锻造，也可用作胎模锻造，是目前中、小型锻造车间的主要锻造设备之一。

在小吨位锻锤中，空气锤已经取代了1吨以下的蒸汽-空气自由锻锤。空气锤不适于大吨位，一般都在1吨以内，其吨位规格有40kg、75kg、150kg、250kg、400kg、560kg、750kg、1000kg等。

3.3.2　蒸汽-空气锤

蒸汽-空气锤主要用于自由锻造工艺，也可用于胎模锻，其规格常用落下部分质量来

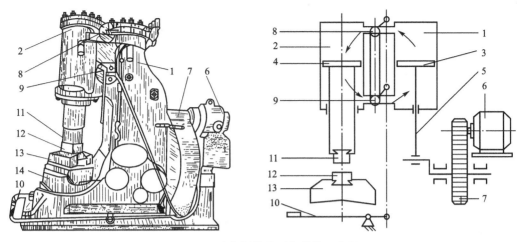

图 3.29 空气锤的外形及结构示意图

1—压缩缸；2—工作缸；3—压缩活塞；4—工作活塞；5—连杆；6—电动机；7—减速器；
8—上旋阀；9—下旋阀；10—踏杆；11—上砧；12—下砧；13—砧垫；14—砧座

表示，常见的蒸汽-空气锤的落下部分质量一般在 0.5～5 吨之间。蒸汽-空气锤的主要结构和操作系统特点是所加工的锻件尺寸和质量较大，最大可加工 1500 千克的光轴类锻件；自由锻锤的砧座系统独立于本体，通过枕木安装在基础上，长期锻打后会出现下沉现象；自由锻锤尤其是 1 吨以上的自由锻锤只要能实现单打就可满足锻造工艺要求，所以蒸汽-空气锤的操作配气机构一般设置单打的工作方式。蒸汽-空气锤可以锻造中型或较大型锻件。

根据锻造工艺的需要，蒸汽-空气锤具有不同的锤身结构形式，主要有单柱式和双柱式两类。

1. 单柱式蒸汽-空气锤

单柱式蒸汽-空气锤的锤身只有一个立柱，工人可以从锤身正面、左面和右面 3 面进行操作，因此操作和测量都很方便，但其锤身刚性较差，不适宜于大吨位，该类锻锤落下部分质量一般在 1 吨以下，其外形及结构如图 3.30 所示。

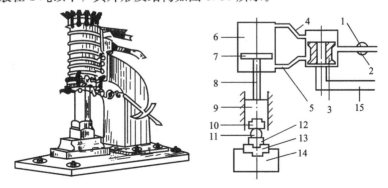

图 3.30 单柱式蒸汽-空气锤外形及结构示意图

1—进气管；2—节气阀；3—滑阀；4—上气道；5—下气道；6—汽缸；
7—活塞；8—锤杆；9—锤头；10—上砧；11—坯料；12—下砧；
13—砧垫；14—砧座；15—排气管

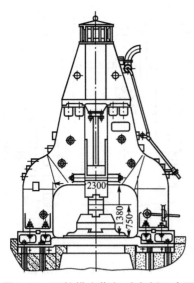

图 3.31 双柱拱式蒸汽-空气锤示意图

2. 双柱式蒸汽-空气自由锻锤

双柱式蒸汽-空气锤的吨位都在 1 吨以上，双柱式又分为双柱拱式和双柱桥式两类。双柱拱式蒸汽-空气自由锻锤的锤身由两个立柱组成拱门形状，上端通过螺柱、气缸垫板与气缸连在一起，下端固定在基础底板上形成框架，为保证刚度，有的锤导轨处还有拉紧螺栓，锤身刚性好，工人可从前后两个方向进行锻造操作，该类锻锤的落下部分质量一般在 1~5 吨之间，是应用最为广泛的一种锻锤，其结构如图 3.31 所示。双柱桥式蒸汽-空气自由锻锤的锤身由两个立柱和横梁连接成桥形框架，锤身下面操作空间较大，适合于锻造轮廓尺寸较大的大型锻件，但因锤身结构尺寸大，刚性较差，吨位不宜过大，落下部分质量在 3~5 吨之间。

3.3.3 锻造水压机

锻造液压机主要用于进行各种自由锻造工艺，利用上、下砧块和一些简单的通用工具进行拔长、镦粗、精整、冲孔、切断等工序，也可以完成胎模锻工艺。大型锻造液压机大都采用泵-蓄势器传动，并以水乳化作为工作介质，因此也称为锻造水压机。锻造水压机主要由立柱、横梁、工作缸、回程缸和操作系统所组成(图 3.32)。依靠工作缸通入高压水 (20~40MPa) 推动工作柱塞带动活动横梁和上砧向下运动，对坯料进行锻压。回程时，高压水通入回程缸，通过回程柱塞和回程拉杆将活塞横梁拉起。

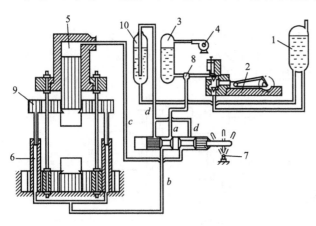

(a) 万吨水压机工作原理示意图

(b) 1.5万吨水压机示意图

图 3.32　水压机结构示意图

1—水箱；2—高压水泵；3—高压容器；4—空气压缩机；5—主缸；
6—升降缸；7—开停阀；8—三通接头；9—动横梁；10—低压容器

锻锤锻造以打击力迫使金属发生塑性变形。其操作时震动大、噪声大,为了防止下砧的跳动,需要极重的砧座,这就限制了锻锤向更大的吨位发展,一般用锻造水压机来弥补这一缺陷。锻造水压机属于用无冲击的静压力使金属变形的设备,上砧所施加的压力能深入到锻件的内部而把金属锻透,剩余部分压力便由机柱承受,地面不受震动,因此锻造水压机的使用效率高于锻锤。水压机的吨位可以由几十吨做到几万吨,常用水压机是500~50000吨。

锻造水压机是锻制大型锻件的基本设备,可代替5吨以上锻锤,能锻制大的尺寸准确的锻件,如将钢锭锻制为模块、圆盘、环形件、曲轴和连杆等大型自由锻件。由于水压机具有能力大、行程长、在工作过程中保持几乎相等的压力和较慢的速度的优点,因此很适合冲深孔和延伸孔工序及铝、镁等有色合金锻件。

3.4 模型锻造设备

常用模型锻造设备有模锻锤、热模锻压力机、平锻机、螺旋压力机、摩擦压力机和曲柄压力机等。

3.4.1 锤上模锻

锤上模锻所用的设备主要有蒸汽-空气模锻锤、无砧座模锻锤和高速锤等。一般工厂主要采用蒸汽-空气模锻锤。锤上模锻工作原理与蒸汽-空气自由锻锤基本相同,也是以蒸汽或压缩空气为工作介质。但由于模锻时受力大,锻件精度要求高,因此在结构上、操作上和工作原理上有着一系列的特点。在结构上,第一为了保证模锻件的形状和尺寸精度,模锻锤的立柱直接安装在砧座上,用8根带弹簧的强力拉紧螺栓连接在一起,并与气缸垫板组成一个刚性较大的闭式框架,保证了砧座发生位移或倾斜时,上、下模具仍能对中,且提高了打击刚性;第二立柱与砧座之间采用凸台与楔铁定位,8个带弹簧的螺栓分别向左右倾斜10°~20°,工作时产生侧向拉力,以保证锤头与导轨之间的间隙不变;第三,为了保证打击刚性,提高了打击效率。模锻锤砧座质量比自由锻锤大,一般为自由锻锤落下部分质量的20~30倍;第四,为了提高锤头的导向精度、锻锤锻造精度和抗偏载能力,模锻锤采用较长而坚固的导轨,且导轨与锤头之间的间隙可通过调节楔来调节。在操作上,除10吨以上的模锻锤外均采用了脚踏板操纵。从模锻工艺方面讲,蒸汽-空气模锻锤可以进行提锤、打击、轻打、重打、单次打击和连续打击操作。

图3.33所示为蒸汽-空气模锻锤示意图。模锻锤的规格有1吨、2吨、3吨、5吨、10吨和16吨等。图3.34为目前国内广泛使用的双作用蒸汽-空气模锻锤工作原理图,其锻锤落下部分的上升和锻打都是靠蒸汽(空气)的作用来完成。其结构主要包括基础、砧座、锤身、落下部分、气缸、配气装置和操纵结构等。

蒸汽-空气模锻锤工作时是借助蒸汽(或空气)经分配机构(滑阀)交替进入气缸内活塞的上部和下部,带动锤头往复运动。模锻锤工作时有如下3种动作。

1. 锤头上下摆动

锤头上下摆动的动作叫做空行程。它用于把锻件从模膛中移动或吹掉氧化皮、润滑模槽及等待锻击等。锤头自由摆动而不产生锻击作用,上下模面不能接触总保持一定的空间。

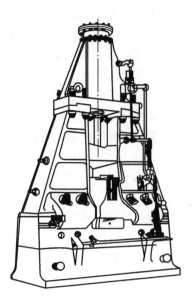

图 3.33 蒸汽-空气模锻锤外观图

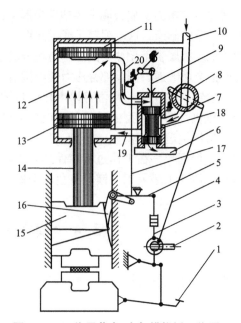

图 3.34 双作用蒸汽-空气模锻锤工作原理
1—脚踏板；2—手柄；3、4、17—拉杆；5、7—杠杆；
6—排气管；8—节气阀；9—滑阀拉杆；10—进气管；
11—安全装置；12—气缸；13—活塞；14—锤杆；
15—锤头；16—马刀杆(月牙板)；18—滑阀(错气阀)；
19—下气道；20—上气道

锤头上下摆动由分配装置和操纵部分来完成。先把节气阀开关手柄 2 转动到下部位置，使节气阀略微打开，少量蒸汽经滑阀(错气阀)18 经下气道 19 进入活塞 13 的下面，蒸汽压力推动活塞上升，锤头也跟着上升。锤头上有一个斜面，马刀杆 16 是和锤头这个斜面紧紧靠在一起的。锤头上升时就靠这个斜面推动马刀杆向右移动，由于马刀杆的右移便使滑阀向上移动至上部位置，这时蒸汽又经上气道 20 进入活塞 13 的上面，蒸汽的压力使锤头向下。滑阀由于重力作用而下降，蒸汽又进入活塞下部，由于蒸汽交替的反复循环，就使锤头产生了上下摆动动作。在摆动循环中，不用踩脚踏板。

2. 单次重击和轻击

单次重击是在锤头上下摆动的基础上完成的。当锤头摆动到最上位置时，将脚踏板踩到最下位置就可得到重击。如果这时把脚踏板只踏下一点，就得到了轻击。当踩下脚踏板时，在锤头往下冲击后，必须立即松开脚踏板，否则会使锤头在下部位置不动或是产生双击(连续两次)。单次重击是操作者踩脚踏板 1 使节气阀完全打开，于是蒸汽大量地进入活塞的上部，使活塞向下运动，带动锤头完成单次锻击。

3. 连续锻击

连续锻击是根据锻件变形的需要进行的连续的锻击或轻击。在调节连续锻击时，当锤头摆动到最上位置时，操作者踩下脚踏板，锤头就向下冲击，当锤头冲击到锻件时，须立即松开脚踏板，这样锤头就往上跑，当锤头跑到最上位置时再踩下脚踏板，如此不断地交替踩下和松开脚踏板,就可得到连续锻击。若需要重的连续锻击时,要求操作者每次踩下量要大而到最下位置,这样就得到了轻重不同的连续锻击。连续锻击不能自动实现,靠操纵部分和分配装置的不同动作来获取。

3.4.2 热模锻压力机

热模锻压力机(锻压机)是依据曲柄滑块机构原理而工作的模锻设备,如图3.35所示,曲柄滑块机构由曲轴、连杆和滑块组成,其工作原理是将曲轴的旋转运动转变为滑块的往复直线运动,曲轴的扭矩转变成滑块的压力。热模锻压力机常用于大批量模锻件的流水线生产中。为了满足热模锻工艺的要求,热模锻压力机在结构上具有足够的刚度;抗偏载能力强;行程次数较高;有上下顶件装置;有过载保护装置;工作时振动、噪声小,操作安全可靠;锻件精度得以提高;材料消耗显著降低;锻造动作易于实现机械化等特点。

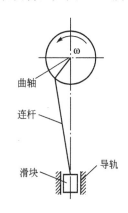

图 3.35 曲柄滑块机构

热模锻压力机的结构形式有连杆式和楔式两种,图3.36所示为楔式热模锻压力机的结构原理图,其能在前后和左右方向上减少偏心载荷下的倾斜度和增加总刚度。楔式热模锻压力机采用两点的曲柄机构驱动楔块,楔块承受作用在滑块上的载荷,这种设计大大减少了传动机械的挠度(大约为单点传动压力机挠度的1/4),这种楔形压制机的总挠度仅为单点偏心压力机的60%。驱动楔块的偏心机构上装有通过涡轮旋转的偏心衬套,用这种机构代替通常用的楔形工作台来调节闭合高度或锻件厚度。楔式热模锻压力机因为在垂直方向没有曲轴和连杆,所以垂直刚度高;又因为是楔块传动、支撑面积大、滑块抗倾斜的能力高,所以特别适合于多模腔模锻。

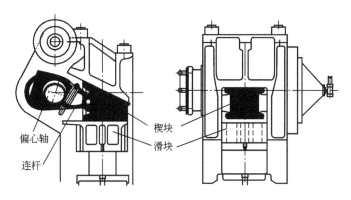

图 3.36 楔式热锻模压力机的结构原理

3.4.3 平锻机

平锻机从运动原理上看属于曲柄压力机,但其工作部分是水平往复运动,平锻机的传动原理如图3.37所示,其工作过程分为送料、夹紧、镦锻和退料4个阶段。工作过程①送料:当活动凹模与固定凹模处于分开状态,把加热好的棒料放在固定凹模内,用前挡料杆控制送料长度,此时曲轴停止在后死点位置(图3.37Ⅰ);②夹紧:踩下脚踏板,接通离合器，随着曲轴的旋转，当凸模尚未与棒料接触之前，活动凹模与固定凹模就闭合而将棒料夹紧，前挡料杆也逐渐离开工作位置（图3.37Ⅱ）；③镦锻：随着曲轴继续旋转到使凸模与棒料接触时，直到曲轴旋转到前死点止，在此范围内主滑块必须在有效行程内进行（图3.37Ⅲ）；④退料：随着曲轴继续旋转，当主滑块返回一定行程后（图3.37Ⅳ），活动凹模才开始退回到原来位置；同时前挡料杆也恢复到工作位置，曲轴停止在后死点上，取出锻件（图3.37Ⅴ）。

　　平锻机主要由机身、曲轴连杆机构（曲轴、连杆和主滑块）、夹紧机构（凸轮、带有滚轮的侧滑块、杠杆系统和夹紧滑块）、传动机构和操纵机构等组成。平锻机没有工作台，锻模由固定凹模、活动凹模和凸模3部分组成，按照凹模分模方式的不同，可以分为垂直分模平锻机和水平分模平锻机。垂直分模平锻机的凹模分模面处于垂直位置，一个锻件的几个模锻工步的模膛按垂直方向上下排列，操作条件较差，实现机械化和自动化比较困难；水平分模平锻机的凹模分模面处于水平位置，模膛按水平方向排列，棒料在模膛间移动方便，容易实现机械化，同时机身受力比较合理。

　　图3.38所示为垂直分模平锻机的结构。电动机依靠皮带轮和三角皮带来带动飞轮3，飞轮在传动轴5上可以自由转动，当离合器4上的摩擦片与随同飞轮旋转的摩擦片结合时，传动轴5就随飞轮3转动，在传动轴的另一端装有的制动器6能使传动轴5很快地停

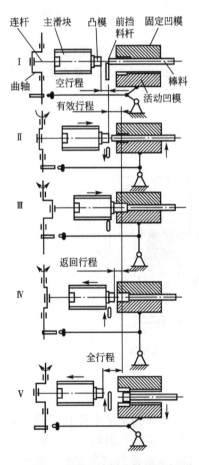

图3.37　平锻机的传动原理示意图

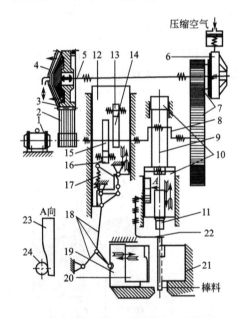

图3.38　垂直分模平锻机的结构和工作原理示意图

1—电动机；2—三角皮带；3—飞轮；
4—离合器；5—传动轴；6—制动器；
7—大小齿轮；8—曲轴；9—连杆；
10—主滑块；11—凸模；12—侧滑块；
13—后滚轮；14、15—凸轮；16—前滚轮；
17—保险弹簧；18—杠杆系统；19—夹紧滑块；
20—活动凹模；21—固定凹模；
22—前挡料杆；23—滚子；24—斜面凸台

止转动。传动轴借助一对齿轮 7 带动曲轴 8 旋转。曲轴 8 转动后，装在曲轴上的凸轮 15 作用在前滚轮 16 上，使侧滑块 12 向前移动，并通过杠杆系统 18 推动夹紧滑块 19 向右移动，使装在夹紧滑块上的活动凹模 20 与装在机身上的固定凹模 21 合拢而夹紧棒料。另一方面，与曲轴相连的连杆 9 随着曲轴旋转推动主滑块 10 向前移动，装在主滑块上的凸模（冲头）11 则与凹模闭合而对棒料进行镦锻。主滑块有一个沿导轨滑动的尾榫（辅助滑块），它可以保证平锻机有很高的精度。

当凸模随主滑块后退时，凸轮 14 就作用在后滚轮 13 上，促使侧滑块向后退，夹紧滑块跟着向左移动，活动凹模便与固定凹模重又分开。在滑块做往复运动的同时，控制棒料送进长度的前挡料杆 22 也会作摆转运动。当主滑块向前移动时，滑块顶面的斜面凸台 24 将前挡料杆尾部的滚子 23 抬起，前挡料杆便绕其曲轴摆动一个角度，而使其伸入到锻模空间的部分摆向一边，以便给凸模进入凹模让路；主滑块后移，前挡料杆又摆回锻模之间。

平锻机上模锻的特点：首先，扩大了模锻的范围，可以锻出锤上模锻和曲柄压力机上无法锻出的锻件，模锻的工步主要以局部镦粗为主，也可以进行切飞边、切断和弯曲等工步；其次，锻件尺寸精确，表面粗糙度值小，生产率高；再次，节省金属，材料利用率高；最后，对非回转体及中心不对称的锻件较难锻造。平锻机的造价也较高，适用于大批量生产。

3.4.4 螺旋压力机

螺旋压力机是介于模锻锤和热模锻压力机之间的一种锻压设备，其实质是将传动机构的能量通过螺旋工作机构转变为成形能。螺旋压力机根据其传动方式的不同，可分为摩擦传动螺旋压力机（图 3.39(a)）、电传动螺旋压力机（图 3.39(b)）、离合器式齿轮传动螺旋压力机（图 3.39(c)）、气液动螺旋压力机。螺旋压力机的工作原理是工作开始前，传动机构将螺旋工作机构加速到一定的速度，积蓄大量动能，然后开始工作，将这部分动能作用到锻件上，转变为锻件的变形能。螺旋压力机的基本部分由飞轮、轴杆、螺母、滑块和机身组成。

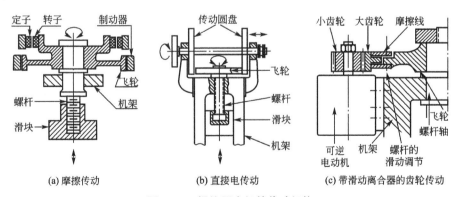

图 3.39 螺旋压力机的传动机构

在摩擦传动的螺旋压力机上，传动圆盘安装在水平轴上并驱动它不断地旋转。下行程时，伺服马达把一个传动圆盘压向飞轮。飞轮和螺杆刚性连接或通过摩擦离合器连接，传动圆盘通过摩擦加速飞轮。飞轮能量和滑块速度不断地增加，直到滑块打击工件为止，这样便建立锻造需要的载荷，通过滑块、螺杆和工作台把载荷传给压力机框架。当飞轮的全部能量用于工件变形和压力机的弹性变形时，飞轮、螺杆和滑块停止运动，这时伺服马达移动水平轴，使回程圆盘紧靠飞轮，飞轮和螺杆反向加速，并把滑块提升至顶部位置。

直接电传动的螺旋压力机其可逆电动机直接装在螺杆和框架上(在飞轮的上面)。螺杆拧到锤头或滑块中，螺杆不作垂直运动。为了使飞轮反向旋转，每次向上或向下行程后电动机反转。

带滑动离合器的齿轮传动是直接电传动的变种，它用于大吨位的螺旋压力机，其飞轮由较小的内飞轮与螺杆刚性连接两部分组成；储存能量较多的外环用滑动离合器与内飞轮连接，因此运动时限制了总力矩，传动齿轮和螺杆受到过载保护。

3.4.5 摩擦压力机

摩擦压力机是靠飞轮旋转所积蓄的能量转化为金属的变形能而进行锻造的，其主要由床身、滑块部分、传动系统、操纵系统和附属装置等组成。摩擦压力机的工作过程如图 3.40(a)所示，电动机 5 经带轮、摩擦圆盘 4、飞轮 3 和螺杆 1 带动滑块 7 作上、下往复运动，操纵机构控制左、右摩擦圆盘 4 分别与飞轮 3 接触，利于摩擦力改变飞轮方向。摩擦压力机的结构形式有单盘式、双盘式、三盘式和无盘式等，经过长期实践的考验和选择，现在得到广泛应用的是典型的脚动双盘式摩擦压力机(图 3.40(b))。

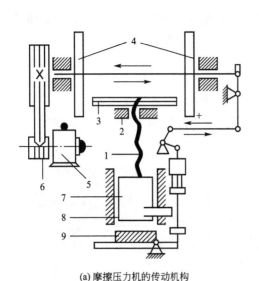

(a) 摩擦压力机的传动机构

(b) 脚动双盘摩擦压力机外观

图 3.40　摩擦压力机
1—螺杆；2—螺母；3—飞轮；4—摩擦圆盘；5—电动机；6—皮带；
7—滑块；8—床身导轨；9—工作平台

在摩擦压力上进行模锻主要靠飞轮、螺杆及滑块向下运动时所积蓄的能量来实现。吨位为350吨的摩擦压力机使用较多，摩擦压力机的最大吨位可达2500吨。它的行程速度介于模锻锤和曲柄压力机之间，滑块行程和打击能量均可自由调节，坯料在一个模腔内可以多次锤击，能够完成镦粗、成形、弯曲、预锻等成形工序和校正以及精整等后续工序。

摩擦压力机构造简单、投资费用少、工艺适应性广，但传动效率低，一般只能进行单模腔模锻，广泛用于中批量生产的小型模锻件以及某些低塑性合金锻件。

3.4.6 曲柄压力机

曲柄压力机是一种机械式压力机。图3.41所示为曲柄压力机外观与传动系统，当离合器6在结合状态时，电动机1的转动通过飞轮2、传动轴3和齿轮4、5传给曲柄7，再经曲柄连杆机构使滑块9做上下往复直线运动。离合器处在脱开状态时，飞轮（带轮）2空转，制动器11使滑块停在确定的位置上，锻模分别安装在滑块9和工作平台12上。曲柄压力机的吨位一般为200～12000吨。

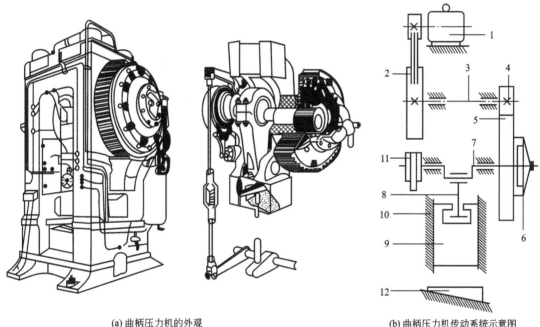

(a) 曲柄压力机的外观　　　　(b) 曲柄压力机传动系统示意图

图3.41 曲柄压力机外形及传动示意图

1—电动机；2—飞轮；3—传动轴；4—小齿轮；5—大齿轮；6—离合器；7—曲柄；
8—连杆；9—滑块；10—导轨；11—制动器；12—工作平台

曲柄压力机上模锻的特点是：①曲柄压力机工作时震动小、噪声小。这是因为曲柄压力机作用于金属上的变形力是静压力，且变形抗力由机架本身承受，不传给地基。②滑块行程固定，每个变形工步在滑块的一次行程中即可完成。③曲柄压力机具有良好的导向装置和自动顶件机构，因此锻件的余量、公差和模锻斜度都比锤上模锻小。④曲柄压力机上模锻所用锻模都设计成镶块式模具。这种组合模制造简单，更换容易，节省贵重的模具材料。⑤坯料表面上的氧化皮不易被清除，影响锻件质量。曲柄压力机上也不宜进行拔长

73

和滚压工步，如果是横截面变化较大的长轴类锻件，可采用周期轧制坯料或用辊锻机制坯来代替这两个工步。

由于以上特点，使得曲柄压力机上模锻方法具有锻件精度高、生产率高、劳动条件好和节省金属等优越性，故适合于大批量生产锻制中、小型锻件。

3.4.7 胎模锻造

胎模锻造是在自由锻设备上使用胎模来生产锻件的方法。通常用自由锻方法使坯料初步成形，然后在胎模内终锻成形。胎模的结构形式很多，常用胎模结构有摔子、扣模、筒模和合模(图 3.42)。摔子是用于锻造回转体或对称锻件的一种简单胎模，它有整形和制坯之分；扣模主要用于非回转体锻件的局部或整体成形；筒模主要用于锻造法兰盘、齿轮等回转体盘类零件；合模由上、下模两部分组成，主要用于锻造形状较复杂的非回转体锻件。

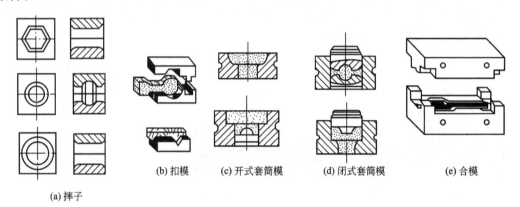

| (b) 扣模 | (c) 开式套筒模 | (d) 闭式套筒模 | (e) 合模 |

(a) 摔子

图 3.42　常见胎模结构

胎模锻造的特点介于自由锻与锤上模锻之间，比自由锻生产率高，锻件质量较好，锻模简单，生产准备周期短，广泛用于中、小批量的小型锻件的生产。

3.4.8 精密模锻

精密模锻是指在普通锻造设备上锻造高精度锻件的方法，其主要工艺特点是使用两套不同精度的锻模。先使用普通锻模锻造，留有 0.1～1.2mm 的精锻余量，然后切下飞边并进行酸洗，再使用高精度锻模，直接锻造出满足精度要求的产品零件。例如在摩擦压力机和曲柄压力机上精锻锥齿轮、汽轮机叶片等形状复杂的零件。在精密模锻过程中，要采用无氧化和少氧化的加热方法。

提高锻件精度的另一条途径是在中温(碳钢的始锻温度为 600～875℃)或室温下进行精密锻造，但这种方法只能锻造小型钢锻件或有色金属锻件。精密模锻精度高，其锻件不需切削加工或只进行微量加工便可投入使用，是一种先进的锻造方法，但由于模具制造复杂，对坯料尺寸和加热质量要求较高，只适于大批量生产。

目前普通模锻件所能达到的尺寸精度约为 ±0.05mm，表面粗糙度约 $Ra12.5\mu m$，而精密模锻件的一般精度为 $\pm(0.10\sim0.25)$mm，较高精度为 $\pm(0.05\sim0.10)$mm，表面粗糙度可达到 $Ra0.8\sim3.2\mu m$。例如精密模锻的圆锥齿轮精度可达到 1T10 级，齿形不再需要切削加工；精密模锻的叶片轮廓尺寸可达到±0.05mm，厚度尺寸精度可达到±0.06mm。

精密模锻常用的方法有开式模锻、闭式模锻、挤压、多向模锻、等温模锻等。

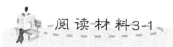

阅读材料3-1

超塑性模锻工艺

超塑性模锻是近几年发展起来的一种少无切削和精密成形技术的锻造新工艺，它利用金属材料的超塑特性使毛坯成形，得到形状复杂且尺寸较精确的锻件。近年来，高温合金和钛合金的使用不断增加，这些合金的特点是：流变抗力高，可塑性低，具有不均匀变形所引起机械性能各向异性的敏感性，难于机械加工及成本高昂。如采用普通热变形锻造工艺时，机械加工的金属损耗达80%左右，往往不能满足航空零件所需的机械性能；但是采用超塑性模锻方法，就能改变过去肥头大耳的落后锻造工艺。

金属材料的超塑性是指金属在特定条件（晶粒细化，极低的变形速度及等温变形）下，能够具有比一般条件下更大的塑性。如一般塑性较好的低碳钢拉伸时延伸率只有30%～40%，塑性好的有色金属也只有60%～70%，但超塑性状态，一般认为塑性差的金属延伸率在100%～200%范围内，塑性好的金属延伸率在500%～2000%范围内。

超塑性模锻工艺过程：首先将合金在接近正常再结晶温度下进行热变形（挤压、轧制或锻造等）以获得超细的晶粒组织；然后在超塑温度下，在预热的模具中模锻成所需的形状；最后对锻件进行热处理，以恢复合金的高强度状态。根据超塑性存在条件，超塑性模锻要求坯料在成形过程中保持恒温，即将模具和变形合金加热到同样温度的一种锻造工艺。

根据超塑性条件，超塑性模锻要求成形速度比较低（若模锻精密的零件，则速度应选得更低些）。可以采用可调速慢速液压机，使工件变形时速度逐渐减慢，以便得到良好的充满性。超塑性模锻的实践表明，模锻一件成品大约需要2～8min，类似于蠕变模锻。

目前超塑性模锻已经得到了很好的应用。例如在美国超塑性模锻被用于制造Ti-6Al-6V-2Sn钛合金的飞机大梁和起落架前轮；美国Wyman-Gordon公司用超塑性模锻飞机水平安定面连杆、舱隔及轴承支座；美国铝业公司则用超塑性模锻Ti-6Al-4V钛合金框架加强板和支承底座机件；美国国家宇航局用超塑性模锻TAZ-8A高温合金的涡轮叶片（该涡轮叶片是美国近年来发展的一种新型铸造合金，无可锻性，轻微锻造就要破裂，而采用超塑性却能够模锻得到）；俄罗斯航空动力研究所用超塑性模锻法对BT9钛合金压气机叶片进行多件模锻，俄罗斯还用超塑性模锻ЖС6-КП合金导向叶片；

高温合金和钛合金的超塑性温度范围大多在800℃以上，因此超塑性模锻要求模具材料必需具有以下特点：较高的高温强度；高的耐磨性和一定的高温硬度；优良的耐热疲劳性和抗氧化性能；适当的冲击韧性；较好的淬透性和导热性。

目前生产上大多采用镍基铸造高温合金：如IN-100、MAR-M200、ЖС6-КП等，也有采用钼基合金TZM，但当工作温度超过500℃时，由于钼的氧化皮较严重，因此需采用氩气保护。

超塑性模锻工艺具有如下的 4 大特点：显著提高金属材料的塑性；极大地降低金属的流变抗力；金属的超塑性能使形状复杂、薄壁、高肋的锻件在一次模锻中锻成；在超塑性模锻过程中，金属继续保持均匀细小的晶粒组织。因此使得超塑性模锻件展现出以下 6 个优点：精度高；机械性能高；材料利用率高；模具寿命高；废品率低；无残余应力。这就使得超塑性模锻工艺特别适合于形状复杂、带孔或台阶形状零件的成形。

➡ 资料来源：http://www.newmaker.com/art_23289.html,
超塑性模锻工艺的应用及发展（上海交通大学）

 习　题

1. 根据零件图绘制锻件图时要考虑哪三种因素？各是什么？
2. 什么是模锻斜度？
3. 什么是冲孔连皮？
4. 什么是分模面？如何选择分模面？

第 4 章
粉末冶金加工工艺及设备

 本章教学要点

知识要点	掌握程度	相关知识
粉末冶金的概念	理解	粉末冶金技术的概念、特点及应用，粉末冶金材料的分类
粉末制取	了解	主要介绍机械粉碎法、雾化法、还原法、羰基物热离解法、水热法、电解法以及纳米粉末的制取
成形工艺	重点掌握	成形前原料准备，金属粉末的压制过程，压制压力与压坯密度的关系，压坯密度及其分布，压制模具，影响压制过程和压坯质量的因素，特殊成形如等静压成形、粉末挤压成形、金属粉末轧制、喷射成形、粉浆浇注成形、高能成形等
烧结	掌握	烧结的定义及分类，烧结过程的热力学，单元系烧结，多元系固相烧结，混合粉末的液相烧结和熔浸，强化烧结，全致密工艺，烧结气氛，粉末冶金制品的烧结后处理
粉末冶金设备简介	了解	研磨设备、合批和混合设备要求、成形设备、烧结设备以及保护气体发生装置

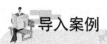

导入案例

近净成形技术

近净成形技术(图 4.0)是指零件成形后，仅需少量加工或不再加工就可用作机械构件的成形技术。它是在新材料、新能源、机电一体化、精密模具技术、计算机技术、自动化技术、数值分析和模拟技术等多学科高新技术成果基础上改造了传统的毛坯成形技术，使之由粗糙成形变为优质、高效、高精度、轻量化、低成本的成形技术。它使得成形的机械构件具有精确的外形、高的尺寸精度、形位精度和好的表面粗糙度。该项技术包括近净形铸造成形、精确塑性成形、精确连接、精密热处理改性、表面改性、高精度模具等专业领域，并且是新工艺、新装备、新材料以及各项新技术成果的综合集成技术。

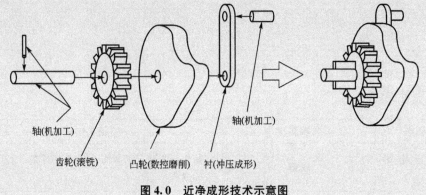

图 4.0 近净成形技术示意图

4.1 概 述

　　粉末冶金是一门研究制取各种粉末，以粉末为原料通过压制成形、烧结和必要的后续处理制成材料和制品的科学技术。由于粉末冶金可以制造出用传统的熔铸和加工方法所不能制成的、具有独特性能的材料和制品，并能同时完成材料及其制品的制造过程，故它还是一种"节能、省材和高效生产"的新技术。早期的粉末冶金主要对象是金属，现代粉末冶金的对象已扩展为合金、非金属、金属与非金属的化合物以及其他各种化合物材料。由于粉末冶金的工艺与陶瓷生产工艺在形式上有些相似，所以这种工艺方法又称为"金属陶瓷法"。

　　粉末冶金工艺最基本的工序包括：①原料粉末的制取和准备；②将金属粉末制成所需形状的坯块；③将坯块在物料主要组元熔点以下的温度进行烧结，使之成为满足最终的物理、化学和力学性能要求的合格材料或制品。烧结的成品可不必进一步的加工就能使用，也可根据需要进行各种烧结制品的后处理，故习惯上又把粉末冶金划分为制粉、成形、烧结、后处理等 4 个基本过程。

　　粉末的一个重要特点是它的表面与体积之比(比表面)大。粉末冶金学研究金属粉末的加工过程，加工过程包括粉末的制造、特征以及金属粉末转变成为有用工程部件的过程。这个过程改变了粉末的形状、性能以及它的组织结构而成为最终的产品。图 4.1 是常见粉末冶金工艺的流程。

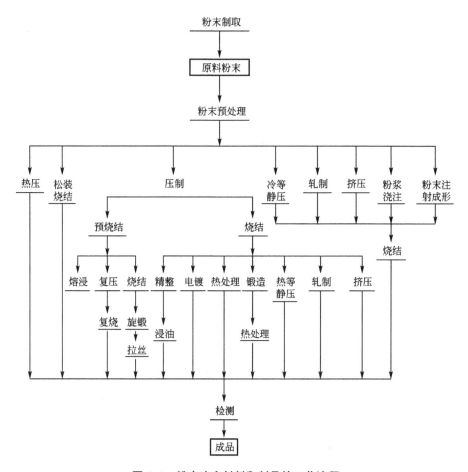

图 4.1　粉末冶金材料和制品的工艺流程

以粉末为途径制取新材料已经成为材料制备中最具有发展活力的领域，国外将其视为争取高性能材料、特种功能材料和极限条件下工作材料的有效途径。粉末冶金已经发展成为当代国际材料科学的前沿阵地。

第二次世界大战后，国外粉末冶金研究获得了一系列突破，不仅极大地改善了传统粉末冶金材料的性能，而且促进了一大批高性能粉末冶金新材料的出现，如粉末高温材料、纳米技术、快速冷凝微晶、非晶材料、高性能难熔金属材料、超硬材料、特种陶瓷、高性能摩擦材料、多孔材料等。粉末冶金已成为冶金科学与材料科学的交叉学科，深入地渗透到几乎所有的冶金和材料科学的分支领域。

粉末冶金技术的特点主要体现在：①粉末冶金在生产零部件时成本低，损耗低，能够大量节约材料、无切削或者少切削，例如普通铸造合金切削量在 30%～50%，粉末冶金产品可少于 5%；②一些独特的性能或显微组织无可厚非的只能由粉末冶金方法来实现，而且粉末冶金也可用于制取高纯度材料而不给材料带来污染；③某些材料用其他工艺制取十分困难，如活性金属、高熔点金属等。

粉末冶金材料按体系可分为金属基粉末冶金材料、金属陶瓷材料和复合材料 3 大类。金属基粉末冶金材料又可分为两类，一类是塑性金属及其合金，另一类是难熔金属及其合金。重金属粉末冶金材料除铁、镍、铜外，还有烧结钴及钴合金，属于低熔点重金属的烧结锌及锌合金。

粉末冶金技术可以用于生产用普通熔炼方法无法生产的具有特殊性能的材料如多孔材料及产品；难熔金属，如钨、钼等；假合金，如钨铜合金等；复合材料，如生物陶瓷等；纳米级晶粒或者亚微米级晶粒尺寸的金属；特殊功能的材料及产品，如磁性材料、应用于航空技术的超合金。历史上，粉末冶金主要用于武器、生活用具、艺术建筑等，其在美军弹药引信上的应用已超过 30 年。如 M549、M550 弹保险及解除保险装置的卡销均为粉末冶金黄铜件；50mm 弹的引信保险器、Beehive 战斗部的引信定时器壳和引信底座等均采用了 316L 不锈钢粉末冶金件；此外，铜斑蛇导弹制导系统中也有形状复杂的粉末冶金钢质件，如动能穿甲弹芯、火炮、弹箭防烧蚀内衬等，105mm 榴弹炮凸轮，151A2 军车差速器齿轮和制动泵活塞，M60 坦克正齿轮、钨灯丝等。当代粉末冶金技术主要应用于硬质合金、高温材料、汽车部件、军事工程、民用产品等方面，表 4-1 比较了 1980 到 2004 年粉末冶金件在不同国家的汽车中的含有质量。

表 4-1　不同国家一辆汽车中含有粉末冶金件的质量比较

年份	北美	日本	欧洲	年份	北美	日本	欧洲
1980	7.7kg	3.03kg	2.5kg	1998	14.9kg	6.65kg	7.02kg
1985	8.6kg	3.78kg	—	1999	15.6kg	7.17kg	7.4kg
1987	8.8kg	4.3kg	3.2kg	2000	16.3kg	—	8.2kg
1990	10.9kg	5.55kg	4.1kg	2001	17kg	7.3kg	8.1kg
1994	12.2kg	6.64kg	5.7kg	2002	17.7kg	7.6kg	8.3kg
1995	12.7kg	6.7kg	6.1kg	2003	18.4kg	8.0kg	8.7kg
1997	14kg	6.52kg	—	2004	19.5kg	—	9.0kg

4.2　粉　末　制　取

粉末体（粉末）是由大量颗粒及颗粒之间的空隙所构成的集合体，粉末中能分开并独立存在的最小实体称为单颗粒。单颗粒如果以某种形式聚集就构成所谓二次颗粒，其中的原始颗粒就称为一次颗粒。如图 4.2 所示为若干一次颗粒聚集成二次颗粒的情况。

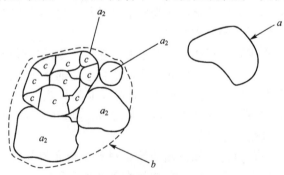

图 4.2　聚集颗粒示意图

a—单颗粒；b—二次颗粒；c—晶粒；a_2——一次颗粒

　　粉末冶金的生产工艺是从制取原材料即粉末开始的。粉末既是粉末冶金工业的一大产品，同时又可以为后续工序（如成形、烧结）提供原材料。粉末按材质可以分为金属粉末、合金粉末以及金属化合物粉末；按形状有球形、片状、树枝状等（图4.3）；按粒度又有从几百微米的粗粉到纳米级的超细粉末。

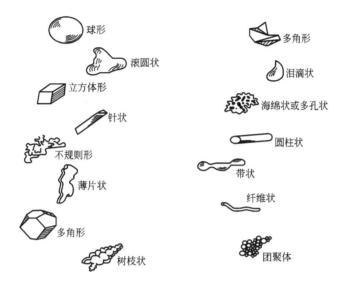

球形
滚圆状
立方体形
针状
不规则形
薄片状
多角形
树枝状

多角形
泪滴状
海绵状或多孔状
圆柱状
带状
纤维状
团聚体

图4.3　粉末颗粒的形状

　　从粉末制取的过程实质看，可将制粉方法分为机械法和物理化学法两大类。机械法是将原材料机械的粉碎而化学成分基本上不发生变化的工艺过程；物理化学法则是借助化学或物理的作用，改变原材料的化学成分和聚集状态获得粉末的过程。从广义来说，随着粉末冶金技术的发展，金属粉末作为原料，已扩大到难熔金属化合物粉、陶瓷粉和包覆粉等，这些方法的实质是使金属、合金和金属化合物呈固态、液态或气态转变成粉末状态。

1. 机械粉碎法

　　固态金属的机械粉碎既是一种独立的制粉方法，又常常作为其他制粉方法的补充工序。机械粉碎是靠压碎、击碎和磨削等作用，将块状金属、合金或化合物机械地粉碎为粉末的。机械粉碎法包括捣磨法、切磨法、涡旋磨法、球磨法、气流喷射粉碎法、高能球磨法等多种方法。可根据材料的物理力学性能所制粉末的粗细进行选择，例如加工脆性大的材料可选用捣磨法、涡旋磨法、球磨法、气流喷射粉碎法与高能球磨法；加工塑性较高的材料可选用切磨法、涡旋磨法、气流喷射粉碎法；一般制备超细粉与纳米粉时，只能选用气流喷射粉碎法或高能球磨法。

1）机械研磨法

　　研磨的任务主要包括减小或增大粉末粒度，合金化，固态混料，改善、转变或改变材料的性能等。在大多数情况下，研磨的作用是使粉末的粒度变细。研磨后的金属粉末会有加工硬化、形状不规则以及出现流动性变坏和团块等特征。

　　研磨是粉末冶金工艺中耗时最长、生产效率最低的一个工序。研磨过程中作用在颗粒材料上的力主要有冲击、磨耗、剪切以及压缩。冲击是一个颗粒体被另一个颗粒体瞬时撞击,这时两个颗粒体可能都在运动,或者一个颗粒体是静止的;磨耗是由于两物体间的摩擦作用产生磨损碎屑或颗粒;剪切是用切断法将颗粒断裂成单个颗粒,而同时产生很少的细屑;压缩是缓慢施加压力于颗粒体上,压碎或挤压颗粒材料。

当球磨机圆筒转动时,球体可能的运动情况如图4.4所示。图4.4(a)研磨体的滑动,此时球磨机的载荷和转速都不大,物料的研磨主要靠球的摩擦作用,研磨只发生在圆筒和球体的表面;图4.4(b)随着转速提高,球体与圆筒壁一起上升到一定高度,然后落下,这时物料被研磨不仅是靠球的摩擦作用,而主要是由于冲击作用的结果,此阶段主要发生滚动研磨;图4.4(c)当转速达到一定速度时,球体所受离心力超过重力的作用,球就会一直紧贴在圆筒壁上不能跌落,物料不能再被粉碎。这种情况下的转速称为临界转速,临界转速 $n_{临界}$ 与圆筒直径 $D(m)$ 的关系为:

$$n_{临界} = \frac{42.4}{\sqrt{D}} \quad (\text{r/min}) \tag{4-1}$$

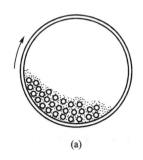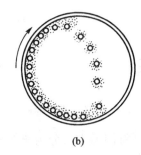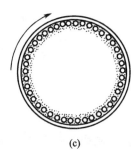

(a)　　　　　　　　　(b)　　　　　　　　　(c)

图4.4　球磨机中球体运动示意图

球体滚动和自由下落是最有效的研磨制度。粉末的细磨只有在滚动时才能实现,因为细小的颗粒不会被球体的冲击所再粉碎。要使球体起冲击作用,圆筒转速应为$(0.7\sim0.75)n_{临界}$。滚动和滑动制度则要在更低的转速下实现,约为 $0.6n_{临界}$。

2) 机械合金化(MA)

机械合金化是一种高能球磨法。它可以用于制造具有可控细显微组织的复合金属粉末。它是在高速搅拌球磨的条件下,利用金属粉末混合物的重复冷焊和断裂进行机械合金化的,也可以在金属粉末中加入非金属粉末来实现机械合金化。机械合金化属强制反应,从外界加入高能量密度和机械强制作用时,粉末颗粒引入了大量的应变、缺陷以及纳米级的结构,使得合金化过程的热力学和动力学不同于普通的固态反应。通过机械合金化可以合成常规法难以合成的新型合金;许多固态下溶解度较小甚至在液态下几乎不互溶的体系,通过机械合金化均可形成固溶体。图4.5所示为机械合金化装置示意图。

机械合金化与滚动球磨的区别在于使球体运动的驱动力不同。转子搅拌球体产生相当大的加速度并传给物料,因而对物料有较强烈的研磨作用,同时球体的旋转运动在转子中心轴的周围产生旋涡作用,对物料产生强烈的环流,使粉末研磨的很均匀。用机械合金化制造的材料,其内部的均一性与原材料粉末的粒度无关,故用较粗的原料粉末$(50\sim100\mu m)$也可以获得超细弥散体粉末(颗粒间距小于 $1\mu m$)。

机械合金化已广泛用于研制弥散强化材料、磁性材料、高温材料、超导材料、非晶、纳米晶等各种状态的非平衡材料以及复合材料、轻金属高比强材料、贮氢材料、过饱和固溶体等。

3）其他机械粉碎法

（1）涡旋研磨：其优点是可以有效地研磨软的塑性金属或合金。这是因为在涡旋研磨中，研磨一方面依靠冲击作用，另一方面还依靠颗粒间、颗粒与工作室内壁以及颗粒与回转打击子相碰时的磨损作用。工作过程中，为了防止粉末氧化可以在工作室中通入惰性气体或还原性气体作为保护气氛。图4.6为涡流研磨机结构示意图。涡旋研磨所得多为在颗粒表面形成凹形的碟状粉末。其原料可以是细金属丝、切屑以及其他废屑。

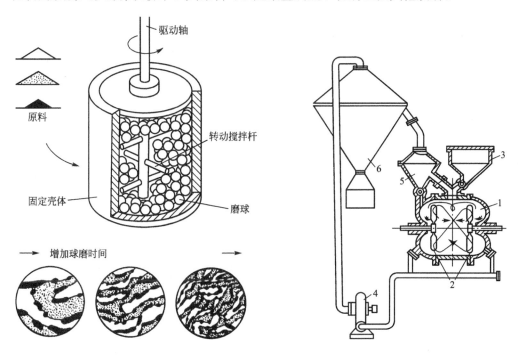

图 4.5　机械合金化装置示意图

图 4.6　涡旋研磨机结构示意图
1—研磨室；2—螺旋桨；3—料斗；4—泵；
5—集粉箱；6—空气分离器

（2）冷气流粉碎：其基本工艺是利用高速高压的气流带着较粗的颗粒通过喷嘴轰击在击碎室中的靶子，气流压力立即从高压7MPa降到0.1MPa，发生绝热膨胀，使金属靶和击碎室的温度降到室温以下甚至零度以下，冷却了的颗粒即被粉碎。气流压力越大，制得的粉末粒度越细。

2. 雾化法

雾化是指利用高压流体或其他特殊的方法将熔融金属粉碎成大小小于 $150\mu m$ 的细小液滴，进而得到粉末的过程。雾化法可用来制取多种金属粉末、各种预合金粉末。从理论上讲，任何能形成液体的材料都可以进行雾化。从能量消耗方面讲，雾化法是一种简便且经济的粉末生产方法。从生产规模看，雾化法是仅次于还原法的第二大粉末生产方法。

雾化法包括①二流雾化(气雾化和水雾化);②离心雾化(旋转圆盘雾化、旋转坩埚雾化、旋转电极雾化);③其他雾化法(真空雾化、辊筒雾化、超声雾化、电磁离心雾化、振动电极雾化等)。雾化制粉的优点:①容易制得所需成分的、纯度高和组织均匀的且工艺性能好的优质金属粉末;②粉末颗粒形状、大小和粒度分布等均可在一定范围内调整;③可以使用廉价原料(废金属等);④工艺流程短、设备简单,因而总体成本也低。

1) 二流雾化

借助高压水流或高速气流的冲击来破碎金属液流的方法,称二流雾化,它包括水雾化和气雾化。

按照雾化介质(气体、水)对金属液流作用的方式不同,雾化可分为平行喷射、垂直喷射、V形喷射、锥形喷射、旋涡环形喷射等多种形式。

雾化过程是一个复杂的过程,按雾化介质与金属液流相互作用的实质,既有物理机械作用,又有物理化学变化。高速的气流或水流既是破碎金属液的动力,又是金属液流的冷却剂,因此在雾化介质与金属液流之间既有能量交换,又有热量交换。

图4.7是一种垂直气雾化装置的示意图。雾化介质采用的是惰性气体。金属由感应炉熔化并流入喷嘴,气流由排列在熔化金属四周的多个喷嘴喷出。雾化可以获得粒度分布范围较宽的球形粉末。在生产超合金时的典型气雾化参数:熔化温度1400℃;雾化介质为氩气;气体压力2MPa,可高至5MPa;气体流速为100m/s;过热度150℃;气体与液体间的夹角为40°;金属液流速率20kg/min;典型的平均粒度为120μm。

在气雾化中,雾化过程可以用图4.8来说明。膨胀的气体围绕着熔融的液流在熔化金属表面引起扰动形成一个锥形,锥形的顶部,膨胀气体使金属液流形成薄的液片。由于高的表面积与容积之比,薄液片是不稳定的。若液体的过热是足够的,可防止薄液片过早的凝固并能继续承受剪切力而成条带,最终成为球形颗粒。

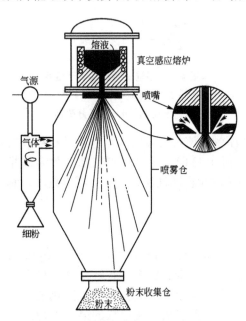

图4.7 垂直气体雾化装置示意图

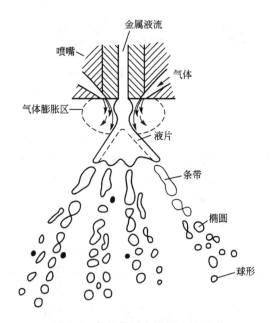

图4.8 气雾化时金属粉末的形成

图 4.9 为水雾化装置示意图。水雾化是制取金属或合金粉末最常用的工艺技术。水流
可以以单个的、多个的或环形的方式喷射。高压
水流直接喷射在金属液流上,强制其粉碎并加速
凝固,因此粉末形状比起气雾化来呈不规则形
状。粉末的表面是粗糙的并且含有一些氧化物。
由于散热快,过热度要超过熔融金属熔点较多,
以便控制粉末的形状。在水雾化法中(包括制取
合金粉末在内),其化学偏析是非常有限的。近
年来,用合成油代替水做雾化介质,能够较好地
控制颗粒形状和表面氧化物含量。水雾化中,雾
化的粉末粒度 D 主要与水速 v 有关:

$$D = \frac{C}{v \sin\alpha} \qquad (4-2)$$

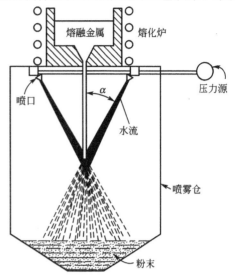

式中,C 为与材料和雾化装置结构有关的常数;
α 为金属液流与水流轴之间的夹角。从该式也可
看出,水的流速越大,所得粉末越细。

图 4.9　水雾化装置示意图

通常气雾化可以获得球形粉末颗粒,而水雾化所得的颗粒形状是不规则的,图 4.10
是氩气雾化得到的球形 Fe-Ga 合金粉末,图 4.11 是水雾化 Ag-Sn 合金得到的不规则形
态粉末。对于易氧化金属或合金粉末(Cr、Mn、Si、V、Ti、Zr 等),需采用惰性气体作为
雾化介质;对于易被还原的氧化物的金属或合金而言,采用水雾化最合适。雾化气体介质
的压力越大,水压越高,所得粉末越细。在雾化压力和喷嘴相同的情况下,熔融金属过热
温度越高,细粉末的产出率越高,越容易得到球形粉末;金属液流的直径越细,所得细粉
末也就越多。

图 4.10　氩气雾化 Fe-Ga 合金粉末形貌

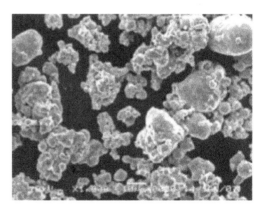

图 4.11　水雾化 Ag-Sn 合金粉末形貌

另外适当调整金属液流长度(金属液流从出口到雾化焦点的距离)、喷射长度(气流从
喷口到雾化焦点的距离)、喷射角等,能充分利用气流给予金属液流的动能,从而有利于
雾化的进行。

　2)离心雾化

离心雾化是利用机械旋转的离心力将金属液流击碎成细的液滴,然后冷却凝结成粉

末的技术。离心雾化的发展是与控制粉末粒度的要求和解决制取活性金属粉末的困难相关。

(1) 旋转圆盘雾化法：利用机械旋转造成的离心力将金属液流击碎成细的液滴，然后冷凝成粉末的雾化，最早使用的是旋转圆盘雾化法(图4.12(a))。这种方法可以制取铁、钢等粉末。从漏嘴(6~8mm)流出的金属液流被具有一定压力(0.4~0.8MPa)的水引至转动圆盘上，被圆盘上的特殊叶片所击碎并且迅速冷却成粉末。通过改变圆盘转数(1500~3500r/min)、叶片的形状和数目，可以调整粉末的粒度。叶片冲击次数低于1400次/s时，粉末的细颗粒百分比随冲击次数的增加而增大。与旋转圆盘雾化法相似的还有旋转杯法(图4.12(b))、旋转轮法(图4.12(c))和旋转网法(图4.12(d))。

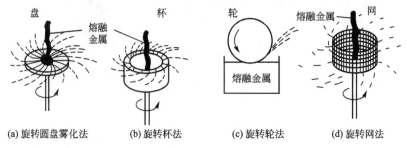

(a) 旋转圆盘雾化法　(b) 旋转杯法　(c) 旋转轮法　(d) 旋转网法

图4.12　离心雾化的几种形式

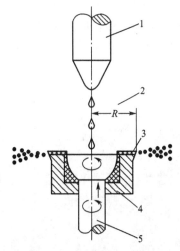

图4.13　旋转坩埚雾化装置示意图
1—电极；2—雾化半径；3—雾化缘；
4—旋转坩埚；5—电极

(2) 旋转坩埚雾化法：该法有一根固定电极和一个旋转水冷坩埚，电极和坩埚内的金属之间产生电弧时金属熔化。坩埚的旋转速度为3000~4000r/min。在离心力作用下，熔融金属在坩埚出口处被粉碎成粉末而被排出，这种方法适于制取铝合金、钛合金和镍合金粉末。图4.13为旋转坩埚雾化装置示意图。

(3) 旋转电极雾化法：图4.14是旋转电极雾化装置示意图。这种雾化技术应用于制取高合金粉末、活性金属(如锆、钛等)粉末以及超合金粉末。把欲雾化的金属或合金作为旋转自耗电极，通过固定的钨电极产生电弧，使金属或合金熔化。电极装于粉末收集室内。收集室先被抽成真空，然后在雾化之前充入氩气或氦气等惰性气体。当自耗电极快速旋转时，离心力使熔融金属或合金粉碎成细小的液滴飞出。液滴在尚未碰到粉末收集室的器壁之前就在惰性气氛中凝固。这种方法生产的粉末纯度很高，不被雾化周围的环境所污染，氧化物含量很低。旋转电极雾化的液滴形成过程如图4.15所示。旋转电极雾化制粉的优点是粉末干净，能制得球形粉末，粒度较均匀，没有被坩埚污染的危险；缺点是生产效率低，设备和加工成本较高，粉末粒度粗。另外用钨作阴极，粉末可能被钨污染。

除了用水或气体冲击熔化金属以及和旋转相关的雾化方法之外，还有一些可使熔融金属破碎的工艺方法：①辊筒雾化法，它可用来制取非晶态金属，但所得粉末颗粒是片状的；②振动电极雾化法，它是通过自耗电极的振动来生产高纯度粉末的方法，所得粉末呈球形；③熔滴雾化法，熔融金属经坩埚底部的小孔流出，流入真空或惰性气氛中，膨胀并形成球形颗粒；④超声雾化法，高速气体脉冲以 $60000 \sim 120000 \text{Hz}$ 的特征频率和 4 个马赫数的高速冲击熔化金属流，该法所得粉末呈球形，粉末的平均粒度细而且粒度分布范围窄；⑤真空雾化，其基本原理是液态金属在一定压力下用气体过饱和，然后使其在真空状态下快速的去饱和，使气体膨胀而形成细的粉末喷射流，也叫真空溶气雾化，该法所得粉末呈球形且纯度很高。

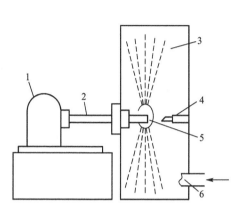

图 4.14　旋转电极雾化装置图

1—电动机；2—送料器；3—粉末收集器；
4—固定钨电极；5—旋转自耗电极；
6—惰性气体入口

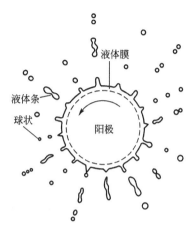

图 4.15　旋转电极雾化粉末形成过程

3. 还原法

用还原氧化物和盐类制取金属粉末是最普遍应用的制粉方法之一，也多用于其他无机非金属材料粉末的制备。还原反应向生成金属方向进行的热力学条件是还原剂氧化反应的生成自由能变化小于金属氧化反应的生成自由能变化。还原剂可呈固态、气态及液态，被还原的物料也可以采用固态、气态和液态物质。还原法制粉的主要特点是可直接利用矿物或利用冶金生产的废料以及其他廉价物料做原料，制得的粉末成本低。表 4-4 给出了用不同还原剂和被还原物质进行还原作用制取粉末的实例。

表 4-4　还原法的应用实例

被还原物料	还原剂	举　　例	备　　注
固体	固体	$FeO + C \rightarrow Fe + CO$	固体碳还原
固体	气体	$WO_3 + 3H_2 \rightarrow W + 3H_2O$	气体还原
固体	熔体	$ThO_2 + 2Ca \rightarrow Th + 2CaO$	金属热还原
气体	气体	$WCl_6 + 3H_2 \rightarrow W + 6HCl$	气相氢还原
气体	熔体	$TiCl_4 + 2Mg \rightarrow Ti + 2MgCl_2$	气相金属热还原
溶液	固体	$CuSO_4 + Fe \rightarrow Cu + FeSO_4$	置换
溶液	气体	$Me(NH_3)_n SO_4 + H_2 \rightarrow Me + (NH_4)_2 SO_4 + (n-2)NH_3$	溶液氢还原
熔盐	熔体	$ZrCl_4 + KCl + Mg \rightarrow Zr + 产物$	金属热还原

制取难熔化合物粉末(碳化物、硼化物、氮化物和硅化物)的主要方法与还原法制取金属粉末极为相似。碳、硼和氮能与过渡族金属元素形成间隙固熔体或间隙化合物，而硅与这类金属元素只能形成非间隙固熔体或非间隙化合物(置换固熔体)。这些化合物都具有金属的特征，如有金属光泽、良好的导电性以及正的温度系数等。

难熔化合物具有高熔点、高硬度以及其他有用性能，在现代技术中被广泛用于作为硬质合金、耐热材料、电工材料、耐蚀材料以及其他材料的基体及耐热、耐蚀的涂层材料。制取碳化物、硼化物和硅化物最常用的方法是还原氧化物。氧化物可以用氮化金属或氮化金属的化合物的方法制取。碳化物 MeC 的制取可采取金属与碳直接化合：$Me+C=MeC$；还可以用碳还原氧化物 MeO 的方法制取：$MeO+2C=MeC+CO$。

用硅还原金属氧化物制取硅化物：$MeO+2Si=MeSi+SiO_2$。

另外用硅还原金属氧化物，同时蒸馏易挥发的一氧化硅也是制取硅化物较有前途的方法：$MeO+2Si=MeSi+SiO$。

制取硼化物 MeB 最经济并且最普遍采用的制取方法是用碳化硼和碳还原金属氧化物：$4MeO+B_4C+3C=4MeB+4CO$。

碳以炭黑的形式加入是为了使碳能更好地与氧化合生成 CO 而排出。真空硼化可以保证硼化反应进行完全并且能得到不含氮、氧和碳等杂质的硼化物。

氮化物 MeN 一般是通过金属粉末的氮化而制得的。通常采用氨进行氮化，因为由氨离解时所形成的氮原子具有较高的反应能力，而离解时所生成的氢又具有强还原氧化物的能力：$4MeO+N_2+2NH_3+3C=4MeN+3CO+H_2O+2H_2$。

此外，可以用氢直接饱和金属粉末或海绵金属来制取难熔金属氢化物。

4. 羰基物热离解法

某些金属特别是过渡族金属能与一氧化碳生成金属羰基化合物 $Me(CO)_n$。这些羰基物是易挥发的液体或易升华的固体，如 $Ni(CO)_4$ 为无色液体，熔点为 $-25℃$；$Fe(CO)_5$ 为琥珀黄色液体，熔点 $-21℃$；$Co_2(CO)_3$、$Cr(CO)_4$、$W(CO)_6$、$Mo(CO)_6$ 均为易升华的晶体，同时这类羰基化合物很容易离解生成金属粉末和一氧化碳。

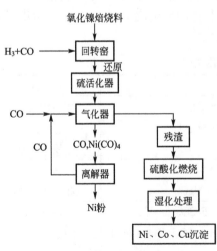

图 4.16 常压羰基法制镍粉生产
工艺流程示意图

羰基物热离解法(羰基法)也叫热离解法，就是把金属(如铁或镍)与 CO 反应生成的羰基物(如羰基铁或羰基镍)进行加热，使其分解而得到金属粉末的方法。羰基法不仅可以生成纯金属粉末，而且可以同时离解几种羰基化合物的混合物，制得合金粉末。如果在一些颗粒表面上沉积热离解羰基物，就可以制得包覆粉末。

羰基粉末较细，一般粉末粒度为 $3\mu m$ 左右，羰基粉末的成本一般较高，粉末很纯。例如羰基铁粉一般都不含硫、磷、硅等杂质，因为这些杂质不生成羰基化合物。此外金属羰基化合物挥发时都有不同程度的毒性(特别是羰基镍有剧毒)，因此生产中必须要采取防护措施。图 4.16 是常压羰基法制取镍粉的工艺流程。

可将熔化的废镍或冰镍流入水中急冷成小粒。如用废镍，则需先经硫化处理，硫在羰化反应中起触媒作用。将含硫的原料送入温度为 50～80℃ 的汽化器中转化成羰基镍：

$$Ni+4CO \rightarrow Ni(CO)_4; \quad \triangle H_{298}=163.59kJ/mol$$

生成的羰基镍被送至离解器中在 180～200℃ 离解成极纯的镍粉：$Ni(CO)_4 \rightarrow Ni+4CO$，这种镍粉的纯度很高，一般含镍可达 99.9%，甚至更高。

5. 水热法制粉

水热法是通过高压釜中适合水热条件下的化学反应，实现从原子、分子级生成微粉或生长晶体的一种技术。水热法的基本原理是在高温、高压下一些氢氧化物在水中的溶解度大于对应的氧化物在水中的溶解度，于是氢氧化物溶入水中同时析出氧化物。作为反应物的氢氧化物，可以是预先制备好再施加高温、高压；也可以通过反应（如水解反应）在高温、高压下即时生成。水热条件下粉体制备的主要方法有水热沉淀法、水热结晶法、水热氧化法、水热合成法、水热分解法、水热脱水法、水热阳极氧化法、反应电极埋伏法、水热机械-化学反应法等，其中水热脱水法和水热沉淀法相近似。

相对于其他制粉方法，水热法制备的粉体有极好的性能：粉体晶粒发育完整，晶粒很小且分布均匀；无团聚或低团聚；易得到合适的化学计量物和晶体形态；可以使用较便宜的原料，不必高温煅烧和球磨，从而避免了杂质和结构缺陷等。水热法制备的粉体在烧结过程中表现出很强的活性。采用水热法制备的粉体质量好，产量也高。水热法可以制备单一的氧化物粉体，如 ZrO_2、Al_2O_3、SiO_2、Cr_2O_3、Fe_2O_3、MnO_2、TiO_2 等，也可以制备多种氧化物混合体 $ZrO_2 \cdot SiO_2$、$ZrO_2 \cdot H_fO_2$ 等以及复合氧化物 $BaZrO_3 \cdot PbTiO_3 \cdot CaSiO_3$、羟基化合物、羟基金属粉等，还可以制备复合材料粉体 ZrO_2-C、$ZrO_2-CaSiO_3$、TiO_2-C、$TiO_2-Al_2O_3$ 等。

6. 电解法

在一定的条件下，粉末可以在电解槽的阴极上沉积出来。在物理化学法生产的粉末数量中，电解法生产的粉末仅次于还原法生产的粉末。一般来说，电解法生产的粉末成本较高，因此在粉末生产中所占的比重是较小的。电解粉末具有吸引力的原因是它的纯度。电解法制取粉末主要采用水溶液电解和熔盐电解。

1) 水溶液电解法

水溶液电解可以生产铜、铁、镍、银、锡、铅、铬、锰等金属粉末；在一定条件下也可以使几种元素同时沉积而得到铁-镍、铁-铬等合金粉末。从所得的粉末特性来看，电解法有提纯的过程，因而所得的粉末较纯；同时由于结晶，粉末形状一般为树枝状，压制性较好；电解法还可以控制粉末粒度，因而可以生产超细粉末。图 4.17 是电解过程示意图。

当在电解质溶液中通入电流电后，产生正负离子的迁移。在阳极，发生氧化反应，金属失去电子变成离子而进入溶液；在阴极，发生还原反应，金属离子放电而析出金属。应该指出，虽然水溶液电解可以制取多种金属，但根据电解过程的条件，可能得到不同形态的阴极沉淀物，如粉末状沉积物、致密沉积物或者介于两者之间的沉积物。由图 4.18 可见，水溶液电解时，在阴极析出的沉积物形态与水溶液中的阳离子浓度 C 和电解时的电流密度 i 有关。该图可以分为 3 个区：Ⅰ—粉末区；Ⅲ—致密沉积物区；Ⅱ—两者的过渡区。在大的电流密度 i 和低阳离子浓度 C 的水溶液电解条件下，容易获得粉末状的阴极沉积物。

图 4.19 是电解铜粉生产的工艺流程图。

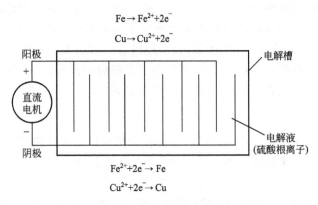

图 4.17 电解过程示意图

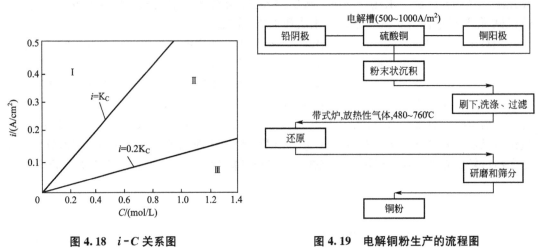

图 4.18 *i-C* 关系图   图 4.19 电解铜粉生产的流程图

2）熔盐电解法

熔盐电解可以制取钛、锆、钽、铌、钍、铀、铍等纯金属粉末；也可制取如钽-铌等合金粉末以及各种难熔化合物粉末。

熔盐电解与水溶液电解没有什么原则的区别。上述难熔金属由于与氧的亲和力大，因而在大多数情况下不能从水溶液中析出，必须用熔盐作电解质，并且在低于金属的熔点下电解，所以熔盐电解比水溶液电解困难得多。首先是温度较高，引起操作上的困难；其次是把产物和熔盐分开比较困难；第三由于电解过程伴随有副反应，故电解的电流效率较低。影响熔盐电解过程和电流效率的因素有电解质成分、电解质温度、电流密度、电极间距离等。

7. 纳米粉末及其制取

所谓纳米材料，从狭义上说就是有关原子团簇、纳米颗粒、纳米线、纳米薄膜、纳米碳管和纳米固体材料的总称；从广义上看，纳米材料应该是晶粒或晶界等显微构造能达到纳米尺寸水平的材料，它包含了 3 个层次，分别是纳米微粒、纳米固体和纳米组装体系。纳米材料的制备原料首先必须是纳米级的。

1）纳米粉末的特性

纳米微粒是指线度处于 1~100nm 之间的粒子的聚合体。它是处于该几何尺寸的各种粒子聚合体的总称。纳米微粒的形态有球形、板状、棒状、角状、海绵状等。由于微粒的表面原子数占很大比重(见表4-5),这就使得纳米微粒具有独特的小尺寸效应、表面效应、量子尺寸效应、宏观量子隧道效应,从而使其具有奇异的力学、电学、磁学、热学、光学、化学活性、催化和超导性能等特性。

表4-5 粒子的大小与表面原子数的关系

直径/nm	1	5	10	100
原子总数 N	30	4000	30000	3000000
表面原子百分比	100	40	20	2

当大块材料采用物理、化学、生物等方法细分成纳米微粒时,它的性质与大块材料便显著不同,具有许多特异性能:①能完全吸收光而成为近于理想的黑体,能充分吸收电磁波和红外线,例如金、银细分为纳米微粒后呈黑色,成为对可见光几乎全部吸收的黑体;②熔点普遍比大块金属低得多,例如超细镍粉在200℃开始部分熔化;③许多纳米微粒在极低温度下几乎无热阻,导热性能好;④多数纳米微粒导电性能好,有的甚至显示出超导性;⑤超细铁系合金粉末呈单磁畴结构,例如2~10nm的氧化铁具有极强的磁性和导光性能。

纳米微粒具有广阔的应用前景,如用于高效催化剂;用于制作高性能和高密度化的磁记录材料;因纳米微粒表面积大、敏感度高而使其成为应用于传感器的最有前途的材料;由于其极小的线度尺寸,在医学和生物工程方面被应用于病变部位的检查和治疗等。

2) 纳米粉末制取方法简介

对纳米微粒制备的基本要求是表面洁净,微粒形状、粒径以及粒度分布可控,微粒团聚倾向小,易于收集,有较好的热稳定性,产率高。纳米粉末制备方法一般可分为物理法、化学法和物理化学法3大类。

(1) 物理法:主要有真空蒸发-冷凝法、激光加热蒸发法、高压气体雾化法、高频感应加热法、热等离子体法、电子束照射法、机械粉碎法、冲击波诱导爆炸反应法、机械合金化法、溅射法、流动液面上真空蒸渡法、金属蒸汽合成法以及混合等离子法等。

(2) 化学法:主要有化学气相沉积法(CVD)、羰基物热离解法、化学气相合成法、沉淀法(直接沉淀法、均匀沉淀法、共沉淀法)、水热合成法、溶胶凝胶法(sol-gel)、溶剂蒸发法、溶液蒸发和热分解法、微乳液法(反胶团法)等。

(3) 物理化学法:主要有电解法、活化氢熔融金属反应法、真空电弧等离子射流蒸发反应法等。

目前纳米颗粒的制备新方法层出不穷,有将若干种方法配合使用的蒸发-冷凝技术,也有随设备更新出现的激光技术、高能射线技术等。

4.3 成 形 工 艺

粉末冶金成形是在一定压力下使粉末由松散体转变为粉末颗粒聚集体,即将松散的粉末体加工成具有一定形状、尺寸、密度和强度的压坯的工艺过程。粉末成形的方法很多,可归纳为两大类,即粉末压制成形(压制)和粉末特殊成形。

(1) 压制成形：就是将金属粉末或混合粉末装在压模内，通过压机将其成形。压模的设计和压机的能力成为影响压坯尺寸和形状的重要因素。

(2) 特殊成形：即非模压成形。其主要的方法有等静压成形、连续成形、无压成形、爆炸成形、金属粉末轧制、高能成形等。

4.3.1 成形前原料准备

成形前原料准备的目的是要制备具有一定化学成分和一定粒度以及适合的其他物理化学性能的混合料，它包括粉末退火、混合、筛分、制粒以及加润滑剂成形剂等。

1. 退火

粉末的预先退火可使氧化物还原、降低碳和其他杂质的含量，提高粉末的纯度，同时还能消除粉末的加工硬化，稳定粉末的晶体结构。例如用还原法、机械研磨法、电解法、雾化法以及羰基离解法所得的粉末都需要经退火处理。此外，为防止某些超细金属粉末的自燃将其表面钝化，也需作退火处理。经过退火后的粉末压制性得到改善，压坯的弹性后效相应地减少。

退火温度根据金属粉末的种类而不同，一般退火温度可以按照 $T_{退}=(0.5\sim0.6)T_{熔}$ 来计算。有时为了进一步提高粉末的化学纯度，退火温度也可以超过该值。

退火一般用还原性气氛，有时也可用惰性气氛或者真空。要求清除杂质和氧化物，即进一步提高粉末的化学纯度时，要采用还原性气氛(氢、离解氨、转化天然气或煤气)或者真空；若为了消除粉末的加工硬化或者使细粉末钝化防止自燃时，可以采用惰性气体作为退火气氛。

2. 混合

混合是指将两种或者两种以上的不同成分的粉末混合均匀的过程。有时为了需要将成分相同而粒度不同的粉末进行混合，这称为合批，二者是有区别的。混合质量的优劣，不仅影响成形过程和压坯质量，而且会严重影响烧结过程的进行和最终制品的质量。

混合基本上有两种方法：机械法和化学法，其中广泛应用的是机械法，常用的混料机有球磨机、V形混合机、锥形混合机、酒桶式混合机、螺旋混合机等(图 4.20)，从混料机制看有球磨机、棒磨机、螺旋混合机(图 4.21)等。

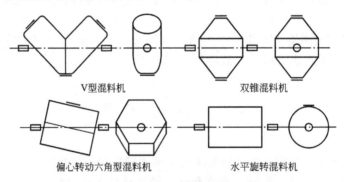

V型混料机　　　　　双锥混料机

偏心转动六角型混料机　　　水平旋转混料机

图 4.20　常见粉末混料机的外形示意图

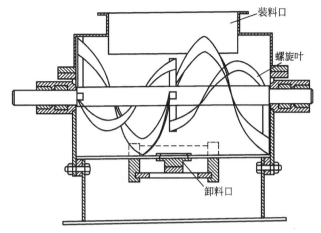

装料口

螺旋叶

卸料口

图 4.21 螺旋混合机示意图

机械法混料又可分为干混和湿混。铁基等制品生产中广泛采用干混；制备硬质合金混合料则经常使用湿混。湿混常用的液体介质为酒精、汽油、丙酮等。为了保证湿混过程能顺利进行，对湿磨介质的要求是不与物料发生化学反应、沸点低、易挥发、无毒性、来源广泛、成本低等。湿磨介质的加入量必须适当，过多或过少都不利于研磨和混合的效率。

化学法混料是将金属或化合物粉末与添加金属的盐溶液均匀混合；或者是各组元全部以某种盐的溶液形式混合，然后经沉淀、干燥和还原等处理而得到均匀分布的混合物。与机械法相比较，化学法能使物料中的各组元分布得更加均匀，从而更有利于烧结的均匀化；而且由于化学混料的结果，基体组元的每一颗粉末表面都包覆上了一层金属添加剂，这有利于烧结过程中的合金化，因此所得的最终产品组织结构较理想，综合性能优良。在现代粉末冶金生产中，为了获得高质量的产品，已广泛采用了化学法，如制造钨-铜-镍高密度合金、铁-镍磁性材料、银-钨触头合金等混合物原料。化学混料的缺点是操作较麻烦，劳动条件较差。

3. 筛分

筛分的目的在于把不同颗粒大小的原始粉末进行分级，而使粉末能够按照粒度分成大小范围更窄的若干等级。通常用标准筛网制成的筛子或振动筛来筛分，而对于钨、钼等难熔金属的细粉或超细粉则使用空气分级的方法。

在硬质合金生产中，筛分(擦筛)也可以用来制粒。

4. 制粒

制粒是将小颗粒的粉末制成大颗粒或团粒的工序，常用于改善粉末的流动性。例如在硬质合金生产中，为了便于自动成形使粉末能顺利充填模腔就必须先进行制粒。

能承担制粒任务的设备有圆筒制粒机、圆盘制粒机和擦筛机等，有时也用振动筛来制粒。目前较先进的工艺是喷雾干燥制粒，它是将液态物料雾化成细小的液滴，与加热介质(N_2 或空气)直接接触后液体快速蒸发而干燥。硬质合金生产中由于需要进行湿式研磨与混合，故已较广泛的采用了喷雾干燥制粒，图 4.22 所示为喷雾干燥制粒装置。

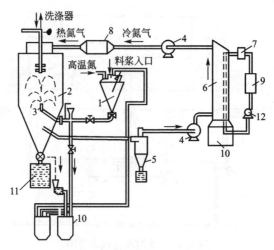

图 4.22　喷雾干燥制粒装置示意图

1—搅拌槽；2—雾化塔；3—喷嘴；4—鼓风机；5—旋风收集器；6—洗涤冷凝器；

7—冷凝器；8—加热器；9—水槽；10—贮槽；11—料桶；12—泵

5. 加润滑剂、成形剂

在成形前，粉末混合料中常常要添加一些改善压制过程的物质、成形剂，或者添加在烧结中能造成一定孔隙的物质、造孔剂。

另外，为了降低压形时粉末颗粒与模壁和模冲间的摩擦、改善压坯的密度分布、减少压模磨损和有利于脱模，常加入一种添加物、润滑剂，如石墨粉、硫磺粉和成形剂物质。

成形剂是为了提高压坯强度或为了防止粉末混合料离析而添加的物质，在烧结前或烧结时该物质被烧除，有时也叫粘结剂，如石蜡、合成橡胶、樟脑、塑料、硬脂酸或硬脂酸盐等。也可以用成形剂直接润滑压模，常用的润滑剂有硬脂酸、硬脂酸盐类、丙酮苯、甘油、润酸、三氯乙烷等。

4.3.2　金属粉末的压制过程

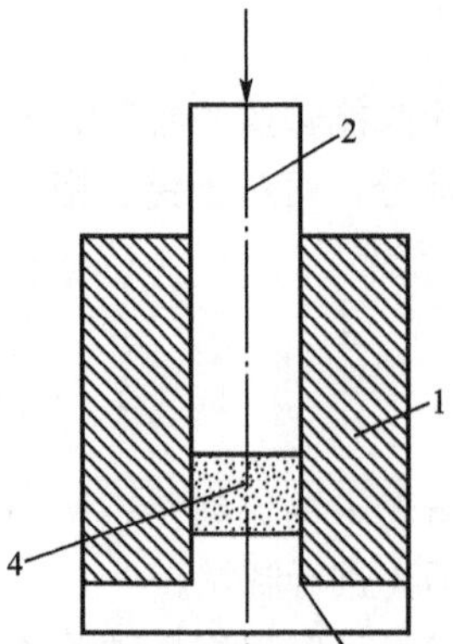

1. 金属粉末压制现象

压模压制是指松散的粉末在压模内经受一定的压制压力后，成为具有一定尺寸、形状和一定密度、强度的压坯的过程。图 4.23 是压模示意图。当对压模中粉末施加压力后，粉末颗粒间将发生相对移动，粉末颗粒将填充孔隙，使粉末体的体积减小，粉末颗粒迅速达到最紧密的堆积。

压制过程中，粉末颗粒要经受着不同程度的弹性变形和塑性变形，并在压坯内聚集了很大的内应力。

粉末体在压模内受力后力图向各个方向流动，于是引起了垂直于压模壁的压力——侧压力。侧压力的作用是使得压模内靠近模壁的外层粉末与模壁之间产生摩擦力，该摩擦力即会导致压坯出现在高度方向上的压力降，这也就造成了压坯密度分

图 4.23　压模示意图

1—阴模；2—上模冲；

3—下模冲；4—粉末

布的不均匀。

2. 粉末颗粒变形和位移的几种方式

粉末体在压模内受力后，由松装向致密状态变化，形成具有一定形状和强度的压坯。压坯的形成是由于粉末颗粒受不平衡力作用后产生运动(位移)和变形的结果。粉末体的变形不是依赖于颗粒本身形状的变化，而是主要依赖于粉末颗粒的位移和孔隙体积的变化。图 4.24 示出粉末在压模内的压制成形过程。

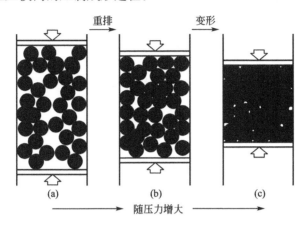

图 4.24　金属粉末成形各阶段示意图

1) 粉末的位移

粉末体在压模中自由松装时，由于粉体颗粒的尺寸、表面粗糙度不同及形状不规则等原因，增加了颗粒的摩擦力和机械咬合，使颗粒相互搭接，造成比颗粒大很多倍的孔隙，这种现象称为"拱桥效应"(图 4.24(a))。当施加压力时，粉末体内的拱桥效应遭到破坏，粉末颗粒间将发生相对移动、粉末颗粒彼此填充孔隙，重新排列位置，使粉末体的体积减小(图 4.24(b))，粉末颗粒迅速达到最紧密的堆积，这一过程即为粉末的位移。

2) 粉末的变形

粉末体在受压后体积明显减少，这是由于粉末体在压制时不但发生了位移，而且还发生了变形(图 4.24(c))。变形方式有 3 种，即弹性变形、塑性变形和脆性断裂。外力卸除后粉末颗粒的形状可以恢复原状的变形称为弹性变形；单位压制压力超过粉末材料的弹性极限，粉末颗粒的变形不能恢复的称为塑性变形，实践表明粉末颗粒的塑性越大，塑性变形也就越大；当单位压制压力超过强度极限后，粉末颗粒就会发生粉碎性的破坏即脆性断裂，在粉料中含有合金如 W、Mo 或其化合物如 WC、MoC_2 等脆性粉末时，除有少量塑性变形外，主要是脆性断裂。

3. 金属粉末的压坯强度

压坯强度是指压坯反抗外力作用保持其几何形状尺寸不变的能力。在粉末成形过程中，随着成形压力的增加，孔隙减少，压坯逐渐致密化。由于粉末颗粒之间联结力作用的结果，压坯的强度也逐渐增大。

粉末颗粒之间的联结力大致可以分成两种：①粉末颗粒之间的机械啮合力。粉末的外表面呈不规则凹凸不平的形状，通过压制，粉末颗粒之间由于位移和变形可以互相楔住和勾连，从而形成粉末颗粒之间的机械啮合，这也是压坯具有强度的主要原因之一。粉末颗粒形状越复杂，表面越粗糙，则粉末颗粒之间彼此啮合得越紧密，压坯的强度越高。②粉末颗粒表面原子间的引力。在金属粉末的压制后期，粉末颗粒受强大外力作用而发生位移和变形，粉末颗粒表面上的原子彼此接近，当进入引力范围之内时，粉末颗粒因引力作用而发生联结。这两种力在压坯中所起的作用并不相同，并且与粉末的压制过程有关。对于金属粉末来说，压制时粉末颗粒之间的啮合力是使压坯具有强度的主要联结力。此外，金属粉末在成形之前往往必须加成形剂，才能使压坯具有足够的强度。需要指出的是压坯基本上没有任何延展性。

压坯强度是随着压坯密度的提高而提高的，而压坯密度又是随压制压力的提高而提高的，所以压坯强度也是随压制压力的提高而提高的。压坯强度的测定方法主要有压坯抗弯强度试验法、测定压坯边角稳定性的转鼓试验法、测试破坏强度（压溃强度）的方法。

4.3.3 压制压力与压坯密度的关系

1. 金属粉末压制时压坯密度的变化规律

压坯的相对密度随着压力的增加而发生变化的基本规律，可以假设为3个阶段，如图4.25所示。

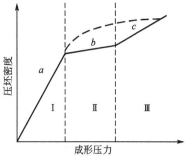

图4.25 压坯密度与成形压力的关系

第Ⅰ阶段：在此阶段内，由于粉末颗粒发生位移，填充孔隙，因此当压力稍有增加时，压坯的密度增加很快，所以此阶段又称为滑动阶段（曲线 a 部分）。

第Ⅱ阶段：压坯经第Ⅰ阶段压缩后，密度已达到一定值，这时粉末出现了一定的压缩阻力。在此阶段内压力虽然继续增加，但是压坯密度增加很少（曲线 b 部分）。这是因为此时粉末颗粒间的位移已大大减少，而其大量的变形尚未开始。

第Ⅲ阶段：当压力超过一定值后，压坯密度又随压力增加而继续增大（曲线 c 部分），随后又逐渐平缓下来。这是因为压力超过粉末颗粒的临界应力时，粉末颗粒开始变形，而使压坯密度继续增大，但是当压力增加到一定程度，粉末颗粒剧烈变形造成加工硬化，使粉末进一步变形发生困难。

然而，实际的压制过程要复杂很多，在第Ⅰ阶段，粉末致密化虽然以颗粒位移为主，但是也伴随少量的颗粒变形；在第Ⅲ阶段，粉末体的致密化虽然以颗粒变形为主，但是同样伴随着少量的颗粒位移。另外压制压力与压坯密度的关系曲线的形状与粉末的种类有关，硬而脆的粉末曲线的第Ⅱ阶段较为明显，呈平坦状；塑性较好的粉末（如铜、锡、铅等）曲线的第Ⅱ阶段基本消失（沿虚线部分发生变化）。

2. 压制压力与压坯密度的定量关系

从理论上寻求一个方程来描述粉末体在压制压力作用下压坯密度增高的现象是非常受人关注的问题。然而，目前已有的公式大部分都不是很理想，下面就几个具有代表性的压制理论做简单介绍。

1）巴尔申压制方程

巴尔申认为在压制金属粉末时，压力与变形之间的关系符合虎克定律，是粉末冶金界一直以来比较流行的理论。如果忽略加工硬化因素，经数学处理后可以得到：

$$\lg P = \lg P_{\max} - L(\beta - 1) \tag{4-3}$$

式中，$P_{\max}$ 为对应于压至最紧密状态（$\beta = 1$）时的单位压力；L 为压制因素，取决于粉末粒度和粒度组成；β 为压坯的相对体积。

巴尔申方程只在一定场合中才是正确的，故与实际情况不大一致，原因有①该理论将粉末体当作理想弹性体看待，将虎克定律运用于压制过程；②该方程没有考虑摩擦力的影响；③该理论也假定粉末变形时无加工硬化现象；④该方程没有考虑压制时间的影响；最后巴尔申也没有考虑或忽略了粉末的流动性质等。

2）川北公夫压制方程

日本的川北公夫研究了多种粉末（大部分是金属氧化物）在压制过程中的行为。采用受压面积为 $2cm^2$ 的钢压模，粉末粒度 200 目左右，粉末装入压模后在压机上逐步加压，最高压力为 0.1MN。然后测定粉末体的体积变化，作出各种粉末的压力-体积曲线，并得出有关经验公式：

$$C = \frac{V_0 - V}{V_0} = \frac{abP}{1 + bP} \tag{4-4}$$

式中，C 为粉末体积减少率；a，b 为系数；V_0 为无压时的粉末体积；V 为压力为 P 时的粉末体积。

川北在研究压制过程时作了以下假设：①粉末层内各点的压力相等；②粉末层内各点的压力是外力 P 和粉末体内固有的内压力 P_0 之和，这种内压力可以根据粉末的聚集力或吸附力来考虑，并与粉末的屈服值密切相关；③粉末层各断面上的外压力与各断面上粉末的实际断面积受的压力总和保持平衡状态；④每个粉末颗粒仅能承受它所固有的屈服极限的能力；⑤粉末压缩时的各个颗粒位移的几率 ω 和它邻接的孔隙大小成正比，粉末层所承受的负荷和 ω 成反比。

3）黄培云压制理论方程

黄培云对粉末压制成形提出一种新的压制理论公式：

$$m \lg \ln \frac{(d_m - d_0)d}{(d_m - d)d_0} = \lg P - \lg M \tag{4-5}$$

式中，d_m 为致密金属密度；d_0 为压坯原始密度；d 为压坯密度；P 为压制压强；M 为相当于压制模数；m 为相当于硬化指数。

实验研究表明黄培云的双对数方程不仅适用于等静压制，也适用于一般单向压制。

比较以上各压制方程，在多数状况下，黄培云的双对数方程不论硬、软粉末适用效果都比较好；巴尔申方程用于硬粉末的效果比软粉末的好；川北公夫方程则在压制压力不太大时较为优越。

4.3.4 压坯密度及其分布

压制过程的主要目的之一是要求得到一定的压坯密度并力求密度均匀分布。但是实践表明，压坯密度分布不均匀却是压制过程的主要特征之一。

1. 影响压坯密度分布的因素

由于摩擦力的存在，压坯各部分受力不均匀，导致压坯密度在高度方向和横截面上的分布都是不均匀的。有人在研究铁粉压坯中密度和硬度的分布时，把压制后的压坯分成体积为 $1cm^3$ 的小立方体，然后测量其密度和硬度，结果表明密度和硬度有类似的变化(图 4.26)。

由图 4.26 可见，在与模冲相接触的压坯上层，密度和硬度都是从中心向边缘逐步增大的，顶部的边缘部分密度和硬度最大；在压坯的纵向层中，密度和硬度都是沿着压坯高度从上而下降低；但是在靠近模壁的层中，由于外摩擦的作用，轴向压力的降低比压坯中心大得多，以致在压坯底部的边缘密度比中心的密度低，因此压坯下层的密度和硬度的分布状况和上层相反。图 4.27 所示为镍粉压坯各部分的密度分布情况。

			55	63	79	100	
6.16	5.84	5.60	54	62	79	93	97
5.58	5.58	5.53	55	54	58	70	86
5.28	5.39	4.98	48	55	55	54	79
4.84	4.60	4.91	51	46	47	39	73
4.66	4.73	4.67	41	40	37	36	55
4.23	4.55	4.77	34	34	36	27	39
			30	30	27	23	32
			34	34	30	24	

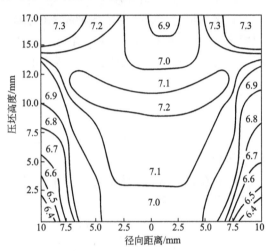

图 4.26　还原铁粉压坯中密度和硬度的分布情况

压模直径 ϕ72mm；压制压力 550～680MPa；

粉末质量 3kg；图左为密度（g/cm^3），

图右为硬度 HB（kg/mm^2）

图 4.27　镍粉压坯密度的分布

压力 p=700MPa；阴模直径 D=20mm；

高径比 H/D=0.87

一般说来，采用模壁光洁度高的压模，并在模壁上涂润滑油，能够降低摩擦系数，改善压坯的密度分布。压坯中密度分布的不均匀性，在很大程度上可以用双向压制来改善。双向压制的压坯与上下模冲接触的两端密度较高，而中间部分的密度较低，图 4.28 为单向压制的过程及压坯密度沿高度方向的密度分布示意图，图 4.29 为双向压制的过程及压坯密度沿高度方向的密度分布示意图。

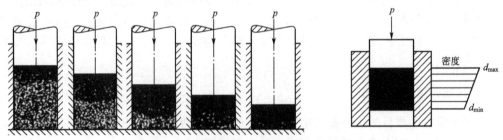

图 4.28　单向压制过程及压坯密度沿高度的分布

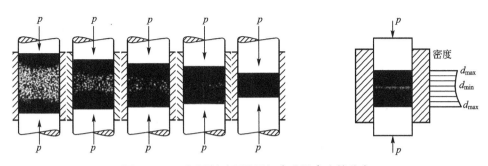

图 4.29　双向压制过程及压坯密度沿高度的分布

实际操作中，为了使压坯密度分布得更加均匀，除了可以采用润滑剂和双向压制的方法外，还可以采用利用摩擦力的压制方法。虽然外摩擦是密度分布不均匀的主要原因，但是很多情况下却可以利用粉末与压模零件之间的摩擦来减少这种密度分布的不均匀性，例如套筒类零件(如汽车钢板销衬套)、含油轴承、气门导管等就是在带有浮动阴模或摩擦芯杆的压模中压制的，因为阴模或芯杆与压坯表面的相对位移可以引起模壁或芯杆相接触粉末层的移动，从而使得压坯密度沿高度分布得均匀一些。图 4.30 所示为带浮动阴模的双向压制过程。

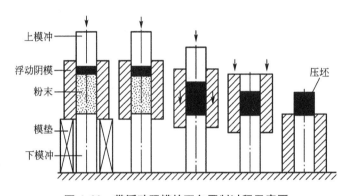

图 4.30　带浮动阴模的双向压制过程示意图

图 4.31 所示为带摩擦芯杆的压制过程。压制时，上模冲强制芯杆一起向下移动且芯杆下移的速度大于粉末下移的速度，因而靠芯杆与粉末之间的摩擦力带动粉末向下移动，这个摩擦力 $p_{摩擦2}$ 是向下的。由于此时阴模不动，所以阴模对压坯还有一个向上的摩擦力 $p_{摩擦1}$，由此使得压坯受力趋于平均，如图 4.31(b)所示，从而改善其密度分布。

2. 复杂形状压坯的压制

在压制横截面不同的复杂形状压坯时，必须保持整个压坯内的密度相同，否则在脱模过程中，密度不同的衔接处就会由于压力的重新分布而产生断裂或分层。压坯密度的不均匀也将使烧结后的制品因收缩不同造成的变形也不同，从而出现开裂或歪扭。多模冲压模应同时保证它们的压缩比相等，这样可以有效地提高压坯密度分布均匀性(图 4.32)。

具有曲面形状的压坯，压模结构也必须作相应的调整，以便使压坯密度尽可能地均匀。图 4.33 表示的是一种具有上、下曲面的复杂形状压坯的成形方法。该法利用一个凸

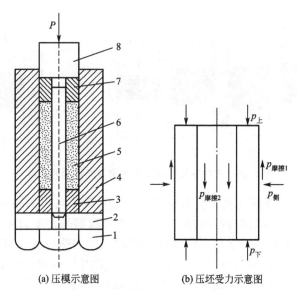

图 4.31　带摩擦芯杆的压制

1—底座；2—垫板；3—下压环；4—阴模；5—压坯；6—芯杆；7—上压环；8—限制器

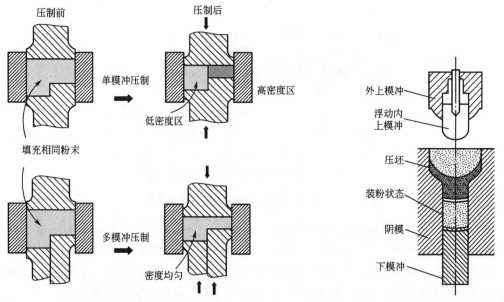

图 4.32　复杂形状压坯的压制 　　　　图 4.33　具有上、下曲面的复杂
形状压坯的成形方法

形浮动内上模冲，压制时将模腔内的粉末按所需形状作侧向移动。当压制到最终位置时，浮动内上模冲退入外上模冲内，使组合模冲的端面成为圆滑的曲面。

综上所述，在实际生产中为了使压坯密度分布尽可能地均匀，可以采取下列措施来实现：压制前对粉末进行还原、退火等预处理，消除粉末的加工硬化，减少杂质含量，提高粉末体的压制性能；在粉末中加入适当的润滑剂或成形剂；改进加压方式，根据压坯高度 H、直径 D 或厚度 δ 的比值设计不同类型的压模；改进模具构造或者适当变更压坯形状，使不同横截面的连接部位不出现急剧转折。

4.3.5 模具

粉末成形是粉末冶金的主要工序之一，而粉末冶金模具的设计是粉末成形的重要环节，它关系到粉末冶金制品生产的质量、成本、安全、生产率和自动化等问题。由于粉末冶金具有少、无切削的工艺特点，因此模具对粉末冶金工艺和零件有着极其重要的影响。要想将粉末冶金零件的生产费用降到最低，设计好模具是关键的一步。

粉末冶金模具设计的基本原则：①要充分发挥粉末冶金少、无切削工艺特点，保证坯件达到所需的几何形状、精度和表面光洁度、坯件密度及其分布等的要求；②合理设计模具结构和选择模具材料，使模具零件具有足够高的强度、刚度和硬度，具有高耐磨性和使用寿命，同时还要便于操作、调节，保证安全可靠；③注意模具结构的可加工性和模具制造成本问题，从模具设计要求和模具加工条件出发，合理地提出模具加工的技术要求（如公差、精度、表面光洁度和热处理硬度等），既要保证坯件质量，又要便于加工制造。

模具的基本零件主要有阴模、模冲、芯杆（芯棒）。

1. 阴模

阴模是成形压坯轮廓形状的模具，阴模的结构按其零件外形及成形特点的不同可分为整体模、拼模和可拆模3种。图4.34是各种阴模结构示意图。在压制时，阴模要承受巨大的内压力，为防止破裂和节约材料费用，阴模一般都采用双层结构。对于制造特殊形状压坯，通常都是将一些硬质合金阴模镶嵌块拼合起来用外套（保护套）箍紧制成拼合阴模。一般而言，如有电火花加工机床和线切割机床，由于易加工，可采用整体阴模；但若压制形状不规则的零件压坯而使阴模型腔中有应力集中处时，则宜采用拼合阴模设计。采用拼合阴模时，阴模应如何分割要根据零件压坯的形状而定，拼合阴模必须用加强外套箍紧。图4.35是一些硬质合金拼合阴模镶嵌块示意图。通过这样一些拼合结构可将整体硬质合金阴模的切削加工费用减到最低限度。

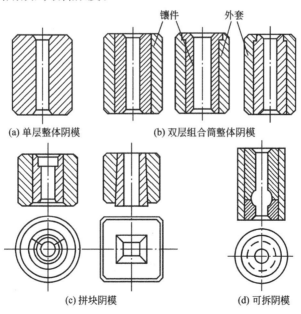

(a) 单层整体阴模　　　　　(b) 双层组合筒整体阴模

(c) 拼块阴模　　　　　(d) 可拆阴模

图 4.34　各种阴模结构示意图

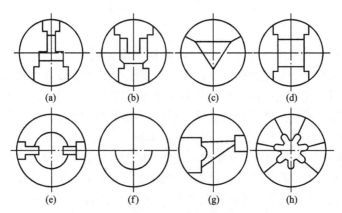

图 4.35　硬质合金拼合阴模镶嵌块示意图

阴模镶件与外套一般都采用过盈配合（即镶件的外径大于外套的内径），其过盈量一般为直径的 0.1%～0.25%。加强外套的箍紧方法热装和冷压配合两种。

复合阴模的设计准则：①外套内径切线方向的应力应足以箍紧阴模镶件，又不会在阴模型腔内的工作压力下使外套内壁产生过大的切线方向应力而致使外套破裂；②阴模镶件内壁因外套箍紧而在切线方向产生压应力，这两种应力应正好相等，即在阴模形腔内的工作压力作用下，阴模镶件内壁在切线方向的应力应为零。

镶件由于与粉末压坯直接接触，所以必须选用耐磨性好且不粘附粉末的材料。通常采用高硬度材料，一般材料硬度要求在 60HRC 以上。到底选用什么样的材料应针对实际情况而言，例如压制批量大的压件，须采用耐磨性好的材料，如高速钢、硬质合金等；压制批量小的压件，可采用碳素工具钢等廉价材料；压制形状复杂的压件，要用合金工具钢等易加工且热处理变形小的材料；压制铜、铅等软金属材料，宜用碳素工具钢或合金工具钢；压制钨、钼等硬金属粉末材料以及硬质合金、摩擦材料，须采用硬质合金材料；压制高密度压件，应采用耐磨性好的材料；对于高精度压制模，宜选用耐磨材料且要尽可能地选用硬质合金。

2. 模冲

模冲是成形压坯端面的模具。压制粉末时，模冲中产生压缩应力。所选用的模冲材料的屈服强度必须大于压缩应力，对于长的薄壁模冲还应进行纵向弯曲稳定性计算。

3. 芯杆

芯杆是成形压坯内孔的模具，大多细而长，它除了要耐磨性好之外，还要韧性好。通常用高碳-高铬钢或高速钢制造。在要求耐磨性高的成形部分，可以用钎焊硬质合金或 TiC 与 TiN 进行表面硬化处理。

4.3.6　影响压制过程和压坯质量的因素

影响压制过程和压坯质量的因素主要有粉末性能、压制方式、成形剂等。

1. 粉末性能对压制过程的影响

粉末性能对压制过程的影响主要包括粉末物理性能、化学成分、粉末粒度及粒度组成、粉末颗粒形状、粉末松装密度等的影响。

2. 成形剂对压制过程及压坯质量的影响

金属粉末在压制时，由于模壁和粉末之间、粉末与粉末之间产生的摩擦造成压力和密度分布不均，严重影响压坯质量。一般改善压坯质量即在压制过程中减少摩擦的方法有两种：一是采用高光洁度的模具或用硬质合金模具代替钢模；二是使用润滑剂或成形剂。为了改善粉末的成形性、塑性、增加压坯强度等，均需加入成形剂。润滑剂的加入是为了降低粉末颗粒与模壁和模冲间的摩擦，能有效地改善密度分布，降低脱模压力等。

3. 压制方式对压制过程和压坯质量的影响

压制过程中不同的加压方式，对压坯质量的影响也不同。

1) 加压方式的影响

在压制过程中由于有压力损失，压坯密度会出现不均匀现象。为了减少这种现象，可以采用双向压制及多向压制(等静压制)或者改变压模结构等方法。特别是当压坯的高径比较大的情况下，采用单向压制是不能保证制品的密度要求的，若采用上下密度差往往达到 $0.1\sim0.5g/cm^3$ 甚至更大，使制品出现严重的锥度。高而薄的圆筒压坯在成形时尤其要注意压坯密度的均匀问题。对于形状比较复杂的零件(如带有台阶的)，压制时为了使各处的密度分布均匀，可采用组合模冲。实践中广泛采用的浮动阴模压制，实际上就是利用双向压制来改善密度分布均匀问题的方式之一。某些难熔金属化合物(如碳化硼)的压制，有时为了保证密度要求还可采用换向压制的方法。

2) 加压速度的影响

压制过程中的加压速度不仅影响到粉末颗粒间的摩擦状态和加工硬化程度，而且影响到空气从粉末颗粒孔隙中的逸出情况。如果加压速度过快，空气逸出就困难，同时粉末的加工硬化也会加剧，因此通常的压制过程均是以静压(缓慢加压)状态进行的。

加压速度很快地压制(如冲击成形)，属于动压范畴，压制速度可由每秒几米增加到每秒 200 米以上。目前，出现了粉末冶金用的冲击压力机，其加压速度相当于锻造速度，约为 $6.1\sim18.3m/s$，这种压机能压制单重为 $0.5kg$ 的铁基零件，零件密度可达 $6.5g/cm^3$，相对密度为 85% 以上。有人指出，铁粉冲击成形的相对密度可达 97%，铜粉可达 98%，混合粉末可达 93%~96%。不仅如此，高速冲击成形所得的压坯密度分布比用缓慢加压所得的密度更加均匀，这是由于当压制压力由静压变成动压时，粉末体不仅受到静压力 p 的作用，还将受到动量 mv 的作用，速度 v 越大，动量 mv 也就越大。在冲击成形时粉末体受冲击力后的变形速度很快，一般大于粉末体因受力作用所产生的加工硬化速度。此时，粉末体变形便不受加工硬化作用的影响。因而冲击成形时变形所需的应力比静压时变形所需的应力要小得多。同时，粉末体是以大量的点接触为主的复杂接触，当受到外力冲击作用时，接触区域因迅速变形而放出大量的热量，这种瞬间放出的热能必然使接触部分的温度升高，导致粉末的塑性增加而易于变形。

综上所述，粉末体受到高速冲击负荷作用时，压坯的致密化过程与静压时的情况是不同的。

3) 加压保持时间的影响

粉末体在压制过程中，如果在某一特定压力下保持一定的时间，往往可得到非常好的效果，这对于生产形状复杂或体积较大的制品来说更为重要。例如用 588MPa 压力压制铁粉时，不保压时所得的压坯密度为 $5.65g/cm^3$，保压 $0.5min$ 后为 $5.75g/cm^3$，而保压 $3min$ 后可达 $6.14g/cm^3$，压坯密度比不保压时提高了 8.7%。在压制 $2kg$ 以上的硬质合金顶锤等大型制品时，为了使孔隙中的空气尽量逸出，保证压坯不出现裂纹等缺陷，保压时间有时在 $2min$ 以上。一般压制时需要保压的理由：①使压力传递的充分，进而有利于压坯各部分的密度均匀；②使粉末孔隙中的空气有足够的时间通过模壁和模冲或模冲和芯棒之间的缝隙逸出；③给粉末之间的机械啮合和变形以时间，有利于应变弛豫的进行。对于形状简单、体积小的制品通常不采取保压的方法。如需保压，保压时间可根据具体情况确定。

4）振动压制的影响

压制时从外界对压坯施以一定的振动对致密化有良好的作用。振动压制是引起人们广泛注意的新工艺。例如压制 YT30 硬质合金混合料，如要得到 $5.8g/cm^3$ 的压坯密度，静压时需用 $118MPa$ 的压制压力，而振动压制仅需 $0.59MPa$，即它需要的压制压力仅为前者的 $1/200$。振动源可以是机械的、电磁的、气动的或超声振动等，振动频率以采用低频（$1000\sim14000$ 次/分）为宜，振幅可采用 $0.03mm$。用偏心机械振动和电磁振动方式做振动压制实验，当振动频率为 $1000\sim6000$ 次/分时，所得结果见表 4-6。

表 4-6 振动压制和静压效果的比较

粉末名称	弹性模量 /10^4MPa	振动压制		静压		压力降低/%
		压力/MPa	压块密度/(g·cm^{-3})	压力/MPa	压块密度/(g·cm^{-3})	
Cu	10.0	1.147	4.13	16.07	4.17	93
Co	20.4	1.950	2.63	31.17	2.06	94
Fe	22.3	1.833	4.05	77.91	3.95	98
Mo	33.37	1.147	6.05	13.62	3.90	92
W	36.38	1.147	11.29	155.82	11.21	99.3
TiC	46.0	1.147	3.13	467.56	3.12	99.75
WC	71.0	1.147	8.89	296.06	8.87	99.6
Al$_2$O$_3$	—	1.147	1.66	114.66	1.64	99
WC+20%Co	—	1.539	7.06	58.8	7.05	97

实践表明振动压制对 Cu、Co、Al、Fe 等软金属粉末的效果远不如对 TiC、WC 等硬而脆的粉末的效果好。硬而脆的粉末当采用振动压制时，可以在很低的压力（$294\sim588MPa$）下获得在常规静压或等静压制下所无法达到的压坯密度。例如高径比为 $H/D=5$ 的产品，用一般钢模静压时，压坯的密度差将是很大的，而采用振动压制时，即使用 $1\sim5\mu m$ 的细粉末，压坯密度差也只有 5% 左右。粉末粒度较粗时，振动压制的效果要比细颗粒粉末显著，这是由于粗颗粒粉末易于相对位移的缘故。振动压制虽然具有一系列优点，但是振动压制时噪音很大，对人体有害；另外，由于设备经常处于高速振动状态，所以对设备的设计和材质等要求较高。

5）磁场的影响

在制造磁性材料的工艺中，为了提高材料的磁性，已广泛地采用了磁场压制的方法。磁场压制是在普通模压的基础上加一个外磁场，利用粉末的磁各向异性，使任何能够自由旋转的颗粒的易磁化方向旋转到与外加磁场一致，这就在材料中产生了一种与单体磁状态几乎相同的组织，相当于使每一个易磁化轴平行于磁场方向。图 4.36 所示为加压方式和磁场方向为相互平行和相互垂直两种方式的磁场压制压模结构图，后者不但成形比较困难，而且制品的收缩也可能不均匀。

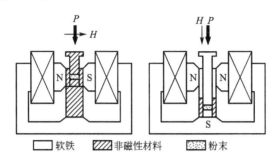

图 4.36　磁场压制压模结构图

4.3.7　特殊成形

粉末成形的传统方法是钢压模成形。其优点主要体现在：可实现连续自动化生产，且生产效率高；制造成本低；部件几何尺寸一致性好；特别适合经固相烧结的粉末冶金部件。但是由于受到压机能力和压模设计的限制使得普通的模压成形存在很多不足，如密度分布不均匀、部件形状复杂程度有限、密度较低、尺寸较小（即单重较轻）等，这就使得普通模压所得坯体存在一些常见的缺陷，如压坯强度低，坯体中存在残留应力；烧结收缩不均匀，高低密度区的收缩不一致等。

随着科技的不断发展，对粉体材料技术优越性认识的深化以及各工业领域对新材料的需求使得发展新的粉末成形技术成为必需，因而人们广泛地研究了各种非钢模成形法。这些方法按其工作原理和特点可分为等静压成形、连续成形、无压成形和爆炸成形等，统称为特殊成形。

1. 等静压成形

1）等静压制的基本原理

等静压成形的基本原理：借助高压泵的作用把流体介质（气体或液体）压入耐高压的钢体密封容器内，高压流体的静压力直接作用在弹性模套内的粉末上，使粉末体在同一时间内各个方向均衡受压而获得密度分布均匀和强度较高的压坯，如图 4.37 所示。

在等静压制过程中，流体介质传递压力是各向相等的。弹性模具本身受压缩的变形与粉末颗粒受的压缩大体上是一致的，因此弹性模具与接触粉末之间不会产生明显的相对运动，它们之间的外摩擦力就很小。等静压压制时，由于各方向压力相等，静摩擦力在压坯的纵断面上任一点都应相等，因此压坯的密度分布沿纵断面是均匀的，但是沿压坯同一横向断面上，由于粉末颗粒间的内摩擦的影响，压坯的密度从外向内逐渐降低。

粉末体在等静压力压制时，压制压力与压坯密度的变化可用黄培云的压制双对数方程来描述。例如用铜、钨、锡等金属粉末在冷等静压机上进行成形，实验结果同理论推导的压制双对数方程的计算相吻合。

2) 冷等静压成形

冷等静压制主要工艺过程包括模具材料的选择，模具的制作，粉末料的准备以及将粉末料装入模袋、密封、压制和脱模等，其压制工艺流程图如图 4.38 所示。冷等静压制按粉料装模及其受压形式可分为湿袋模具压制和干袋模具压制两种。

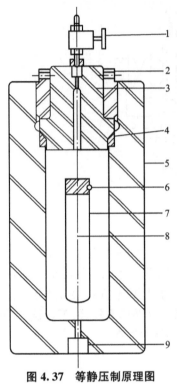

图 4.37 等静压制原理图

1—排气阀；2—压紧螺母；3—顶盖；
4—密封圈；5—高压容器；6—橡皮塞；
7—模套；8—压制坯料；9—压力介质入口

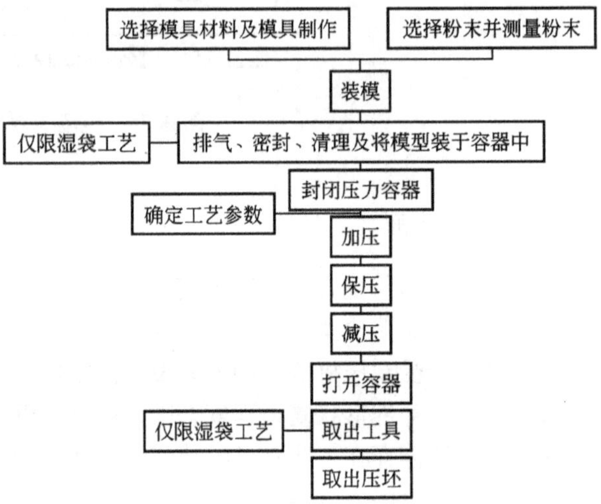

```
选择模具材料及模具制作          选择粉末并测量粉末
                    ↓
                   装模
仅限湿袋工艺    排气、密封、清理及将模型装于容器中
                   ↓
              封闭压力容器
确定工艺参数        加压
                   ↓
                  保压
                   ↓
                  减压
                   ↓
              打开容器
仅限湿袋工艺      取出工具
                   ↓
              取出压坯
```

图 4.38 冷等静压制流程图

湿袋模具压制如图 4.39(a)所示。其所采用的流体为液体，可以用高压泵直接压入，也可采用液压钢模式等静压装置(高压容器下端放置在大吨位压力机的工作台面上，压力机的上冲头将压力施加在高压容器的密封活动式顶盖上)将液体加压。湿袋模具压制的优点是能在同一压力容器内同时压制各种形状的压样，模具寿命长，成本低；缺点是装袋脱模过程中消耗时间较多，自动化实施难度大。

干袋模具压制如图 4.39(b)所示，与湿袋模具压制的主要区别在于模具不浸泡在液体介质中，压力除去后即从袋中取出压坯，模袋仍然保留在容器内供下次装料用。干袋等静压制的特点是生产效率高、易于实现自动化、模具寿命较高，但是不适于多种形状的压件同时压制成形。

模袋一般要用橡胶塞塞紧袋口，再用金属丝扎紧密封，以防止液体渗入粉料。装粉时伴随粉料带入的空气，在压制过程中一般很难从模袋中逸出，只能随粉末料一起被压缩，阻碍粉末被压紧，因此必须先排除粉末料中的空气。密封在模袋内粉末料中的空气，可采用注射器针头插入橡皮塞中的方法用真空泵抽出。

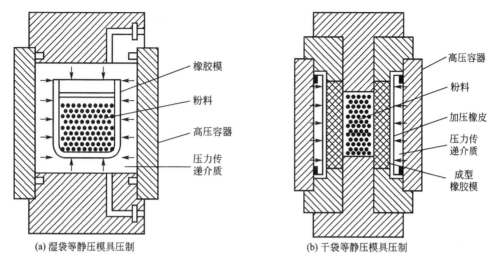

图 4.39　干袋等静压与湿袋等静压的原理比较

3）软模压制

近年来，为了制取异形制品，采用了固体介质的"软模成形"的方法。软模成形是利用固体介质塑料弹性好的特点，而且固体介质能与液体介质一样均匀传递压力且不收缩。该法用塑料做模具，将金属粉末装入其中，然后再把装有粉末的模具一起放入钢模中，在普通压机上加压。压力通过塑料软模具均匀地传递给粉末，达到等静压的目的。压制时的单位压力通常是 49～98MPa。图 4.40 为软模成形示意图。

软模压制可以不用复杂的设备而制得密度均匀的异形制品。尽管它的生产效率不高，但在生产小型、异形制品上，应用起来较为方便。软模材料通常选取聚氯乙烯塑料。

2．三轴压制

三轴压制是从土壤力学、地质工程中移植过来的，是把测定土壤、岩石的剪切强度的三轴剪压实验应用到粉末冶金成形工艺中的方法。到目前为止还未见到应用该方法大批量生产应用的报导。可近似地认为三轴压制就是单轴压制（模压）和等静压制的结合。三轴压制装置如图 4.41 所示。

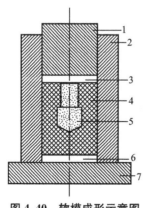

图 4.40　软模成形示意图
1—钢模冲头；2—钢模筒；3—塑料垫片；4—塑料软模；5—粉末料；6—下塑料垫片；7—钢模下垫

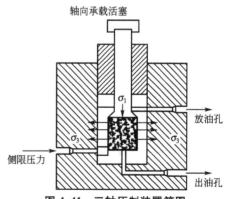

图 4.41　三轴压制装置简图

三轴压制产品具有高密度、高强度的特点。

三轴压制是利用复合应力状态，除了对粉末体施加等静压(周压)外，还要增加一个轴向负荷(轴压)，即三轴压制＝周压＋轴压。由于轴压不等于周压(一般轴压大于周压)，因此对粉末体产生了剪切应力，使粉末颗粒更易于重新排列，更利于小颗粒向大的孔隙充填，所以一般在三轴压制的压坯中不会残留大的孔隙，只有比较均匀的小孔隙。

3. 粉末挤压成形

将粉末、粉末压坯或粉末烧结坯在外力作用下，通过挤压筒的挤压嘴挤成坯料或制品的成形方法称作粉末挤压成形。按照挤压条件的不同，可分为冷挤压和热挤压。粉末冷挤压是把金属粉末与一定量的有机粘结剂混合置于挤制机(挤坯机)内，只需更换图 4.42 所示的挤制机模具的机嘴与机芯，便可由其形成的挤出口在较低的温度下(40～200℃)挤压出各种形状、尺寸的坯块，所以通常又将粉末冷挤法称为增塑粉末挤压成形。图 4.43 是挤压时混合料受力状态图。挤压坯块经过干燥、预烧和烧结便可制成粉末冶金制品。预烧的目的是排除粉末混合料中的增塑剂。粉末热压是指金属粉末压坯或粉末装入包套内，加热到较高温度下热挤。热挤法能够制取形状复杂、性能优良的制品和材料。

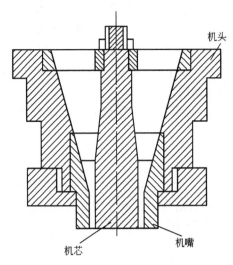

图 4.42　挤压成形模具组合图

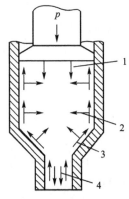

图 4.43　挤压时混合料的受力状态
1—轴向压力；2—径向压力；
3—模壁摩擦力；4—拉力

由图 4.43 可以看出物料被挤压出的必要条件是挤压压力大于挤压混合料对挤压圆筒模壁和挤压嘴模壁产生的摩擦阻力。摩擦力的方向始终与挤压料运动的方向相反，结果使得在挤压时混合料在筒内的流动形成 3 个区域，如图 4.44 所示的 V_3 区内的挤压料受到一个拉力向模嘴流出；V_2 区内挤压料则受摩擦力的作用向上回流，但在挤压应力的作用下又流入 V_3 区内；V_1 区内的挤压混合料由于冲头的摩擦阻力在挤压初期和中期不产生流动，只有当挤压后期冲头靠近模嘴时才流入 V_3 区。这 3 个区域的大小及形状受挤压料的塑性、模具结构、挤压料受热温度的影响。随着挤压高度下降的变化，V_3 区不断扩大，V_1 随之渐渐缩小。

粉末挤压成形的特点：适于挤制长尺寸细棒、薄壁管、薄片制品，如厚度仅

0.01mm，直径 1mm 的粉末冶金制品；能挤压形状复杂、物理机械性能优良的致密粉末材料，如烧结铝合金和高温合金；在挤压过程中压坯横断面不变，因此在一定的挤压速度下制品纵向密度均匀，在合理的控制挤压比时制品的横向密度也是均匀的；挤压制品的长度几乎不受挤压设备的限制，生产过程具有高度的连续性；挤压不同形状的异形制品时有较大的灵活性，在挤压比不变的情况下可以更换挤压嘴；增塑粉末混合料的挤压返料可以继续使用。

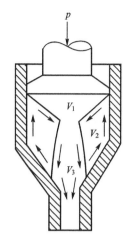

图 4.44 挤压混合料的流动状态

影响挤压工艺的主要因素有①增塑成形剂的选择：增塑剂应该具有较佳的可塑性质，具有较强的粘结能力，不与金属粉末料起化学作用，在制品的烧结温度下能全部挥发除去，常用增塑剂有石蜡、石蜡汽油、树脂、橡胶汽油溶液、淀粉等；②增塑剂的用量：增塑剂加入量明显影响挤压压力和颗粒间的结合力，一般粉末粒度越细，需要的增塑剂量就越多；压坯的形状越复杂，壁越薄，增塑剂用量就越多；③预压压力：预压的作用在于尽可能地除去挤压前混合料中的气体，扩大粉末面与增塑剂的接触面积，使混合料组分分布均匀，使物料初步致密化；④挤压温度：一般而言，挤压物料温度升高，其塑性变好，但强度会显著降低，故挤压温度不宜过高，否则由于增塑剂强度和粘结能力大幅度下降，将导致挤压压力急剧下降，压坯软化，难于保持挤压坯的形状。若挤压温度低，物料塑性会变差，这就需要增加挤压压力，又会导致压坯分层和横向裂纹；⑤挤压速度：指单位时间内挤出坯料的长度，一般用 mm/min 表示，挤压速度过快，压坯容易发生断裂。

4. 金属粉末轧制

将金属粉末通过一个特制的漏斗喂入转动的轧辊缝中即可轧出具有一定厚度的、长度连续的、强度适宜的板带坯料。这些坯料经过烧结炉的预烧结和烧结处理，然后又经过轧制加工、热处理等工序即可制成有一定孔隙度的或致密的粉末冶金板带材。粉末轧制方式如图 4.45 所示，轧制过程如图 4.46 所示。

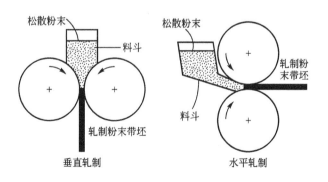

图 4.45 粉末轧制方式示意图

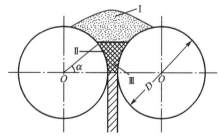

图 4.46 粉末轧制过程示意图
Ⅰ—粉末自由区；Ⅱ—喂料区；Ⅲ—压轧区

与熔铸轧制相比，粉末轧制法具有以下优点：①能够生产一般轧制法难于或无法生产的板带材，如各种双金属或多层金属带材，难熔金属及其化合物的板带材，磁性材料、多孔过滤材料、电触头材料、粉末超导材料等的带材；②能够轧制出成分比较均匀的带材并且成分易于控制，组分分布均匀，如粉末轧制的 Ag－W70，Ag－W60 合金，而熔铸轧制法难免存在成分偏差和组分偏析；③粉末轧制的板带材料具有各向同性的特点；④粉末轧制工艺过程短，节约能源；⑤粉末轧制法成材率比熔铸轧制高，粉末轧制法成材率一般可达 80%～90%，而熔铸轧制法仅为 60%，对于难变形的金属及其合金只有 30% 左右；⑥不需要大型设备，减少了大量投资。

而与模压法相比，粉末轧制法所得制品的长度原则上不受限制，轧制制品密度较均匀，对于压制和轧制同一材料来说，粉末轧机的电动机功率比压力机的要小。但是粉末轧制法生产的带材厚度受轧辊直径的限制（一般不超过 10mm），宽度受到轧辊宽度的限制。粉末轧制法只能制取形状较简单的板带材以及直径与厚度比值很大的衬套。

粉末轧制可以分为冷轧法（包括粉末直接轧制法和粉末粘结轧制法）和热轧法。热轧的粉末都是在保护气氛（包含抽真空）中进行，以防氧化。粉末轧制的主要设备是粉末轧机和烧结炉。如果在其间安装有冷轧或热轧轧辊，就可以生产薄板。用粉末轧制可以制造接近理论密度的制品，例如热轧铜粉带材的相对密度可达 100%。

粉末轧制的实质是将具有一定轧制性能的金属粉末装入到一个特制的漏斗中，并保持给定的料柱高度，当轧辊转动时由于粉末与轧辊之间的外摩擦力以及粉体内的作用，使粉末连续不断地被咬入到变形区内受轧辊的轧压，进而使得相对密度为 20%～30% 的松散粉末体被轧压成相对密度为 50%～90% 的粉末，并具有一定抗张、抗压强度的带坯。轧制时粉末的运动过程可以分为 3 个区域（图 4.46）：Ⅰ区中自由粉体在重力作用下流动；Ⅱ区内的粉末受轧辊的摩擦被咬入辊缝内；Ⅲ区粉末在轧辊的压力作用下，由松散状态转变成具有一定密度和强度的带坯。故金属粉末的轧制过程可以看成是粉末连续压制过程。它开始于粉末被咬入的截面，结束于两轧辊中心联线的带坯轧出的断面。

5. 喷射成形

喷射成形技术（Osprey 方法）是将喷射沉积与成形技术相结合来制造金属或合金制品的新工艺。它是将雾化液态微粒先沉积为预成形实体，然后进行各种形式的冷热加工成板、带、棒、管材。喷射沉积技术是英国人 A. R. E. Singer 于 1969 年发明，1972 年取得专利，随后 Osprey 公司进行了中间性试验和工业生产。

喷射沉积成形工艺过程如图 4.47 所示，由漏包流出的熔融金属被高压惰性气流粉碎成雾化液态微粒并沉积在转动的衬底上，多余的雾化液态微粒经旋流器回收。

雾化微粒在气流压力或离心力的作用下，形成一股高速雾化液态微粒流直接喷射在低温的衬底表面上，这些液态微粒流立即被撞扁成薄片状物，经聚集、聚结、凝固成沉淀物，如图 4.48 所示。喷射成形是借助气体介质压力或离心力将雾状液态微粒流连续均匀地充满入特殊设计加工的衬底模腔内，冷凝沉积后形成所要求的预成形坯块，沉积物是具有细晶或准晶结构和各向同性的材料。控制沉积物的冷却速度还可以制得非晶态物质。

喷射成形的工艺特点：①能够制成各种板、带、管、筒等异形半成品或成品，能很容易使沉积层的冷却速度达到 10^4 km/s 以上，再进行热轧或温轧可使制品具有细晶粒、结构均匀、致密、无偏析、氧量低和无原始颗粒边界等特性；②调节喷射成形工艺参数可以制成准晶或非晶态物质制品；③能够制造多层单元金属或合金的复合材料及制品，如层状铝-铜-铝复合材料；还能制造层状金属或合金与颗粒复合材料，如 [Al＋Si＋Cu] 基体金属及 SiC 颗粒的复合摩擦材料，其摩擦系数远远大于铁基、石棉及铜基摩擦材料；④能够制备出一般方法难于制造的合金钢和高温合金钢锻件，据报道 Osprey 公司用喷射成形法已制出多种合金和高温合金工件，这些工件具有细晶结构和格向同性等优点，并具有优良的热加工性能和机械性能。

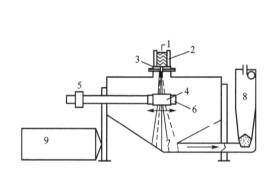

图 4.47 喷射沉积成形工艺过程图

1—熔融金属；2—熔埚（坩埚）；

3—Osprey 气体喷嘴；4—沉积物；

5—转动轴；6—转动轴套；

7—多余的雾化微粒；8—旋流器；9—动力柜

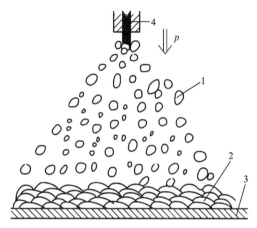

图 4.48 喷射沉积成形原理示意图

1—雾化液微粒流；2—沉积物；

3—衬底；4—金属液流

喷射沉积成形技术根据不同的加工方式可分为喷射轧制、喷射锻造、离心喷射沉积及喷射涂层 4 种。

6. 楔形压制

采用楔形压制(循环压制)是为了改进粉末轧制中不能轧制较厚带材的不足。图 4.49 和图 4.50 分别是楔形压制装置及压制过程示意图。在楔形压制中，粉末被装入一个槽形夹板内(图 4.50 第(1)步，若采用热压，则利用模具加热装置将模具和坯件加热到预定温度)，模壁的两侧是固定的夹板，底板是活动的，楔形压头由一个水平面和一个斜面组成，两个面采用圆弧光滑过渡。在压制过程中，压头单次压下量很小，采用步进方式，从一端开始压制，每次向前移动一定距离，直至压完全程，通过逐次累积，使多孔体致密成形，压制出连续的板带坯或环件。

根据上述原理及过程可见，楔形压制为局部小变形，逐步进行使坯件整体单道次小变形，经多道次累计实现整体大变形直至完全致密化的过程。局部小变形时，所需压力较小，可根据使用的压机吨位和坯件特点设计小变形区的面积，小平面部分与斜面部分光滑过渡。楔形压制工艺可用于制备连续长度的条坯，与其他粉末压制成形工艺相比，其具有显著的特点：局部小变形需要的压力机吨位不大（一般为 60～100 吨），模具结构简单、操作简便，压坯厚度可达 10～30mm，宽度可达 20～50mm，板坯长度或环件尺寸不受压力机吨位和工作台尺寸的限制，密度分布较为均匀并能消除组织缺陷；工艺可重复性高，产品尺寸精确，生产成本降低，可以进行大规模连续生产。实践证明：①采用楔压工艺可在小吨位压机上致密大尺寸喷射沉积环件且工艺简单，可控性强；②楔压后环坯的力学性能指标硬度和拉伸强度分别提高了 45％和 40％。

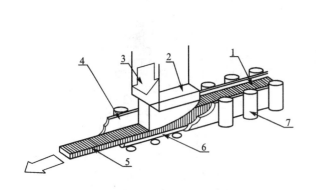

图 4.49　楔形压制装置示意图
1—坯件；2—楔形冲头；3—压机压头；4—阴模；
5—压坯件；6—底模；7—模具加热装置

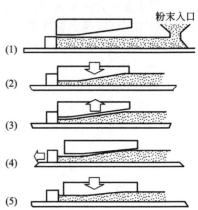

图 4.50　楔形压制过程示意图

7. 粉浆浇注成形

粉浆浇注是金属粉末在不施加外压力的情况下而实现成形的过程。其过程和原理如图 4.51 所示。该法是将成形材料首先与水或其他液体调成悬浮液浆，并注入能够吸收液体的石膏模内；然后再从石膏模中取出干涸的坯块并进行最后的烘干。这种方法是从陶瓷技术引入的，对于压制脆性差的粉末（如碳化物、硅化物、氮化物、铬和硅等），粉浆浇注是特别有效的成形方法。用粉浆浇注可以不使用压力机和钢制模具，所用设备简单，可降低制造较大而复杂的粉末冶金部件的成本。但是，粉浆浇注的生产周期长，生产率低。

图 4.51　粉浆浇注工艺原理
(a)组合石膏模　(b)粉浆浇注模　(c)吸收粉浆水分　(d)成形注件

粉浆浇注不仅可以成形金属粉末（金属纤维制取金属毡也可采用无压成形的方法）。把含有金属纤维的液体倒入容器中，容器通过多孔的底部与真空系统相联接。由于液体被抽出，通常具有相同尺寸的金属纤维就均匀地沉淀在容器底上，并且形成毡子一样的坯块，这种坯块的孔隙度可以达到80％甚至更高。用这种方法生产的制品具有均匀的孔隙度和高的渗透性。这些制品可以用来作为过滤材料以及其他用途。随着热等静压制技术的发展，可以结合粉浆浇注法制取某些特殊性能的材料，例如涡轮喷气发动机上用的高温合金，就可用钨合金纤维做骨架，然后浇注镍高温合金粉浆经热等静压制制成高密度（相对密度为99％）的钨合金纤维镍基高温合金复合材料。

1）粉浆浇注工艺流程

图 4.52 所示为粉浆浇注工艺流程。

（1）粉浆的制取：粉浆是由金属粉末（或金属纤维）与母液构成的。母液通常是加入各种添加剂的液体。添加剂有粘结剂、分散剂、悬浮剂（稳定剂）、除气剂和滴定剂等。粘结剂的作用是使粉末体在固化干燥时粘结起来，生产上常用的粘结剂有丙烯酸钠、聚乙烯醇等。分散剂与悬浮剂的作用在于防止颗粒聚集，制成稳定的悬浮液，改善粉末与母液的润湿条件并且控制粉末的沉降速度。水是很好的分散剂，但容易使金属粉末氧化而难于获得稳定的悬浮液，故常需再加入一定数量的悬浮剂，常用悬浮剂有氢氧化铵、盐酸、氯化铁、硅酸钠等。除气剂的作用是促使粘附在粉末表面上的气体排除，常用的除气剂有正辛醇。滴定剂的作用是控制粉浆的粘度，常用的滴定剂有苛性钠、氨水、盐酸等。

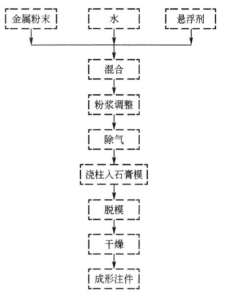

图 4.52 粉浆浇注工艺流程图

粉浆的制取是将金属粉末与母液同时倒入容器内不断搅拌，直至获得无聚集颗粒的均匀悬浮液为止。悬浮粉浆需要除去吸附在粉末表面上的气体。

（2）石膏模具的制造：一般可按通常的石膏模制造工艺来制造，但应当重视石膏粉的粒度及其组成。石膏粉的粒度与制成的模具的吸水率有一定关系，提高石膏粉末的分散度有助于提高模具的吸水能力。

（3）浇注：为了防止浇注物粘结在石膏模上，浇注前应将离形剂涂料喷涂到石膏模壁上，常用的离形剂有硅油，此外，还可以在石膏模壁上涂一薄层肥皂水以防止粉末与模壁直接接触，同时肥皂膜还可以控制石膏模的吸水速度，防止注件因收缩过快而产生裂纹。

（4）干燥：粉浆注入石膏模后，静置一段时间，石膏模即可吸去粉浆中的液体。对于实心注件，根据其尺寸大小，一般在浇注 1～2 小时后即可拆模。空心注件则视粉浆的沉降速度和所需要厚度确定静置时间，取出注件后，小心地去掉多余料，将注件在室温下自然干燥或在可调节干燥速度的装置中进行干燥，其时间长短视零件的大小而定。

2）影响粉浆浇注成形的因素

粉浆浇注过程的粉末沉降速度、石膏模吸水速度、粉浆的粘度及稳定性等都是直接影响浇注件质量的重要参数。上述参数的变化取决于粉末原料的粒度大小、粉末量与母液的比值大小、粉末浆的 pH 大小、添加的分散剂多少、粉末吸附气体量的消除等因素。

（1）粉末粒度：粉末在悬浮液中的沉降速度可按斯托克斯公式确定。粉末在液体中的沉降速度与粉末颗粒半径的平方成正比，因此用细粉末有利于浇注。

（2）液固比：液固比是指液体与金属粉末的质量比。液固比对浇注的影响主要是粉浆粘度对粉末沉降速度的影响。液固比越小，粉浆黏度越大。若其他条件相同，液固比增加，粘结度会降低。粉浆黏度越大，粉末沉降速度越小。

（3）粉浆 pH 的影响：粉浆 pH 的改变会直接影响其黏度值和粉末颗粒下沉速度。控制好 pH，能使粉浆流动性能好，防止粉末颗粒聚集结团且颗粒下沉速度较小。粉浆这些性能对于制取形状复杂、断面积小的零件是非常重要的。

（4）气体的影响：配制粉浆时由于粉末颗粒表面吸附一层气体而阻碍母液对粉末表面的润湿，浇注时可能造成气泡及颗粒分布不均匀等现象，导致浇注坯质量降低，因此粉浆除气是浇注过程的一个重要工序。通常的除气办法有静置除气、化学法除气以及真空 3 种。静置除气是将经搅拌的粉浆静置一定时间使空气由于密度差而不断逸出；化学除气法是在母液中添加除气剂促进吸附粉末表面上的气体排除；真空除气法是将粉浆置入真空系统内，使粉浆中气体逸出，这种方法效果最好。

8. 粉末注射成形

粉末注射成形(Powder Injection Molding，PIM)包括陶瓷注射成形（Ceramic Injection Molding，CIM)和金属注射成形（Metal Injection Molding，MIM)两部分。金属粉末注射成形技术是 20 世纪 80 年代发展起来的，是传统粉末冶金技术和塑料注射成形技术相结合的一种高新技术，也是粉末冶金领域一项新型的近净成形技术。其过程是将粉末与热塑性材料(如聚苯乙烯)均匀混合使成为具有良好流动性能(在一定温度条件下)的流态物质，而后把这种流态物在注射成形机上经一定的温度和压力，注入模具内成形，这种工艺能够制出形状复杂的坯块。将所得到的坯块经溶剂处理或经过专门脱除粘结剂的热分解炉后，再进行烧结。通常粉末注射成形零件经过一次烧结后，制品的相对密度可达 95% 以上，线收缩率达 15%～25%，而后根据需要对烧结制品进行精压、少量加工和表面强化处理等工序，最后得到产品。

粉末注射成形作为一种制造高质量精密零件的近净成形技术，具有常规粉末冶金和机加工方法无法比拟的优势。第一，注射成形能制造出许多具有复杂形状特征的零件，如各种外部切槽、外螺纹、锥形外表面、交叉孔和盲孔、凹台与键销、加强筋板、表面滚花等(图 4.53)，而这些零件无法用常规粉末冶金方法制造；第二，注射成形制造的零件几乎不需要再进行机加工，减少了材料的消耗，材料的利用率几乎可以达到 100%；第三，注射成形可以实现不同材料零部件的一体化制造，并且材料的适应性广，自动化程度高。据初步调查，单在轻武器行业中，金属注射成形技术就有着巨大的潜在市场，有近 25% 的零部件适合于用粉末冶金注射成形技术生产。该技术被誉为"当今最热门的零部件成形技术"和"21 世纪的成形技术"。

图 4.53　形状复杂的注射成形零件

粉末注射成形的工艺流程如图 4.54 所示。注射成形常用的粉末颗粒一般在 $1\sim20\mu m$ 以下，粉末形状多为球形（如羰基镍、羰基铁粉等），在工业生产中也有用 $30\sim100\mu m$ 的合金粉末。选择粉末的粗细同零件的复杂程度及表面粗糙度有关，一般来说，细粉末能制造出几何形状复杂、薄壁、尖棱和表面光滑的零件。除金属粉末外，陶瓷粉末（如氧化铝、氧化锆、碳化物硅化物、硼化物等）

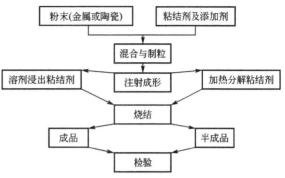

图 4.54 粉末注射成形工艺流程图

都可以用注射成形方法制造出耐高温、耐腐蚀、耐磨性好的零件和工具。

粉末注射成形机一般由注射成形喂料器、模具、油压系统及电子和继电器控制 4 部分组成，其结构如图 4.55 所示。注射成形机的模具和喂料机结构如图 4.56 所示。

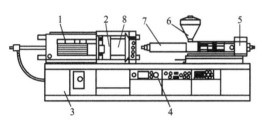

图 4.55 粉末注射成形机
1—电器开关；2—模具；3—液压系统；
4—控制器；5—马达；
6—装料斗；7—输料管

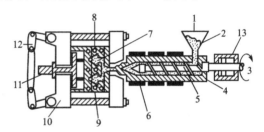

图 4.56 注射成形机的模具和喂料机结构
1—装料斗；2—注射混合料；3—转轴；4—圆筒；
5—螺旋器；6—加热器；7—压块；8—冷却套；
9—模具；10—夹具；11—喷射器；12—弓形卡

粉末与热塑性粘结剂在混合器内混合均匀并制成粒状。粘结剂所占体积百分数可在 $40\%\sim60\%$ 以上，粘结剂有聚丙烯、聚苯乙烯等热塑料，有时也和石蜡混合，将粒状料装入注射成形机的料斗中加热至 220℃ 以下，在 $69\sim270MPa$ 的压力下注入模具内使之成形。

目前，粉末冶金注射成形零件截面尺寸可达 $25\sim50mm$，长度可达 $150mm$，单重 $0.10\sim150g$，实际上最经济是在 $1\sim25g$。研究结果表明，对于外形尺寸为 $0.4mm\times2.5mm\times1.3mm$ 的小产品，在经济上是合算的，所以粉末冶金注射成形适宜于生产批量大、外形复杂、尺寸小的零件。

注射成形的坯块需要除去粘结剂后才能进行烧结。脱去粘结剂的方法有溶解浸出法与加热分解法两种。溶解浸出法脱除粘结剂的过程是把注射成形坯块放入溶剂（常用三氯乙烷）抽取装置中，除去部分粘结剂使生坯孔隙敞开。加热分解法又称为蒸发法，它是把注射成形坯块放入一加热设备上，在加热的条件下使粘结剂逐步分解，这个过程需要几个小时甚至数十个小时，加热分解法脱粘结剂的过程可同烧结联系在一起进行。研究表明，溶解浸出法脱除粘结剂的效果要优于热分解法。

注射成形坯块的烧结是在气氛控制烧结炉内或真空烧结炉内进行。带脱粘结剂的烧结炉一般多为间歇式烧结炉，也可用连续式烧结炉或真空炉。研究表明，注射成形坯块烧结后产品尺寸公差一般能保持在 $\pm0.3\%$ 范围以内，如果生产过程控制得好可保持在 $\pm0.1\%$

以内。与一般粉末冶金材料相同，粉末注射成形烧结材料的力学性能随密度的增高而增加。注射成形坯块受压过程是均匀等静压制过程，因此材料的力学性能是各向同性的。

9. 高能成形

爆炸成形是高能成形法之一，其主要是利用炸药爆炸时产生的瞬间冲击波的压力作用于金属，使金属的变形就像液流一样易于进行，原理与热压方法类似。将这种高能量用于粉末成形可以有两个途径：一是直接把高压传递给压模进行压制成形，如图 4.57(a)所示；二是像等静压制那样，通过液体把能量传递给粉末体进行压制，如图 4.57(b)所示。爆炸成形主要用于硬质粉末或形状复杂的大型粉末部件的成形、超大型金属板材的焊接，而且已经成功地应用于人造金刚石的研制。为了得到高的成形压力，采用火药爆炸法。炸药分高爆炸性的烈性炸药及低爆炸性的黑色炸药和无烟炸药两类。高爆炸性炸药可以瞬间产生 10^5 MPa 的压力，低爆炸性的炸药可达 2.94×10^4 MPa 的压力。爆炸成形的特点是制品密度均匀、烧结后变形小。但能否保证安全是此法的重要问题。

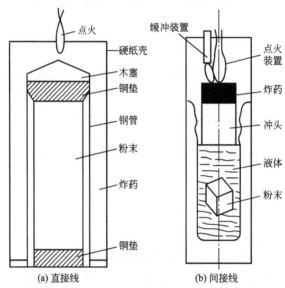

图 4.57 爆炸成形装置

10. 温压成形

目前，机械工业特别是汽车工业所进行的开发，主要是使部件小型化。达到这一目标的一个措施便是采用较高强度的材料。对于常规材料来说这意味着增加合金元素，但对粉末冶金则意味着提高密度。为提高密度，过去十几年来已开发出好几种工艺方法，例如制造高压缩性粉末、高温烧结、活化烧结、粉末锻造、高压成形、冲击成形、热等静压等。目前最具吸引力的要数各种温压工艺了。温压成形已用于生产高性能软磁材料、高密度复杂形状的烧结钢零件，特别是链轮、传动齿轮、发动机齿轮等高强度的汽车零件。

不同于热压和加压烧结，温压成形是将混合粉末和模具加热到一定温度(通常是 200℃以下)进行压制，所得的压坯仍进行常规烧结。采用温压成形不仅使生坯密度提高，而且其烧结坯的密度也提高；温压成形所用的压制压力和脱模力均比常规的粉末冶金成形要低，从而提高了模具寿命，降低了成本；温压成形可降低压坯的弹性后效，从而可减少压坯的分层、裂纹等缺陷，提高了压坯的质量和成品率。

4.4 烧 结 工 艺

4.4.1 烧结的定义和分类

所谓烧结，就是将粉末或压坯在低于其主要组元熔点的温度（大约 0.7～0.8T 绝对熔点）下进行加热处理，借助于原子迁移实现颗粒间的联结以提高压坯强度和各种物理机械性能的工艺过程。

烧结就其实质而言，仍属于一种高温热加工处理过程，即将粉末成形压坯在低于材料主要组分熔点温度以下进行高温处理，并在某个特定温度和气氛中发生一系列复杂的物理和化学变化，把粉末压坯中粉末颗粒由机械啮合的聚集体变为原子晶体结合的聚结体，最终获得材料必要的物理和力学性能的过程。

烧结是粉末冶金生产过程中最基本和最重要的工序，对粉末冶金材料和制品的性能起着决定性的作用。虽然粉末冶金生产过程一般看作是由粉末成形和粉末毛坯热处理（烧结）两道基本工序完成的，在特殊情况下（如粉末松装烧结、粉末双金属板材等），粉末成形工序不一定需要，但是烧结工序或相当于烧结的高温工序（如热压或热锻）是所有粉末冶金材料和制品生产中不可缺少的最重要的工序之一。烧结过程是一个涉及材料种类、密度、气氛条件、设备选形和控制等问题的非常复杂的过程。烧结中材料内部发生的一系列物理化学变化，包括晶粒结构和相结构形成、孔隙度、孔隙形状等都要在烧结过程中完成。因烧结故障造成的废品往往不能在后续工艺中予以补救，而烧结前的某些欠缺（如粉末粒度和粒度组成的波动、粘结剂或润滑剂量和质的波动、混合料的均匀程度、压坯密度的不均匀和波动等）。都将在烧结过程中十分敏感地凸显出来，并导致烧结制品质量波动甚至造成废品。

用粉末烧结的方法可以制得各种纯金属、合金、化合物以及复合材料。烧结体系按粉末原料的组成可分为由纯金属、化合物或固熔体组成的单相系和由金属-金属、金属-非金属、金属-化合物组成的多相系。为了反映烧结的主要过程和机构的特点，通常按烧结过程中有无明显的液相出现和烧结系统的组成进行分类。

烧结过程按照有无外加压力又可以分为两大类：不施加外压力的烧结和施加外压力的烧结，简称不加压烧结和加压烧结。图 4.58 所示为典型的烧结过程分类。

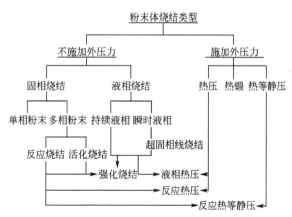

图 4.58 典型粉末烧结过程分类示意图

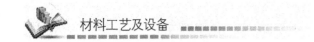

材料工艺及设备

4.4.2 烧结过程的热力学

粉末有自动粘结或成团的倾向,在高温下,结块更是十分明显,特别是极细的粉末即使在室温下,经过相当长的时间也会逐渐凝结。粉末受热,颗粒间发生粘结即为烧结现象。粉末体在烧结过程中的体积收缩是致密化过程中最主要的特征,也是烧结过程中最重要的特征。烧结过程的热力学即烧结的驱动力解释了烧结会发生的原因。

1. 烧结的热力学

粉末压坯是由大量粉末组成的,每个粉末颗粒都有它的外表面,称为自由表面。自然,每个粉末颗粒也都有它的自由表面能。大量粉末组成的压坯,其表面能是大量粉末自由表面能的总和,即固-气表面能的总和。致密材料只有一个外表面,也就只有一个固-气表面能。与压坯体积相同的一块致密材料相比,粉末压坯力图从高能状态向低能状态过渡,也就是向只有一个外表面的致密材料的低能状态过渡。过渡的途径是尽量减少粉末的固-气自由表面,从而降低整个压坯的表面能。

颗粒的并合可以消除一部分颗粒表面,另一方面,压坯中的孔隙内表面是由多个粉末颗粒挤压在一起形成的孔隙所致,它是多个粉末颗粒的外表面,通过孔隙的收缩乃至消失,一些粉末颗粒的外表面逐渐减少乃至消失,从而使得整个压坯系统的表面能减小。

简单而言,烧结过程最基本的驱动力是表面能的减低,而且粉末越细,压坯具有的表面能越大,烧结的驱动力就越大。

从热力学的观点看,粉末烧结是系统自由能减小的过程,即烧结体相对于粉末体在一定条件下处于能量较低状态。烧结系统降低的自由能,是烧结过程的驱动力。

烧结的原动力可由3个方面构成,即表面张力造成的一种机械力(它垂直作用于烧结颈曲面上)、烧结体内空位浓度差以及各处的蒸气压之差。烧结过程中,颗粒粘结面上发生的量与质的变化以及烧结体内孔隙的球化与缩小等过程,都是以物质迁移为前提的。

2. 烧结机构

烧结机构解释了烧结是怎样进行的,粉末颗粒内的原子由于具有很大的能量,因而在烧结温度的作用下,这种高能量的原子将引起物质迁移。在烧结中物质迁移的方式很多,表4-7给出了烧结时物质迁移的各种可能的过程,其中最主要的是扩散及流动。

表4-7 烧结时物质迁移的过程

I	不发生物质迁移	粘 结	
II	发生物质迁移,并且原子移动较长的距离	表面扩散 晶格扩散(空位机制) 晶格扩散(间隙机制) 晶界扩散 蒸发与凝聚	组成晶体的空位或原子的移动
		塑性流动　晶界滑移	小块晶体的移动
III	发生物质迁移,但原子移动较短的距离	回复或再结晶	

1) 扩散

在粉末或粉末压坯内，颗粒间以点接触为主，但在高温下由于原子振动的振幅加大，发生扩散，颗粒间由点接触变成面接触，形成粘结面，并且随着粘结面的扩大形成烧结颈。烧结颈的长大就使得颗粒间原来相互连通的孔隙逐渐收缩成闭孔，然后逐渐变圆，而且越来越小最后甚至消失。

粉末的等温烧结大致可以分为 3 个界限不十分明显的阶段(图 4.59)。

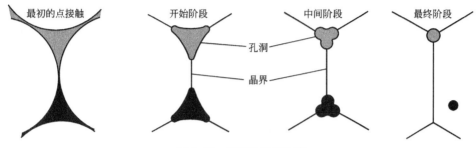

图 4.59 烧结阶段示意图

(1) 开始阶段：烧结的初期，或称粘结阶段。颗粒间的原始接触点或接触面转变成晶粒结合，即通过形核、长大等原子迁移过程形成烧结颈。在这一阶段，颗粒内的晶粒不发生变化，颗粒外形也基本不变，但是烧结体的强度和导电性却由于颗粒结合面的增大而有明显的增加。此阶段主要发生金属的回复、吸附气体和水分的挥发、压坯内成形剂的分解和排除过程。

(2) 中间阶段：烧结颈长大阶段。原子向颗粒粘结面的大量迁移使得烧结颈扩大、颗粒间距离缩小，形成连续的孔隙网络。同时由于晶粒长大，晶界越过孔隙移动。而被晶界扫过的地方，孔隙大量消失。密度和强度增高是这个阶段的主要特征。这一阶段中，开始出现再结晶，同时颗粒的表面氧化物可能被完全还原。

(3) 闭孔隙球化和缩小阶段：此时，多数孔隙被完全分离，闭孔隙数量大为增加，孔隙形状趋于球化而且不断缩小。这个阶段中，整个烧结体仍可缓慢收缩，但这是靠小孔的消失和孔隙数量的减少来实现的。此阶段可延续很长时间，但是仍有少量残留的隔离小孔隙不能被消除。

在实际烧结过程中，粉末颗粒的粘结阶段和烧结颈形成、长大及孔隙收缩阶段往往互相联系、重叠交错，很难严格地划分。

2) 流动

物质流动也是烧结过程中物质迁移的主要方式之一。因为粉末比表面发达，具有很高的表面能，在常温下，这种表面还不可能使粉末压坯发生变形(剪切、变形或流动)。当温度升高时，材料的塑性大大提高。当表面能超过了粉末材料的临界切应力时，粉末材料就要发生剪切、变形和流动，从而使粉末颗粒产生烧结现象。

4.4.3 单元系烧结

单元系烧结是指纯金属或有固定化学成分的化合物或均匀固溶体的粉末在固态下的烧结，过程中不出现新的组成物和新相，也不发生凝聚状态的改变(即不出现液相)，故也称为单相烧结。单元系烧结过程除粘结、致密化及纯金属的组织变化外，不存在组元间的溶

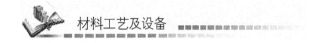

解也不形成化合物。

1. 烧结温度与烧结时间

单元系烧结的主要机构是扩散和流动，它们与烧结温度和时间的关系极为重要。无论扩散还是流动，当温度升高后过程均加快进行，因为单元系烧结是原子自扩散，当温度低于再结晶温度时，扩散很慢，原子移动的距离也不大，因此颗粒接触面的扩大很有限；只有当超过再结晶温度使自扩散加快后烧结才会明显地进行。如果流动是一种塑性流动（变形），温度升高也是有利的；虽然引起变形的表面应力也随温度升高而降低，但材料的屈服强度极限降低很快。

单元系粉末烧结存在最低的起始烧结温度，即烧结体的某种物理或力学性质出现明显变化的温度。金斯通-许提以发生显著致密化的最低塔曼温度指数 α（烧结的绝对温度与材料熔点之比）代表烧结起始温度，并测出温度指数 Au 为 0.3、Cu 为 0.35、Ni 为 0.4、Fe 为 0.4、Mn 为 0.45、W 为 0.4 等，大致遵循金属熔点越高，α 指数越低的规律。研究也表明，电导率对反映颗粒间的接触在低温烧结阶段的变化十分敏感，所以它是判断烧结程度和起始温度的主要标志。

实际的烧结过程都是连续烧结，温度逐渐升高达到烧结温度保温，因此各种烧结反应和现象也是逐渐出现和完成的。大致上可以把单元系烧结划分为 3 个温度阶段。

（1）低温预烧阶段（$\alpha \leqslant 0.25$）：主要发生金属的回复、吸附气体和水分的挥发、压坯内成形机剂的分解和排除的过程。由于回复消除了压制时的残余弹性应力，颗粒接触反而相对减少，加上挥发物的排除，故压坯体积收缩不明显。在这阶段，密度基本维持不变，但因颗粒间金属接触增加，导电性有所改善。

（2）中温升温烧结阶段（$\alpha \leqslant 0.4 \sim 0.55$）：开始出现再结晶，首先在颗粒内变形的晶粒得以恢复，改组为新晶粒；同时颗粒表面氧化物被完全还原，颗粒界面形成烧结颈，故电阻率进一步降低，强度迅速提高，相对而言密度增加较缓慢。

（3）高温保温完成烧结阶段（$\alpha = 0.5 \sim 0.85$）：烧结的主要过程（如扩散和流动）充分进行并接近完成，形成大量闭孔并继续缩小，使得孔隙尺寸和孔隙总数均有减少，烧结体密度明显增加。保温足够长时间后，所有性能均达到稳定值而不再变化。长时间烧结使聚晶得以长大，这对强度影响不大，但可能会降低产品的韧性和延伸率。

通常说的烧结温度是指最高烧结温度，即保温时的温度，一般是熔点绝对温度的 $2/3 \sim 4/5$，温度指数 $\alpha = 0.67 \sim 0.80$。其下限略高于再结晶温度，其上限主要从技术及经济上考虑而且与烧结时间同时选择。

烧结时间指保温时间。温度一定时，烧结时间越长，烧结体性能越高。但烧结时间对烧结体性能的影响不如烧结温度大，仅在烧结保温的初期密度随时间变化较快。一般多采取提高温度的方法来达到完全致密的目的。

2. 烧结密度与尺寸的变化

控制烧结件密度和尺寸的变化对生产粉末零件极其重要，而从某种意义上来说，控制尺寸比提高密度更困难，因为密度主要靠压制控制，而尺寸不仅要靠压制控制，还要靠烧结控制，可是零件烧结后各方向的尺寸变化（主要是收缩）往往又是不同的。

在烧结过程中，多数情况下压制件总是收缩的，但有时也会膨胀。造成膨胀和密度降低的原因有①低温烧结时压制内应力的消除，抵消一部分收缩，因此当压力过高时，烧结后会胀大；②气体与润滑剂的挥发阻碍产品的收缩，因此升温过快往往使产品鼓泡胀大；③与气氛反应生成气体妨碍产品收缩。当产品收缩时，闭孔中气体的压力可增至很大甚至超过引起孔隙收缩的表面张应力，这时孔隙收缩就会停止；④烧结时间过长或温度偏高，造成聚晶长大会使密度略为降低；⑤同素异晶转变可能会引起比容改变而导致体积胀大。

压制产品的收缩在垂直或平行于压制方向上是不等的，一般来说，垂直方向的收缩较大，但是也有相反的情况，这主要取决于颗粒形状。为表示压坯各方向收缩的不均匀性，可采用收缩比 R/A——径向（垂直压制方向）同轴向（平行压制方向）的收缩值之比来表示。$R/A=1$ 的情况不多，一般是 $R/A>1$ 或 $R/A<1$，R/A 偏离 1 越大，收缩越不均匀。影响 R/A 大小的因素有压制压力、粉末形状、压件高径比等。

3. 烧结体显微组织的变化

粉末在适宜的条件下经压制、烧结可以获得与致密金属接近的性能，但对于一般的有孔烧结材料，显微组织中的孔隙形态、分布和大小对性能的影响最大。

1) 孔隙变化

尽管在某些情况下，烧结后的密度和尺寸变化不大，但是孔隙的形状、大小和数量的变化总是十分明显的。烧结初期，压坯中颗粒间的点、线、小面积的接触变为线、带、大面积的接触，通过原子的扩散形成具有化学键和的冶金结合，称之为形成了烧结接触颈。接着生坯中原有的连通孔隙或孔道封闭，进而通过表面扩散，不规则孔隙的表面逐渐圆滑，接着这些大大小小的孔隙发生体积收缩，大的孔隙变小，小的孔隙消失，结果造成烧结体宏观体积收缩，即致密化阶段，此时尽管烧结体内还保留有一定量的残余孔隙，但是大多数情况下，烧结体的材料性能能满足使用要求。如果不适当地继续延长烧结时间，孔隙并不会完全消失，而是在总量保持不变的情况下，小的孔隙消失而大的孔隙长大，造成孔隙粗化，即原本弥散分布的小孔隙聚集成了孤立存在的大孔隙。再延长烧结时间，就会出现使烧结体力学性能明显下降的晶粒长大现象。

2) 再结晶与晶粒长大

粉末冷压成形后烧结，同样会发生回复、再结晶及晶粒长大等组织变化。回复使弹性内应力消除，主要发生在颗粒接触面上，不受孔隙的影响，在烧结保温阶段之前，回复就已经基本完成。再结晶与烧结的主要阶段即致密化过程同时发生，这时原子重新排列、改组形成新晶核并长大，或者借助晶界移动使晶粒合并，总之是以新的晶粒代替旧的，并常伴随晶粒长大的现象。粉末烧结材料的再结晶主要有两种方式：颗粒内再结晶和颗粒间聚集再结晶。图 4.60 描述了烧结过程中晶核的形核、再结晶和晶粒长大的过程。

粉末经过压制成形后，颗粒发生了变形，颗粒的接触点或面上开始形核（图 4.60(a)）。随后的加热会使晶体的核心长大（图 4.60(b)）。形核和长大都将消耗一部分受过变形的颗粒基体。升高烧结温度或延长烧结时间，不仅将使晶体长大并且彼此相互接触成晶界，而且还会把由于变形而处于高能状态的基体吸收（图 4.60(c)）。进一步提高烧结温度或延长烧结时间，晶体将会继续长大（图 4.60(d)）。晶体长大的同时，颗粒间的孔隙将会缩小和球化，如图中 m、n 两个孔隙。

烧结的回复、再结晶与晶粒长大的动力同烧结过程本身的动力是完全一致的，因为内应力和晶界的晶面能与孔隙表面能一样，构成烧结系统的过剩自由能，因而回复使内应力消除，再结晶与晶粒长大使晶界面及界面能减小也使系统自由能降低，但是晶粒长大的动力一般要低于烧结过程的动力。

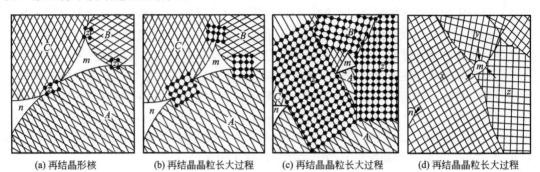

(a) 再结晶形核   (b) 再结晶晶粒长大过程   (c) 再结晶晶粒长大过程   (d) 再结晶晶粒长大过程

图 4.60　在烧结过程中晶核的形成、再结晶和晶粒长大示意图

A、B、C—受过变形的颗粒；x、y、z—晶核或再结晶的颗粒；m、n—孔隙

4. 影响烧结过程的因素

粉末的烧结性可以用烧结体的密度、强度、延性、电导率以及其他性能的变化来衡量，而影响这些性能的主要因素有结晶构造与异晶转变、粉末活性、外来物质及压制压力等。下面就各影响因素分别进行阐述。

(1) 结晶构造与异晶转变：比较立方、立方和四方晶系的金属粉末的烧结行为，可发现烧结起始温度(以温度指数 α 代表)是随点阵对称性的降低而增高的。但是铅、锡、镉、锌等低熔点金属因其表面氧化膜极难除掉，掩盖了烧结性的优劣，不符合该规律。对铁粉烧结的研究表明，异晶转变的影响主要体现在铁粉在 $\alpha \rightarrow \gamma$ 的转变温度(800～950℃)附近烧结时，所有性能的变化曲线上均出现突变点(转折点)，主要是因为异晶转变引起体积变化($\alpha \rightarrow \gamma$ 比容减小)，使孔隙度增大，粉末越细，现象越明显。其次是因为铁在通过奥氏体转变临界温度 A3 烧结时发生晶粒长大，使孔隙封闭在 $\gamma - Fe$ 的粗晶粒内，破坏了颗粒间的接触，致使强度增高变慢。烧结铀在发生 $\alpha \rightarrow \beta$ 和 $\beta \rightarrow \alpha$ 异晶转变时，也会出现类似的现象。

(2) 粉末活性：粉末活性包括颗粒的表面活性与晶格活性两方面，前者取决于粉末的粒度、粒形(即粉末的比表面大小)，后者由晶粒大小、晶格缺陷、内应力大小等决定。在其他条件相同时，粉末越细，两种活性同时越高。粉末粒度减小将使烧结的起始温度降低，使收缩率增大。一般来说，低温还原和低温煅烧金属盐类得到的金属和氧化物粉末，具有较细的粒度和高的烧结活性。颗粒内晶粒大小对烧结过程也有相当大的影响。晶粒细，晶界面就多，对扩散过程有利，因此由单晶颗粒组成的粉末烧结时晶粒长大的趋势小，而多晶颗粒则晶粒长大的倾向大。

(3) 外来物质：主要指粉末表面的氧化物和烧结气氛。粉末表面的氧化物如果在烧结过程中能被还原或溶解在金属中，当氧化层小于一定厚度时(铜粉、铁粉的分别为 40～50nm 和 40～60nm)，对烧结有促进作用。因为氧化膜很快被还原成金属时，原子的活性增大，很容易烧结。相反，如果表面氧化物层太厚或不能被还原，反将阻碍烧结的进行(主要是指扩散的障碍)。烧结气氛对不同粉末的影响不一样。难还原的金属粉末烧结所需气氛的还原性要强(氧分压低，湿度低)；真空烧结对于多数金属的烧结都有利，但真空烧结使金属挥发损失增大、成分改变，而且容易造成产品变形。烧结气氛中添加活性成分能活化某些粉末的烧结。气氛中氧的分压对氧化物材料的烧结影响最明显。在湿氢或氮、氩等惰性气体中烧结氧化物能降低烧结温度。

（4）压制压力：压制工艺对烧结过程的影响主要表现在压制密度、压制残余应力、颗粒表面氧化膜的变形或破坏以及压坯孔隙中气体等的作用上。研究表明，许多金属粉末压坯的残余应力仅在烧结的低温阶段对收缩有影响，因为高温收缩前，内应力早已消除。如压制压力很高，烧结时由于内应力急剧消除反而使密度降低。压坯原始孔隙度越低，压坯内气体阻碍收缩的作用越强，当孔隙度低于 14% 以后，烧结后根本不收缩，$\Delta L/L_0$ 出现负值（膨胀），而且粉末越细，膨胀越显著。缓慢升温使压坯内气体容易在孔隙封闭前排出，可减少压坯的膨胀。

4.4.4 多元系固相烧结

多元系固相烧结要比单元系烧结复杂，除了同组元颗粒间发生粘结外，不同组分间还要发生扩散、溶解和合金均匀化过程。使用金属粉末的混合物进行烧结，通常是为了实现其合金化。采用混合粉末来替代预合金粉末的优点是①容易改变成分；②由于混合粉末具有低的强度、硬度以及加工硬化现象，所以容易进行压制成形；③有较高的压坯密度和强度；④可能形成均匀的显微组织；⑤有一些与烧结致密化相关的可能的优点。

1. 无限互溶的混合粉末烧结

铜-镍、铜-钴、铜-金、钨-钼、铁-镍等都属于无限互溶的混合粉末。混合粉末烧结在一定阶段发生体积增大现象，烧结收缩随时间的变化主要取决于合金均匀化的程度。

在混合粉末烧结时，可利用相图了解可能发生的相的反应。另外，对于给定的粉末颗粒大小来说，扩散的速率决定了混合粉末烧结时的均匀化速率。图 4.61 为相互无限溶解的二元系统模形。假定粉末的几何形状为球形，开始时 $t_0 = 0$，浓度梯度呈台阶状。随着烧结时间的延长，浓度梯度逐渐减缓，最终当 $t_\infty = \infty$ 时，达到一个常数值 $\overline{C_B}$。通常情况下粉末颗粒越细，烧结温度越高以及烧结时间越长，则混合粉末的均匀化程度越好。

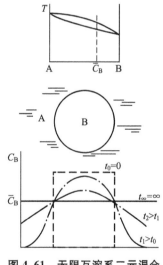

图 4.61　无限互溶系二元混合粉末的均匀化

2. 有限互溶的粉末烧结

有限互溶混合粉末的烧结合金有铁-碳、铁-铜、钨-镍、银-镍等，这类合金烧结后得到的是多相合金。以铁-碳合金粉末体的烧结为例：石墨加入到铁粉中，既可作为惰性的添加元素，也可作为反应组元，由于石墨能在铁粉中起隔离作用，所以烧结时的收缩就会有一些降低。在有限互溶混合粉末烧结时的收缩过程中，可以发现收缩与合金中的元素含量有关，还可以发现有时会出现金属间化合物相。在有限固溶体区域中，均匀化的完善程度、烧结体的孔隙度、异相间的接触与同相间接触的完善程度、未溶组元的形状和数量等都对有限互溶混合粉末烧结体的性能有影响。

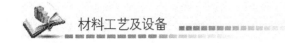

3. 互不溶解的混合粉末烧结

系统中组元的熔点相差极大时，常存在组元间互不溶解的情况。

互不溶解的两种粉末混合后能进行烧结的条件是：

$$\gamma_{AB} < \gamma_A + \gamma_B \tag{4-6}$$

式中，γ_{AB} 是形成的新界面的自由能；γ_A 和 γ_B 分别是组元 A 和 B 的表面能。即 A-B 的表面能必须小于组元 A 和 B 单独存在时的表面能之和，组元 A 与 B 才能烧结在一起。否则，虽然在组元 A-A 或 B-B 之间可以进行烧结，但在组元 A 与 B 之间却不能烧结。

如果在满足式(4-6)的前提下，若 $\gamma_{AB} > |\gamma_A - \gamma_B|$，则在颗粒 A 和 B 之间形成烧结颈，并且颗粒间的接触表面有一些凸出，凸出的方向朝向表面能低的组元；若 $\gamma_{AB} < |\gamma_A - \gamma_B|$，则烧结过程要分两阶段进行，首先是一种组元通过表面扩散来包围另一种组元，而后就与单相烧结一样进行烧结。

4.4.5 混合粉末的液相烧结和熔浸

粉末压坯仅通过固相烧结难以获得很高的密度，如果在烧结温度下，低熔点组元熔化或形成低熔共晶物，那么由于液相的出现可以提供快速的物质迁移，而且最终液相将填满烧结体内的孔隙，因此可以加速烧结，获得密度高、性能好的烧结制品。由于液相必须围绕固相形成薄膜，因此首先液相必须对固相有润湿性；其次固相必须在液相中有一定的溶解度，且溶解在液相中的固相原子应有较高的迁移速度，足以保证快速的烧结；再次液相薄膜的形成应该有利于表面张力的活动，以增加烧结过程的致密化和孔隙的消失。液相烧结可用于制造各种烧结合金零件、电触头材料、硬质合金及金属陶瓷材料等。

液相烧结可得到具有多相组织的合金或复合材料，即由烧结过程中一直保持固相的难熔组分的颗粒和提供液相（一般体积占 13%～35%）的粘结相所构成。固相在液相中不溶解或溶解度很小时，称为互不溶系液相烧结，如假合金、氧化物-金属陶瓷材料，另一类是固相在液相有一定溶解度，如 Cu-Pb、W-Cu-Ni、WC-Co、TiC-Ni 等，但烧结过程仍自始至终有液相存在。特殊情况下，通过液相烧结也可获得单相合金，这时液相量有限，又大量溶解于固相形成固溶体或化合物，因而烧结保温的后期液相消失，如 Fe-Cu（Cu 含量<8%）、Fe-Ni-Al、Ag-Ni、Cu-Sn 等合金，称瞬时液相烧结。

1. 液相烧结的条件

液相烧结能否顺利完成（致密化进行彻底），取决于同液相性质有关的 3 个基本条件。

1）润湿性

液滴能够完全分散在固体表面上，被称为完全润湿。润湿角（或接触角）θ 的大小就是润湿性的标志（图 4.62），完全润湿时，$\theta=0°$；而完全不润湿时，$\theta=180°$；当 $\theta<90°$ 时，认为液滴能够润湿固体表面；$\theta>90°$ 时，就认为液体不能润湿固体表面。

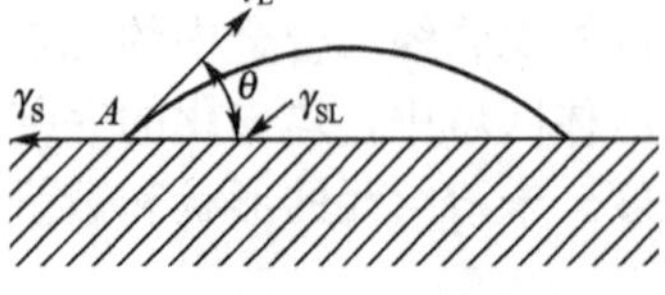

如图 4.62 所示，当液相润湿固相时，在接触点 A 用杨氏方程表示液滴平衡的热力学条件为：

图 4.62 液相润湿固相平衡图

$$\gamma_{SV} = \gamma_{SL} + \gamma_{LV}\cos\theta \tag{4-7}$$

式中，γ_{SV}、γ_{SL} 和 γ_{LV} 分别为固-气、固-液和液-气界面上的表面能。

当 $\theta>90°$，烧结开始时，液相即使生成也会逸出烧结体外，这种现象叫渗漏。渗漏的存在会使液相烧结的致密化过程不能完成。液相只有具备完全或部分润湿的条件，才能渗入颗粒的微孔、裂隙、甚至晶粒间界(图4.63)。此时界面张力 γ_{ss} 取决于液相对固相的润湿程度，平衡时，

$$\gamma_{ss}=2\gamma_{SL}\cos(\psi/2) \tag{4-8}$$

式中，ψ 为二面角。

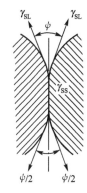

由图4.63可以看出，当二面角愈小时，液相渗进固相界面愈深。当 $\psi=0°$ 时，表示液相将固相完全隔离，液相完全包裹固相。如果 $\gamma_{SL}>(1/2)\gamma_{ss}$，则 $\psi>0°$；如果 $\gamma_{SL}=\gamma_{ss}$，则 $\psi=120°$，这时液相不能浸入固相界面，只产生固相颗粒间的烧结。实际上，只有液相与固相的界面张力 γ_{SL} 越小，也就是液相润湿固相越好时，二面角才越小，才越容易烧结。

影响润湿角的主要因素：①温度和时间。随着烧结时间的延长和烧结温度的提高，润湿角会减小，而使润湿性得到改善。时间的作用是有限的，升高温度有利于界面反应，因而改善润湿性。②表面活性物质。向液相金属中添加某些表面活性物质，可改善许多金属或化合物的润湿性。如向镍中添加少量钼可使镍对碳化钛的润湿角由30°降至0°，二面角由45°降至0°。③粉

图4.63 与液相接触的二面角形成

末表面状态。粉末表面存在吸附气体、杂质或存在氧化膜、油污等均会降低液体对粉末的润湿性。④气氛。多数情况下，粉末有氧化物存在时，氢和真空对消除氧化膜有利，可改善润湿性，但是没有氧化膜存在时，真空不一定比惰性气氛对润湿性更有利。

2）溶解度

固相在液相中有一定的溶解度是液相烧结的又一条件。因为：①固相在液相中有限溶解可以改善润湿性；②可以相对增加液相数量；③还可以借助液相进行物质迁移；④溶于液相中的固相部分，冷却时如能析出，则可填补固相颗粒表面的缺陷和颗粒间隙，从而增大固相颗粒分布的均匀性。但是需要注意的是溶解度过大会使液相数量太多，有时可能会使烧结体解体而无法进行烧结；另外，如果固相溶解度对液相冷却后的性能有不良影响时，也不宜采用液相烧结。

3）液相数量

液相烧结时，液相数量应以液相填满颗粒的间隙为限度。烧结开始时，颗粒间孔隙较多，经过一段液相烧结后，颗粒重新排列并有一部分小颗粒溶解，使孔隙被增加的液相所填充，孔隙相对减少。一般认为，液相数量以占烧结体体积的20％～50％为宜，超过这个值则不能保证烧结件的形状和尺寸；液相数量过少，则烧结体内会残留一部分不被液相填充的小孔，而且固相颗粒也会因彼此直接接触而过分地烧结长大。

液相烧结时，液相的数量可以因多种原因而发生变化。如果液体能够进入固体中去，而其量又小于在该温度下最大的溶解度，那么液相就会可能完全消失，以致丧失液相烧结作用，如铁-铜合金，铜含量较低时就可能出现液相完全溶于固相导致液相消失的现象。虽然铜能很好地润湿铁，但也能很快地溶解到铁中，在1100～1200℃时铁可溶解8％左右的铜。由于固相和液相的相互溶解可使固体或液体的熔点发生变化，因而增加或减少了液

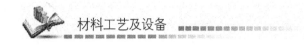

相数量。

2. 液相烧结的基本过程

液相烧结大致可以分为 3 个不十分明显的阶段。实际上任何一个系统，这 3 个阶段都是相互重叠的。

1）生成液相和颗粒重新分布阶段

此阶段中，如果固相粉末颗粒间没有联系，压坯中的气体容易扩散或通过液相冒气泡而逸出，则在液体的毛细管力作用下，固相颗粒发生较大的流动，这种流动使粉末颗粒重新分布和致密化。

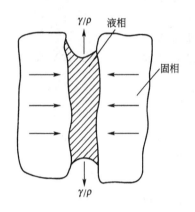

图 4.64 液相烧结时颗粒彼此靠拢

图 4.64 为液相内的孔隙或凹面所产生的毛细管力使粉末颗粒相互靠拢的示意图。毛细管应力 P 与液相的表面张力或表面能 γ_L 成正比，与凹面的曲率半径 ρ 成反比，即 $P=-\gamma_L/\rho$。对于微细粉末而言，这是一项不可忽略的应力。在此应力作用下，粉末颗粒互相靠拢从而发生致密化过程，提高了压坯的密度。该阶段的收缩量与整个烧结过程中的总收缩量之比取决于液相的总量。如果粉末颗粒是球形的，压坯中的孔隙相当于 40% 的压坯体积，当压坯中的低熔点组元熔化后，固相颗粒重新分布，并使固相颗粒占 65% 的体积，如果液相的数量大于或等于 35% 的体积，则在此阶段就可以使烧结体完全致密化。

在任何情况下，第一阶段的致密化是十分快的。固相或液相地扩散、一个相在另一个相中的溶解和析出，在此阶段是不起作用的。

2）溶解和析出阶段

如果固相在液相中可溶，则在液相出现后，特别细小的粉末和粗大颗粒的凸出棱角部分就会在液相中溶解消失。由于细小的粉末颗粒在液相中的溶解度要比粗颗粒的大，因此在细小颗粒溶解的同时还会在粗颗粒的表面有析出，使粗颗粒长大和球形化。

物质的迁移是通过液相的扩散来进行的。在此阶段，由于相邻颗粒中心点的靠近而发生收缩。也有人认为溶解和析出本身不会引起致密化，而认为可以促进与第一阶段有联系的颗粒流动。固相颗粒变粗会降低固液界面的面积和界面能。

3）固相的粘结或形成刚性骨架阶段

如果液相湿润体是完全的，则会有固体与固体颗粒的接触，即固体颗粒不是完全被液相分离开来的，可以认为是由于固固界面的界面能低于固液界面的界面能的缘故，一般应该满足不等式 $\gamma_{ss}<2\gamma_{SL}$。在这种情况下，使压坯内形成固相骨架。如果这种骨架在烧结的早期形成，则会影响第一阶段的致密化过程。

此外，经过前两阶段颗粒之间的靠拢，在颗粒表面发生接触时也产生固相烧结。这样使颗粒彼此粘合形成坚固的固相骨架，剩余的液相充填于骨架的间隙。这阶段以固相烧结为主，致密化已显著减慢。

3. 液相烧结时的致密化和颗粒长大

在液相烧结的 3 个基本过程中，烧结体的致密化系数与烧结时间存在如图 4.65 所示

的关系。致密化系数 α 为:

$$\alpha = \frac{\rho_{烧} - \rho_{压}}{\rho_{理} - \rho_{压}} \times 100\% \qquad (4-9)$$

式中,$\rho_{烧}$、$\rho_{压}$ 和 $\rho_{理}$ 分别为烧结体、压坯和烧结体的理论密度。

影响致密化的因素有液相数量、液相对固相的润湿性、各个界面的界面能、固相颗粒大小、固相与液相间的相互溶解度以及压坯密度等。

显然,在烧结第一阶段由于液相的形成伴随有剧烈的收缩,此时的收缩主要取决于液相的数量。随着烧结温度的提高,

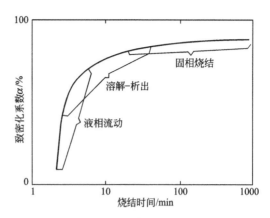

图 4.65　液相烧结致密化过程

液相数量的增加,收缩量也就增大;粉末颗粒细,烧结时收缩量就大,烧结体达到的密度也大。压坯密度小,其最终收缩大,这是因为压坯密度大时,固相与固相之间可能有一定的粘结,因而妨碍液相出现时所产生的收缩。在烧结的溶解和析出的第二阶段,致密化速度逐渐减慢。此阶段是通过液相的扩散和相界面的反应来进行的,其收缩量比第一阶段小,速度也较慢。在固相烧结形成刚性骨架的第三阶段,致密化与固相的烧结机构相似。

在液相烧结时,固相颗粒长大一般可以通过两个过程进行。细小的颗粒溶解在液相中,而后通过液相扩散在粗大颗粒的表面上沉淀析出;通过颗粒中晶界的移动来进行颗粒的聚集长大以及通过溶解析出的过程来改变粉末颗粒的外形。

4. 熔浸

将粉末压坯与液体金属接触或浸埋在液体金属内,让坯块内孔隙被金属液填充,冷却下来就得到致密材料或零件,这种工艺称为熔浸或熔渗。

熔浸过程依靠金属液润湿粉末多孔体,在毛细管力作用下沿着颗粒间孔隙或颗粒内孔隙流动,直到完全充填空隙为止,因此其本质是液相烧结的一种特殊情形。它与一般的液相烧结的区别在于熔浸的致密化主要靠易熔成分从外面来填满压坯中的空隙,而不是靠压坯本身的收缩。熔浸零件基本上不发生收缩,烧结时间也短。

熔浸主要应用于生产电接触材料、机械零件以及金属陶瓷材料和复合材料。

熔浸所必需具备的基本条件:①骨架材料与熔浸金属的熔点相差较大,不致造成零件变形;②熔浸金属应能很好地润湿骨架材料,即润湿角 $\theta < 90°$;③骨架与熔浸金属之间不发生互溶或溶解度不大,以避免在熔浸过程中产生新相而致液相消失;④熔浸金属的量应以填满压坯中的空隙为限度,过多或过少均为不利。

影响熔浸过程的因素:①金属液的表面张力 γ 越大,对熔浸越有利;②连通孔径的半径大对熔浸有利;③液体金属对骨架的润湿角影响熔浸过程极为显著;④提高熔浸温度使液体粘度降低,对熔浸有利,但同时降低了表面张力 γ,所以温度不宜选择太高;⑤用合金替代金属进行熔浸,有时可以降低熔浸温度和减少对骨架材料的溶解;⑥在氢气中,特别是在真空中熔浸可以改善润湿性,并减少孔隙内气体对熔浸金属流动的阻力。

熔浸的方式如图 4.66 所示。最简便的是接触法(图 4.66(c)),把固体金属或碎片放在被浸材料的上面或下面,送入高温炉中进行熔浸,此时需要根据压坯孔隙度来计算熔浸金

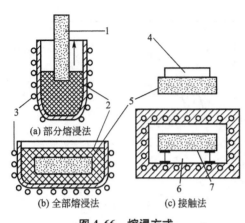

图 4.66　熔浸方式

1，5—多孔体；2—熔融金属；3—加热体；
4—固体金属；6—加热炉；7—烧结体

属的数量。熔浸法的生产效率较低。

4.4.6　强化烧结

强化烧结的目的是提高烧结过程中的致密化，使得烧结材料与铸锻材料的性能具有可比性。

1. 活化烧结

利用化学或物理的措施使烧结温度降低，烧结过程加快，或使烧结体密度和其他性能得到提高的方法称为活化烧结。活化烧结按照方法可以分为两种基本类型：①依靠外界因素活化烧结过程，包括在气氛中添加活化剂、向烧结填料中添加强化还原剂（如氢化物）、周期性地改变烧结温度、施加外应力等；②提高粉末的活性，使烧结过程活化。例如使粉末压坯的表面预氧化，使粉末颗粒产生较多的晶体缺陷或不稳定结构，添加活化元素以及烧结时形成少量液相等。

1）预氧化烧结

最简单的活化烧结方法是应用预氧化还原反应。在烧结过程中，还原一定量的氧化物对金属的烧结具有良好的作用。少量氧化物的这种活化作用是由于在烧结过程中表面氧化物薄膜被还原，在颗粒表面层内出现了大量的活化原子，因而明显降低了烧结时原子迁移的活化能。例如比较涡旋铁粉与还原铁粉压坯中含氧量对烧结密度变化的影响，发现在相同氧含量下涡旋铁粉的密度相对较高，分析原因可能是由于原始粉末中含氧量以及颗粒表面形状不同引起的。

若粉末中有烧结时很难还原的氧化物，则在烧结过程中只有当氧化物薄膜溶解于金属中或升华、聚结破坏了使颗粒间彼此隔离的氧化物薄膜后，烧结才有可能进行。

2）添加少量合金元素

少量合金元素的加入可以促使烧结体的收缩，进而改善烧结体的性能。

添加镍粉对钨制品烧结后密度影响的研究结果表明，少量镍的加入可以使钨粉压坯在较低的烧结温度下得到较高的密度。在添加少量镍或钴来活化烧结过程时，不能采用机械混合的方法，因为机械混合不能在基体金属粉末颗粒表面形成活化层。添加合金元素的活化机理主要是体积扩散。当基体金属表面上覆盖一层扩散系数较大的其他金属薄膜时，由于金属原子主要是由薄膜扩散到基体金属颗粒中去，因而在颗粒表面形成了大量的空位和微孔，这有助于扩散、粘性流动等物质迁移过程的进行，强化了烧结过程，使收缩大大提高。

3）在气氛或填料中添加活性剂

烧结气氛中通入卤化物蒸气（大多为氯化物，其次为氟化物），可以促进烧结过程，特别是当制品成分中具有难还原的氧化物时，卤化物的加入具有特别良好的作用。烧结气氛中加入氯化氢的方法有①在烧结炉中直接通入氯化氢；②在烧结填料中加入氯化铵，氯化铵分解时就生成氯化氢。研究结果表明有氯化氢的还原铁粉烧结坯的力学性能要优于无氯化氢的烧结。但是活化烧结过程也有缺点，即气氛具有腐蚀性。当卤化物的含量过高时，不但烧结体表面会被腐蚀，而且烧结炉炉体也会遭到腐蚀。为了尽可能地把烧结体孔隙中的卤化物清洗掉，在烧结终了时还必须通入强烈的氢气流。

此外，进行活化烧结还可以利用物理的方法。例如利用超声波、机械振动、磁场、温度的周期性改变以及施加外应力等都可以使一些粉末的烧结收缩和致密化程度提高。实际上，液相烧结及热压等方法也都属于活化烧结。

2. 电火花烧结

电火花烧结也叫电火花压力烧结，它是利用粉末间火花放电所产生的高温，同时受外应力作用的一种特殊的烧结方法。

电火花烧结的原理如图 4.67 所示。通过一对电极板和上下模冲向模腔内的粉末直接通入高频或中频交流或直流叠加电流。加热粉末是靠火花放电产生的热能和通过粉末与模具的电流。粉末在高温下处于塑性状态，通过模冲加压进行烧结。由于高频电流通过粉末形成的机械脉冲波的作用，致密化过程在极短时间内即可完成。

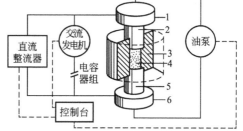

图 4.67　电火花原理示意图
1、6—电极板；2、5—模冲；3—压模；4—粉末

火花放电主要发生在烧结初期。此时预加负荷很小，达到一定温度后控制输入的电功率并增大压力，直至完全致密化。电火花烧结的零件可接近于致密件（一般为理论密度的 98%～100%），也可有效地控制孔隙度，如制造大型自发汗冷却的火箭鼻锥。

3. 相稳定化

材料的体积扩散能力取决于温度、晶体构造以及缺陷形态等因素。例如铁在 910℃时，体心立方相的铁素体比面心立方相的奥氏体体积扩散能力要高 330 倍。这种体心立方相的稳定性为人们提供了一种加速烧结的途径。例如钼、磷和硅可以稳定上述铁素体，添加硅对铁的影响表现在减小压坯密度而提高烧结密度。通常烧结体的致密程度是随烧结温度下铁素体稳定化程度的提高而增加的。铁素体的稳定化而引起致密化的增高的原因，可能是由于中间相界为一个良好的空位阱的缘故。

另外，镍对铁的奥氏体起相稳定化作用，与镍在烧结体中的分布相关，镍降低了铁烧结过程的致密化，然而镍作为在铁粉表面的涂层元素可以有助于烧结。后面的一种作用可能是由于借助扩散引起的均匀化而在相界面产生空位的结果。在这种类型的混合相烧结中，起主要作用的是体积扩散过程。

4.4.7　全致密工艺

致密化被认为是改善粉末冶金材料和制品的关键。全致密工艺是将压力和温度同时并用，以达到消除孔隙的目的。

1. 热压

热压就是将粉末装在压模内，在加压的同时把粉末加热到熔点以下，使之加速烧结成比较均匀、致密的制品，因此热压就是把压制成形和烧结同时进行的一种工艺方法。在制取难熔金属(如钨、钼、钽、铌等)或难熔化合物(如硼化物、碳化物、氮化物、硅化物)等致密制品时，一般都可以采用热压工艺。这些材料的熔点很高，在高温下会分解或形成其他化合物，因此用熔炼的方法不易制取，而使用一般的压制成形后烧结的方法也很难得到完全致密的制品。

热压的工艺和设备已得到很快地发展，除了通常使用的电阻加热和感应加热技术外，还有真空热压、振动热压和均衡热压等方法。例如对氧和氮特别敏感的粉末(如铍或钛的坯料或异形零件)，采用真空热压工艺是一种良好的选择。

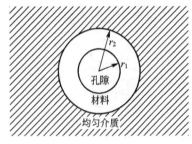

图 4.68　塑性流动模型

热压致密化理论是在粘性或塑性流动烧结结构的基础上建立起来的。如图 4.68 所示模型，假定在均匀的介质中有分布混乱、尺寸大小均一的孔隙，孔隙半径为 r_1，每一个孔隙由不可压缩的致密球形外壳所包围，其半径为 r_2，则相对密度 d 可表达为：

$$d = 1 - (r_1/r_2)^3 \qquad (4-10)$$

由于表面张力 γ 的作用，在压坯的孔隙内表面有一负的压力，其值为 $-2\gamma/r_1$，这种压力作用于孔隙周围的物体就有可能使之变形。孔隙内表面的负压力作用于材料的表面是正压力大小为 $2\gamma/r_1$。在此压力的作用下孔隙收缩，孔隙收缩时所释放出来的表面能就成为形变能。孔隙周围材料中的剪切应力随距孔隙的距离变大而下降。

热压效果受时间、粉末粒度、热压温度等因素的影响。热压过程中压坯密度随着热压时间的延长而不断增加，但是当时间相当长时，继续延长热压时间，密度并不增加。为了使最终制品中的孔隙度小，原始粉末粒度应该要小些。当原始粉末粒度过大时，往往得到较低的密度，烧结速度也随粉末粒度的增大而下降。压坯密度一般随热压温度的升高而连续增大，但是如果随着温度地升高，发生晶粒地快速长大，则就有可能使热压坯密度下降，因为晶粒快速长大会使孔隙在致密化过程的早期就成为粗大的晶内孔隙，因而停止了这些孔隙的收缩。

热压的致密化过程大致有 3 个连续的阶段：①快速致密化阶段——又称微流动阶段，即在热压烧结初期发生相对滑动、破碎和塑性变形，类似于冷压成形时的颗粒重排。此时的致密化速度较高，致密化程度主要取决于粉末的粒度、颗粒形状和材料的断裂强度与屈服强度。②致密化减速阶段——以塑性流动为主要机构，类似于烧结后期的闭孔收缩阶段。③趋近终极密度阶段——受扩散控制的蠕变为主要机构，此时的晶粒长大使致密化速度大大降低，达到终极密度后致密化过程结束。

2. 热等静压

热等静压制的实质就是把粉末压坯或把装入特制容器(称粉末包套)内的粉末置于热等静压机高压容器(图 4.69)中施以高温和高压，使这些粉末被压制和烧结成致密的材料或零件的过程。粉末体在等静高压容器内同时经受高压和高温的联合作用，强化了压制和

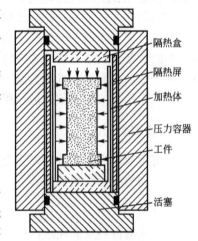

图 4.69　热等静压制原理图

隔热盒
隔热屏
加热体
压力容器
工件
活塞

烧结过程，降低了材料或制品的晶粒结构，消除了材料内部的缺陷和孔隙，提高了材质的致密度和强度。这是一种消除材料内部残存微量孔隙和提高材料相对密度的有效方法。目前已有很多金属粉末或非金属粉末采用热等压法获得接近理论密度的材料或制品，热等静压已成为现代粉末冶金技术中制取高性能材料及大型复杂形状制品的一种先进工艺。

热等静压的烧结和致密化机理与热压相似，只是热等静压法所用的压力较热压法的高，粉末体所受到的压力比较均匀，因此用热等静压法制取的材料或制品密度要比热压法高些。热等静压法采用的温度要比热压法的低，使其更容易获得细晶粒的合金材料，也易于制取用一般方法难于制取的材料，用热等静压制取的材料性能普遍高于用热压法制取的。

热等静压设备系统由带加热炉体的压力容器、高压介质输送装置和电气设备组成。热等静压的压力容器与冷等静压相同，只是热等静压的带有加热体装置。压力容器内的加热炉是热等静压机的重要部分，主要由加热元件、热电偶、热屏组成，炉内加热体的热传递有多带辐射、单级自然对流、单级强迫对流三种形式。多带辐射是靠电热元件发热直接辐射到工件上，能够间断地加热；单级自然对流和单级强迫对流的电热元件装置在工件下面，前者的热交换是通过自然对流方式，而后者则用电扇搅动强迫气流循环，这样可以强化热交换。

热等静压制常采用惰性气体，如氦及氩，做压力介质。由于氩气的导热率低于氦气，氩为 0.01359 千卡/小时·度，氦为 0.1186 千卡/小时·度，用氩气作压力介质时能够使工作区炉温很快地达到所要求温度并能保持温度分布均匀，此外氩气的成本较氦气低。

热等静压技术在航空、航天、核能冶金、陶瓷、超硬材料、磨料磨具、复合材料等行业已成为制取高、精、尖制品的主要技术。热等静压技术用于制取钨、钼、铍、钛等粉末制件时晶粒细化均匀、无偏析，致密化程度可达理论密度；对高温合金、高温陶瓷、高合金铸件进行热等静压处理，可消除内应力、气孔、裂纹、缩松、偏析等内部缺陷。

3. 热挤

在提高温度的情况下进行金属粉末地挤压是使制品达到全密度的另一种方法。预合金粉末一般是利用高的挤压变形来获得最佳的性能。固结机械合金化粉末最常用的方法之一便是热挤压。

粉末热挤压把成形、烧结和热加工处理结合在一起，从而直接获得力学性能较佳的材料或制品，热挤压能够准确地控制材料的成分和合金内部组织结构。按挤压金属特性和挤压零件形状的不同，热挤压可以分成非包套热挤法和包套热挤法两种形式。

图 4.70 为热挤法制取烧结铝粉的工艺流程图。用粉末直接加热或用压坯加热挤压粉末高速钢或超合金时，为防止挤压料的氧化，粉末或压坯都要装入包套内，经过抽气、密封后进行热挤压。与热等静压情况相似，包套材料应具有较好的热塑性，能与被挤压材料相适应，不应与被挤压材料形成合金或低熔点相；挤压之后易于剥离；来源方便，成本低。挤压超合金或粉末高速钢常用不锈钢板或低碳钢板作为包套材料。目前，陶瓷包套也已得到应用，而且具有明显的优点。图 4.71 是用包套来进行热挤的示意图。

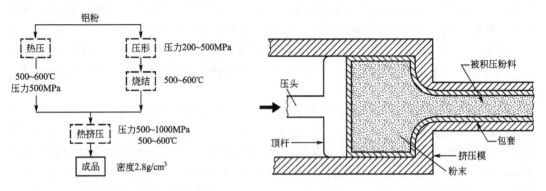

图 4.70 热挤法制取铝粉工艺流程图   图 4.71 粉末热挤压示意图

图 4.72 是一种填充坯料挤压的工艺流程图,这是一种可以用来制取复杂断面制品的重要方法。其过程包括包套空腔的准备,空腔尺寸由所需最终制品尺寸加挤压系数确定;装套,把粉末装入空腔并经振动摇实;包套的抽空、排气和密封;在一定的温度和挤压比下进行挤压;剥离包套。

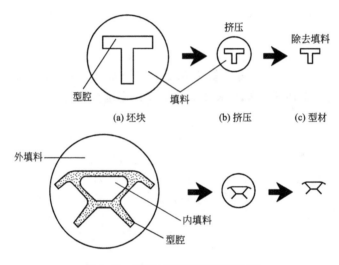

图 4.72 填充坯料挤压工艺流程图

虽然材料固有的性质能够影响到挤压过程的难易程度,挤压包套的厚度以及挤压方式都会影响挤压制品的质量,但是挤压温度是控制挤压参数中最主要的因素。太高的挤压温度可能会损害制品的微观结构,而且会缩短挤压工具的寿命;太低的挤压温度则会造成挤压困难。

4. 热锻

与热等静压的低应变率相比,粉末锻造在高温下具有高的应变率。采用热锻不仅可以使制品得到致密的最终形状和尺寸,而且还可以获得均匀的细晶粒组织结构,显著提高制品的强度和韧性,同时它又保持普通粉末冶金的少、无切削工艺的优点,具有成形精确、材料利用率高、锻造能量低、模具寿命长和成本低等特点。塑性流动中,多孔压坯的行为是粉末锻造需要注意的。图 4.73 是粉末锻造过程的示意图。

多孔压坯比铸锻件具有较高的加工硬化速率，这是由于孔隙的消失和致密化的原因。在粉末锻造时，密度、加工硬化的速率和泊松比是随形变程度而变化的。粉末锻造是在单轴压制时致密化和流动的结合体。

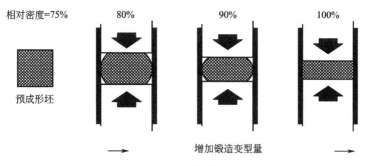

相对密度=75%　　80%　　90%　　100%

预成形坯

增加锻造变形量

图4.73　粉末锻造过程示意图

粉末锻造时，减少摩擦对提高锻造制品的密度和性能的均匀性是很重要的。没有润滑时，锻造粉末制品会呈现出径向区域的低密度。锻造时的摩擦将会引起周边出现拉伸应力，导致出现微裂纹。

热锻温度取决于达到足够形变时所需的应力。压坯的尺寸和密度取决于模具的侧向限制和零件的形状。太大的原始高度与直径比可能会引起皱纹，因此在高度与直径的比例上有所限制。粉末锻造制品的动态力学性能往往优于大多数铸锻制品。热锻也存在一些问题，例如尽管已达到全密度，但其含有的夹杂物能严重损害粉末锻造制品的性能。夹杂是由多孔状态下的压坯的氧化、脏物进入到孔隙中以及来自模具的润滑引起的，因此需要注意保持压坯的洁净以防止进入夹杂物。

5. 喷雾沉积

喷雾沉积工艺是通过雾化的方法将液体金属直接转化为具有一定形状的预成形坯，然后再利用雾化粉末的余热或补充加热之后进行直接锻造(图4.74)。用此法制得的不锈钢预成形坯是一种低氧的细而均匀的组织，看不到原有粉末颗粒的边界，显微孔隙呈孤立状态分布。它可直接锻造成细而均匀的合金。用此法制得的不锈钢性能与普通铸锻件很接近，但其横向延伸率和冲击韧性超过了普通铸锻件。由于此法取消了雾化粉末的还原退火、压制成形和烧结等工序，减少了锻前的加热，同时还可以利用廉价的废钢，因此此法生产合金钢的成本比普通铸锻件降低了50%。

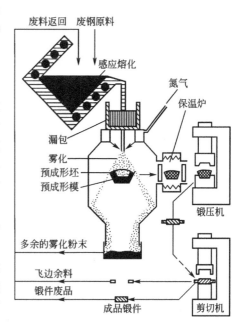

废料返回　废钢原料

感应熔化

氮气

保温炉

漏包

雾化

预成形坯

预成形模

锻压机

多余的雾化粉末

飞边余料

锻件废品

成品锻件

剪切机

图4.74　喷雾锻造示意图

6. 热轧

热轧是指将粉末加热到一定温度后，直接喂入转动的轧辊间进行轧制。由于温度提高使得被轧制的粉末得到一系列有益的效果：增加了粉末间摩擦系数，有利于粉末喂入轧辊缝内；降低了粉末体中的气体密度，从而减少了成形区逸出气体对轧入粉末的反向阻力；改善了粉末的塑性、降低了轧制压力。与粉末冷轧法在轧制参数相同的条件下比较，粉末热轧法可以通过减小轧辊的直径而获得同样厚度的带材，其结果有利于提高轧制速度，增加坯带的密度和强度。粉末冷轧制速度通常为 $0.05 \sim 0.1 \mathrm{m/s}$，而粉末热轧可达 $5 \mathrm{m/s}$。

图 4.75 是粉末轧制薄带坯的生产流程示意图。粉末先冷轧成形，再经过两次加热并热轧便可得到近乎致密的粉末轧制薄带坯。

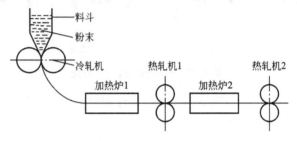

图 4.75　粉末轧制薄带坯的生产流程示意图

与致密金属轧制相比，由粉末热轧得到的材料其组织均匀细密，并具有各向同性的力学性能。另外，相比之下粉末热轧所需设备更少。由于大多数粉末具有氧化的趋势，粉末热轧一般都采用防氧化措施。通常热轧粉末都是在包套（抽真空）或在保护气氛中进行。

7. 大气压固结

大气压固结法是将粉末密封在玻璃中除气，然后在大气压力下进行真空烧结的方法。

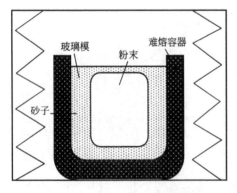

图 4.76　大气压力固结法示意图

图 4.76 为大气压固结法的示意图。用大气压固结法把 100 目的工具钢粉末在 0.1MPa 下，于 1200℃烧结 19 小时，可使烧结件几乎达到理论密度。

在大气压固结法中，选择装填粉末的玻璃是很重要的。在烧结过程中，玻璃应该软化而不发生熔化，而且玻璃不应与粉末发生反应。此法的优点是比热等静压、热挤等粉末冶金固结方法的成本低；过程简单；所使用的设备简单，不需要高压装置和气体保护措施，只要抽真空系统和普通的烧结炉即可。

4.4.8　烧结气氛

1. 气氛的作用和分类

烧结气氛对于保证烧结的顺利进行和产品质量十分重要。烧结气氛可以防止或减少周围环境对烧结产品的有害反应（如氧化、脱碳等），从而保证烧结顺利进行和产品质量稳定；可以排除有害杂质，如吸附气体、表面氧化物或内部夹杂；可以维持或改变烧结材料中的有用成分,这些成分常常能与烧结金属生成合金或活化烧结过程,例如烧结钢的碳控制、渗氮和预氧化烧结等。

烧结气氛按其功用可分成 5 种基本类型:①氧化气氛,包括纯氧、空气、水蒸气。它可用于贵金属的烧结、氧化物弥散化材料的内氧化烧结、铁和铜基零件的预氧化烧结等。②还原气氛,如纯氢、分解氨、煤气、碳氢化合物的转化气。③惰性或中性气氛,包括活性金属、高纯金属烧结用的 N_2、Ar、He 以及真空。CO_2 或水蒸气对铜合金的烧结也属于中性气氛。④渗碳气氛,主要指 CO、CH_4 以及其他碳氢化合物气体,对于烧结铁或低碳钢是渗透性的。⑤氮化气氛,指用于烧结不锈钢及其他含铬钢的 N_2 和 NH_3。

目前工业用烧结气氛主要有氢气、分解氨气、吸热或放热型气体以及真空。

2. 还原性气氛

烧结时最常采用含有 H_2、CO 成分的还原性或保护性气体,在高温下它们对大多数金属均有还原性。气氛的还原能力由金属的氧化-还原反应的热力学决定。当用纯氢时,其还原平衡反应为:$MeO+H_2 \rightarrow Me+H_2O$,平衡常数:$K_P = \dfrac{P_{H_2O}}{P_{H_2}}$;当采用 CO 时,其还原平衡反应为:$MeO+CO \rightarrow Me+CO_2$,平衡常数:$K_P = \dfrac{P_{CO_2}}{P_{CO}}$。

在指定的烧结温度下,上述两个反应的平衡常数都为定值,即有一定的分压比。只有气氛中分压比的值低于平衡常数规定的临界分压比时,还原反应才能进行;高于临界分压比,金属被氧化。

3. 吸热型与放热型气氛

碳氢化合物(甲烷、丙烷等)是天然气的最主要成分,也是焦炉煤气、石油气的组成成分。以这些气体为原料,采用空气和水蒸气在高温下进行转化(实际上为部分燃烧),得到的一种混合气称为转化气。用空气转化而且空气与煤气的比例较高(空气与甲烷按 5.5~10 的比例混合)时,转化过程中反应放出的热量足够维持转化器的反应温度,转化效率较高,这样得到的混合气体称放热型气体。如果空气与煤气的比例较小(混合比例为 2~4 时),转化过程的热量不足以维持反应所需的温度需要从外部加热转化器、得到吸热型气体。表 4-8 列出了常见吸热型气氛与放热型气氛及应用。

表 4-8　常见吸热型气氛与放热型气氛及应用

气体类型	标准成分	应用举例
吸热型	40%H_2、20%CO、1%CH_4、39%N_2	Fe-C,Fe-Cu 等高强度零件爆炸性极大
吸热型	80%H_2、6%CO、6%CO_2、8%N_2	纯铁、Fe-Cu 烧结零件,有爆炸性

吸热型气体具有强的还原性,其露点和碳势都可加以控制。露点可以通过调节空气与甲烷的混合比例来控制,碳势可以通过调节其中的 CO_2、H_2O 和 CH_4 中的任一成分来控制。露点即指气体中的水分从未饱和水蒸气变成饱和水蒸气的温度,当未饱和水蒸气变成饱和水蒸气时,有极细的露珠出现,出现露珠时的温度叫做露点。它表示气体中的含水量,一般露点越低,表示气体中的含水量越少,气体越干燥。气氛的碳势则是指气氛与含碳量一定的烧结材料在某种温度下维持平衡(不渗碳也不脱碳)时该材料的含碳量。

4. 真空烧结

真空烧结实际上是低压(减压)烧结。真空度愈高,愈接近中性气氛,愈与材料难发生任何化学反应。真空度通常为 $10^{-5} \sim 10^{-1}$ 毫米汞柱,主要用于活性和难熔金属 Be、Th、Zr、Ta、Nb 等金属以及硬质合金,磁性材料与不锈钢等的烧结。

真空烧结的主要优点:①减少气氛中有害成分(H_2O、O_2、N_2)对产品的脏化;②真空是最理想的惰性气体,当不宜用其他还原性或惰性气体时(如活性金属的烧结),或对容易出现脱碳、渗碳的材料,均可采用真空烧结;③真空可改善液相烧结的润湿性,有利于收缩和改善合金的组织;④真空有利于 Si、Al、Mg、Ca 等杂质或其氧化物的排除,起到提纯材料的作用;⑤真空有利于排除吸附气体(孔隙中残留气体以及反应气体产物),对促进烧结后期的收缩作用明显。

但是,真空下的液相烧结粘结金属易挥发损失。这不仅改变和影响合金的最终成分和组织,而且对烧结过程本身也起阻碍作用。另外,真空烧结含碳材料时也会发生脱碳现象,这主要发生在升温阶段,一般是采用石墨粒填料做保护或者调节真空泵的抽空量。

真空烧结和气体保护气氛烧结的工艺没有根本区别,只是烧结温度低一些,一般可降低 $100 \sim 150 ℃$,这对于提高炉子寿命、降低电能消耗以及减少晶粒长大均是有利的。

4.5 粉末冶金设备简介

粉末冶金的主要工序是由制粉、成形和烧结构成。制粉工艺大多涉及到冶金和化工行业,所用设备种类繁多,故在此处主要介绍成形、烧结工序中所使用的主要粉末冶金专用设备。

4.5.1 研磨设备

不管是硬而脆还是软而韧的材料,它们的研磨对其制品的性能都极为重要,并具有重要的经济意义。制造硬的金属与氧化物粉末最广泛使用的制粉方法是机械粉碎。研磨通常也作为其他制粉方法的补充工序,例如金属氧化物还原生成的海绵金属块(诸如海绵铁)、雾化粉末或电解粉末的补充粉碎都需要进行研磨。

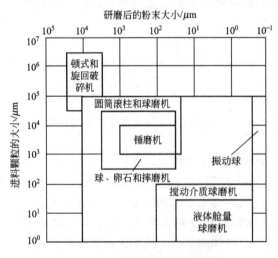

图 4.77 典型粉碎设备的所需能力

常用研磨设备有高能球磨机、滚筒球磨机、振动球磨机、搅拌球磨机、锤磨机及棒磨机等。图 4.77 给出了为把给定大小的原料研磨到所要求的粉末尺寸典型粉碎设备所需要的能力。

1. 高能球磨机

高能球磨机的用途是将金属粉末颗粒碾压成片状颗粒,机械合金化,弥散强化,制造复合粉末,控制粉末的流动性和松装密度,碳化钨粉及碳化钨-钴合金粉等粉末的混合,不互溶合金元素的合金化，控制粒度，制取超细粉末。

2. 搅拌球磨机

搅拌球磨机由于搅拌器的搅拌作用，其研磨效率很高。搅拌器是一个带水平臂的立式旋转轴，其旋转运动使球与被研磨物料间产生各种运动，从而实际上使搅拌球磨机比滚筒球磨机或振动球磨机达到更大的表面接触程度。

图4.78是搅动球磨机结构示意图。研磨时，所装的球与被研磨物料旋转，在搅拌轴端形成漩涡，从而将被研磨物料与球裹进涡流中，被研磨物料受到按不同轨迹运行的球的冲击，铺展开的球与粉末相互碰撞进行研磨。

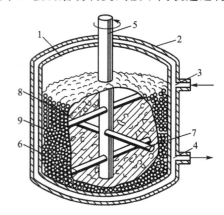

目前用的较多的搅拌球磨机主要有SX系列搅拌球磨机和批量式研磨机。SX系列搅拌球磨机操作简单、研磨效率高，研磨时将要研磨的物料与研磨介质一起放入带有夹套的静止的研磨缸中，磨介的直径为3～10mm。通常使用的磨介类型有碳钢、不锈钢、铬钢、硬质合金、陶瓷或氧化锆。物料不需预混合即可直接加入带夹套的研磨缸中，配方中的其他只需稍微研磨的成分可在稍后加入研磨缸中。而批量式研磨机带有循环泵系统用以维持研磨时的循环，以提高研磨效率和物料的均匀性，最终得到极佳的微粒分散体系，循环泵同时还能用于卸料。

图4.78 搅动球磨机结构示意图
1—圆筒；2—冷却套；3—冷却剂入口；
4—冷却剂出口；5—轴；
6、7、8—水平搅拌转子；9—研磨体

而较常用的慢速搅拌机主要适用于喷雾干燥、喷雾造粒等工艺前道，搅拌磨或砂磨机后道，料浆贮存、混合等用途。根据料浆特性配置的扰流板，按流体工程学原理设计制造、混料均匀、不沉淀、无积料、搅拌轴变频调速，还可以增加自动加热和冷却系统。

3. 锤磨机和棒磨机

锤磨机和棒磨机用于研磨大量的粉末烧结块，诸如还原铁粉生产中的海绵铁块和铁粉经还原后的粉块。它们一般是将粉末烧结块粉碎成粉末，通常能够为−80目（即表示通过80目筛网的粉末），这时可能会产生轻微的冷加工硬化和密实。内部装有筛分或其他分离装置的锤磨机与棒磨机，最适合用于研磨粉末烧结块。

4.5.2 合批和混合设备要求

适用于粉末合批和混合的设备有很多种，可是金属粉末所具有的高密度、磨蚀性、摩擦特性及倾向于偏析的特点都使某些设备不宜使用。适用于金属粉末的混料机应该具备以下条件：①短时间内充分混合；②混合作用柔和；③混合具有可重复性；④可使整批粉末全部卸出；⑤易于清理；⑥能耗低；⑦维修少；⑧操作时无粉尘。现在粉末冶金工业生产中广泛使用的混料机主要是双圆锥形与V形混料机。

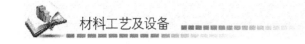

1. V形混料机

V形混料机(图4.79)是由两个圆筒连接成"V"形制成的。两个圆筒可以是等长的也可以是不等长的。它主要由三部分组成：V形容器、排出部和搅拌棒。V形混料机绕水平轴旋转时，粉末体在V形筒内产生分、合运动。这种运动虽缓慢，但对于混合料的混合相当充分，同时粉末颗粒的形状或密度变化极小。

V形混料机适用于对粉体的均匀混合。该机比一般的混料机设计合理、混合效率高、操作更简单。混料筒一般用不锈钢制作，内外壁抛光，结构设计上保证无积料死角，清洗方便彻底。筒体上部有两个进料口，下部有一个出料口。筒体可用手任意转动，以便于出料。V形混料机还可带有强制搅拌装置，有利于一些特殊物料的充分混合，或者可以附带加湿装置，改善喷雾造粒后粉体的含水率。V形混料加湿机适用于粉料混合与加湿且不破坏粉料原有粒度结构。喷水量均匀(160cc/min)，喷出的水呈雾状，无明显水滴，喷雾动力采用$3kg/cm^2$的压缩空气，凡同物料接触部件均采用不锈钢制造。混料过程全自动，工艺可由3个时间控制器调节。

2. 双圆锥形混料机

图4.80为双圆锥形混料机的外部构造，这种混料机的混合作用比V形混料机柔和。混合时，粉末料在容器内进行规则的重叠运行，最终获得良好的混合均匀性。

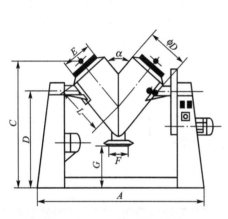 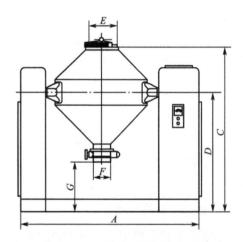

图4.79　V型混料机示意图　　　图4.80　双圆锥形混料机示意图

当混料机绕水平轴旋转时，粉末料进出锥形区域时连续产生分、合滚动运动。若装料50%(容积)以下，可使全部材料在混料机每转一周就能翻转一次，这种运动可将粉末粉料进行充分混合，而不会或很少会使颗粒的大小或形状发生变化。

4.5.3　成形设备

粉末冶金虽然有多种成形方法，但使用得最广泛的方法仍然是钢模压制成形，所用设备是粉末成形压机，压机的功用是把松散的粉末变为更密实的形体即压坯。

通常压机有3种基本类型：第一类是机械式压机，这是应用最广泛的一类，这类压机包括单冲头式和转盘式两种；第二类是液压式压机，这类压机只有单冲头式一种；第三类为混合式，这类压机近年来应用日益广泛，它是把机械、液压结合起来的压制设备。

对每一种粉末成形压机的要求都应包括以下几个方面：①在压制方向上有足够的总压力和压坯脱模压力；②压制和脱模的行程与速度可以控制；③可调的模具充填装置；④压机行程的控制；⑤供料和压坯移送系统。

1. 机械式压机

（1）凸轮式压机：凸轮压机是利用凸轮和与之配套的杠杆装置把旋转运动转换为往复运动，其压制速度、压制动作及时间都通过改变凸轮的大小和形状来控制。这种压机的压制能力通常不高于890kN。图 4.81 为凸轮驱动压机示意图，压机的主轴上有两个凸轮，压制成形时一个凸轮控制上压头，而另一个控制下压头。控制下压头的凸轮同时也控制阴模型腔的装粉深度和压制成形后将压坯从阴模中的脱出。一般凸轮是通过连杆机构将主轴的旋转运动转换成模具的直线性动作的。

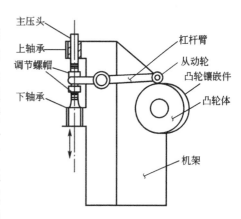

图 4.81 凸轮驱动式粉末成形压机示意图

（2）偏心驱动式或曲轴驱动式压机：它是在主轴上装有由偏心轮或曲轴驱动机构的压机，是一类应用最广的机械式压机。图 4.82 是曲轴驱动式压机的动作与工作曲线，它通过连杆将主轴的旋转运动转换成了压机压头的往复动作。一般在连杆或压机压头总成中都装有调节机构，以便改变压头对主轴或压机机架的高度位置，从而调控压头的最终压制成形位置，可用这种调整机构来控制制品压坯的高度。

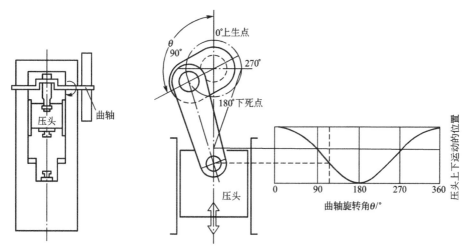

图 4.82 曲轴驱动式压机的动作与工作曲线

2. 液压式压机

专用的液压驱动的粉末成形压机其压制能力已高达44500kN，但标准的工业生产用压机的压制能力为445～11100kN。和机械式压机相比，液压式压机在压制方向上可压制较长的制品压坯。行程较长的液压式压机的造价也比同样行程的机械式压机低。机械式压机的最大装粉深度约为180mm，而液压式压机的一般为380mm。

液压式压机按每次压制成形一个制品压坯计算时，其生产率可达650件/小时。压制的压坯长度较长时，液压式压机的压制速度小比较有利，这是因为成形的时间较长有利于使粉末中夹带的空气通过模具间的间隙逸出。

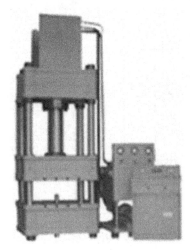

液压式压机压制成形时上压头的下行速度有3种：①快速下行，这时产生的压制压力极小，主要是使上模冲迅速进入阴模型腔；②中速下行，当需要从底部施加压制压力时，开始压制时使用的压制力约为全部额定压制力的50%；③慢速下行，这时达到最终压制的最大压制力。

液压式压机主要用于可塑性材料的压制工艺，如冲压、弯曲、翻边、薄板拉伸等工艺，也可用于校正、压装、砂轮成形、冷挤金属零件成形、塑料制品及粉末制品的压制成形工艺。

图4.83所示YC 32系列四柱式液压机由主机及动力机构两大部分组成。主机包括机身、主缸、顶出缸及充液装置等；动力机构由油箱、高压泵、低压控制系统、电动机及各种压力阀和方向阀等组成。电气装置按

图4.83　YC 32系列四柱式液压机

照液压系统规定的动作程序选择规定的工作方式，在发出讯号的指令下完成规定的工艺动作循环。动力机构在电气装置的控制下，通过泵和油缸及各种液压阀实现能量的转换、调节和输送，完成各种工艺动作的循环。机器的工作压力、压制速度、空载快下行及减速的行程和范围均可根据工艺需要进行调整并能完成顶出工艺、不带顶出工艺、拉伸工艺3种工艺方式，每种工艺又有定压、定程两种工艺动作供选择，定压成形工艺在压制后具有顶出延时及自动回程的特点。

3. 机械式与液压式压机比较

就压制成形制品压坯的能力而言，使用机械式压机还是液压式压机并没有明显差异，用这两类压机都能生产出质量相同的任何制品的压坯，都可用于单向压制、浮动阴模、双向压制、多模板和浮动模与拉下式组合模具等几种形式，但是在选择压机的时候还需要考虑以下一些因素。

(1) 生产速度：机械式压机的生产速率为液压机的1.5～5倍；机械式压机运转一年后生产速度无变化，而液压式压机运转一年后由于油泵磨损等原因生产速度约减小20%。

(2) 压坯高度尺寸精度：机械式压机在控制装粉的深度和压坯高度的尺寸上均优于液压式压机。

(3) 设备运转费用：液压式压机因耗油量和耗电量大，故运转费用较大。一台液压式压机的总连续功率是一台等效机械式压机的1.5～2倍。

(4) 设备价格：液压式压机要便宜，其价格一般是等效机械式压机的1/2～3/4。

(5) 机械过载保护：液压式压机的过载保护能力要优于机械式压机。

(6) 压机的动作：机械式压机在下死点附近工作距离很短，即保压时间短，不宜使用压缩性与成形性差的粉末原料；液压式压机在下死点附近工作距离较长，即使是原料粉末

的压缩性与成形性差一些也不会使成形的压坯产生裂纹。

4. 等静压设备

（1）冷等静压机：图4.84是冷等静压机系统示意图。冷等静压设备由高压容器、高压供液系统、低压液压系统、供电及控制系统组成。冷等静压机的高压容器有螺塞式（图4.85）与框架式（图4.86）。螺塞式结构简单、造价低廉，适合于内径小于500mm的高压容器，螺塞式容器纵向受压时不均匀的螺纹负荷是造成压力容器被破坏的主要因素。

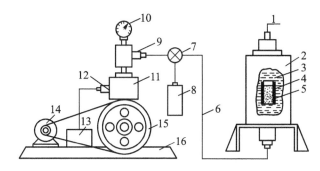

图4.84 冷等静压机系统示意图

1—放气阀；2—高压容器；3—高压液体；4—弹性模具；5—粉末；
6—高压油管；7—释放阀；8—回油容器；9、12—单向阀；
10—高压表；11—容器；13—油箱；14—马达；
15—皮带轮；16—机座

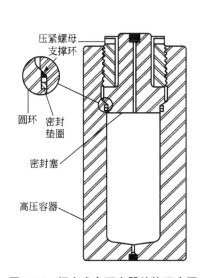

图4.85 螺塞式高压容器结构示意图

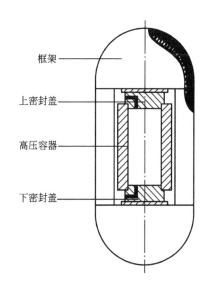

图4.86 框架式高压容器结构示意图

框架式高压容器的密封盖像普通液体压力机的活塞一样与容器筒体配合，故又称为活塞式结构，它所受的轴向压力由框架承受，所以容器不受轴向压力。通常容器筒体采用单层筒体、双层筒体、多层筒体及预应力钢丝缠绕式的结构。承力框架有叠板式结构和预应力钢丝缠绕式结构。钢丝缠绕式结构的框架是由两个半圆形钢环和一个牌坊状钢架连接构成，框架用钢丝缠绕。压力容器和框架上的钢丝是在专门设计的缠丝机上缠绕的，它能使压力容器和框架获得预应力，以便压制工件时容器和框架获得钢元件从压缩应力降低到无应力。换句话说，缠绕钢丝的压力容器和框架、非螺纹封盖都起安全罩的作用，可保障操作过程中工作人员的安全。这种结构经爆破试验证明：破断钢丝与破裂容器不成碎片飞出，只是在器壁产生裂缝和拉断钢丝，而未断钢丝的预紧力功能依然未减，因此有人称"缠绕层"为"防弹罩"。这类装置安全可靠，允许安装在没有防爆结构的一般厂房。框架式操作简单、方便，适用于尺寸较大的冷等静压机，但造价较高。

（2）热等静压设备：热等静压设备通常由承压筒体、承力框架、加热炉、隔热屏、测温装置、供气系统、冷却系统、供电及控制系统及辅助操作系统等组成。

① 承压筒体：承压筒体主要是承受高压，由于压力介质为气体，故其危险程度远大于冷等静压设备的承压筒体，因此将之规定为超高压容器。热等静压设备中的承压筒体依据承受压力的大小可采用单层筒体、双层筒体、多层筒体及预应力钢丝缠绕式结构。预应力钢丝缠绕技术最适于在高负荷的重型机械或高压设备中使用。

② 承力框架：承力框架的主要功能是承受轴向力。其结构形式和冷等静压机一样，有叠板式结构和预应力钢丝缠绕式结构（图 4.87）。

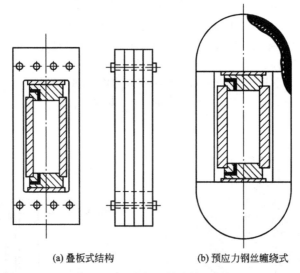

(a) 叠板式结构　　　　(b) 预应力钢丝缠绕式

图 4.87　承力框架的结构示意图

多层叠板框架是利用多块厚钢板组叠而成的框架，也具有较好的安全可靠性。它在不同程度上类似钢丝缠绕制件，具有整体较安全的优点，但自重较大，没有预紧应力。使用时，框架处于拉伸应力状态，疲劳寿命较钢丝缠绕结构低。

③ 加热炉：装在承压筒体内的加热炉或由直接辐射或由气体对流将工件加热到工作温度，且要保持温度稳定。炉内是装电阻加热元件与工件的空间。承压筒体设计成冷壁筒体，利用隔热屏隔开高温气体，阻止热气体流向筒体内壁。根据加热方式，加热炉可以分为辐射炉、自然对流炉和强制对流炉，如图 4.88 所示。

④ 隔热屏：隔热屏的功能是防止热损失，起到保温作用。隔热屏的材料有金属的、非金属的及金属与非金属复合的等，一般采用多层隔热的方式。

⑤ 辅助设备：热等静压设备都有许多划归辅助设备一类的重要子系统，其中包括冷却系统与真空系统，物料搬运与工件夹具，以及设备的子系统排风扇、氧气监测装置及吊车。

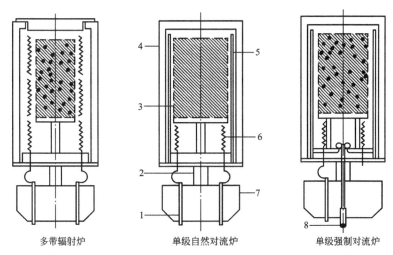

图 4.88　热等静压加热炉的类型

1—电极；2—支座；3—工件；4—隔热屏；5—炉衬；
6—加热元件；7—容器盖；8—风扇

4.5.4　烧结设备

烧结是粉末冶金生产过程中的一道关键工序，它是在低于粉末体或压坯中主要组分熔点的温度下进行加热，使它们之中相邻的颗粒相互间形成冶金结合。除在高温下不怕氧化的金属(如铂)外，所有金属的烧结都是在真空或保护气氛中进行的。

在保护气氛中进行烧结时，可将整个烧结过程划分为 3 个阶段，即预烧与脱蜡、烧结及冷却，故烧结炉一般也是由这 3 部分组成的。脱蜡有的是在烧结炉的前部(通常称为"烧除带"或"烧除室")中进行，也有用其他专门用于烧除的炉子进行。间歇炉一般都没有冷却部分。

1. 钟罩型加压烧结炉

这是一种特殊炉子，用于生产烧结周期长的粉末冶金摩擦材料，诸如离合器或制动器的摩擦零件。在摩擦材料制品烧结的同时，必须使制品和增强用芯板或基板相粘接，用这种烧结炉制造面积大、厚度均一的制品最为有利。它不需要大型的冷却制机，将许多制品摞好后短时间内就能有效地进行烧结与粘接。图 4.89 和图 4.90 是钟罩型加压烧结炉结构图和实物图。

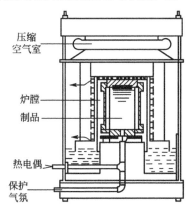

图 4.89　钟罩型加压烧结炉结构示意图

图 4.90　钟罩型加压烧结炉实物图

粉末冶金加压烧结用新型钟罩型烧结炉，采用了一系列新技术、新工艺、新材料，结构新颖，设备性能、可靠性、使用效果等均有较大提高。其结构主要包括以下几方面。

（1）电加热炉的电热体采用吊挂式结构，热遮蔽系数大为减少，因而热效率高，电耗降低，升温速度快，并有效地延长了电热体的使用寿命，从而减少了停炉维修，提高了设备利用率和生产率。

（2）燃气加热炉采用新型短焰烧嘴及回流预热装置，热效率高，加热均匀，避免了内罩在烧嘴加热区局部过热，延长了内罩使用寿命，提高了加热速度和效率，降低了燃气耗量。

（3）内罩采用新颖的波纹管式结构，既增加了抗变形能力和结构强度，又增大了相同内罩体积的相对面积，提高了加热/散热冷却速度。

（4）保护气氛系统采用 HN（氨分解气）或氮基气氛，配气系统可根据需要调节氢气和氮气的比例。

（5）强制炉气氛循环装置提高了炉温和炉气氛的均匀性。

（6）加压装置操作简便。

（7）控制系统：温控系统采用双工方式（双独立原则），主控仪表采用智能数显温控仪表，记录/监控仪表采用自动平衡记录仪，采用大功率模块式三相可控硅、模糊 PID 自整定控制方式对炉温进行自适应控制。采样周期为 250ms，温度报警值、报警方式、温度上下限值等可根据各种工艺的实际情况在仪表的菜单上自己选择。Shinko 先进控制新算法的应用，加快了超调、欠调的检测和修正时间，大大提高了抗超调或欠调、抑制扰动的能力。

（8）自动切断电源功能使设备运行确保安全可靠。

2. 高温钟罩炉

通常用于钨、钼等高熔点材料粉末压坯的直接通电烧结，一般称之为垂熔。垂熔所用烧结设备为高温钟罩炉，如图 4.91 所示。这种烧结炉的构造和低温钟罩炉有相当大的差异。钟罩为夹层水冷式，氢气入口位于钟罩上部，侧面有一窥视玻璃窗，下部沉入底座的水银密封槽中，以与外部隔离。在这种场合，水银密封也可用橡胶垫密封代替。底座是固定水冷式的，通以大电流穿过底座的导电棒和接线柱也是水冷式的，氢气出口也位于底座中。在炉内接线柱的上部夹紧压坯上端，在底座中央部也有一个水冷式水银浴接头，夹紧压坯的接头自由沉入水银浴中。图 4.92 是高温钟罩炉实物图，其工作温度可达 1300℃，主要用于精密合金、粉末冶金烧结、钎焊和磁性材料等的热处理。

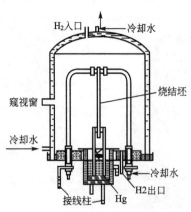

图 4.91　高温钟罩炉结构示意图

图 4.92　高温钟罩炉实物图

3. 网带传送式炉

直通型网带传送式烧结炉是铁基粉末冶金零件生产中最常用的烧结炉，多用于质量不大的小型粉末冶金零件的生产。如图 4.93 所示，它是由装料台、烧除带、高温烧结带、缓冷带、水套冷却带及卸料台组成。在装料台上将压坯装在连续运转的网带上，在炉子后端的卸料台上将烧结件取下。图 4.94 为直通型网带传送式烧结炉实物图，其额定工作温度为 1120℃，网带宽度 80~600mm，工件高度 30~200mm。

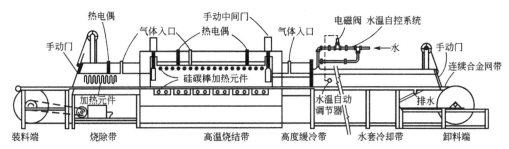

图 4.93 直通型网带传送式烧结炉纵剖面图

图 4.94 直通型网带传送式烧结炉实物图

4. 简易推杆炉

图 4.95 是带连续推舟装置卧式烧结钼丝的简易推杆炉结构图，图 4.96 为实物图。这种炉子按其温度可以分为 3 个区域：自然预热区、加热区和冷却区。

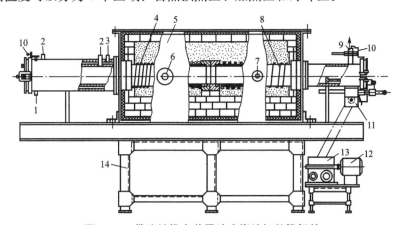

图 4.95 带连续推舟装置卧式烧结钼丝推杆炉

1—冷却水进口；2—氢气进口；3—冷却水出孔；4—钼丝；5—炉壳；
6—辐射高温计；7—热电偶；8—镍铬电阻带；9—氢气出口；
10—点火装置；11—推舟装置；12—马达；13—减速器；14—炉架

图 4.96 卧式连续推杆式烧结炉

加热区又分为低温带和高温带，前者一般温度为 700℃ 左右，起预烧作用；后者为最高烧结温度。两带各用一根炉管的称为二带炉，其中有一带用两根炉管的，则习惯称为三带炉。当高温带用两根炉管时，则高温区的长度要增加一倍以上，高温区的长短与电阻丝排列的密度分布有直接的关系。高温带的炉管采用刚玉陶瓷管，而低温带则既可以用刚玉管，也可以用耐热钢管。炉内的温度梯度一般是通过缠绕钼丝的疏密程度来控制的。

5. 电阻加热真空烧结炉

电阻加热真空烧结炉分为直接电阻加热炉和间接电阻加热炉两类，前者是以压坯为电阻体直接通电加热的真空炉，其优点是热效率较高、可进行急热急冷，适用于高的烧结温度，但要求压坯必须是电的良导体且在垂直通电方向的截面积必须均一；它可用于高熔点金属（例如钨、钼、钽等）的烧结。后者是以电阻加热元件的辐射热为主、间接加热压坯的真空炉，依据加热元件材料的不同，主要分为用石墨作为加热元件的和高熔点金属作为加热元件的真空炉。

6. 感应加热真空烧结炉

感应加热方式有直接加热和间接加热两种。直接加热是通过交变磁通直接在金属中感生电流，用这种涡流电流加热的方式；间接加热是将金属坩埚或石墨坩埚等感应加热，间接加热装于其中的制品的方式。由于在高频电流的作用下产生集肤效应等原因，直接感应加热的方式几乎不用于烧结炉，一般感应加热真空烧结炉都使用间接感应加热的方式，通常使用 2000～10000Hz 的中频。

7. 连续式真空烧结炉

图 4.97 是烧结铁基粉末冶金制品和磁性材料用的连续式真空烧结炉，其主要由位于外部的装料台、有保护气氛的脱蜡带、保护气氛/真空转换室、烧结带、真空缓冷带、用风扇冷却的真空/保护气氛转换室以及卸料台所组成。炉子的操作是在一名操作者管理下全部自动完成的。

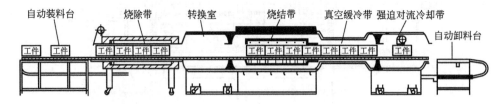

图 4.97 连续式真空烧结炉纵剖面示意图

4.5.5 保护气体发生装置

在粉末冶金的烧结中，使用最广泛的保护气体是放热型煤气、吸热型煤气、分解氨气体、氢、真空及氮基气体。

1. 放热型煤气发生装置

图 4.98 是常用的放热型气体生产的简单流程。右边燃料气体(天然气)及空气通过流量计进入比例混合器。压气机加大混合气体的压力,使气体强制通过入口处的火封及燃烧器而进入反应室并通过催化剂层。催化剂被燃烧的气体加热,使得反应更加彻底,燃烧后的气体通过冷却器,进行冷凝以去掉大部分水。如果不再需要进一步净化,气体便可直接通近炉内。

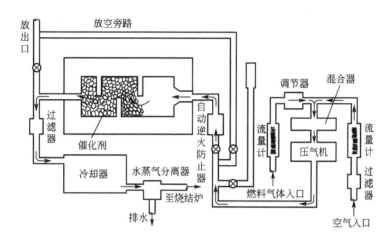

图 4.98 放热型煤气发生器示意图

放热式气氛发生装置以空气和天然气或丙烷(石油液化气)为原料,在一定温度和催化剂作用下发生复杂化学反应生产生成 $H_2+CO+CO_2+N_2$ 的混合气体,并放出热量维持反应进行,因而正常的工作状态无需加热,节约能耗。通过控制空气与原料气反应比例即可控制生成气的比例和混合气体碳势。气体纯化设备与放热型气氛发生设备配合使用可脱除混合气体中的水分,降低露点。放热型气氛作为保护气氛广泛应用于粉末冶金、金属热处理行业。

放热型气氛的主要特点:①浓型放热式气氛主要用于铸锻件的退火正火,低中碳钢光洁退火、淬火、钢件的回火;②淡型放热式气氛常用作铜及铜合金的光亮热处理;③气氛生产成本低,只有氨分解气体的的四分之一;④原料液化气(丙烷)、天然气,来源广泛。⑤可燃性低,因而使用安全;导热性差,热损失少,生产成本低;⑥放热型气体发生器性能可靠,不易出故障。

2. 吸热型煤气发生装置

图 4.99 所示为常用的吸热型气体生产的简单流程。碳氢化合燃料气体与空气经过计量、混合、压缩,然后通入反应室。在碳化硅(或耐热合金)的反应罐中装有催化剂。反应罐放在反应室中,反应室是用气体燃烧器(或电热装置)加热,根据设备和情况需要,温度约在 980～1204℃之间。经过罐内反应以后,气体便进行冷却或付诸使用。

图 4.100 所示为吸热型气体发生设备,该设备是以空气和天然气或丙烷(石油液化气)为原料,在催化剂作用下加热反应生成 H_2+CO+N_2 的混合气体。通过控制原料气与空

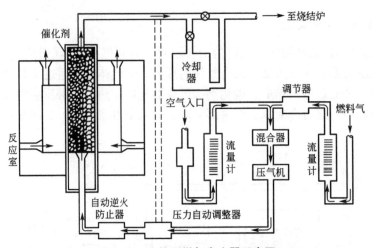

图 4.99　吸热型煤气发生器示意图

图 4.100　吸热型气体发生装置

气比例，可控制生成气体成分比例和混合气体碳势。它作为还原性气氛和保护性气氛广泛应用于粉末冶金硬质合金、金属热处理行业。吸热型气氛的特点：①配碳式控制仪能控制吸热型气氛的碳势，从而保证生产产品的碳含量，特别适合粉末冶金铁基制品烧结，渗碳淬火热处理等；②气氛生成成本低，只有氨分解气体的三分之一；③原料液化气（丙烷）、天然气，来源广泛。

3. 分解氨气体发生装置

图 4.101 为分解氨气体发生装置示意图。氨气首先经过油过滤器除去所含的油，然后经过减压阀将压力降至工作压力。在分解之前氨气先通过热交换器得

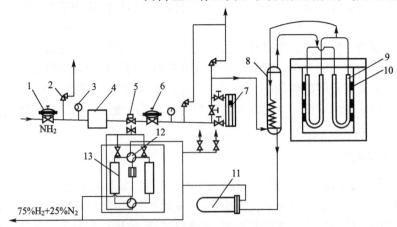

图 4.101　分解氨气体发生装置示意图

1—减压阀；2—安全释放阀；3—压力表；4—油过滤器；5—电磁阀；6—减压阀；
7—浮子流量计；8—热交换器；9—U 型分解器；10—加热元件；
11—水冷套；12—四通切换阀；13—分子筛干燥器

到预热，分解后的气体流经热交换器后进入水冷套冷却，然后进入干燥器。干燥剂可采用活性氧化铝、硅胶或分子筛，其作用是吸收残氨和水分，从而进一步净化并干燥分解氨气体。干燥器一般为双塔分子筛干燥，因为当一个干燥塔内的干燥剂的毛细孔隙中吸满水分后，需将其加热进行气体循环流通，使干燥剂再生，此时便换用另一个干燥塔工作，大约8小时切换一次。

1千克液氨可生成分解氨气体 $2.83m^3$。分解氨气体由于氢含量高，在高温下可充分还原各种金属氧化物，并具有很高的可燃性，它的密度为空气的 0.295 倍，导热性为空气的 5.507 倍。由于含有 75% 的 H_2，和使用纯 H_2 的场合一样，也必须注意防止发生爆炸。

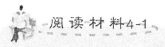 阅读材料4-1

粉末冶金——"绿色"汽车的优选

汽车所使用的粉末冶金产品，是科技含量非常高的制品，它可减轻汽车重量和降低制造成本，并具有优化汽车工业产品生产工艺、提高汽车工业竞争力的作用，目前世界上用于汽车上的粉末冶金零部件已超过 400 多种。

作为一种典型的净终形制造技术，粉末冶金在节能、省材、环保、经济、高效等诸多方面具有优势，逐渐被各行业所认知并得到广泛应用；特别是汽车粉末冶金制品的应用与快速发展，推动了粉末冶金行业步入发展的快车道，主要表现在以下三个方面：

首先，国际应用广，中国潜力大。粉末冶金是以金属粉末为基本原料，用成形—烧结制造金属制品的一种新型金属成形技术。1940 年，美国一家大型汽车公司就已将所使用的全部油泵齿轮改为粉末冶金齿轮，从此粉末冶金结构零件在汽车产业中扎下了根。据资料显示，2006 年国内粉末冶金零件总产量为 7803 万吨，其中汽车用粉末冶金零件的产量已达 2887.7 万吨；另外，就平均每辆轻型车（包括轿车）中使用的粉末冶金零件重量的进展情况看，2006 年国内每辆车平均使用 3.97 公斤，日本为8.7 公斤，北美则为 19.5 公斤。此外，汽车行业现在待开发的粉末冶金零件应用部分，大体上发动机零件为 16～20 公斤，变速器零件为 15～18 公斤，分动器零件为8～10 公斤，其它为 7～9 公斤。可以看出，中国发展粉末冶金汽车零件的市场潜力非常大。

其次，粉末冶金零件可降成本和车重。汽车制造中使用的粉末冶金零件主要是烧结金属含油轴承和粉末冶金结构零件，前者主要是由 90Cu-10Sn 青铜生产，后者基本上由铁粉为基本原料制造。例如，一种粉末冶金 64 齿取力器驱动齿轮，比由钢切削加工的零件节约成本约 40%，并且齿轮的齿不需要后续加工；一种粉末冶金汽车手动变速器同步器环，和常规生产的同步器环相比，可降低成本 38%；一种粉末冶金复合行星齿轮架，其极限强度比铸铁切削加工件高 40%，而成本减少 35% 以上……可以看出，粉末冶金零件不但可替代铸铁件、锻钢件、切削加工件，省工、省料、节能，减少生产成本，而且可减轻零件重量，有利于汽车轻量化。更为重要的是，粉末冶金组合零件的发展，标志着有些零件只能用粉末冶金技术制造，具有重要的技术

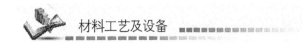

与经济意义。

最后，粉末冶金是一种"绿色"制造技术。

目前，粉末冶金已经被业界公认为是一种绿色、可持续的制造技术，主要体现在持续性功能、材料可持续性、能源可持续性、设备可持续性、环境可持续性、可持续就业、可持续价值优势等几个方面。

在持续性功能方面，粉末冶金的最终成形能力与材料利用率很高，可使全部能源消耗最小化。与传统工艺（热加工＋冷加工）的铸造或锻造＋切削加工相比，粉末冶金工艺制造同一零件只需要采用较少的几道工序，即能完成工序较多、较复杂的工艺。

在材料可持续性方面，粉末冶金的最终成形能力是其主要优势。例如成形一个齿状零件，传统切削工艺会有高达 40％ 的材料变成切屑，而在粉末冶金用的全部粉末中，85％ 是由再循环回收的材料生产的。在粉末冶金零件生产过程中，各道工序的废料损失一般为 3％ 或更少，其材料利用率可达 95％。

在能源可持续性方面，一般的传统制造工艺需要经过几次加热与再加热工序才能最终成形；而用雾化法生产钢粉或铁粉时，只需要将废钢料进行一次熔炼，所有其它热加工作业都是在低于熔点的温度下进行的，这样不但节能，而且可制成最终形状和形成所需要的材料性能、机械使用性能。通过金属成形工艺材料利用率的对比发现，制造粉末冶金零件所需之能量是锻造-切削加工零件的 44％。

在环境可持续性方面，由于粉末冶金的最终成形能力特性，在一般情况下是在烧结后就制成了零件成品，即可进行包装、交货。大多数情况下，加工粉末冶金产品所使用的切削油是微不足道的，其冷却水等污染源释放的有毒污染物质也是很少的。和其它制造工艺相比较，粉末冶金零件产业对环境几乎没有危害。

目前，粉末冶金零件已经是汽车产业不可缺少的一类重要基础零件。据不完全统计，日本至少有住友电工、日立、三菱、保来得等 12 家以上主要粉末冶金零件生产企业在国内建立了独资或合资企业；台湾的主要粉末冶金零件生产厂，如青志、三林等 12 家以上企业也都在东莞、无锡、苏州一带建立了生产基地。此外，许多世界知名的欧美粉末冶金企业也相继在国内建立了独资企业。在不久的将来，中国大陆将会逐步成为全球粉末冶金汽车零件最大的集散地之一。

➡ 资料来源：http：//www.yanmo.net/zx_view.asp? NewsID＝50472&page＝2，中国研磨网

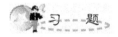

1. 粉末冶金的基本工序包括哪些内容？

2. 简述粉末及粉末体的概念。简述颗粒、一次颗粒、二次颗粒及团粒之间的区别。

3. 机械式与液压式压机比较，各有什么特点？

4. 烧结气氛有哪些？它们的主要作用是什么？

5. 致密化工艺有哪些方法？

6. 什么是机械合金化？有何用途？

7. 什么是雾化制粉法？二流雾化是何含义？

8. 什么是熔浸？熔浸必须具备的基本条件是什么？

9. 什么是机械合金化？试叙述工作原理并画出工作过程工艺框图。

10. 喷雾锻造的工作原理是什么？试设计其工艺框图。

11. 烧结中有哪些烧结气氛？烧结气氛的主要作用是什么？液相烧结的基本过程包括哪些内容？

12. 设计下列生产工艺的流程图：

（1）粉末注射成形工艺

（2）粉浆浇注工艺

第**5**章
聚合物成形加工技术及设备

本章教学要点

知识要点	掌握程度	相关知识
模压成形加工	熟悉	模压成形过程、原理及控制
聚合物挤压成形加工	了解	挤出机装备系统,挤出过程及控制
聚合物注射成形加工	了解	注射成形装备、加工过程与控制,气辅注射成形技术
聚合物吹塑成形加工	了解	吹塑成形过程及原理、主要方法
泡沫塑料成形加工	熟悉	泡沫塑料的发泡方法、成形方法
橡胶成形技术及原理	熟悉	橡胶成形过程、技术原理,混炼胶质量的控制

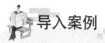

导入案例

高逾 4 米，宽近 1.5 米的世界最大轮胎

普利司通(Bridgestone)公司 1982 年 7 月设立，现已经成为台湾轮胎行业最重要的成员之一，成立至今在台湾地区生产超过 5500 万条轮胎，日产量于 2010 年也突破了 11300 条，为纪念这一重要里程碑，该公司特从日本引进世界上最大的轮胎(图 5.0)在台湾地区展示。这种轮胎除了展示之外，目前也有生产供应给特殊行业使用，已成为量产轮胎中最大的轮胎，轮胎规格为 59/80R63，胎面宽度 1.4 米，高度 4.02 米，重量 5.1 公吨(＝640 条 185/65R14 AR10)。

(a)　　　　　　　　　　　　　　　　(b)

图 5.0　世界最大轮胎

5.1　模压成形加工

5.1.1　模压成形过程及原理

聚合物模压成形又称压塑成形，主要用于热固性塑料聚合物的成形。成形过程中，热固性塑料聚合物在高温和压力作用下，先由固态变为熔融状，并在此状态下充满整个模腔；而后熔融态逐渐变为固态，最后开模取得所需聚合物制品。模压成形也适用于热塑性塑料成形，但由于热塑性塑料聚合物无交联反应，所以在充满模腔后必须冷却至固态温度，才能开模取出制品，并且由于热塑性塑料模压成形时需要交替地加热、冷却，故生产周期长、效率低，所以只限制一些流动性很差的热塑性塑料的成形。

模压成形过程一般包括模压成形前的准备及模压过程两个阶段。通常模压成形前的准备工作主要是指预压、预热和干燥等预处理工序。模压成形主要包括加料、合模、排气、交联固化、制品脱模、清理模具等工序。

模压成形过程中应注意的问题有如下几点。

(1) 加料：加料的关键首先是控制加料量，因为加料量多少直接影响聚合物制品的尺

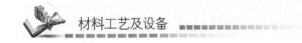

寸和密度，所以必须严格控制加料量。其次是物料的合理堆放，以免造成聚合物制品局部疏松现象。

（2）合模：加料后即进行合模，合模要按先快速、后慢速的合模方式进行。当凸模尚未接触物料前，为缩短生产周期、避免聚合物在合模之前发生化学反应，应尽快加大合模速度。当凸横接触聚合物之后，为避免嵌件或模具成形时零件的损坏并使模腔内的空气充分排出，应放慢合模速度。

（3）排气：热固性塑料成形时，必须排除成形物料中的水分和低分子挥发物变成的气体以及化学反应时产生的副产物，以免影响聚合物制品的性能和表面质量。一般在模具闭合后，将压缩模具松动一定时间，以便排气。排气操作应力求快速并要在聚合物处于可塑状态下进行。

（4）交联固化：热固性塑料模压时，其塑料制品依靠交联反应固化定形，即为硬化过程。这一过程进行的时间是要保证硬化良好，获得最佳性能的制品，但对固化速率不高的聚合物，有时不必将整个固化过程放在模具内完成，只需聚合物能完整脱模即可结束成形。然后采用后烘处理来完成固化。模内固化时间依聚合物品种、聚合物制品厚度、预热状况与成形温度而定。

（5）聚合物制品脱模：制品脱模可采用手动推出脱模和机动推出脱模两种方法。

（6）清理模具：脱模后必须除去残留在模具内的聚合物废边，可用压缩空气吹净模具。

5.1.2 模压成形控制

模压成形过程参数主要包括成形温度、成形压力和成形时间等。

1. 成形温度

对热固性聚合物来讲，加热的目的是使聚合物在模具型腔中受热软化，便于充满型腔，同时在特定的温度下使聚合物发生化学交联，最终为不溶解、不熔融的聚合物制品。成形温度是影响成形时间、成形压力、制品品质的重要因素。选择成形温度通常应考虑聚合物品种、制品的尺寸及形状、成形压力大小以及预热等具体条件。如果成形温度过高，将使交联反应过早发生且反应速度加快，虽有利于缩短固化时间，但因物料熔融充模时间变短，易发生充形困难的现象。此外，成形温度过高还降低聚合物制品表面品质和性能。成形温度过低，聚合物的流动性变差，不能充满型腔或反应不完全。成形温度低，还必须采用较高的成形压力。

2. 成形压力

成形压力的作用是使熔融聚合物充满型腔，并使其压实、压紧；同时排除在压制过程中由于化学反应而产生的水蒸气和挥发物质，从而避免制品起鼓、变形、甚至开裂，以保证摸压成形聚合物制品的密度合适、尺寸精度高并具有清晰的表面轮廓。

聚合物品种、物料形态、聚合物制品形状尺寸、成形速度、硬化速度、压缩率和预热情况等均影响成形压力的大小。对于流动性差的聚合物，为保证其顺利充模需采用较高的成形压力。聚合物制品形状越复杂、成形温度越低、成形深度越大、收缩率越大所需成形压力越大，未经加热的成形物料所需的成形压力越大。

表5-1列出了某些常用热固性塑料的成形温度和压力。

表5-1　某些热固性塑料的成形温度和压力

塑料	成形温度/℃	压力/MPa	塑料	成形温度/℃	压力/MPa
PF+木粉	140~195	9.8~39.2	MF+木粉	138~177	13.8~55.1
PF+石棉	140~205	13.8~27.6	EP	135~190	1.96~19.6
PF+矿物质	130~180	13.8~20.7	SI	150~190	6.9~54.9
UF+α-纤维素	135~185	14.7~49	呋喃树脂+石棉	135~150	0.69~3.45

3. 成形时间

　　成形时间是指加料、合模、排气、加压、固化、脱模、模具清理等工序所需的时间，在此时间内，聚合物完成其化学反应，硬化成一定形状的制品。成形时间与成形温度、制品厚薄及聚合物的硬化速度有关。通常情况下提高成形温度可以缩短成形时间。聚合物制品厚度较大时，一般需要较长成形时间，否则聚合物制品内层就有可能因为交联程度不够而欠熟，但成形时间过长时，聚合物制品外层有可能过热。此外，对成形物料进行预热或预压以及采用较高的成形压力时，成形时间均可适当缩短。

5.2　聚合物挤出成形加工

5.2.1　挤出机装备系统

　　挤出成形是聚合物材料特别是聚合物成形加工的最基本方法。现行的挤出成形加工的主要设备是连续挤出的螺杆挤出机，它是从间歇挤出的柱塞式挤出机经上百年的发展而逐渐完善起来的。以单螺杆挤出机为例，其主要由驱动及传动、挤压、加料、加热与冷却以及控制系统组成。图5.1所示为完整的挤出设备(还包括模头和辅助设备)。

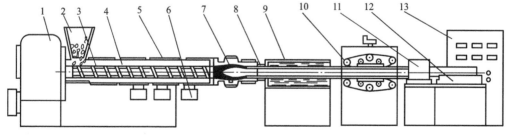

图5.1　挤出生产线

1—传动系统；2—料斗；3—螺杆；4—机筒；5—加热系统；6—冷却风机；7—模头；8—定型套；
9—冷却水槽；10—牵引机构；11—切断机构；12—堆放机构(或卷取)；13—控制柜

　　聚合物物料从料斗中加入后，要经过一系列物理和化学作用，最后以熔态从口模挤出。挤出成形的主要工艺过程几乎全部是在螺杆上完成，因此挤出机中的螺杆起着至关重要的作用。

5.2.2　挤出过程及控制

挤出机工作时，螺杆被驱动而旋转，料斗中的物料进入螺槽，随后不断向模头方向输送和压实。与此同时，在外加热和摩擦、剪切耗散热的联合作用下聚合物逐渐升温、塑化熔融，再经泵送后被强制以熔态从模头的口模挤出。而后经过定形、冷却、牵引、切割、卷取或堆放等一系列基本工序得到所要求截面形状的材料或制品。

上述的挤出成形加工过程可划分成以下几个工艺阶段。

1. 加料

物料加入料斗后，依靠自重或在强制加料器的作用下，进入螺杆螺槽的空间，在螺棱的推动下往前挤动。在此阶段，如果物料与料斗之间的摩擦系数太大，或物料之间的内摩擦系数太大，或料斗锥角 α 太小，都会在料斗中逐步形成架桥或空心管现象，如图5.2所示。这将会影响挤出过程连续稳定的进行。

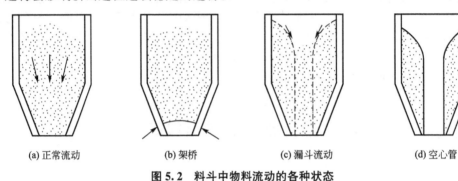

| (a) 正常流动 | (b) 架桥 | (c) 漏斗流动 | (d) 空心管 |

图5.2　料斗中物料流动的各种状态

2. 输送

理论上，螺杆每转动一转，物料将往前输送一个导程，但实际上会受到多方面因素的影响。输送量主要取决于聚合物对机筒的摩擦系数 f_b 和聚合物对螺杆的摩擦系数 f_s。f_b 愈大或 f_s 愈小，往前输送的固体物料量会愈多。以聚合物为例，光滑机筒的输送效率 η_v 为 $0.3\sim0.4$，加料段机筒开小沟槽时，其 η_v 为 0.5 左右，而当加料段机筒开有大而深的沟槽时，其 η_v 有可能达到 $0.6\sim0.8$。实践表明，摩擦系数主要取决于系统的温度及金属构件的表面粗糙度和系统的结构。

3. 压缩

在挤出过程中，物料被压缩是一重要环节。其原因是：第一，由于聚合物多为热的不良导体，颗粒之间如果有空隙会影响其传热，从而影响熔融速率；第二，颗粒间的气体需要通过增压排出；第三，挤出物需达到一定的密实度要求。

密实度的高低取决于螺杆所负于的压制力的大小。螺杆产生压力的原因有三个方面：①在结构上螺杆的螺槽深度沿推进方向逐渐变浅，即容纳物料的空间逐渐变小；②在螺杆头前安装有分流板、过滤网及机头等阻力元件；③物料与料筒、螺杆之间存在摩擦力。一般沿螺杆的全程范围内所形成的压力是由低至高，再由高至低变化的。其压力的大小和峰值出现的位置与机头口模有关系，机头口模的截面积愈小，压力峰将愈高且峰值位置将会越靠近机头方向，如图5.3所示。

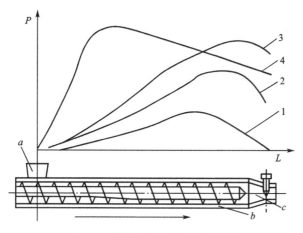

图5.3 沿螺杆全长压力分布曲线
a—进料口；b—机筒；c—机头
1—低压机头；2—中压机头；3—高压机头；4—IKV型机筒压力分布

4. 熔融

聚合物在被输送、密实的过程中，随外加热和内部摩擦生热作用，温度逐渐升高，靠近机筒壁处的物料温度将首先到达熔点而熔融，在固体物料的最外层形成一层熔膜。熔膜一旦形成，固体物料一方面继续接受外部热源传给的热量，另一方面在熔膜层中，由于各层熔体的运动速度不同会产生剪切流而引起内摩擦生热，即流变学中所指的粘性耗散热，从而使其内层进一步快速熔融。当熔膜的厚度大于螺杆和机筒的间隙 δ_f 时，螺棱就会将熔膜刮下来形成熔池。熔池继续变宽，剩下的固体(又称其为"固体床")变窄，最后固体床消失、熔融过程结束。因此熔融过程既与外热源有关，还与物料在螺杆上的物理、化学作用密切相关。通常物料从被加入到以熔态被挤出的全过程也只不过几分钟，显然物料在螺杆上的物理、化学过程绝不可低估。

5. 混合

混合的含义包括两个方面：一是物料中各组分(如树脂及各种添加剂)之间的混合；二是热量的混合，因为在挤出时，先熔融的物料与后熔融的物料之间温度必然不同。通常在高压下，固体物料一般都被压实成密实的固体塞，塞中颗粒之间无相对运动，因此混合作用实际上只能发生在熔融阶段，并且是依靠相对运动的各层熔体间的相互作用完成。显然，为了保证得到混合均匀的制品，螺杆的熔体输送段必须有足够的长度。

6. 排气

在挤出过程中需要排出的气体有3种：①是在粉粒料及颗粒之间夹杂的空气；②是物料从空气中吸附的水分，在加热时它们转变成水蒸气；③是聚合物颗粒内部的一些物质，如低分子挥发物和低熔点增塑剂等，在挤出过程中逐渐被加热并气化。其中第①、②种气体通常均可在固体物料被加压过程中由料斗处排出，然而第③种一般只有当聚合物熔融后，这些气体才能克服熔体表面张力而逸出，此时将难以再通过料斗排出，通常需要从特殊设计的排气机构排出。凡含有第③种气体的物料如 PC、PA、ABS 等大部分工程聚合

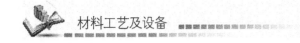

物，均需使用特设排气机构的排气挤出机排出。

上述 6 个功能环节是挤出成形加工过程中的不可缺少的基本环节，其中的加料、输送环节决定着挤出机的产量，而压缩、熔融、混合和排气直接影响着挤出制品的质量（塑化质量）。产量与塑化质量经常是相互矛盾的，然而彼此之间也存在统一性，生产上需要正确处理与控制矛盾的双方。

为了提高挤出速率，在螺杆结构设计确定的前提下，欲增大固体输送流率的关键是控制摩擦系数，其办法主要有下面几种。首先是降低螺杆表面粗糙度，这正是必须将螺杆表面加工得尽可能光滑的原因；第二个办法是提高机筒加料段内表面的摩擦系数，为此甚至在结构上采取特殊的革新技术（如前述在固体输送阶段的机筒壁上加工沟槽）；第三个重要的方法是通过控制机筒或螺杆的温度来改变聚合物与金属的摩擦系数 f_s 和 f_b。如图 5.4 所示的德国 IKV 机筒，即是一个明显的例子。

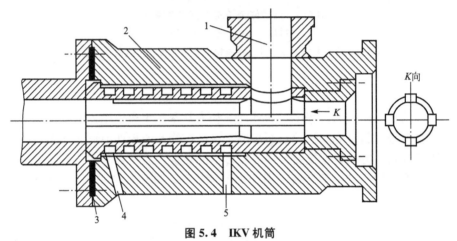

图 5.4　IKV 机筒

1—进料口；2—加料段机筒；3—绝热层；4—出水孔；5—进水孔

5.3　聚合物注射成形加工

聚合物注射成形又称注射模塑或注塑成形，是热塑性聚合物制品的一种主要成形方法。随着注射成形技术的发展，注射成形还成功地应用于某些热固性聚合物制品，甚至橡胶制品的工业生产中。注射成形具有生产周期短，能一次成形外形复杂、尺寸精确和带有金属嵌件的聚合物制品，生产效率高，易于实现自动化操作，加工适应性强等优点，但成形设备较昂贵。

5.3.1　注射成形装备

聚合物注射成形须将聚合物的颗粒注入注射机内，并经外热式加热熔融至流动状态，而后以很高的压力和较快的速度注入温度较低的闭合模具内，凝固成形。

常用注射成形加工设备是注射机。目前聚合物注射机的类型很多，分类方法也各有不同，普通的分类方法是按聚合物在料筒中熔融塑化的方式来分类，即柱塞式注射成形机和螺杆式注射成形机,如图 5.5 所示。

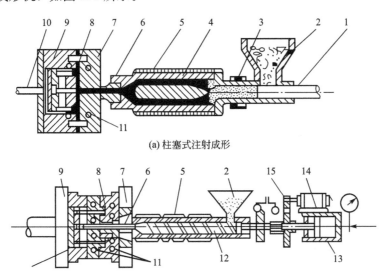

(a) 柱塞式注射成形

(b) 螺杆式注射成形

图 5.5　注射成形示意图

1—柱塞;2—料斗;3—冷却套;4—分流梭;5—加热器;6—喷嘴;7—固定模板;
8—制品;9—活动模板;10—顶出杆;11—冷却水;12—螺杆;
13—油缸;14—马达;15—齿轮

5.3.2　注射成形加工过程与控制

1. 注射过程

注射过程可划分成以下几个步骤。

(1) 加料:物料从加料料斗或加料器依靠自重或机械强制进入注射成形机料筒。物料颗粒可以是球形、正方形、圆柱形或碎片。

(2) 推进:螺杆式注射成形机的物料推进过程与挤出成形的过程基本相同。柱塞式注射成形机内部有注射柱塞、分流梭,料筒顶端装有喷嘴。它的物料推进过程是加料前将注射柱塞退至起始位置,加料结束迅速推动柱塞到达量程位置将物料推入料筒熔化区。该区内装有分流梭,分流梭利用它周围的筋板将其固定在料筒的中心部位,在物料向前推进的过程中自行被分流梭分流于其与料筒之间的空间。

(3) 熔融:在该区料筒外部有加热装置,热量通过分流梭的筋板由料筒壁传导到分流梭上,这样就使聚合物受到料筒和分流梭两方面的加热而熔融成所需粘稠度的流体。

(4) 注射:在熔融聚合物被加热的前期,柱塞会完成再次的退回加料程序,待加热好后推动柱塞,新加入的物料推动熔融液态聚合物由喷嘴注入模腔,同时新物料被注入加热区完成一个注射周期。

当模具的温度低于聚合物的软化温度时,模具迅速吸收熔化聚合物的热量而使之由表及里冷却凝固。在制件凝固至适当厚度时,即可开启模具,取出制品。

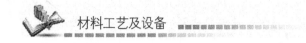

该成形过程的整个周期可以以几秒到几分钟，这取决于制件的大小及厚度。

2. **注射成形加工控制**

在注射成形工艺过程中，影响制件质量的主要工艺参数是料筒温度(包括喷嘴温度)、注射压力和成形周期(注射、高压、冷却等的时间)；其次还包括加料量、剩料及模具温度等。这些工艺变量一方面通过对物料温度和成形压力的直接影响而影响产品质量，另一方面通过对注射工艺性能的影响而间接影响产品质量。

(1) 料筒温度：料筒温度的选择应保证聚合物塑化良好，既能顺利实现注射，又不会引起分解。料筒温度主要根据聚合物的熔点或软化点来确定，不同的聚合物具有不同的流动温度。对于非结晶形聚合物，料筒末端最高温度应高于流动温度，而对结晶形聚合物其应高于熔点，但必须低于聚合物的分解温度，否则将导致熔体分解。此外还应根据制品的大小、厚薄、流程长短和成形时间进行调整。如果薄壁聚合物制品的模腔较狭窄，熔体注入阻力大，冷却快，那么料筒温度应选择高一些，以便提高聚合物的流动性，达到顺利充模的目的。而对于厚壁聚合物制品，则料筒温度可选择低一些。

选用不同类型的注射机，聚合物在料筒内的塑化过程不同，因此选择的料筒温度也不同。如对于柱塞式注射机，料筒温度应高一些，以使聚合物内外层受热，塑化均匀。而对于螺杆式注射机，由于螺杆旋转搅动，使物料受高剪切作用，物料自身摩擦生热，因此选择的料筒温度可低一些。料筒温度靠近料斗处较低，在喷嘴端较高。

(2) 喷嘴温度：喷嘴温度一般比料筒最高温度略低，避免产生流涎现象，但也不能太低，以防堵塞喷孔或在模腔中流入冷凝料。

(3) 模具温度：模具温度取决于聚合物的种类、聚合物制品尺寸与结构、性能要求以及其他技术条件等。注射成形模具一般呈两种状态，一种是加热状态，一种是冷却状态。是采用冷却状态还是加热状态，主要取决于聚合物的种类。如成形聚烯烃、有机玻璃和尼龙制品时，模具都要通水冷却；对于一些粘度高、流动性差、结晶速度快、内应力敏感的聚合物(如聚碳酸酯等)，注射时模具必须加热，否则制品容易开裂，模具加热温度以不超过聚合物的热变形温度为限，模温太高，制品脱模时就会变形。

(4) 注射压力：是指柱塞或螺杆顶部对聚合物所施加的压力。其作用是克服聚合物流动充模过程中的流动阻力，使熔体具有一定的充模速率；对熔体进行压实。注射压力的大小取决于聚合物品种、注射机类型、模具结构、聚合物制品厚度和流程以及其他技术条件，尤其是浇注系统的结构和尺寸。在聚合物熔体粘度较高、壁薄、流程长和针尖浇口等情况下，应采用较高的注射压力；模具结构简单，浇口尺寸较大时，注射压力可以较低；料筒温度高、模具温度高的注射压力也可以较低。

(5) 成形时间：是指完成一次注射成形全过程所需的时间。成形时间过长，在料筒中的原料因受热时间过长而分解，聚合物制品因应力大而降低强度；成形时间过短，会因塑化不完全导致制品变形。因此合理的成形时间是保证制品品质、提高生产率的重要条件。

5.3.3 气辅注射成形技术

气辅注射是气体辅助注射的简称，它是 20 世纪 90 年代进入市场的一项注射成形加工的新技术。

1. 基本工艺过程

气辅成形基本工艺过程主要包括以下几个阶段，如图 5.6 所示。

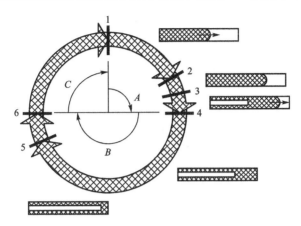

图 5.6 气辅注塑成形加工周期

A—填充阶段(1—周期开始；1～2—熔体注射阶段；2—熔体注射结束；2～3—延迟时间；
3—气体注射开始；3～4—气体注射(填充阶段气体注射)；4—气体注射完成)；
B—保压阶段(4～5—气体保压(保压阶段气体注射))；
C—开模阶段(5—气体压力释放；6—开模)

（1）熔体注射：熔体注射与传统注射成形相同，即聚合物熔体经高压注入模具型腔。但是一般要求熔体仅充满型腔的 $60\%\sim97\%$（随产品而异）。

（2）气体注射：是把高压氮气注入熔体芯部，熔体流动前沿在高压气体驱动下继续向前流动，直至充满整个型腔。

（3）气体保压：制件在型腔中，在保持气体压力情况下冷却，在冷却过程中气体由内向外施压，保证制品外表面紧贴模壁，并通过气体二次穿透从内部补充因熔体冷却凝固带来的体积收缩。

（4）气体泄压：泄除气体压力，并回收循环使用。

（5）开模：模腔打开，取出制品。

2. 气体控制和注入技术

气辅注塑成形的气体控制方式通常有 3 种，如图 5.7 所示。

（1）气体压力控制法：该法在气体推动聚合物熔体过程中始终保持气体压力恒定或分阶段保持气体压力恒定。它是目前使用较为普遍的方法，其中又多采用分阶段或气体压力控制法。压力变化如图 5.7(a)第(2)、(3)阶段所示。

（2）气体压力自动优化控制：该法是通过控制气体的注入使熔体充满型腔的前沿流动速率保持恒定。其压力变化如图 5.7(b)所示。

（3）气体体积控制法：该法是借助高压气动活塞和气缸产生预定压力和体积的气体，在气体推动聚合物熔体的过程中始终保持气体体积恒定。随着气体充模过程的进行，气体压力不断降低，其压力变化如图 5.7(c)第(2)、(3)阶段所示。该方法在熔体掏空体积较大时，因所需的充其量较大，欲保持恒定的气体体积较难控制，故此法有很大的应用局限性。

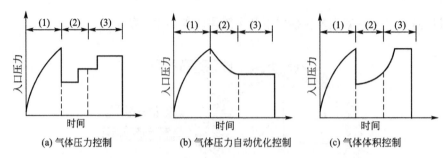

图 5.7　气辅注塑成形中的气体控制方法

（1）熔体注射阶段；（2）填充阶段气体注射；（3）保压阶段气体注射

　　气体注入方式有两种：射嘴进气和型腔进气。射嘴进气是由注射机熔体注射口进气；型腔进气则是通过在模具上的气针将气体引入，它包括封闭式气体注射法（Sealed Injection Gas，S. I. G.）和表面气体成形方法（External Gas Molding，E. G. M.），分别如图 5.8 及图 5.9 所示。

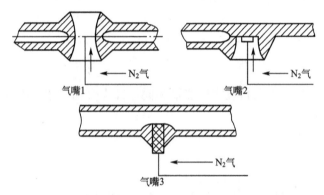

图 5.8　气辅注塑成形封闭式气体注射法示意图（3 种气嘴）

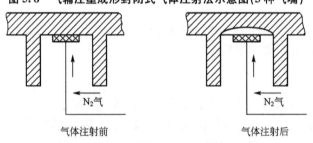

图 5.9　表面气体成形法截面示意图

　　3. 气辅注射成形影响因素与控制

　　（1）熔体温度：较高的熔体温度通常会导致较小的皮层厚度和较短的气体一次穿透距离，同时也会导致较长的冷却时间，从而产生较大的体积收缩，因而气体的二次穿透的最终距离会由于具体加工条件和材料的不同而不同。

　　（2）熔体预注射量：气体穿透距离根据熔体预注射量的不同而不同。熔体预注射量太高，气体没有足够的空间穿透；熔体预注射量太低，气体很快会赶上熔体前沿，从而在熔体完全充满型腔以前导致吹穿，不能完成注射过程；熔体预注射量控制比较合适时，气体穿透充分，从而得到外观和内在质量都良好的制品。

（3）气体延迟时间：研究发现，气体延迟时间越长，气体穿透的距离就越长，掏空部分的截面尺寸也就越小。这是由于随着延迟时间的增加，冷冻层和粘性层厚度增加，并且聚合物流动发生迟滞现象，从而导致穿透截面缩小而距离加长。

（4）气体注射与保压压力：气体压力越高，气体穿透的距离越短，则聚合物皮层厚度越小。这是由于较高的气体压力推动较多的熔体向前，故而型腔内堆积了较多的熔体，造成气体穿透的部分距离短而皮层厚度小，后部则没有气体穿透。

保压压力主要与气体的二次穿透有关。基于同样的原因，保压压力小，则二次穿透距离长而皮层厚度大，反之则二次穿透距离短而皮层厚度小。

（5）气体注射时间：气体前沿前进的速度要高于熔体前沿前进的速度，因而气体-熔体界面（气熔界面）的距离在不断地缩短。气体穿透随气体注射时间的增加而增加，直到型腔填满。气体注射时间越长，可能导致的气体二次穿透也越长。

5.4　聚合物吹塑成形加工

吹塑成形是制造中空容器或制品的一种技术方法，它是把熔融状态的聚合物形环置于模具型腔内，借助于压缩空气吹胀，而后冷却定形得到成形制品。它早先广泛应用于玻璃制品及工艺，19 世纪中叶热塑性聚合物的出现和发展，使得聚合物中空吹塑技术相继形成，并发展出多种多样的吹塑成形工艺方法。

5.4.1　吹塑成形过程及原理

虽然聚合物的吹塑成形工艺方法很多，但是从总体上看，通常都是在挤出成形与注射成形基础上发展而成的，因此吹塑成形的物料准备（包括物料输送、熔融塑化或混炼及泵送）与挤出及注射成形基本相同，所使用的相关设备也相似。所不同的是聚合物被挤出或喷射后的成形过程不尽一致。对于吹塑成形，由于一般都是需要得到中空的制件。因此其成形过程大体可划分成 4 个基本过程或工艺环节。

1. 型坯制备

连续生产一般由挤出或注射机提供，并直接进入型模。若为管状制件，则由特设模口直接成形挤出。

2. 吹胀赋形

这一过程是中空吹塑成形的最关键工艺环节，即通过对聚合物充气使之膨胀并借助模具达到所需中空制件的形状，但是不同的成形方法所采取的吹胀原理不同。例如挤出吹塑成形的型坯吹胀过程是基于聚合物粘流态下的大变形特性；而拉伸吹塑成形的型坯的吹胀则是基于聚合物高弹态下双轴取向的大变形行为。因为挤出吹塑型坯的吹胀遵循简单平面拉伸运动学规律，而拉伸吹塑型坯的吹胀涉及双轴拉伸流动学问题。

3. 定形

有型模的吹塑成形待吹胀工艺完成后，在模具中停留一定时间，即可使吹制品冷却自然定形。但是对于无型模的吹塑成形，事实上在冷却定形过程中还有一个离模胀大现象，即指聚合物在离开挤出模口时产生的挤出物横断面尺寸明显大于流道尺寸的现象。

4. 脱模

定形结束，开模取出制品。对于无型模制品则根据设计要求进行处置。

5.4.2 吹塑成形的主要方法

根据吹塑制品种类的不同，吹塑成形可分为中空聚合物制品吹塑和薄膜吹塑成形等。

1. 中空聚合物制品吹塑

中空聚合物制品吹塑是将处于熔融状态的空心聚合物型坯置于闭合的吹塑模具型腔内，然后向其内部通以压缩空气，以迫使其表面积胀大而贴紧模腔内壁，最后冷却定形得到具有一定形状和尺寸的中空吹塑制品。

应用中空吹塑可以生产各种聚合物容器。适于中空吹塑成形的聚合物有聚乙烯、聚氯乙烯、聚丙烯、聚苯乙烯、热塑性聚酯、聚酰胺等，其中聚乙烯的应用最为广泛。

吹塑成形过程包括聚合物型坯的制造和吹塑成形。根据型坯制造方法的不同，吹塑成形又分为注射吹塑成形、挤出吹塑成形和拉伸吹塑成形 3 种。

（1）注射吹塑成形：注射吹塑成形是用注射成形法将聚合物制成有底型坯，再把型坯加热移到吹塑模具中吹塑成形得到中空容器制品。注射吹塑成形的优点是制品壁厚均匀、质量公差小、后加工量小、废边少、制品光洁度好。但需要注射和吹塑两副模具，故设备投资大。

注射吹塑成形工艺过程如图 5.10 所示，注射机将熔融的聚合物注射成形坯，开模后型坯仍留在芯模上，将芯模整体移至吹塑模具中，趁热合模并从芯模吹入 0.2～0.7MPa 的压缩空气进行吹塑成形，在压力冷却后即可脱模。

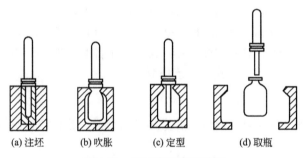

(a) 注坯   (b) 吹胀   (c) 定型   (d) 取瓶

图 5.10　注射吹塑成形过程

（2）挤出吹塑成形：挤出吹塑是利用挤出法将聚合物挤成管坯，如图 5.11 所示。

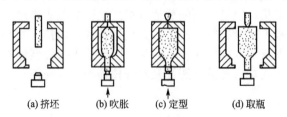

(a) 挤坯   (b) 吹胀   (c) 定型   (d) 取瓶

图 5.11　挤出吹塑成形过程

这种成形方法的优点是设备与模具结构简单，缺点是型腔壁厚不易均匀，从而会引起吹塑制品壁厚的差异。

（3）拉伸吹塑成形：拉伸吹塑成形技术是一种较先进的吹塑成形方法。它先经挤出或注射成形制成形坯，然后将型坯处理至理想的拉伸温度，经内部的拉伸芯棒或外部的夹具借机械作用力进行纵向拉伸，同时或稍后再经压缩空气吹胀进行横向拉伸。经过这样的双向拉伸以后，吹塑制品的透明度、冲击强度、表面硬度和刚度都有较大的提高。

中空吹塑成形方法的不同主要依赖于中空制品的形状、功能、成本等条件的不同。对中空吹塑成形方法的选择，实际上是对挤出和注射这两大类别的选择。表 5 - 2 提供了对两者进行选择的一些参考因素。

表 5 - 2　挤出吹塑法与注射吹塑法的比较

项目	挤出吹塑法	注射吹塑法	项目	挤出吹塑法	注射吹塑法
设备投资	低	高	适应特形能力	强	较低
型坯机头模具费	低	高	制品壁厚控制	困难	容易
生产率	较低	较高	制品质量	好	很好
制品整修量	多	少	瓶颈整饰公差	大（不好）	小（优良）
边角料	多	少	制品表面光泽度	低	高
适应制品容积	小、中、大	小、中	制品尺寸精度	较低	高

2. 薄膜吹塑成形

聚合物薄膜可以用压延、吹塑及挟缝机头直接挤出等方法生产，其中吹塑法生产薄膜最经济，它要求的设备和成形过程简单，操作方便，而且同一台设备可在适当范围内调整薄膜的宽度和厚度，生产出不同规格的品种。吹塑薄膜还具有物理机械性能好、强度较高的优点，吹塑法可以加工软质和硬质聚氯乙烯，高密度和低密度聚乙烯、聚丙烯、聚苯乙烯等多种聚合物薄膜。

薄膜吹塑成形是利用挤出机将熔融聚合物成形为薄膜管坯后，从机头中心向管坯吹入压缩空气，迫使管坯在高温下发生吹胀变形并转变成管状薄膜，导入牵引辊然后折叠卷取成为薄膜制品。

5.5　泡沫塑料成形加工

泡沫塑料是以合成树脂为基体制成的内部有无数微小气孔的一大类特殊塑料。泡沫塑料可用作漂浮材料、绝热隔音材料、减震材料和包装材料等。

5.5.1　泡沫塑料的发泡方法

泡沫塑料的发泡方法通常有以下 3 种：

（1）物理发泡法：利用物理原理发泡，如在压力作用下将惰性气体溶于熔融或糊状聚合物中，经减压放出溶解气体发泡或利用低沸点液体蒸发气化发泡等。

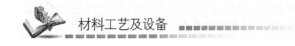

（2）化学发泡法：利用化学发泡剂加热后分解放出气体发泡或利用原料组分之间相互反应放出的气体发泡。

（3）机械发泡法：利用机械的搅拌作用混入空气发泡。

按泡沫塑料软硬程度的不同，可分为软质泡沫塑料、半硬质泡沫塑料和硬质泡沫塑料；按照泡孔壁之间连通与不连通，又可分为开孔泡沫塑料和闭孔泡沫塑料。将密度小于 $0.4g/cm$ 的泡沫塑料称为低发泡塑料；大于 $0.4g/cm$ 的称为高发泡塑料。

5.5.2 泡沫塑料的成形方法

泡沫塑料的成形方法很多，如注射成形、挤出成形、压制成形等，这里仅介绍常用的低发泡注射成形与压制成形技术。

1. 低发泡注射成形

在某些塑料材料中加入定量发泡剂，通过注射成形获取内部低发泡、表面不发泡塑料制品的过程称为低发泡注射成形。它通常可分为单组分法和双组分法，单组分法又可分为高压注射成形和低压注射成形两种。

（1）低压法：又称不完全注入法。它与普通注射成形方法的主要区别在于使用的模腔压力很低，通常约为 2～7MPa，故称低压法。低压法的特点是将含有发泡剂的塑料熔体，以高温高压注入型腔容积的 75%～80%，靠塑料发泡而充满整个型腔。此法要求注射机采用自锁式喷嘴，才能达到较好效果。低压法成形的塑料制品泡孔均匀，但表面粗糙。

（2）高压法：又称完全注入法，其模腔压力虽然也远比普通注射低，但比低压法要高，约为 7～15MPa，因此称为高压法。高压法的特点是利用较高的注射压力将含有发泡剂的塑料熔体注满容积小于制品的闭合模腔，接着通过一次辅助开模动作增大模腔容积，使之能够与制品要求的体积相符，以便熔体能在模内发泡成形。这种方法的优点是制品表面平整，便于调节发泡率，可以控制制品致密表层的厚度。其缺点是模具结构复杂、精度要求高、塑料制品易留下粗糙的条纹或折痕，而且辅助开模时对注射机有保压要求。

（3）双组分注射法：这种方法成形特征是采用两种不同配方的原材料，通过两个注射装置先后注入同一模腔中，以获得发泡的复合体塑料制品，其内芯可掺用下脚料、填料等，使成本大为降低。

双组分注射法以夹芯层注射法最为典型。夹芯注射法首先将不含发泡剂的塑料熔体注入模具型腔，随后同一浇口注入含有发泡剂的塑料熔体，后进入的熔体将先进入的熔体挤压到型腔边缘，使型腔完全充满。最后再注入少量不含发泡剂的塑料熔体使浇口封闭，关闭分配喷嘴并保压几秒钟后，将模具开启一定距离，使含有发泡剂的芯层材料发泡。

用双组分注射法成形的低发泡塑料制品表面均匀平滑，表面粗糙度与致密塑料制品相近，且塑料制品表面能与型腔表面精确吻合，因此可复制出仿皮纹和木纹等表面结构。

2. 可发性聚苯乙烯泡沫塑料制品的压制成形

可发性聚苯乙烯泡沫塑料制品是用含有发泡剂的悬浮聚苯乙烯珠粒经一步法或两步法发泡制成要求形状的塑料制品。由于两步法发泡倍率大、制品品质好，因此广为采用，其成形过程如下。

（1）预发泡：将存放一段时间的原材料粒子经预发泡机发泡成为直径大的珠粒，用水蒸气直接通入预发泡机机筒，珠粒在80℃以上软化。在搅拌下发泡剂汽化膨胀，同时水蒸气也不断渗入泡孔内，使塑料粒子体积增大。

（2）熟化：预发泡后珠粒内残留的发泡剂和渗入的水蒸气冷凝成液体，形成负压。熟化就是在储存的过程中粒子逐渐吸入空气，内外压力平衡，但又不能使珠粒内残留的发泡剂大量逸出，所以熟化储存时间应严格控制。

（3）成形：压制成形包括在模内通蒸汽加热、冷却定形两个阶段。将预发泡珠粒充满模具型腔，通入蒸汽，粒子在 20～60s 的时间里即受热、软化，同时粒子内部残留的发泡剂、空气受热共同膨胀，内部蒸汽压力大于外部蒸汽的压力，颗粒进一步胀满型腔和粒子的空间，并互相熔接成整块，形成与模具型腔形状相同的泡沫塑料制品，然后通水冷却定形，开模取出制品。

5.6 橡胶成形技术及原理

5.6.1 橡胶成形过程

橡胶属于在常温下处于高弹态的聚合物，它的成形技术虽然与前面讨论过的其他聚合物有共同之处，如成形过程可以采用压延形式，也可以采用挤出形式，然而在其整个成形加工过程中，并不出现熔融态。因此橡胶成形基本上是在弹塑性状态下进行的，这与前面讨论的其他聚合物的加工成形有着很大的差异。

典型的橡胶成形过程可以划分为混合混炼、成形和交联 3 个基本工艺过程。炼胶原料通常为固体生橡胶。早期使用的设备有开式炼胶机，现在广泛使用密式炼胶机。

5.6.2 橡胶成形技术原理

1. 混合混炼原理

混合混炼过程是将橡胶原料与各种配合剂混合，并制成混炼胶的过程。通常是将块状生橡胶与配合剂混合加入炼胶机，在机内边破碎边混合边混炼。配合剂分两类，一类是固态粉体原料（如炭黑、硫磺等）；另一类为液态低分子化合物，习惯又称为炼胶"油料"。

混炼过程是成形加工的基础，混炼所生产的混炼胶质量的好坏，对橡胶后续成形加工甚至制品质量都有很大影响。为此人们对混炼过程基本规律的研究与认识十分重视，迄今已掌握的基本规律如下。

1）橡胶与固体配合剂的混炼规律

较早期，Palmgren 将橡胶与固体配合剂的混炼分为 5 个阶段，即破碎和粉碎、混入和混合、分散、单纯混合、粘度降低或塑化，如图 5.12 所示。

由于固体配合剂广泛使用的是炭黑，且具有代表性，因此下面结合橡胶与炭黑的混炼对混炼原理加以具体分析。

橡胶原料与炭黑被加入混炼机中后，在混炼机转子的驱动下，大块体的橡胶被破碎，与此同时橡胶与炭黑（粉末）混合。但这种混合只能使两者达到宏观概念上的混合，即两种固体通过彼此的混入达到相互混合。此时炭黑在橡胶体中的分布实际上是很不均匀的，可能有 3 种状态：①炭黑以附聚体形式存在，所谓附聚体实际上是由很多形状各异的粒子以

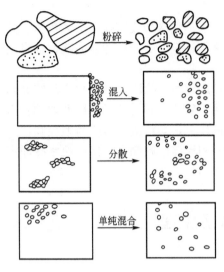

图 5.12　混炼过程各阶段示意图

物理吸附的形式聚集的集团；②粘附于橡胶体表面，这是所希望的分布状态，虽然这种粘附可能是单层颗粒，也可能是复层或多层颗粒；③仅仅含有少量游离态炭黑粒子甚至不含炭黑的纯橡胶堆集体。为了使炭黑能够均匀分布于橡胶体之中，一方面需要尽可能地碎化橡胶原料；另一方面则要使炭黑附聚体分散开。

橡胶的碎化由橡胶的性质决定，一些种类的生橡胶可以在转子的机械碾压作用下被粉碎；然而也有些类型的生橡胶不能被顺利粉碎，甚至在机械力作用下被压延缠绕在转子上。对于炭黑附聚体，要使之达到分散的目的，则需给它施加足够的拉伸或剪切应力，当外部机械力大于粒子之间的物理吸附力时，即可被分散。分散的炭黑粒子与粉碎的橡胶体不断混合，可以达到单纯混合

状态，即两者实现微观概念上的均匀分布。对于不能达到粉碎状态的橡胶，炭黑粒子只能依靠不断吸附于橡胶表面，不断在机械力的作用下被嵌入橡胶体中，才能最终达到单纯混合状态。

在上述过程中，炭黑分散的程度还受橡胶黏度的影响。当黏度过大时，两者混合困难，因为胶料易呈团状，炭黑粒子包在其周围，较难进入胶团中；而当黏度过小时，虽然混合容易，但对于炭附聚体因胶体黏度过小，使之传递给它的作用力亦较小，不易使之分散，也难实现两者的均匀混合。只有配合以一最佳的黏度，才能使分散发展至单纯混合程度。

2）橡胶与油料的混炼规律

由于橡胶制品性能的要求或者加工过程的需要，在混炼胶中有时要加入液态低分子物质即"油料"。一般来说，油料加入混炼胶中后，混炼胶的粘度下降，可塑性增加。由橡胶与固体粒子的混炼可知，为了让橡胶与固体配合剂在橡胶最佳粘度状态混炼，油料一般都是在混炼后才投入密炼机中。

油料与混有固体配合剂粒子的混炼胶混合时，一般可分为两阶段：第一阶段是油料被分散开；第二阶段是油料以分子为单元渗入到混炼胶中，并均匀地分布在混炼胶中。油料的加入一般需要在一定温度之下，通常控制胶料温度介于 $100\sim120^{\circ}\mathrm{C}$。

2. 成形原理

成形是在混炼结束后进行的，成形可以有两种形式：①将混炼胶制成一定几何形状的胶片或胶条；②将混炼胶与骨架材料(如纤维、钢丝等)复合并组装成制品胎坯。

成形可用压延法也可以用挤出法。无论是胶片、胶条，还是制品胚胎，虽然几何形状千差万别，但都要求成形后的表面光滑、粘合好、无气泡、几何尺寸准确，这方面的好坏对制品质量的高低亦有直接影响。

由于橡胶是弹塑性体，而不是纯塑性体，所以橡胶成形时虽然经过的是相同尺寸的压延间隙或挤出口模，但胶料性质、成形速度及温度等的变化都会引起压延胶片的厚度、挤

出胶条的尺寸等的变化。其变化规律既涉及胶料流变学、压延和挤出加工流变学问题，又涉及具体的实施技术问题，两方面均不可忽视。

3. 交联

交联是橡胶制品的最后一道加工工序，在这道工序中需从弹塑性体的半成品转变成高弹性体的橡胶制品，其分子结构从线形大分子变成网形大分子。交联质量决定制品的质量和使用寿命。

5.6.3　混炼胶质量的控制

混炼胶质量的评价目前是通过对混炼胶分散度和粘度两参数来评定的。对分散度的质量要求一般有一允许的最小值，如 6 级以上。而对粘度的质量要求通常则是一个范围，如门压粘度值控制在 72±4 门压值。根据密炼机橡胶混炼流变理论，对分散度的控制就是要控制混炼在最佳粘度下进行。而混炼胶最终的粘度实质上是其塑化程度的标志，即混炼过程的最后一阶段粘度降低与塑化程度的评定。

阅读材料5-1

气辅注射成形的设计要点

气辅注射成形 GRIM(Gas - Assisted Injection Mold-ing)是一种新型的注射成形工艺，近几年已在国外得到广泛的应用，国内的使用也越来越多，有人甚至称它是注射成形技术的二次革命。其原理是利用压力相对低的惰性气体(氮气因为价廉、安全，又兼具冷却剂的作用而被常用，压力为 0.5～300MPa)代替传统模塑过程中型腔内的部分树脂来保压，以达到制品成形性能更加优良的目的。

1. 制件中气道的设计

气道设计是气辅成形技术中最关键的设计因素之一，它不仅影响制品的刚性同时也影响其加工行为，由于它预先规定了气体的流动状态，所以也会影响到初始注射阶段熔体的流动，合理的气道选择对成形较高质量的制品至关重要。

(1) 常见气道的几何形状：对于带加强筋的大型板件，气辅注射成形时，其基板厚度一般取 3～6mm，在气体流动距离较短或尺寸较小的制件中，基板厚度可减至 1.5～2.5mm；加强筋的壁厚可达到与其相接部分壁厚的 100%～125%而不会产生凹陷；气道的几何形状相对于浇口应是对称或是单方向的，气体通道必须连续，体积应小于整个制件体积的 10%。

(2) 制件的强度分析：成形传统带加强筋的制件经常出现凹陷、翘曲变形等，而图 5.13 所示各种断面几何形状加强筋的板件采用气辅注射成形，既保证了制品强度，又克服了传统注射成形的缺点。通常，相同基板厚度条件下，类似图 5.13(e)带有空心

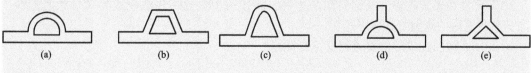

图 5.13　常见气道几何形状

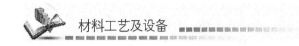

宽 T 型加强筋的比带空心窄 T 型加强筋的制件强度要高，后者又比相同截面带有类似图 5.13(a)的空心半圆型加强筋板件的强度要高。

（3）气道尺寸：气道的尺寸设计与填充气体的流动方向密切相关，气体在流道内总是沿着阻力最小的方向流动。稳定的牛顿流体通过直径为 D 的圆管，其压降公式为

$$\Delta P = 32\mu VL/D$$

式中，μ 为流体粘度，V 为平均流速，L 为流体段长度，D 为管径。

因为气流全粘度极小，低于树脂的 0.1%，而且压降在长度方向上可被忽略，因而只需考虑树脂压降产生的阻力。

假塑性流体在圆管中流动的压降公式与牛顿流体形式相似，因此利用上述公式而不必考虑实际流体及气体的状况，比较基于气体近浇点不同方向的压降 ΔP（即比较各段的 L 和 D 的大小），就可定性地解决气体流动方向，ΔP 小的方向即为气体的优先流动方向。改变流道尺寸直接导致不同方向压降的变化，从而改变气体的流动方向，并影响制件的成形质量。

4. 模具设计

由于气辅注射成形采用相对较低的注射压力和锁模力，所以除可采用一般模具钢制做模具外，还可采用锌基合金、锻铝等轻合金材料制造。

气辅注射成形过程的模具设计与普通注射成形相似，普通注射成形中所要求的设计原则在气辅注射成形过程中依然适用，需要注意的是：(1)要绝对避免喷射现象，设计时可适当加大进浇口尺寸、在制品较薄处设置浇口等方法来改善喷射和蠕动等熔体破裂现象；(2)型腔设计，气辅注射时一般要求一模一腔，尤其制品质量要求高时更应如此。若需采用多型腔设计时，应该采用平衡式的浇注系统布置形式；(3)一般情况只使用一个浇口，其位置的设置要保证欠料注射部分的熔体均匀充满型腔并避免产生喷射。若气针安装在注射机喷嘴和浇注系统中，浇口尺寸必须足够大，防止气体注入前熔体在此处凝结；(4)流道的几何形状相对于浇口应是对称或单方向的，气体流动方向与熔融树脂流动方向必须相同；(5)模具中应设计调节流动平衡的溢流空间，以得到理想的空心通道。

 习 题

1. 比较聚合物压制成形、挤出成形、注射成形、吹塑成形工艺在原理上的不同以及各种成形方法的优缺点。

2. 叙述常见泡沫塑料的发泡方法和成形方法。

3. 以可发性聚苯乙烯泡沫塑料制品为例，阐述两步法比一步法制成要求形状的塑料制品的品质更好的原因及其成形过程。

4. 为什么橡胶在成形前要进行塑炼和混炼？

第 **6** 章

无机非金属材料固态成形加工工艺及设备

 本章教学要点

知识要点	掌握程度	相关知识
陶瓷的加工工艺	熟悉	陶瓷坯料制备，坯体成形，陶瓷坯体干燥，陶瓷的烧成
陶瓷烧成设备	了解	常用陶瓷烧成设备，如间歇式窑炉、连续式窑、梭式窑、高帽窑
玻璃的成形与加工	熟悉	玻璃的生产制备，玻璃制品成形加工，玻璃的退火

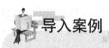

导入案例

乾隆青花套瓶

伦敦时间 2010 年 11 月 11 日 傍晚 6：25 分，在伦敦市郊的一个非常普通的小拍卖公司里，诞生了中国古代艺术品新的世界纪录。乾隆洋彩黄地缠枝花卉纹镂空粉青釉描金开光海浪双鱼纹青花套瓶（图 6.0）以折合人民币 5.5 亿的价格成交。英国 Bainbridges 公司拍卖一个清朝乾隆的花瓶，以 4300 万英镑（约 6930 万美元）成交，加上佣金折合人民币大约五亿五千万，刷新了中国艺术品的世界纪录，比原先估计价格高 40 倍。

这个瓶子运用了一切可能运用的制作技术与装饰手法，几乎达到了极致。青花、粉彩、墨彩、描金、粉清、镂空、浮雕、套瓶……每一项手法和技术都是前朝整个发展的总结。洋彩的彩料非常薄且鲜艳，仿如一层极薄的紧身衣紧紧地附在釉面上，由于薄，所以显得特别清透、鲜明、粉润，与常见的其他粉彩，那种在釉面堆起、干涩、没有表面润光的效果完全不同。这就说明了这个瓶子上使用的彩料，在品质上、纯度上与普通粉彩很不一样，几乎接近料

图 6.0 乾隆青花套瓶

彩了。而每一种彩料的敷染和过度渲染的技巧和细心，已经超出了一般官窑瓷器的要求标准。乾隆时期最辉煌的作品——洋彩，是套瓶，内层是青花，丝毫不比外面的彩绘差。这么精彩的青花只是套在里面，这种低调的奢侈已经远远超出了我们一般的所谓豪华高级的概念。而它当初也仅仅是圆明园某个屋子一角的一件很平常的陈列瓷而已，由此可以推想 10 个紫禁城大的圆明园的天堂般的盛况。

无机非金属材料（无机材料）是除无机金属材料（金属材料）和有机高分子材料以外所有材料的统称。传统无机材料主要有陶瓷、玻璃、水泥和耐火材料 4 种，化学组成均为硅酸盐类，因此亦称为硅酸盐材料，是工业和基本建设所必需的基础材料。自 20 世纪 40 年代以来，随着新技术的发展，除上述传统材料以外陆续涌现出一系列应用于高性能领域的新型无机材料，包括特种陶瓷、特种玻璃、特种水泥等，它们是现代新技术、高技术、新兴产业和传统工业技术改造以及发展现代国防和生物医学所不可缺少的物质基础，它们的出现体现了无机材料学科近几十年取得的重大成就，它们的应用极大地推动了科学技术的进步，促进了人类社会的发展。

本章主要介绍陶瓷和玻璃这两种典型无机非金属材料的加工工艺过程及设备。

6.1 陶瓷成形加工工艺及设备

陶瓷材料是人类最早利用的非天然材料，它有着八千年到一万年的历史，是人类最早的手工制品。瓷器也是中国古代伟大的发明之一，现在发现的最早的瓷器是两千多年前的

东汉越窑青瓷。传统概念的陶瓷是指以粘土为主和其他天然矿物原料经过拣选、粉碎、混炼、成形、煅烧等工序而制成的制品。如今随着科技水平的发展提高，出现了多种新型陶瓷品种，甚至有些陶瓷主要材料已经不再是传统的黏土硅酸盐材料，而是采用了碳化物、氮化物、硼化物等，这样陶瓷的概念就被大大扩展了，在广义上成为无机非金属材料的统称。陶瓷这一古老的人造材料，以其优异的物理化学性能自始至终伴随着人类社会的繁衍、生产力水平的进步和产品设计理念的日益发展而提升。

按照陶瓷材料的性能功用可将陶瓷分为普通陶瓷和特种陶瓷两种。①普通陶瓷，又称传统陶瓷，除陶、瓷器以外，玻璃、水泥、石灰、砖瓦、搪瓷、耐火材料等都属于陶瓷材料。传统概念的陶瓷，是指日用陶瓷、建筑瓷、卫生瓷、电工瓷、化工瓷等。普通陶瓷是用天然硅酸盐矿物，如黏土、长石、石英、高岭土等原料烧结而成的。②特种陶瓷，又称现代陶瓷，以纯度较高的人工合成材料为原料，如氧化物、氮化物、硅化物、硼化物、氟化物等。它们具有的特殊力学、物理、化学性能。例如绝缘陶瓷、磁性陶瓷、压电陶瓷、导电陶瓷、半导体陶瓷、光学陶瓷(光导纤维、激光材料等)。

按照陶瓷制品的不同可以分为陶器、炻器、瓷器等。

本节主要介绍普通陶瓷成形加工工艺及烧成设备。

6.1.1 陶瓷的加工工艺

陶瓷制品的生产流程比较复杂，如图6.1所示，各品种的生产工艺不尽相同，但一般都包括坯料制备、成形加工、烧成等3个主要工序。

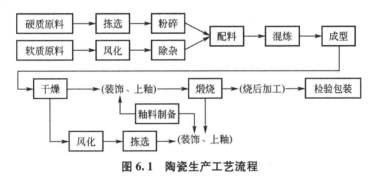

图6.1 陶瓷生产工艺流程

1. 坯料制备

坯料是指将陶瓷原料经拣选、破碎等工序后进行配料，再经混合、细磨等工序后得到的具有成形性能的多组分混合物。其制备过程可大体划分为两个阶段。

1) 原料处理

原料的处理主要包括预烧和精选两个环节。

预烧即对原料进行的预先烧制，其作用在于帮助碎化原料。如石英硬度高，不易粉碎，需利用晶格重构时产生的体积突变将其粉碎，即将石英加热至相变温度以上保温，然后急冷使其产生较大的相变内应力，导致原料变脆散裂成小块。

精选是指对原料进行分离、提纯，除去原料中的各种杂质(尤其是含铁杂质)，使之在化学组成、矿物组成、颗粒尺寸等方面更符合对原料的质量要求。通常用分级(水选、风选、筛选等)、磁选、超声波选等方法去除原料中的粗粒杂质(如沙砾、硫铁矿、草根、树皮等)。

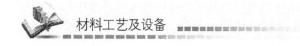

材料工艺及设备

2) 混合制备

混合制备又分以下几个工艺环节。

(1) 细粉碎：对于普通陶瓷的生产，国内采用万孔筛(250目、61μm)来控制坯料粒度；国外要求的更细，一般过325目筛(44μm)。

(2) 泥浆的脱水：采用湿法粉碎得到的泥浆，含水量约为60wt%，不能直接用于成形，需脱水。采用机械脱水可得到含水量为20%～25wt%的坯料，热风脱水可得到含水量在8wt%以下的坯料。

机械脱水可用压滤机，也称榨泥机。压滤时，水通过泥层和滤布滤出。

热风脱水(喷雾干燥)是指泥浆经一定的雾化装置分散成雾状细滴，在干燥塔内经热交换将雾滴中的水分蒸发，得到含水量小于8%的具有一定粒度的球形粉料的过程。采用热风脱水可兼有造粒的功能，故在陶瓷生产中应用很广。

(3) 造粒：这里所指的造粒是将微细陶瓷粉料制备成具有一定粒度的坯料用粉体，使其适于干压或半干压成形工艺。

(4) 陈腐(陈化)又俗称困料，指将泥坯放在阴暗而湿度大的室内(20～30℃)贮存一段时间，以改善其性能的措施。坯泥经陈化后，水分因扩散而分布得更加均匀，且在水和电解质的作用下粘土颗粒充分水化和离子交换；非可塑性矿物发生水解，变为粘土物质；在细菌的作用下，有机物发酵或腐烂，变成腐殖酸类物质；一些氧化还原反应产生的气体扩散，促使泥料松散均匀，提高可塑性，减少由挤泥机中压出时产生的层裂，因而降低坯件在成形及干燥时的破损率。

(5) 练泥及真空处理：练泥是指捏练泥料以改善其性质的方法。从压滤机上得到的泥饼外硬内软，泥料中的各组分混合也不均匀，必须练泥。练泥可分为两个步骤，第一步是用捏练机或简单的卧式双滚轴练泥机(不抽真空)先将泥料进行捏练，第二步才放到真空练泥机中排除空气。也有用一种既能将泥料捏练均匀又能将空气排除的真空练泥机，它通过螺旋杆搅拌挤制泥料并真空脱气。经真空脱气处理后，可将制品强度提高15%～20%。

2. 坯体成形

将配制好的坯料制作成为预定的形状，以体现陶瓷产品的使用和审美功能，这个赋形工序即为成形。陶瓷产品的种类繁多，形状相差悬殊，不同种类的陶瓷产品其坯料性能和制备工艺也不相同，因此应根据制品形状和要求选择最佳的成形方法。普通陶瓷制品按坯料的性能其成形方法可分为可塑成形、注浆成形和压制成形3类。在实际生产中一般根据制品的形状、大小、厚薄、坯料性能、产量和质量要求、设备及技术能力、用途、经济效益等因素确定选用何种成形方法。

1) 可塑成形

可塑成形是将含水量16%～25%的塑性坯泥料，通过各种成形机械进行挤制、湿压、旋压、滚压或轧模等方法使之成为具有一定规格的坯体。以下简要介绍两种常用成形方法。

(1) 旋压成形

旋压成形是陶瓷的常用成形方法之一(图6.2)。它主要是将泥料灌入旋坯机上旋转着的石膏模中，再利用样板刀在挤压力和刮削作用下将坯泥成形于模型工作面上。操作时，先将适量的经过真空练泥的塑性泥料放在石膏模中，再将石膏模放置在辘轳车上的模座中，石膏模随辘轳车上的模座转动；然后慢慢压下样板刀接触泥料。由于石膏模的旋转和样板刀的压力，泥料均匀地分布于模型内表面，余泥则贴在样板刀上向上爬，用手将余泥清除掉。这样模型内壁和样板刀之间所构成的空隙就被泥料填满而旋制成压坯。样板刀口的工作弧线形状与模型工作面的形状构成了坯体的内外表面，而样板刀口与模型工作面的距离即为坯体的厚度。旋压操作时，样板刀要拿稳，用力轻重要均一，以防止振动跳刀和厚薄不均；起刀不能过快，以防止内面出现迹印。样板刀所需形状随坯体而定，其刀口一般要求为 $30°\sim40°$，以减小剪切阻力，同时刀口不能成锋利尖角，而应是 $1\sim2mm$ 的平面。

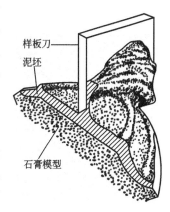

图 6.2　旋压成形示意图

在旋压成形中，深凹制品的阴模成形居多，而旋制扁平制品盘碟时，则可用阳模成形，这时石膏模面形成坯体的内形（现见面），样板刀则形成坯体的外形。

旋压成形一般要求泥料水分均匀、结构一致与较好的可塑性。旋压成形由于是以"刮泥"的形式排开坯泥的，因此它要求坯泥的屈服值相应低些，即要求坯泥的含水量稍高些，以求排泥阻力小些。同时"刮泥"成形时，与样板刀接触的坯体表面不光滑，这就不得不在成形赶光阶段添加水分来赶光表面。此外，"刮泥"成形的排泥是混乱的。这些旋压的工艺特点是旋压成形制品变形率高的主要原因之一。

旋压成形的优点是设备简单、适应性强，可以旋制深凹制品。缺点是旋压品质较差，生产效率低，坯泥加工余量大，占地面积较大，而且要求有一定的操作技术。

（2）滚压成形

滚压成形是在旋压成形的基础上发展起来的一种比较新的可塑性成形法。由于滚压对日用陶瓷成形具有很多优点，所以很快获得发展。国内从 1965 年开始使用滚压成形，到了 20 世纪 70 年代已得到了普遍推广应用。

滚压与旋压不同之点是把扁平的样板刀改为回转形的滚压头。成形时，盛放泥料的模型和滚头分别绕自己轴线以一定速度同方向旋转。滚头一面旋转一面逐渐靠近盛放泥料的模型，并对坯泥进行"滚"和"压"而成形。滚压时坯泥均匀展开，受力由小到大，比较缓和、均匀，破坏坯料颗粒原有排列而引起颗粒间应力的可能性较小，坯体的组织结构均匀。其次，滚头与坯泥的接触面积较大，压力也较大，受压时间较长，坯体致密度和强度比旋压的有所提高。滚压成形是靠滚头与坯体相滚动而使坯体表面光滑，无须再加水，因此滚压成形后的坯体强度大、不易变形、表面品质好、规整度一致，克服了旋压成形的基本弱点，提高了日用瓷坯的成形品质。再加上滚压成形的生产效率较高，易与上下工序组成联动生产线，改善了劳动条件等优点，使滚压成形在日用陶瓷工业中得到广泛应用。

滚压成形与旋压成形一样，可用阳模滚压与阴模滚压。阳模滚压是利用滚头来决定坯体的阳面（外表）形状大小，如图 6.3 所示，它适用于成形扁平、宽口器皿和坯体内表面有花纹的产品。阴模滚压是用滚头来形成坯体的内表面，如图 6.4 所示，它适用于成形口径较小且深凹的制品。阳模成形时，石膏模型转速（即主轴转速）不能太快，否则坯料易被甩掉，因此要求坯料水分少些，可塑性好些。带模干燥时，坯体有模型支撑，脱模较困难但变形较少；阴模滚压时，主轴转速可大些，泥料水分可高些，可塑性要求可稍低些，但带模干燥易变形，生产上常把模形扣放在托盘上进行干燥，以减少变形。

为了防止滚头黏泥，可采用热滚压，即把滚头加热到一定温度（通常为 120℃左右）。当滚头接触湿泥料时，滚头表面生成一层蒸汽膜，可防止泥料黏滚头。滚头加热方法是采用一定型号的电阻丝盘绕在滚头腔内，通电加热。采用热滚压时，对泥料水分要求不严格，适应性较广，但要严格控制滚头温度并增加附属设备，常需维修，操作较麻烦。有的瓷厂采用冷滚压，为防止黏滚头，要求泥料水分低些，可塑性好些，并可采用憎水性材料做滚头。

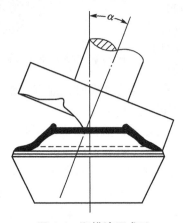

图 6.3　阳模滚压成形

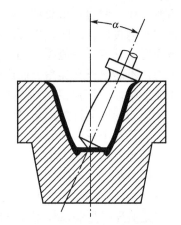

图 6.4　阴模滚压成形

滚压成形泥料受到压延力作用，成形压力较大，成形速度较快，要求泥料可塑性好些、屈服值高些、延伸变形量大些、含水量小些。塑性泥料的延伸变形量是随着含水量的增加而变大的，若泥料可塑性太差，由于水分少，其延伸变形量也小，滚压时易开裂，模型易损坏。若用强可塑性原料，由于其滚压成形时的水分较高，其屈服值相应较低，滚压时易黏滚头，坯体也易变形。因此，滚压成形要求泥料具有适当的可塑性，并要控制含水量。瓷厂生产在确定原料坯料组成之后，一般是通过控制含水量来调节泥料的可塑性以适应滚压的需要。一般滚压成形泥料水分控制在 19%～26%。

2）注浆成形

注浆成形是将含水量 30%～45%的坯体浆料在石膏模中浇注成形。用石蜡调成的瘠性料浆，则需加热加压注浆成形。注浆成形适用于各种陶瓷产品，凡是形状复杂、不规则的、壁薄的、体积较大且尺寸要求不严的器物都可用注浆法成形。一般日用陶瓷中的花瓶、汤碗、椭圆形盘、茶壶、杯把、壶嘴等都可用注浆成形。注浆成形工作原理见粉末冶金加工工艺及设备的 4.3.7 小节。

3）压制成形

压制成形是将含水量 6%～8%的粉状坯料，在较高的压力下于金属模具中压制成形。压制成形可分为干压成形和等静压成形。压制成形的特点是生产过程简单，坯收缩小，致密度高，产品尺寸精确，且对坯料的可塑性要求不高。缺点是对形状复杂的制品难以成形，多用来成形扁平状制品。等静压工艺的发展使得许多复杂形状的制品也可以压制成形，具体工作原理见粉末冶金加工工艺及设备的 4.3.2 和 4.3.7 节。

3. 陶瓷坯体干燥

依靠蒸发而使含水原料或成形后的坯体脱水的过程称为干燥，如建筑陶瓷的成形粉料是泥浆经喷雾干燥塔脱去多余水分而得到的，其含水量约为 6%；可塑成形所用泥料含水量约为 22%；注浆成形的卫生陶瓷坯体含水量约为 16%，这些成形好的生坯均需经过干燥才能进行施釉或入窑烧成。

按照坯料与水分结合方式的不同，生坯内的水分有 3 种存在形式：①化学结合水，是坯料组分物质结构的一部分，如结晶水、结构水等。这种结合形式的水分最牢固，排除时需要较高的能量。②大气吸附水，是坯料颗粒所构成的毛细管中吸附的水分，吸附水膜厚度相当于几个到十几个水分子，受坯料组成和环境影响。大气吸附水排除时，坯体表面的水蒸气分压小于同温度下的饱和水蒸气分压，并且坯体不再发生收缩，可以加快干燥速率而不致使坯体开裂。③自由水，是坯体直接与水接触而吸收的水分，处于坯料颗粒之间，基本符合水的一般物理性质。在干燥过程中，随着水分的排除，坯体颗粒靠拢产生体积收缩，其收缩大小等于排出自由水的体积，所以自由水又称收缩水。干燥过程中，如果干燥制度控制不当，收缩不均，产生收缩应力，很容易造成干燥变形和开裂。

生坯干燥时，自由水很容易排出；随着周围环境的湿度与温度的不同，大气吸附水也有部分在干燥过程中被排出，但排出吸附水没有什么实际意义，因为它很快又从空气中吸收水分达到平衡；化学结合水要在更高的温度下才能排除，这已不是在干燥过程所能排除的。

坯体干燥过程是坯体中的水分排出的过程。坯体的水分以蒸汽形式从表面扩散到周围介质中去，这就是表面蒸发向外扩散过程。表面蒸发的速率主要取决于坯体周围空气的温度、湿度及流动速度。当表面的水分蒸发后，坯体的内部及外部就形成了湿度梯度，坯体内部的水分会沿着毛细管向外部移动，通过表面向周围介质扩散。

坯体在干燥过程中，由于水分的排除，颗粒间彼此靠近，体积发生收缩。各种坯体的干燥收缩程度相差很大，粘土的细小片状颗粒可附有较厚水膜，可塑性较高，有较大的干燥收缩倾向，因此必须缓慢地干燥。向坯料中加入无收缩的非塑性物料，可用干压、半干压、热压及等静压成形，因其含水量低于临界水含量，所制坯体可无需进行快速处理，同时龟裂的倾向也小。

干燥还与坯料形状有关。表面积与其体积比越大时，干燥越快。捏练、挤制及注浆等工序均能影响颗粒的有序排列，有序倾向越大，干燥收缩差别越显著；片状颗粒的表面与受力方向平行时，沿力的作用方向上收缩较小，而与作用力垂直方向上收缩较大。

干燥的目的在于提高生坯的强度，便于检查、修坯、搬运、施釉和烧成。

对坯体加热形式分为外热式和内热式。在坯体外部加热干燥时，外层的温度往往比内层高，这不利于水分由坯内向表面扩散。因为水的粘度随温度升高而减小，在外部加热时，生坯外层中水的粘度比内部小，外层的水易于流动而经表面蒸发，而内部的水却不易扩散至表面。此外，水的表面张力也是随着温度的升高而降低的，外扩散受到内扩散的制约。若对坯体施与电流或电磁波，使坯体内部温度升高，增大内扩散速度，就会大大提高坯体的干燥速度。下面介绍几种陶瓷坯体的干燥方法。

1) 热空气干燥

热空气干燥是利用热空气对流传热作用，干燥介质(热空气)将热量传给坯体(或泥浆），使坯体（或泥浆）的水分蒸发而干燥的方法。这种干燥方法设备较简单，热源易于获得，温度和流速易于控制调节，所以在陶瓷工业中应用较广泛。若采用高速定位热空气喷射，还可以进行快速干燥。一般的热空气干燥，干燥介质流速小，对流传热阻力大，传热较慢，影响了干燥速率；而快速对流干燥则可使气流速度达到 $10\sim30m/s$，而且由于是间歇式操作，因此可以保证热扩散与湿扩散方向趋于一致，可大大提高干燥速率。采用热空气快速干燥，一般日用瓷坯带模 $5\sim10min$ 可脱模，白坯干燥只需要 $10\sim30min$，墙地砖坯体（$100mm\times200mm\times10mm$）从含水量为 7.5% 干燥到 1.0%，只需要 $10\sim15min$。

热空气的来源一般是利用隧道窑余热，也可用锅炉产生的水蒸气或燃烧室产生的烟气将冷空气加热到预定的温度。

2）工频电干燥

工频电干燥是将被干燥坯体两端加上电压，这样湿坯就相当于电阻而被并联于电路中，当电流通过时，坯体内部就会产生热量，使水分蒸发而干燥。这种干燥方法其实质是一种内热式干燥法，主要是加快水分内扩散的速度而干燥坯体。坯体中含水率高的部位电阻较小，通过电流多，干燥得快；含水率低的部位通过的电流少，干燥得慢，所以将水分厚度不均的坯体进行工频干燥时，通过这种自动平衡作用可使生坯含水率在传递过程中均匀化分布。

工频电干燥由于对坯体端面间的整个厚度同时进行加热，热扩散与湿扩散方向一致，干燥速率较快。它适宜于含水率较高的大形厚壁坯件的干燥。电瓷工业用大型泥段的干燥一般采用工频电干燥，通常以 $0.02mm$ 厚的锡箔或 $0.370\sim0.175mm$（$40\sim80$ 目）的铜丝布或直径小于 $2.5mm$ 的铜丝为电极，也可用石墨泥浆将铝电极贴敷在湿坯端面上，然后通电流。干燥时，随着坯体中水分的不断减少，需逐渐增加电能，一般通过增加电压来实现，而在干燥后期，电能消耗剧增，宜采用其他方法进行干燥。

在实际操作中，工频电干燥可用微机进行程序控制，操作方便，干燥时间可明显缩短，如大型生坯一般要 $10\sim15$ 天阴干，而用工频电干燥仅需 $4h$。

3）高频电干燥

高频电干燥是一种利用高频电场的"涡流效应"使坯体干燥的方法。这种方法就是将湿坯体置于高频电场 $5\sim6MHz$ 中，由于电磁波的高频振荡使坯体中的水分子发生振荡，运动速度加快，产生摩擦，因而发热使坯体中的水分蒸发，实现干燥的目的。坯体含水分越多，电场频率越高，介电损失越大，电阻越小，产生的热能越多，干燥越快。该法适用于形状复杂的难于干燥的厚壁坯体，干燥完后各坯体中的水分含量一致。高频电干燥的干燥速率快、干燥均匀，但操作比较复杂，不安全，且耗电较多（干燥后期含水量低于 6% 时，电耗剧增），一般只用于大型、特异形产品的干燥，最好的方法是在坯体干燥至某一低水分后改用其他方法继续进行干燥，这样更节省能耗。

高频电干燥器由 3 个基本部分组成：整流器、振荡器和带有平板电容器的二次振荡电路。

高频电干燥与工频电干燥一样同属于内部加热的方法。由于热、湿扩散方向一致，干燥速率均匀且高频电干燥不需要将湿坯体与电极直接接触，并可集中加热坯体中最湿的部分，因此加热速度比对流干燥快 $30\sim90$ 倍以上，而干燥速率要快 $15\sim20$ 倍以上，但电耗高（每蒸发 $1kg$ 水较工频电干燥多 $2\sim3$ 倍）、设备复杂、造价高，因此在陶瓷上应用较少。

4) 微波干燥

微波是介于红外线和无线电波之间的一种电磁波,波长在 $1\sim1000mm$ 范围内,频率为 $300\sim300000MHz$,微波加热原理是基于微波与物质相互作用吸收而产生热效应。微波的特点是对于良导体能产生全反射而极少被吸收,所以良导体一般不能用于微波直接加热;而对于不导电的介质,只在其表面发生部分反射,其余部分透热,因此湿的陶瓷坯体可以用微波进行干燥。

微波的另一个特点是加热具有选择性,也就是说微波产生的热量与被干燥介质有关。潮湿陶瓷坯体会大量吸收微波而发热,而一旦水分下降,升温速度会自动下降,出现自动平衡。这种自动平衡作用使坯体加热干燥更均匀,对于石膏模由于其多孔结构,其介电常数和介电损耗都比较小,所以微波干燥时模型受热不大,不会影响其使用寿命。

在实际应用中,利用微波易被金属反射的特性可采用金属板作为防护屏,避免微波对人体的伤害和对周围电子设备的干扰。

5) 红外干燥

红外线的波长范围为 $0.75\sim1000\mu m$,因此它是一种介于可见光和微波之间的电磁波。一般红外线又分为近红外线和远红外线,波长为 $0.75\sim2.5\mu m$ 的红外线,称为近红外线,而 $2.5\sim1000\mu m$ 之间的红外线称为远红外线。坯体能够吸收红外线并将之转化为热能,因此利用红外线能对坯体进行干燥。

红外线干燥仅仅对于红外线敏感的物质在其强烈吸收的波长区域内有效。物体吸收红外线的程度和与物体的种类、特性、表面状态及红外线波长有关。一般远红外干燥效果要比近红外干燥效率高,效果好,因此实际的红外干燥应选波长为 $2.5\sim15\mu m$ 的远红外线干燥较好。远红外干燥的特点:干燥速率快;生产效率高;辐射与干燥几乎同时开始,无明显的预热阶段,因此效率很高;节约能源;设备小巧、造价低、占地面积小、费用低;干燥效果好;热湿传导方向一致,使得坯体受热均匀,不易产生干燥缺陷。

4. 陶瓷的烧成

陶瓷工艺的最终目的是制成有足够机械强度的制品。经过成形及干燥过程后,生坯中颗粒之间只有很小的附着力,因而强度相当低。要使颗粒相互结合从而使坯体形成较高的强度,只有在无液相或有液相的烧结温度下才能实现。烧成是通过高温处理使坯体发生一系列物理化学变化,形成预期的矿物组成和显微结构,从而达到固定外形并获得所要求性能的工序。不适当的烧成不但影响产品质量,甚至还将造成难以回收的废品。

1) 烧成工艺

普通陶瓷的生产流程有一次烧成和二次烧成之分。一次烧成是指经成形、干燥或施釉后的生坯,在烧成窑内一次烧成陶瓷产品的工艺路线,又称本烧;二次烧成是指经过成形、干燥的生坯先在素烧窑内进行素烧,而后经检选、施釉等工序后再进入釉烧窑内进行釉烧的工艺路线。

二次烧成时的素烧温度有时比釉烧温度低,即先行低温素烧($60\sim900℃$),而后再行高温釉烧,使坯、釉同时达到最高烧成温度(成瓷),一般瓷器的烧成就是这种情况。此时素烧的主要目的在于使坯体具有足够的强度,能够进行施釉,减少破损,并具有良好地吸附釉层的能力;此外部分氧化分解反应,如碳素和有机物的氧化、高岭土的脱水、菱镁矿的热解等也可在这一阶段完成,减小了釉烧时的物质交换数量。但低温素烧应和干燥区别开来，干燥过程虽然也要加热坯体，干坯强度和吸附釉浆的能力都有所提高，但干燥是物理过程，没有化学反应故不能称作素烧。

对于一般精陶制品，进行二次烧成时多是素烧温度比釉烧温度高，这种情况是以素烧为主，素烧的最终温度即是该种陶瓷的烧成温度。釉烧的作用只是将熔融温度较低的釉料熔化，使其均匀分布于坯体表面，形成紧密的釉层。

有些精陶制品（如墙面砖），素烧温度与釉烧温度接近，甚至稍高。这种不同的情况在瓷器中也存在，我国试制的骨灰瓷为低温（850～900℃）素烧、高温釉烧；英国则采取高温素烧、低温釉烧。在确定是采取高温素烧还是低温素烧时，应考虑坯釉的组成、坯体的烧结（成瓷）温度及所用釉的适宜熔融温度。釉的熔融温度较低而坯体烧结温度较高时，宜采用高温素烧、低温釉烧。

2）烧成过程中的物理化学变化

陶瓷坯体的烧成过程十分复杂，无论采用何种烧成工艺、何种烧成设备，在烧成过程中的各个阶段均将发生一系列物理、化学变化，由颗粒聚集体变成晶粒结合体，多孔体变为致密体，从而使陶瓷坯体坚固。但陶瓷坯体烧结时的变化较之所用原料单独加热时更为复杂，许多反应都在同时进行，且受烧结条件影响，有的反应很难完全。窑内坯体所获得的热量从坯体表面传到内部所需时间与坯体厚度的平方成正比，有时会使坯体烧结温度相差 40～60℃或更大。

（1）低温阶段（室温～300℃左右）

低温阶段也称干燥阶段。一般而言，进窑烧结的坯体已经过干燥，但是坯体内仍会残留有部分水分。若自然干燥至少残留 2%左右的吸附水；若加热干燥通常也还含有 0.1%～1.0%的吸附水。在这一阶段并不发生化学变化，主要作用就是排除坯体内的残余水分，其温度在 300℃以下。

随着这些水分的排除，固体颗粒紧密靠拢，因而有少量收缩。但这一收缩并不能填补水分遗留的空间，故对于粘土质坯体表现为气孔率增加，机械强度提高；对于非可塑性原料制成的坯体，则表现为疏松多孔，强度降低。

（2）中温阶段（300～950℃左右）

中温阶段又称分解与氧化阶段。在此阶段坯体中含有结晶水的矿物开始脱水分解，碳酸盐分解并放出 CO_2 气体；原料中的有机物和碳素、坯料中添加的有机结合剂等将发生氧化；铁的硫化物分解和氧化；石英发生晶形转变；长石与石英、长石与分解后的粘土颗粒之间的接触部分将因共熔作用而形成熔液。坯体的质量急速减轻，气孔相应增加，由于少量熔体起粘结颗粒作用，坯体强度相应提高。此阶段若保持氧化气氛，有利于碳酸盐的分解和 CO_2 气体的排出，也有利于有机物及碳素的氧化，避免黑心的产生。以下是一些发生在氧化分解阶段的常见反应及典型的反应方程式：

① 氧化反应：

碳素及有机物的氧化：$C_{有机物} + O_2 \xrightarrow{350℃以上} CO_2 \uparrow$，$C_{碳素} + O_2 \xrightarrow{约600℃以上} CO_2 \uparrow$

硫化铁的氧化。黏土夹杂的硫化物十分有害，如果控制不当也易使制品起泡，并且反应生成的 Fe_2O_3 也会影响制品的外观颜色。

$$FeS_2 + O_2 \xrightarrow{350～450℃} FeS + SO_2 \uparrow，\quad 4FeS + 7O_2 \xrightarrow{500～800℃} 2Fe_2O_3 + 4SO_2 \uparrow$$

② 分解反应：黏土类原料所含结构水的排除温度与其结晶程度、矿物组成及升温速

度等因素有关。陶瓷生产中常用的几种含结构水的原料的脱水温度分别为高岭石类黏土 $400\sim600℃$，蒙脱石类黏土 $550\sim750℃$，伊利石类黏土 $550\sim650℃$，叶蜡石 $600\sim750℃$，瓷石 $600\sim700℃$，滑石 $800\sim900℃$。

例如高岭石在 $480\sim600℃$ 之间分解排除结构水，形成偏高岭石。

$$Al_2O_3 \cdot 2SiO_2 \cdot 2H_2O \xrightarrow{480\sim600℃} Al_2O_3 \cdot 2SiO_2 + 2H_2O$$

碳酸盐的分解：$CaCO_3 \xrightarrow{600\sim2050℃} CaO + CO_2 \uparrow$，$MgCO_3 \xrightarrow{400\sim900℃} MgO + CO_2 \uparrow$

③ 晶形转变及液相的形成：以对制品烧成影响较大的转变为例。

$$\beta-石英 \xrightarrow{573℃} \alpha-石英(\Delta V = +0.82\%)$$

（3）高温阶段（950℃至烧成最高温度）

由于(OH)与 Al、Si 原子结合紧密及加热时排除的水汽或部分被吸附在坯体的空隙中，或溶解于新生成的液相中，因而很难排除，要在 1000℃ 以上才能彻底排除。此阶段硫酸盐发生分解放出 SO_2 气体；长石熔化产生的液相，不断溶解长石和黏土分解物，高价铁 (Fe^{3+}) 还原为低价铁，低价铁与石英形成低共熔物，产生大量的液相，在液相表面张力的作用下填充空隙，促进颗粒重排；大量的产生由高岭石分解形成的莫来石和由长石熔体中析出的莫来石。这一阶段，坯体的气孔率迅速降低，坯体急剧收缩，强度、硬度增大，釉层玻璃化，坯体瓷化烧结。整个高温阶段发生的化学反应主要有以下 3 个部分构成。

① 在 1050℃ 以前，继续上述尚未完成的氧化分解反应。

② 硫酸盐的分解和高价铁的还原与分解。

$$MgSO_4 \xrightarrow{大于900℃} MgO + SO_3 \uparrow，\quad CaSO_4 \xrightarrow{1250\sim1370℃剧烈} CaO + SO_3 \uparrow，$$

$$Na_2SO_4 \xrightarrow{1200\sim1370℃} Na_2O + SO_3 \uparrow，\quad 2Fe_2O_3 \xrightarrow{1250\sim1370℃} 4FeO + O_2 \uparrow，$$

$$Fe_2O_3 + CO \xrightarrow{1000\sim1100℃} 2FeO + CO_2 \uparrow，$$

③ 形成大量液相和莫来石晶体。

$$\underset{偏高岭石}{2(Al_2O_3 \cdot 2SiO_2)} \xrightarrow{约980℃} \underset{Al-Si 尖晶石}{2Al_2O_3 \cdot 3SiO_2} + SiO_2，$$

$$2Al_2O_3 \cdot 3SiO_2 \xrightarrow{约1100℃} \underset{单变中的莫来石}{2(Al_2O_3 \cdot SiO_2)} + SiO_2$$

$$3(Al_2O_3 \cdot SiO_2) \xrightarrow{大于1300℃} \underset{莫来石}{3Al_2O_3 \cdot 2SiO_2} + \underset{方石英}{SiO_2}$$

④ 新相的重结晶和坯体的瓷化。

（4）冷却阶段

冷却时因熔体粘度增大抑制了晶核的形成，而且高温熔体中硅含量未达到饱和，故陶瓷在冷却阶段不会有方石英新相析出。冷却初期（950℃以上），因烧结体尚处于塑性状态，可快速降温而不至产生应力，冷却后期（75~550℃），液相转变为固态玻璃，此时应缓慢冷却，尽可能消除热应力。

6.1.2 陶瓷烧成设备

陶瓷烧成的热工设备是窑炉。陶瓷窑炉种类很多，以电为能源的，如电炉、微波炉、高频感应炉、等离子炉等；根据所用燃料不同可分为固体燃料炉（如煤烧窑）、液体燃料炉

（如重油烧窑及轻柴油烧窑）、气体燃料炉（如煤气、天然气、液化气烧窑）；根据制品与火焰是否接触分为明焰窑、隔焰窑和半隔窑 3 种；根据烧成过程的连续与否则分为间歇式窑与连续式窑；根据制品输送方式的不同可分为隧道窑、辊道窑等。

1. 间歇式窑

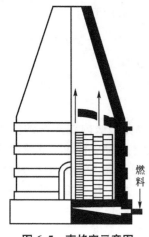

图 6.5　直焰窑示意图

间歇式窑是将一批坯体码入窑内，关上窑门按一定升温制度加热，使坯体经过烧成过程的各个阶段，冷却至一定温度后，再打开窑门将烧好的制品取出。其特点是生产分批间歇进行，窑炉按装、烧、冷、出 4 个阶段顺序循环。间歇式窑可以分为直焰窑（图 6.5）、平焰窑（图 6.6）和倒焰窑（图 6.7）3 种。直焰窑的气体由窑的下面进入操作室，由拱顶的小孔排出，窑的温度分布很不均匀。倒焰窑中气体由火焰经挡火墙喷火口进至窑顶，然后由上向下流经制品，把热传给制品，再经窑底吸火孔，集中于均衡烟道，再由主烟道导向烟囱，很明显倒焰窑的温度分布比较均匀。间歇式窑炉的优点：窑炉结构简单，设备投资低，适合小规模生产。

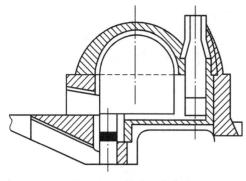

图 6.6　平焰窑示意图

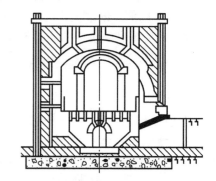

图 6.7　倒焰窑示意图

2. 连续式窑

连续式窑的特点是窑内分为预热、烧成、冷却等若干带，各部位的温带、气氛均不随时间而变化。坯体由窑的入口端进入，在输送装置的带动下，经预热、烧成、冷却各带完成全部烧成过程，然后由窑的出口端送出。连续式窑的类型很多，根据输送制品方式的不同分为窑车式隧道窑、辊道窑、推板窑、输送带窑、气垫窑等。现在使用较广泛的是窑车式隧道窑和辊道窑。

1）窑车式隧道窑

图 6.8 和图 6.9 所示分别为窑车式隧道窑的示意图及剖面图。窑内有轨道（或导轨），坯体码放在窑车上，窑车通过推车机的顶推作用由入口向出口移动。窑车式隧道窑宽度可超过 2m，长度可超过 100m。它有明焰、隔焰、半隔焰 3 种燃烧方式；燃料可用煤、油、气或电。目前以净化煤气做燃料的明焰裸烧隧道窑是发展方向。

隧道窑的优点是坯体的烧成周期较短，产量高，制品质量也容易保证；烧成的单位产品燃耗低；工人劳动强度轻，劳动条件好；窑体使用寿命长。缺点是热工制度不易调节，生产灵活性差，一次性投资大，窑用附属设备的日常维修工作量大。

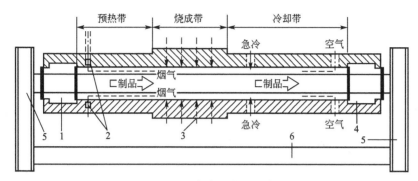

图 6.8　窑车式隧道窑示意图

1—窑头；2—引风口；3—燃烧设备；4—窑尾；5—窑门；6—窑壁

2）辊道窑

辊道窑又称滚底窑，是目前陶瓷工业中较为先进的一种窑炉。辊道窑的热工原理与窑车式隧道窑相同，也属逆流式加热的烧成设备，其特点是以许多位于同一水平面上的等径辊子组成辊道，来代替窑车作为制品在窑内的运载工具。制品放在垫板上或直接放在辊道上，通过辊子的转动，依靠摩擦力使制品向前移动，经过预热、烧成和冷却后出窑。辊道窑的剖面如图 6.10 所示。由于辊道窑通道截面扁平，窑内温差小，因此它属于一种快烧式窑炉。

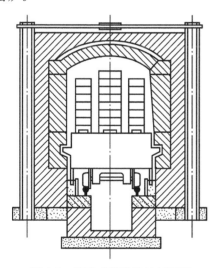

图 6.9　窑车式隧道窑的剖面图

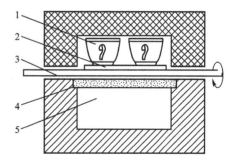

图 6.10　辊道窑的剖面图

1—彩烤制品；2—垫板；3—辊子；4—碳化硅盖板

辊道窑目前已广泛用于建筑陶瓷和日用陶瓷的烧成。辊道窑的优点是窑内上下温差小（温差可控制在 5℃以内），有利于保证产品的烧成质量和制品的快速烧成；它有利于上下工序衔接，形成自动化作业生产线，实现机械化和自动化，从而减轻了劳动强度，也大大提高了生产效率；取消了窑车和匣钵，从而大大减小了热量损失，提高了窑炉的热效率，节能效果显著；窑体结构简单，操作方便。其缺点是对制品的适应性较差。

3）推板窑

推板窑是以耐火材料板（推板）作为窑内制品的传输载体的小截面隧道窑。推板置于窑底上，彼此紧靠，在顶车机的推动下向窑内运动。其热工原理与辊道窑、窑车式隧道窑一样，具有与辊道窑相似的优点，因此也是一种快烧式窑炉。

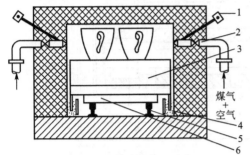

图 6.11　推板窑截面示意图
1—引火器；2—喷嘴；3—推板；
4—砂封；5—滑轨；6—金属滑块

推板窑的最大缺点是推板易磨损，使用一段时间后，在窑底上可能留下一些碎片，使推板和窑底间的摩擦阻力增大；或因使用时间太长，推板彼此接触的端面变圆，致使顶车机顶推板时易拱起重叠，发生事故。为了克服这些缺点，新式推板窑往往在推板下置放金属滑块（图 6.11），窑底铺设滑轨，滑块载着推板沿滑轨滑动，运行阻力变小，推板磨损变小，效果较好。

3. 梭式窑

梭式窑也称往复窑或台车式窑，是从传统的倒焰窑演变而来的，故而属于间歇式或半连续式窑型。该窑型的窑门可以在窑体的一端设置（图 6.12），此时窑车在同一端进，也在同一端出；也可以在窑体纵向两端均设置窑门，此时窑车可分别从窑体的两端进、出，或者窑车从一端进，从另一端出。梭式窑的工作原理：它来源于传统的倒焰窑，只是其装、卸制品的过程都是在窑外进行，装好坯体的窑车被推入窑内后开始点火煅烧，经过预热、烧成、冷却3个阶段后窑车被拉出窑外，卸下烧好的产品，再准备下一次烧制。燃料通过烧嘴燃烧产生的高温烟气从窑车两侧与窑墙之间的缝隙流到窑车顶部后，在烟囱抽力的作用下通过坯体之间的缝隙向下流动。在此过程中，热烟气把热量传给坯体，使其烧制成制品。梭式窑的优点是温度分布均匀；保温效果极佳且耐高温的轻质保温耐火砖和耐火纤维的出现，使得梭式窑的烧成热耗大为降低。梭式窑特别适合于小批量、多品种产品的生产，梭式窑能够非常方便地改变其烧成曲线，所以常被很多科研单位用于进行新产品的小试、中试。

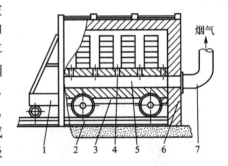

图 6.12　梭式窑示意图
1—窑门台车；2—轨道；3—窑车；
4—吸火孔；5—支烟道；
6—窑体；7—主烟道

4. 高帽窑

高帽窑与梭式窑具有相同的功能，又叫钟罩窑或罩式窑（图 6.13），开、闭窑时，窑盖可以上下移动。窑的底座是固定的，窑墙和窑盖做成一帽式整体，利用起重设备可将帽罩吊起。底座有吸火孔，下有支烟道和主烟道通向烟囱，沿窑周围不同高度上安装有高速等温喷嘴。高帽窑加速了窑炉的周转期，改善了装出窑的劳动条件，特别适合大件厚壁陶瓷制品的焙烧。

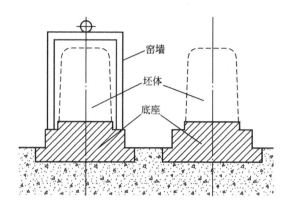

图 6.13 钟罩窑示意图

6.2 玻璃的成形与加工

玻璃是由熔融物冷却硬化而得到的非晶态(在特定条件下也可能成为晶态)固体。广义的玻璃包括单质玻璃、有机玻璃和无机玻璃。狭义的玻璃一般仅指无机玻璃。

无机玻璃的成形与加工工艺流程如图 6.14 所示。

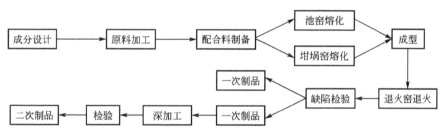

图 6.14 无机玻璃的生产工艺流程示意图

不同产品与工艺的差异主要表现在各自的成分设计和成形方法及深加工方面。例如窗用玻璃在成分设计上采用钠钙硅玻璃系,由浮法成形制得一次制品;光学玻璃在成分设计上采用磷酸盐玻璃系,压制法成形,经研磨、抛光后制得一次制品。

一次制品经深加工后,可增添新的性质和用途,这种玻璃为二次制品,也常称为深加工玻璃。例如把一次制品的窗玻璃,经磁控离子溅射法制成镀膜玻璃,可使玻璃增加彩色和反射光的性质。

6.2.1 玻璃的生产制备

1. 原材料

制造玻璃的原材料通常分为主要原料和辅助原料。一般玻璃的主要成分包括 SiO_2、Na_2O、CaO、Al_2O_3、MgO 等 5 种成分,为引入上述成分而使用的原料称为主要原料。引入 SiO_2 的原料主要有硅砂和砂岩,也是玻璃原料的主要成分,它能使玻璃具有高的化学稳定性、力学性能、电学性能、热学性能,但是含量过多,会使熔制玻璃液的粘度增大。

引入 Na_2O 的原料主要是纯碱和芒硝；引入 MgO 的原料主要是白云石；引入 CaO 的原料主要是石灰石、方解石；引入 Al_2O_3 的原料主要是长石和高岭土。为使玻璃获得其他性质，或为加速玻璃的熔制过程而引入的原料，通常视为辅助原料，例如氧化砷和氧化锑、硫酸盐类原料（硫酸钠）、氟化物类原料（萤石等）是作为澄清剂引入的，它们能在玻璃熔制过程中分解产生一定量的气体，气体的排放对配合料和玻璃熔体产生搅拌作用，有利于玻璃熔体的澄清和均匀化。除澄清剂以外，还有着色剂、脱色剂、氧化剂、还原剂、乳浊剂等。

2. 配合料的制备

根据设计的玻璃组成及所选用的原料组分，将各种原料的粉料按一定比例称量、混合而成的均匀混合物称作配合料。

实践证明，成分和粘度均匀的配合料不仅能强化玻璃的熔化和澄清过程，而且还能减少或消除影响玻璃质量的各种弊病。对于配合料有以下几方面的要求。

1）配比正确、稳定，保持水分、温度适宜

通常需要从配料计算和各原料称量的正确性两方面来保证配比正确、稳定。当原料的化学成分、水分等发生变化时，必须随时调整配方。通常配合料中需要含有一定的水分，它不仅可以润湿原料的颗粒表面，增加原料颗粒之间的粘附力，有利于减少粉尘、防止分层、提高混合均匀度，而且由于水在难熔的石英颗粒表面形成水膜，可以溶解部分助熔剂原料（如纯碱等），有助于加速熔化。配合料的含水量一般在 3%～7%（质量分数）的范围内，具体加水多少与原料的粒度和配合料的种类有关，原料粒度较细时，配合料的水分可略高些。为了防止结块并有良好的粘附状态，配合料的温度宜维持不低于 35℃。

2）配合料混合均匀性良好

配合料是否混合均匀将影响玻璃制品的产量和质量。如果混合不均匀，则在石英砂等难熔物较多处熔化就困难，甚至会残留未熔化的颗粒，破坏了玻璃的均匀性，使玻璃中产生结石、条纹、气泡等缺陷；而在易熔物（如纯碱等）较多处，易侵蚀耐火材料，也会造成玻璃不均匀。

3）具有一定的颗粒级配

一般不仅要求同一种原料有适宜的颗粒度，而且要求各原料之间有一定的粒度比，其目的在于提高混合均匀度和防止配合料在运输过程中的分层。为此，一般应使各种原料的颗粒质量相近，对难熔原料的粒度可适当减小以利于熔化速度的提高。在此过程中，应重视控制过细粉原料的比例，因为颗粒过细（0.105～0.074mm）时，比表面积增大，粒子的表面效应（静电效应和吸附效应）占主导地位，将干扰混合的进行，且在水分存在时更易结团，影响配合料的混合均匀性。

4）具有一定的气体率

配合料加热后逸出的气体量与配合料质量之比称为气体率。配合料中必须含有部分能受热分解放出气体的原料，逸出一定量的气体对配合料和玻璃熔体产生搅拌作用，有利于玻璃液的澄清与均化。但是，气体率过高会造成玻璃起泡"溢料"，而气体率过低，又使玻璃"发滞"，不易澄清。不同种类的配合料气体率要求不同，如对于钠钙硅酸盐玻璃来说合适的气体率为 15%～20%。

3. 玻璃的熔制

将配合料经高温加热制成为均匀的、无可见气泡并符合成形要求的玻璃液的过程称为玻璃的熔制。这是一个包括了一系列物理的、化学的以及物理化学的非常复杂的变化过程。

物理过程主要包括配合料的加热、吸附水的排除、个别组分的熔融、多晶转变及个别组分的挥发；化学过程主要包括固相反应、各种盐类的分解、水化物的分解、化学结合水的排除、组分间的相互作用及硅酸盐的形成；物理化学过程则包括低共熔物的生成、组分和生成物间的相互溶解，玻璃液与炉气介质及气泡间的相互作用，玻璃液与耐火材料间的相互作用等。

以硅酸盐玻璃熔制为例，上述过程大体又可划分为硅酸盐的形成、玻璃形成、澄清、均化等几个阶段。

1) 硅酸盐形成阶段

配合料中的各组分在加热过程中经过一系列的物理、化学变化，主要反应结束。在此过程中，生成的大部分气态产物逸出，配合料变成由各种硅酸盐和未反应完的 SiO_2 共同组成的半熔融的烧结物。在此阶段各种变化交叉进行，可在很短的时间(3~5min)内完成。

从加热反应来看，其变化可归纳为以下几种类型。

(1) 多晶转化，如 Na_2SO_4 由斜方晶形转变为单斜晶形。

(2) 盐类分解，如 $CaCO_3 \rightarrow CaO + CO_2 \uparrow$。

(3) 生成低共熔混合物，如 $Na_2SO_4 \cdot Na_2CO_3$。

(4) 形成复盐，如 $MgCO_3 + CaCO_3 \rightarrow MgCa(CO_3)_2$。

(5) 排除结晶水和吸附水，如 $Na_2SO_4 \cdot 10H_2O \rightarrow Na_2SO_4 + 10H_2O$。

对于普通钠钙硅玻璃而言，这一阶段在 800~900℃ 终结，影响此阶段的因素较多，如温度、时间、原料颗粒度、玻璃设计成分等。应注意的是复盐的形成会大大降低硅酸盐形成的反应温度。

2) 玻璃的形成

随着温度升高，烧结物熔融变为含有大量气泡、极不均匀的透明玻璃液。在此阶段，首先是各种硅酸盐烧结物进一步熔融并相互扩散；其次，没有反应完的石英颗粒继续向熔体中溶解和扩散同化，后者又分成两步，即先把石英颗粒表面的 SiO_2 溶解，然后溶解的 SiO_2 因浓度梯度而向周围扩散。所有以上过程中以 SiO_2 的扩散同化最慢，而以硅酸盐半熔融烧结物的熔融为相对较快，因此整个玻璃形成的速度取决于 SiO_2 的扩散速度。

显然，影响玻璃形成阶段的因素除了温度以外，还与玻璃组成、石英颗粒大小有关。玻璃组成中难熔成分(如 SiO_2、Al_2O_3 等)较多时，熔体粘度大，石英颗粒溶解就慢些；反之，助溶剂、加速剂量的增加，有利于硅氧四面体网络断开，玻璃形成可加快。玻璃形成阶段需要的时间通常为 30~35min，较硅酸盐的形成阶段要长。

3) 玻璃液的澄清

玻璃液的澄清是在玻璃液中建立气体平衡、排除可见气泡的过程。它是玻璃熔制过程中重要的阶段。

(1) 玻璃液中的气体：它包括配合料中的各种盐类在高温下分解放出的气体如 CO_2、O_2、SO_2、NO_2 等；高温下玻璃和耐火材料相互作用放出的 CO_2(包括耐火材料侵蚀过程

中气孔中气体的排除）；玻璃液和炉气的相互扩散引入的 N_2、CO、O_2、SO_2、CO_2 等。这些气体在玻璃液中将以下列几种形式存在。

① 可见气泡，约占玻璃中气体总体积的 1%。

② 化学溶解，以 OH 基、盐类（如 Na_2SO_4 等）、变价氧化物等形式存在于玻璃结构中。其溶解量与玻璃组成及气体种类有关。

③ 物理溶解，与玻璃不反应的气体（如 N_2 等）存在于网络间隙，其溶解量与网络结构的致密性、气体的分子直径有关。

（2）澄清机理：玻璃液中气泡的生成是一个新相产生的过程，即先形成泡核，然后再长大成为可见气泡。泡核的析出和长大与气体在玻璃液中的过饱和度（或者溶解度）有关，过饱和度增大（或气体在玻液中溶解度减小），易析出泡核及长大成气泡，反之亦然。

在高温澄清过程中，玻璃液内溶解的气体、气泡中的气体及炉气 3 者之间的平衡是由某种气体在各相中的分压所决定的。平衡破坏时，气体总是从分压高的相进入分压低的相。气体之间的转化和平衡与澄清温度、炉气压力和成分、气泡中气体的分压和种类、玻璃成分等因素有关，变动这些因素均会影响气泡的形成和排除。

在澄清前期，大量气体的排除是通过气泡长大，上升到液面逸出的途径。可通过升高温度或添加澄清剂产生新的气体等方式，减小气体在玻璃液中的溶解度（过饱和度增大），气体进入气泡中使气泡逐渐长大，上升到液面破裂而将气体释放入炉气中。但对于一些直径很小（<0.1mm）的气泡，上述外界条件变动较难使它长大。在澄清后期，随着温度的下降，气体在玻璃中溶解度增加，小气泡中的气体就能溶解于玻璃液中，为维持气体在气泡和玻璃液之间的平衡，小气泡体积减小，在表面张力作用下，气泡中气体继续向玻璃液中扩散转移，气泡体积进一步缩小直到肉眼看不见。

4）玻璃液的均化

均化的目的是消除玻璃液中各部分化学组成的不均匀及热不均匀性，使其达到均匀一致。玻璃均化不良会使制品产生条纹、波筋等缺陷，影响玻璃的外观及光学性能，还会因各部分膨胀系数不同而产生内应力造成玻璃机械性能的下降、不均匀从而造成界面处易形成新的气泡甚至产生析晶。

玻璃液的均化和澄清阶段往往同时进行，互相联系，互相影响。澄清使气泡排除，同时起了搅动作用，能促进玻璃液中不均匀部分的互扩散而有利于均化，若采用机械搅拌等均化措施也会因加快气体扩散而利于澄清。玻璃液的均化过程主要靠分子扩散和热对流作用实现。

（1）扩散作用：由于玻璃液内部的浓度差引起的分子扩散，使玻璃内的某些组分从浓度高处迁移至浓度低处，达到玻璃液组成均匀化。扩散速度随熔体粘度的下降而增加，因此提高温度、增加组成中助熔剂、加速剂（如 Na_2O、Ca_2F 等）的含量，均有利于均匀化。

（2）对流作用：窑内玻璃液的纵向、横向存在的温度梯度，气泡的上升和玻璃成形流动均造成了玻璃液的流动，有助于分子的扩散。对于某些均匀度要求较高的玻璃，还可采用机械搅拌、鼓泡等辅助措施帮助均匀化。

4. 玻璃液的冷却

通过降温使已均匀化良好的玻璃液粘度增高到成形所需范围的过程叫玻璃液的冷却。成形方法不同，冷却过程中玻璃液降温程度也是不一样的，但对玻璃液冷却的技术要求却是一样的,即必须冷却均匀,尽量保持各部分玻璃液的热度均匀性一致,以免造成几何尺寸的厚薄不匀、波筋等缺陷而影响产品的质量。同时,在冷却过程中特别要注意防止二次气泡的产生。二次气泡也叫再生气泡,它的产生往往是因为冷却阶段温度剧烈波动,破坏了玻璃液中已建立的气体平衡,使得溶解在玻璃液中的气体重新以小气泡形式析出。这种气泡一旦形成,就在玻璃液中均匀分布,相当密集,直径一般小于 $0.1\mu m$(俗称"灰泡"),一般很难再消除。此外,有时因为压力、气氛的变化,机械振动及一些化学原因(如耐火材料被侵蚀)造成玻璃组成的变化影响溶解度,以及硫酸盐及 BaO_2 的分解等也都会形成二次气泡。

5. 浮法成形

所谓浮法成形是指从熔窑中流出的熔融玻璃液在流入盛有熔融金属锡的锡池后,在其表面上形成平板玻璃的方法。其成形过程如图 6.15 所示。熔窑中配合料经熔化、澄清、冷却至 $1150\sim1100℃$ 形成的玻璃液,通过熔窑与锡液池相连接的导流槽,流入熔融的锡液面上,在自身重力及牵引力的作用下玻璃液摊开成为玻璃带。随后在锡池中完成抛光与拉薄过程。至锡池末端玻璃带已冷却到 $600℃$ 左右被引出锡池,通过过渡辊台进入退火窑。

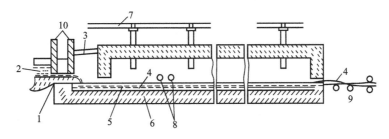

图 6.15 浮法玻璃生产示意图

1—导流槽;2—玻璃液;3—碹顶;4—玻璃带;5—锡液;6—槽底;
7—保护气体管道;8—拉边器;9—过渡辊台;10—闸板

由上述过程可知,玻璃的浮法成形是在锡槽中进行的。玻璃液由熔窑经导流槽进入锡槽,其成形过程包括自由展薄、抛光、拉引等工艺环节。

当浮在锡液面上的玻璃液不受任何外力作用时所显示的厚度称为自由厚度。它取决于以下因素:玻璃液的表面张力 σ_g、锡液的表面张力 σ_t、玻璃液与锡液的界面张力 σ_{gt} 以及玻璃液与锡液的密度 ρ_g、ρ_t。这些因素之间的关系为:

$$h^2 = \frac{2d_2(\sigma_g + \sigma_t + \sigma_{gt})}{g\rho_g(\rho_t - \rho_g)} \tag{6-1}$$

式中,ρ_g、ρ_t 为玻璃液与锡液的密度;g 为重力加速度。

应用上述公式可对浮法玻璃的自由厚度进行估算,例如当成形温度为 $1000℃$ 时,$\sigma_g = 340\times10^{-3}N/m$,$\sigma_t = 500\times10^{-3}N/m$,$\sigma_{gt} = 550\times10^{-3}N/m$,$\rho_t = 6.7g/cm^3$,$\rho_g = 2.5g/cm^3$,代入上式得 $h = 7mm$,与实测值相近。

由于玻璃液与锡液互不浸润,互无化学反应,且锡液密度大于玻璃液,因而玻璃液浮于锡液表面,如图 6.16 所示。其浮起高度 h_1 和沉入深度 h_2 可用式(6-2)和式(6-3)表示:

$$h_1 = \left(1 - \frac{d_g}{d_t}\right) \cdot h \qquad (6-2)$$

$$h_2 = h - h_1 \qquad (6-3)$$

式中，h 为玻璃液在锡液面上的自由厚度。

玻璃液由导流槽流入锡槽时，由于流槽面与锡液面存在落差以及流入时的速度不均将会对玻璃液形成冲击波，可以把玻璃液由高液位（导流槽面）落入低液位（锡槽面）所形成冲击波的断面曲线，近似地看作是正弦函数，即：

$$z = A\sin\frac{2\pi}{\lambda}\chi \qquad (6-4)$$

所形成的这种正弦状波纹在进行槽向扩展的同时向前漂移，此时正弦波状波纹将逐渐减弱（图 6.17）。处于高温状态下的玻璃液由于表面张力的作用，使其具有平整的表面，达到玻璃抛光的目的，这个过程所需要的时间即为抛光时间。它对设计锡槽的长度与宽度是一个重要的技术参数。

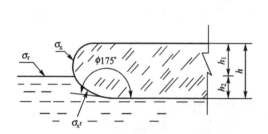

图 6.16　玻璃液在锡液面上的浮起高度

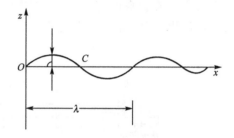

图 6.17　玻璃带的纵向断面

把 OC 段的玻璃液视为一个玻璃滴，其中任一点的 x 所受的压力 p 是玻璃表面张力所形成的压强和流体的静压强之和（式(6-5)），即：

$$p = \sigma_g\left(\frac{1}{R_1} + \frac{1}{R_2}\right) + \rho_g g z \qquad (6-5)$$

式中，σ_g 为玻璃液在成形温度（1000℃）时的表面张力（N/m）；R_1，R_2 分别为玻璃液在长度和宽度方向的曲率半径；ρ_g 为玻璃液在成形温度时的密度；g 为重力加速度。

上式中 $\sigma_g\left(\frac{1}{R_1} + \frac{1}{R_2}\right)$ 为表面张力形成的附加压强，又称拉普拉斯公式。经运算可得下式：

$$p = \left(\frac{4\pi^2}{\lambda^2}\sigma_g + \rho_g g\right)z \qquad (6-6)$$

玻璃板的抛光主要是靠表面张力，因而表面张力值应不低于静压力值。此时，

$$\lambda^2 \leqslant \frac{4\pi^2}{\rho_g g}\sigma_g \qquad (6-7)$$

由上式可求得 λ 的临界值 λ_0。

在表面张力作用下，波峰与波谷趋向于平整的速度 v 可以用粘滞流体运动的管流公式计算，即：

$$\sigma_g = \eta v \qquad (6-8)$$

式中，η 为玻璃粘度。

应用上述各式可以估算浮法玻璃的抛光时间。

浮法玻璃的拉薄在工艺上有两种方法，即高温拉薄法与低温拉薄法，如图 6.18 所示。

在高温拉薄时(1050℃)，其宽度与厚度变化如图中 POQ 所示；在低温拉薄时(850℃)，其曲线为 PBF。从图 6.18 可以看出两种不同的拉薄法其效果并不相同。例如设原板在拉薄前的状态为 P 点，即原板宽为 5m，厚为 7mm。若分别用高温拉制法与低温拉制法进行拉薄，若使两者的宽度均为 2.5m，则相应得 F 点和 O 点，其厚度却分别为 3mm(低温法)和 6mm(高温法)，可见用低温法可以拉制更薄的玻璃。若拉制厚度为 4mm 的玻璃，则相应的为 B 点和 Q 点，其板宽分别为 3mm(低温法)和 0.75m(高温法)。

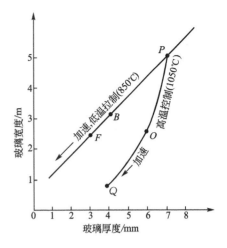

图 6.18　高温和低温拉薄曲线

6.2.2　玻璃制品成形加工

1. 玻璃成形加工原理

玻璃在玻璃化温度以下处于硬脆状态，一般只能进行机械研磨、抛光处理；当温度高于玻璃化温度时属于热塑性材料，因此玻璃制品的成形一般都是采用热塑成形，常见的成形方法有吹制法(如瓶罐等空心玻璃)、压制法(如烟缸、盘子等器皿玻璃)、压延法(如压花玻璃等)、拉制法(如纤维、管子等)、浇铸法(光学玻璃等)、离心法(如显像管玻壳、玻璃棉等)、喷吹法(玻璃珠、玻璃棉等)以及焊接法(艺术玻璃、仪器玻璃等)等。

玻璃制品的成形过程包括成形和定形两个阶段：第一阶段是赋予制品以一定的几何形状；第二阶段是把制品的形状固定下来，玻璃的定形通过温度降低进行。

在整个成形过程中，玻璃除了作机械运动外，还向周围介质进行连续的热传递。由于冷却和硬化，玻璃由粘性液体变为可塑态，然后再转变成脆性固态。因此玻璃的成形过程是极为复杂的各种性质不同作用下的综合过程，其中热传递作用有重要的意义，成形时玻璃的热量要转移到周围的冷空气介质中去。对于无模成形类制品(如平板玻璃、玻璃管、玻璃纤维等)，冷却介质是空气，情况单一，较为简单；另一类模型成形制品(如瓶罐、器皿等空心制品)，冷却是通过模型再向空气作二次传递，情况相对前者要复杂些。有模成形时，由于一般玻璃的比热小于金属模具的比热，因此玻璃和模具接触面的温降很大而模具内表面的温升相对较小，又因为玻璃是热不良导体(导热系数远小于金属)，所以玻璃与模型接触时的降温主要限于玻璃极薄的表面层，其内部温度尚高，玻璃表层的强烈冷却收缩会造成短时间脱离与模型接触，此刻由于内外层温差，玻璃内部的热量重新加热使表层的膨胀再次与模型接触，向介质进行热传递，如此反复进行而达到冷却和硬化的目的。在生产中将热的玻璃成形过程中短暂脱离模具接触时因本身内外温差而加热表面的现象称为"重热"(瓶罐玻璃成形时，玻璃出雏型模进入成形模之前也有"重热"现象)。玻璃的"重热"可以使其内外温度、质量重新分布均匀，防止外表面因冷却过快产生太大的张应力使成品破裂。

2. 日用玻璃成形

日用玻璃主要包括瓶罐玻璃、器皿玻璃等，这类玻璃的成形方法有人工成形和机械成形两种。

1）人工成形

人工成形是一种比较原始的成形方法，但目前在一些特殊的玻璃制品成形中仍在沿用，如仪器玻璃的成形等。这种方法目前最常用的是人工吹制法，具体是由操作工人用一空心吹管的一端挑起熔制好的玻璃料，然后依次执行均匀吹成小泡、吹制、加工等操作而使玻璃制品成形。这种成形方法要求操作工人具有丰富的工作经验和熟练的操作手法。

2）机械成形

玻璃制品的机械成形起源于 19 世纪末，其雏形是模仿人工操作的半机械化方法成形。19 世纪 80 至 90 年代发明的压-吹法和吹-吹法，使玻璃制品的成形完全实现了机械化。

一般空心制品的成形机大多数采用压缩空气为动力，用压缩空气推动气缸来带动机器动作。压缩空气容易向各个方向运动，可以灵活地适应操作制度，而且也便于防止制动事故。也有一部分空心制品的成形机是采用液压传动的。

空心制品的机械成形可以分为供料与成形两大部分。

（1）供料：如何将玻璃液供给成形机，是机械化成形的主要问题。不同的成形机，要求的供料方法也不同，主要有以下 3 种。

① 液流供料，利用熔窑中玻璃液本身的流动进行连续供料。

② 真空吸料，在真空作用下将玻璃液吸出熔窑进行供料的方法。它主要用于罗兰特和欧文斯成形机。它的优点是料滴的形状、质量和温度均匀性比较稳定，成形的温度较高，玻璃分布均匀，产品质量好。

③ 滴料供料，是使熔窑中的玻璃液流出，达到所要求的成形温度，由供料机制成一定质量和形状的料滴，按一定的时间间隔顺次将料滴送入成形机的模型中。

（2）成形：空心玻璃制品的成形通常有压制与机械吹制两种方法。

① 压制法，所用的主要机械部件有型坯膜、冲头和口模，采用供料机供料和自动压机成形。其成形过程如图 6.19 所示。压制法能生产多种多样的实心和空心的玻璃制品，如玻璃砖、透镜、电视显像管的面板及锥体、耐热餐具、水杯、烟灰缸等。压制法的特点是制品的形状比较精确，能压出外面带花纹的制品，工艺简便，生产能力较高。

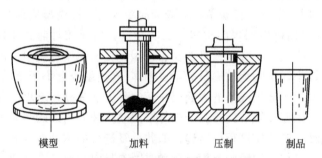

模型　　　　加料　　　　压制　　　　制品

图 6.19　玻璃压制法的成形过程示意图

② 机械吹制法，它可以分为压-吹法和吹-吹法。

a. 压-吹法：该法的特点是先用压制的方法制成制品的口部锥形螺纹口，然后再移入成形模中吹成制品。因为锥形螺纹口是压制的，而制品的其他部分是吹制而成的，所以称为压-吹法。如图6.20所示，其具体成形过程是组合好半成品用的压制型模，并将玻璃粘坯置入压型模内，再用冲头挤压玻璃粘坯制成口部锥形。然后将口模连同锥形移出成形模，再置入成形模用压缩空气吹制成产品要求的形状。最后将口模打开取出制品，进行退火处理。压-吹法主要用于生产广口瓶、小口瓶等空心制品。

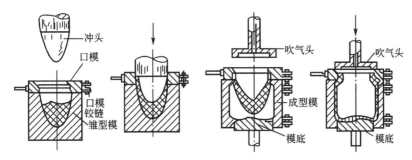

图6.20 压-吹法成形广口瓶示意图

b. 吹-吹法：该法是先在带有口模的锥型模中制成口部和吹成锥形，再将锥形移入成形模中吹成制品。因为锥形和制品都是吹制的，所以称为吹-吹法。吹-吹法主要用于生产小口瓶。

3. 拉制成形

拉制可用来成形长的玻璃工件，例如薄板玻璃，玻璃棒、管，玻璃纤维等。这些产品都有恒定的截面。拉制成形是利用机械拉引力将玻璃熔体制成制品，分为垂直拉制和水平拉制两种方法。图6.21为丹纳法拉管示意图，它主要用于制造外径2~70mm的玻璃管，如日光灯、霓虹灯和安瓿瓶等薄玻璃管。图6.22所示为垂直引上拉管示意图，该法生产的玻璃管直径为2~30mm。

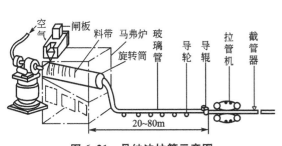

图6.21 丹纳法拉管示意图

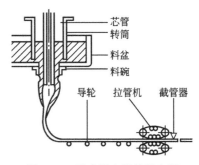

图6.22 垂直引上拉管示意图

图6.23为玻璃薄板连续拉制工艺示意图。将薄板漂浮通过处于高温的熔化锡浴槽，可以大大提高其平整度和表面光洁度。

连续的玻璃纤维是通过一个相当复杂的拉丝操作成形的，先将熔融的玻璃放在铂加热室中，通过加热室底部的许多微孔将熔融玻璃拉制成纤维。拉制纤维时，玻璃的粘度是个关键因素，由加热室和微孔的温度来控制。拉制法的缺点是制造时精确的厚度和均匀度较难控制。

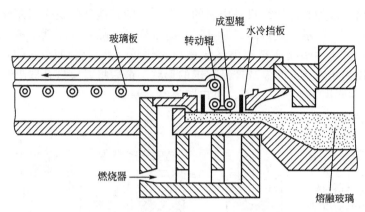

图 6.23 玻璃薄板连续拉制工艺示意图

6.2.3 玻璃的退火

玻璃及玻璃制品在成形后的冷却过程中，经受激烈的、不均匀的温度变化产生的热应力会导致大多数制品在存放、加工及使用中自行破裂，所以一般在其成形后均要经过退火以减少或消除应力。

1. 玻璃的热应力

玻璃中的应力一般可分为热应力、结构应力和机械应力三类。

玻璃中由于存在温度差而产生的应力，称为热应力，热应力又分为暂时应力和永久应力两种。

1）暂时应力

温度低于应变点（对应于粘度值 η 为 $10^{13.6}\text{Pa·s}$）而处于弹性变形温度范围的玻璃，在加热或冷却过程中，即使加热或冷却的速度不是很大，玻璃的内层和外层也会形成一定的温度梯度，从而产生一定的热应力。这种热应力随着温度梯度的存在（或消失）而存在（或消失），所以称为暂时应力。应该指出，对玻璃中的暂时应力值也必须控制，如果暂时应力超过了玻璃的抗张强度极限，玻璃同样会破裂。

2）永久应力

常温下，玻璃内外层温度均衡后，即温度梯度消失后，仍然残留的热应力称为永久应力（残余应力）。

玻璃中永久热应力的产生源于其高于转变温度（对应于粘度值 η 为 10^{12}Pa·s）降温的热经历。当玻璃从转变温度到退火温度区，在每一温度下均有其相应的平衡结构，在冷却过程中随着温度的降低，玻璃结构将发生连续逐渐的变化。当玻璃中存在温度梯度时，各温度所对应的结构也是不相同的，亦即相应地出现了结构梯度。而当温度快速冷却到应变点以下时，这种结构梯度也被保留了下来。这种结构因素引起了内外层的膨胀系数不同，在内外层温度均达到常温时，由于其体积变化不同，就产生了残留的永久应力。

永久应力的大小取决于转变温度附近到退火温度范围内的冷却速度、冷却前后的温差、玻璃调整结构的速度（即松弛速度）及制品的厚度等。过大的永久应力会使玻璃在加工或使用过程中炸裂。玻璃中的内应力会造成光学上的双折射现象，通常以双折射的光程差 $\delta(\text{mm/cm})$ 表示永久应力。

2. 玻璃退火原理及工艺

如上所述，玻璃的永久热应力产生于转变温度附近到退火区的结构调整（应力松弛），因此为了消除永久应力，也必须将制品加热到质点可移动、调整的温度（此温度下制品应该不至于变形）。在转变温度以下的相当温度范围内，玻璃中的质点仍能进行调整而玻璃的粘度值也相当大，不至于造成可测出的变形，因此可以在该温度区内进行退火。

玻璃的最高退火温度是指在该温度下保持3min能消除95%的应力，定为退火上限（相当于转变温度），最低退火温度指在该温度下保温3min仅能消除5%的应力，为退火下限（对应于$10^{13.6}$Pa·s粘度值，即玻璃的应变点）。玻璃的退火温度上限与其化学组成有关，大部分器皿玻璃的退火上限为550±20℃，平板玻璃为550～570℃，瓶罐玻璃为550～600℃，而铅玻璃则为460～490℃。在生产中，一般取退火上限为低于转变温度20～30℃。

玻璃处于退火上限，保持一定时间可使结构得到调整而松弛内部的热应力；在由退火上限冷却到退火下限的过程中，必须采取缓慢冷却方式以避免或控制产生新的永久应力；在退火下限温度以下，则可以快速冷却，冷却的速度以产生的暂时热应力不致使制品破裂为原则。

玻璃的退火工艺按温度和时间的变化，可分为一次退火、二次退火及精密退火（光学玻璃采用）等三类，按退火设备不同又可分为间隙退火和连续退火两类。

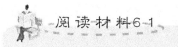 阅读材料6-1

浮法玻璃制造工艺

当今世界上有三种类型的平板玻璃：平拉，浮法，压延。浮法玻璃在目前玻璃生产总类中占百分之九十以上，是世界建筑玻璃中的基础建筑材料。浮法玻璃生产工艺创立于1952年，为高品质玻璃生产设立了世界标准。浮法玻璃工艺包括五个主要步骤：配料，熔化，成形和镀膜，退火，切割和包装。

1. 配料

配料是第一阶段，为熔化制备原材料。原材料包括砂，白云石，石灰石，纯碱和芒硝。这些原材料都储存在配料房中。料房中有料仓，料斗，传送带，溜槽，集尘器，以及必要的控制系统，控制着原料的输送和配合料的混合。从原料送到料房的那一刻起，它们是在不断的移动中。在配料房内部，一条长长的平传送带将原材料按次序从各种原料的料仓中一层层地连续地输送到斗式提升机，然后再送往称量装置以检测其复合重量。回收的玻璃碎片或生产线回头料会加到这些成分中。每份配合料含有大约10～30%的碎玻璃（图6.24）。干燥的材料加入混合机中搅拌成配合料，搅拌好的配合料通过传送带从配料房中送到窑头料仓储存，然后用加料机以控制的速率加入熔窑中（图6.25）。

2. 熔化

典型的熔窑为有六个蓄热室的横火焰熔窑，大约有25米宽62米长，每天的生产能力为500吨。熔窑的主要部分是熔化池，澄清池，工作池，蓄热室和小炉，由特种耐火材料建成，外框有钢结构。配合料由加料机送到熔窑的熔化池中，熔化池靠天然气喷枪加热到1650℃。熔融的玻璃从熔化池经澄清池流到卡脖区域，搅拌均匀。然后流入工作部，慢慢冷却降至大约1100℃，使其在到达锡槽之前达到合适的黏度。

图 6.24 碎玻璃堆场

图 6.25 用料斗将混合好的原料送入
高达 1650℃ 的熔窑进口端

3. 成形和镀膜

　　将澄清好的玻璃液成形成玻璃板的过程是一个按材料的自然倾向机械操纵的过程，这种材料的自然厚度为 6.88 毫米。玻璃液从熔窑通过流道区域涌出，由一个叫做闸板的可调节门控制其流量，闸板深进玻璃液±0.15 毫米左右。它浮在熔融的锡液之上，因此叫做浮法玻璃。玻璃和锡互相不起反应，而且可以分离开；它们在分子形式上相互抵制的特性使玻璃极其光滑。锡槽是一个密封在受控的氮和氢气氛的单元，大约 8 米宽 60 米长，生产线速度可达 25 米/分钟。锡槽载有近 200 吨纯锡，平均温度为 800℃。当玻璃在锡槽入口的末端形成一个薄层，称为玻璃板，两边各有一系列的可调拉边机进行操作。通过控制程序可设定退火窑和拉边机的速度。玻璃板的厚度可在 0.55～25 毫米之间变化。上部分区加热原件用来控制玻璃温度。随着玻璃板连续不断地流经锡槽，玻璃板的温度会逐渐下降，使玻璃变的平坦平行。此时可用 AcuraCoat® 热解 CVD 设备在线镀反射膜，LOWE 膜，太阳能控制膜，光伏膜，以及自洁膜。这时玻璃已准备冷却，在熔融锡液上摊成薄层，与锡液保持分离，成形成板状，靠吊挂的加热元件提供热，靠拉边机的速度和角度控制玻璃的宽度和厚度(图 6.26)。

图 6.26 玻璃在熔融锡液上摊成薄层

图 6.27 成形好的玻璃退出退火窑

4. 退火

当成形的玻璃离开锡槽时玻璃的温度为600℃。如果玻璃板放在大气中冷却，玻璃表面会比玻璃内部冷却的快，这样就会造成表面严重压缩，使玻璃板产生有害的内应力，玻璃在成形前后的受热过程也是内应力形成的过程。因此通过控制热量使玻璃温度逐渐降到周围环境温度，即退火，是很必要的。退火在一个大约6米宽120米长预先设置好温度梯度的退火窑中进行。退火窑中包括电控加热元件和风机，以保持玻璃板横向温度的分布持续稳定，退火过程的最终结果是将玻璃小心地冷却到常温而没有带来暂时应力或永久应力。

5. 切割和包装

经退火窑冷却好的玻璃板通过与退火窑驱动系统相连接的辊道输送到切割区域（图6.27）。玻璃通过在线检测系统以排除任何缺陷，用金刚石切割轮切割，去除玻璃边缘（边料回收为碎玻璃）。然后切割成客户所需要的尺寸（图6.28）。玻璃表面撒上粉末介质，使玻璃板可以堆积存放而避免沾在一起或划伤。最后靠人工或自动机器将无瑕疵玻璃板分成垛进行包装，转移到仓库储存或装运给客户（图6.29）。

图6.28 玻璃通过自动切割机

图6.29   工人在仓库运输总重约7500公斤的堆垛玻璃

资料来源：http://wenku.baidu.com，浮法玻璃制造工艺

 习 — 题

1. 简述普通陶瓷制品的生产工艺流程。
2. 何谓一次烧成、二次烧成？各具什么特点？
3. 写出几种常用的陶瓷坯体成形方法及各自成形的机理，并说明这样分类的依据，区别旋压成形与滚压成形的不同之处。
4. 简述陶瓷烧成各温度阶段所发生的物理化学变化。
5. 试用框图表示无机玻璃的生产工艺流程。
6. 玻璃生产常用的原料有哪些？各种原料主要提供哪些氧化物成分？
7. 要制备质量合格的配合料，应该注意哪些问题？
8. 玻璃的形成过程可以分为哪几个阶段？
9. 玻璃的成形方法有哪几种？简述浮法玻璃的成形过程和应注意的问题。

第三篇

材料液态成形加工工艺及设备

将材料加热到高温溶化成液态，然后采取一定的成形和冷却方法获得所希望的材料制品的材料加工方法称为材料的液态成形。人们把材料分为金属材料、无机非金属材料和高分子材料3大类。根据3大类材料成形工艺的特点，材料的液态成形工艺可分为金属材料的液态成形、无机非金属材料的液态成形和高分子材料的液态成形工艺。本部分内容主要讲述金属材料的液态成形。

第7章
金属材料液态成形加工工艺及设备

 本章教学要点

知识要点	掌握程度	相关知识
金属材料铸造成形技术发展历程	了解	国内外发展历程、现状和趋势及最新技术
砂型铸造成形加工工艺基础	掌握	砂型铸造工艺、工艺制定及各类造型方法
特种铸造成形加工工艺基础	掌握	各类特种铸造工艺特点及应用
铸件结构设计	掌握	铸件结构设计要点及应用
金属材料铸造成形设备	熟悉	各类典型设备结构、特点及应用

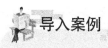 导入案例

世界最大的三峡右岸水轮机转轮叶片通过鉴定

2007年8月15日，哈尔滨电机公司铸造的世界最大的三峡右岸水轮机转轮叶片(图7.0)通过了由全国知名学者组成的鉴定委员会的鉴定。鉴定委员会专家认为哈电研制的三峡水轮机转轮叶片的化学成分、力学性能、内外质量及尺寸精度均达到了同类产品的国际先进水平，叶片铸造工艺方法具有创新性，叶片型线准确，加工余量分布均匀，用计算机模拟技术深入地研究了叶片的变形规律，对今后生产和进一步提高叶片质量具有指导意义，建议哈电扩大叶片制造能力，如增加叶片粗加工设备等，尽快实现稳定、高效、批量生产。

三峡右岸叶片通过鉴定标志着三峡右岸转轮叶片的铸造实现了国产化，标志着哈电机公司具备了批量生产三峡叶片的技术和能力，实现了三峡叶片国产化，扩大了大容量水电机组的国产化份额，增强了民族工业在国际上的竞争力，打破了国外大型水电铸造部件的垄断局面，为巨型水轮机转轮叶片铸造全部实现国产化奠定了坚实的基础。同时，迫使国外厂家的同类产品订货价格降低，社会效益、经济效益显著。

三峡水轮发电机组单机容量为700兆瓦，其中大型不锈钢铸焊结构转轮的直径为10.44米，叶片最大轮廓尺寸为4537mm×4951mm×2300mm，净重17.49吨，VOD精炼钢水，探伤要求为CCH 70-3，是当今世界尺寸最大的混流式转轮。哈电制造的三峡叶片每吨成本为11.5万元，国外订货价格为每吨14万元，每片可节约43万元；每台机组15片叶片，每台可节约资金655万元。在国家的规划中，优先开发中国西南部金沙江、雅砻江、大渡河流域的大型水电基地，实施流域梯级滚动开发，计划新装机的150多台机组共需约2000多个叶片。这些大型机组的叶片如果能全部国产化，将为国家节约数十亿人民币。

图7.0 三峡右岸水轮机转轮叶片

➡ 资料来源：http://jyjc.acftu.org/template/10001/file.jsp? aid=5362.

7.1 金属材料液态成形技术的发展与现状

金属材料的液态成形是将金属材料加热熔化成液态，然后采取一定的成形方法(如铸造、焊接等)，待其冷却、凝固，获得所希望的金属材料制品的一种成形技术。

金属材料液态成形是人类掌握比较早的一种金属热加工工艺，已有约6000年的历史。

据出土文物考证和文献记载，我国的金属材料液态成形技术历史悠久。早在 5000 多年前，金属液态成形技术就出现在了中华大地上，我们的祖先就能用其冶炼红铜和青铜等合金，并铸出了简单的铜斧头，我国是世界上较早掌握金属材料液态成形技术的文明古国之一，其成功推动了农业生产、兵器制造、人民生产及天文、医药、音乐艺术等方面的进步。毫不夸张地说，金属材料液态成形技术在我国古老的历史上占有极其重要的地位。远在青铜器时代和封建社会的前期，大部分青铜器件和铁器件都使用铸造成形，这一点和欧洲主要使用锻造成形有所不同。聪明的古代铸造匠师们以其精湛的技艺创造了一系列优秀技术，从而谱写了留芳于后世的铸造史。

我国古代铸造技术的发展经历了两个阶段，前 2000 余年是以青铜为主的冶铸技术发展阶段；后 2000 年是以铸铁为主的发展阶段。这两个阶段是青铜器时代和铁器时代文明的重要标志。在我国古代，常用的铸造工艺主要有范铸法和失蜡法等。范铸法是用范组合成铸型进行浇注的方法，主要包括铁铸、铸焊和铸镶等工艺方法；根据所用范的不同，又可分为石范铸造、泥（陶）范铸造和金属范铸造等。失蜡法是用蜡制成模、外敷造型材料成为一整体铸型，然后加热使蜡融化流出，形成空腔，液态金属浇入后冷却成形，得到与原蜡模型状相同的铸件。明代宋应星的《天工开物》中就记载了失蜡法的工艺流程。

我国夏代就开始采用陶范（泥型）铸造青铜手工器具和农具，它对商周社会的发展起了重大作用，从而造就了举世闻名的以葬器铸造为特征的灿烂的商周青铜文化。铸造工艺到商代晚期已臻成熟，并具有各种形式。河南安阳殷墟出土的司母戊大方鼎高 1.33m、长 1.16m、宽 0.79m，重达 875kg，采用的铸造工艺为泥范铸造，整体浇注，是迄今世界上最古老的大型青铜器之一，反映出商代青铜冶铸业具有极高水平。

春秋战国时期，陶范铸造技术有了新的发展，突出表现在编钟和剑的铸造上。1978 年在湖北省随县曾候乙墓出土的一套 64 件的编钟，重约 2500kg，据考证是 2400 年前战国初期铸造的，钟上共铸有镶金铭文 2800 多字，标出音名、音律等。整套编钟音域宽广，能演奏各类名曲，音律准确和谐，音色优美动听。整套编钟铸造水平极高，被誉为"世界第八大奇迹"，是我国古代青铜器的杰出代表。湖北江陵楚坟中出土的越王勾践剑至今光亮无锈，锋利如新，剑首同心圆薄壁构造，厚仅 0.4mm，系铸造成形。1953 年河南郑州二里岗出土的商代熔铜坩锅高 32.7cm、口径 30.5cm、底 3.5cm，收藏于中国历史博物馆，是熔炼金属铜及其合金的工具。

为了制造更复杂的器形和纹饰，西周东周之交在陶范铸造的基础上，我国又发明了熔模（失蜡）铸造工艺。1978 年湖北随州出土的战国初期的青铜尊和盘，就是我国先秦熔模铸造产品的例证。铜尊中形状与范纹最复杂的部位是颈部的透空附饰，它是由 3 个层次的铜撑、铜梗和纹饰组成，经考古反复论证，它属于熔模铸造的铸件。再如西汉的"鎏金长信宫灯"、明浑仪、乾隆朝钟均是用熔模铸造的享有盛誉的精密铸件。

西汉时期云南滇池生产的贮贝器、铜兵器，有的由数百个动物、人物镶铸成形，有的盘绕着牛、虎、蛇等动物形象，具有熔模铸造艺术铸件的典型特征。该文物的出土是这一工艺在边远少数民族地区得以应用的重要例证。

到清代，宫廷手工业采用熔模铸造法作为创作艺术铸件的主要方法。从早期的青铜尊、盘透空附饰，到现今的无余量叶片，显然有其内在的历史联系与渊源。

到春秋中、晚期，我国开始采用层叠铸造，批量生产小型铸件的先进技术，如铸造青铜刀币，它不仅减少了作业面积、提高了生产率，而且可以改善铸件质量。到汉代叠铸技术应用得更为广泛，如用来制作钱币、车马器等，规范化的程度更高。至今叠铸仍在我国一些手工操作和个别机器造型的厂家中应用，这是一种深受工人欢迎的工艺。

由青铜器过渡到铁器是生产工具的重大发展。我国从春秋战国时期开始大量使用铁器，推动了奴隶社会向封建社会的过渡，从中国社会历史发展的影响来说，铸铁称之为继古代四大发明之后的中国第五大发明是当之无愧的。1953年在河北省兴隆县的古燕国铸冶作坊遗址的发掘中，发现距今2200~2350年的战国时期的铁范(铁质铸型)87件，可用于铸造铁锄、铁斧、铁镰、铁凿和车具等。在兴隆战国铁器遗址中发掘出浇铸农具使用的铁模，由泥砂造型发展到铁模铸造说明我国古代金属材料液态成形技术已经发展到相当高的水平，这比欧洲国家要早1800年左右，居世界先进行列。

随着生铁冶铸技术的发展和铸铁性能的提高，采用铁范(铸铁金属型)成批铸造生铁器件，是我国冶铁术的重大创造，曾引起了国内外的广泛重视。汉代至南北朝，我国铁范的应用范围逐步扩大，斧、锄、镰等农具都采用铁范来生产。唐宋时期犁铧、犁镜，鸦片战争期间的铸炮等，也是采用铁范铸制的。我国出版的《铸炮铁模图说》一书中详细记述了铁范制作工艺及其优点，铁范铸件质量好、生产成本低、节省工时，适于战时使用等，这可称得上是世界上最早阐述铸铁金属型的专著，也说明我国用铸铁金属型有较长的历史。

唐代以后，大型、特型、特大型铸件的不断涌现，表明中世纪我国冶铸生产的宏大规模。现存的著名大型铸件有沧州铁狮(约40t)、正定铜佛(约50t)、当阳铁塔(约53t)、兰州铁柱(约14t)、永乐大钟(约46t)等。目前，我国各地可见的大型铸件还有鼎、炉、旗杆、铁牛、大炮、浑仪和针灸铜人等，其铸造方法有分段接铸、分铸组装和整体浇注等3种。造型、制芯工艺大多为先做好蜡模或其他材质的实样，外形用泥范分组分段成形，泥芯一般是做成整体的，如沧州铁狮用409块泥范做出外形，泥芯就是整体的。隋唐以来，大型铜、铁铸件生产规模之大，铸造技术难度之高，在世界上是罕见的。

总之，我国古代的铸造工匠，在长期实践中表现出了卓越的才能、无穷的智慧及惊人的创造力，为铸造业的发展做出了巨大的贡献。上述商周陶范铸造、传统熔模铸造、生铁冶炼技术、铸铁金属型、层叠铸造和大型铸件铸造等重大技术成就，使我国古代的铸造工艺，从商代中、晚期到产业革命前，一直处于世界领先地位。其中有些铸造工艺虽然经历了几千年的发展和演变，但仍沿用至今，受到广大铸造工作者的欢迎。

由于中国封建社会的历史过于漫长，进入近代后，中国金属材料液态技术长期处于停滞状态。新中国成立后，我国的金属材料液态技术又有了很大的发展，并呈现出良好的发展态势，突出表现在三个方面：造型、制芯的机械化自动化程度明显提高；取代干型黏土砂和油砂的化学硬化砂的广泛应用；铸造工艺技术由凭经验走向科学化。这对提高生产效率、降低劳动强度、改善铸件的内在质量和外观质量、节约原材料及能源起了重大作用。

世界各国都很重视铸造生产的机械化自动化程度。机械自动化经历了从单机开发，提供成套工艺设备；普及机械化、自动化生产线到机电一体化；电子计算机等自控系统在铸造工艺、设备和管理中应用等3个发展阶段。我国从20世纪50年代初纺织机械行业(上海中国纺织机械厂、山西经纬纺织机械厂)自行设计、投产的机械化造型的铸造车间开始，先后在机床、汽车、拖拉机等企业从国外引进了机械化造型生产线，从此结束了我国长期沿袭下来的单一的手工造型方法，进入了机械化生产年代。低噪声的气动微震造型机是批量生产中、小铸件较为经济、应用最广泛的一种造型设备，由于它使用的砂箱简单、动力源单一、灵活性大、对型砂无特殊要求等特点，近几年的实践证明，由一对或两对造型机为主机布线的机械化、半自动、自动造型线具有投资少、周期短、可靠性高、操作维修方便等优点，特别是具有稳定可靠的生产率，为中小企业带来了可观的效益。但是这种设备生产的砂型紧实度较低，起模斜度较大，生产出的铸件精度和表面质量仍不理想，用来生产壁厚(3.5~4.0)±0.5mm的铸件十分困难。

20世纪60年代以后，在大批量生产铸铁件的铸造车间又开发了高压造型生产线。高压造型的主要优点是由于机械化自动化程度高，因而生产效率很高，一般200型/小时左右；砂型紧实度高且较均匀，浇注时变形小，铸件精度高(可达CT 10~CT 12级)和表面质量好(一般表面粗糙度为$Ra25~50\mu m$。高压造型机的种类很多，近年来国内外推广应用的主要是多触头高压造型机和射压造型机，按分型方式它又分为水平分型和垂直分型两种。相对来说，多触头高压造型机多用于比较大的铸件，而射压造型机多用于比较小的铸件。无箱射压造型机的结构简单、紧凑，成线辅机少，生产效率高，只要工艺上合理，具备批量生产规模，用这种造型机是比较经济的，特别适用于无芯或少芯的铸件。水平分型的射压造型机引起不少企业的关注，因为它在工艺上不需要变动，又可省去大量价格昂贵且维修量大的砂箱，所以国内外目前应用较多。鉴于多触头高压造型机的结构比较复杂，造价高，对设备的维修保养要求也较高，对工艺装备如模样、砂箱等要求高，噪声较大，砂型紧实度分布不匀的特点，瑞士GF公司于1978年提出了燃气冲击造型工艺的专利，并于1980年出售了第一条生产线。该公司又于1982年开发售出了空气冲击造型生产线，1983年德国BMD公司也售出了第一条气冲造型生产线。这种最新的造型方法可以一次紧实造型，能以较低的有效压力得到较大的砂型强度和较高的紧实度。它的主要特点是机器结构较简单，砂型的紧实度高且分布均匀，能生产出较复杂的砂型，生产效率高，工作噪声较低，对模样选材无特殊要求。压缩空气冲击造型机不需要特殊的压气机，使用安全可靠，工作方便，是近年来发展较快、应用较广的一种造型方法，在我国已有不少工厂投产应用。在国内也已研制成功并设计制造出成套的气冲造型线。大型抛丸清理机、垂直分型无箱射压造型机、水玻璃砂旧砂再生设备、金属型铸造设备、高水平自动制芯机、自动铸件清理机、自动砂处理机、大型自动压铸机以及精密铸造设备等铸造机械，国内都能生产制造。但是，拥有较先进的成套技术设备的铸造厂目前在我国还为数不多，仅限于汽车、内燃机、机床等一些大、中型企业里。因此，提高我国铸造生产机械化自动化程度、改善铸件质量、节约能源与原材料、减轻劳动强度、增加企业效益，仍属铸造企业技术改造的当务之急，有着极其重要的作用。

今天，我国已经建成机械化造型生产线500余条，能液态成形制造重达145t的机床横梁铸件、120t的轧机轧辊、260t的大型铸铁钢锭模、426t的长江三峡水轮机叶轮、730t的轧机机架和重达758t的压机活动横梁等金属制品。我国已能制造出世界上最新式的铸造机械和仪器，如能生产各种类型熔炼炉、高压造型机、制芯机、砂处理和清理设备以及一些无损探伤仪等大型成套设备，机械手和机器人在铸造生产的落砂、清理工序和压铸模精铸中开始得到应用。我国金属液态成形技术的现状是产量大，厂点多达3万多个，从业人员在250万人以上，门类齐全，有铸造特色产业集群近300个，主要分布在环渤海区域和长三角区域。中国的铸件产量从2000年起已经连续10年位居世界第一，2009年达到了

3530 万吨，占世界铸件总产量的三分之一，产量是位于第二位的美国总产量的 3 倍左右。我国虽已进入世界铸造大国行列，但从铸造装备、材质结构、成本、能耗、效益和清洁生产等方面看远非铸造强国，铸造业大而不强的特点依然存在，产业集群的现代化程度依然不够。与美、日、德、法等铸造强国相比，还有相当大的差距。我国铸造生产必须走优质、高效、低耗、清洁、可持续发展的道路，通过不断吸收电子、信息、材料、能源、现代化管理等高新技术成果，与传统铸造技术相结合形成一批先进铸造技术，才能迅速由大变强。

7.2　金属材料铸造成形概述

液态金属成形的工艺方法是将金属加热到液态，使其具有流动性，然后在重力或外力（压力、离心力、电磁力等）的作用下浇注、压射或吸入到与零件形状、尺寸相适应的铸型型腔中，冷却并凝固后，拆除铸型后获得一定形状和性能的零件或毛坯的成形工艺，亦称铸造，其过程如图 7.1 所示。

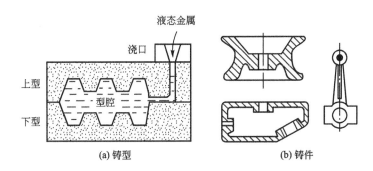

图 7.1　铸造成形过程

凝固后得到一定形状和性能的金属件称为铸件。金属液态成形（铸造）在机械制造业中占有重要的地位，它是制造毛坯、零件的重要方法之一。铸件一般作为毛坯经切削加工成为零件，但也有许多铸件无需切削加工就能满足零件的设计精度和表面粗糙度要求，直接作为零件使用。

铸造生产作为工业生产的基础产业，在机械制造业中占有重要位置。在一般机械设备中，铸件约占整个机械设备重量的 45%～90%；在金属切削机床中占 70%～80%；在汽车及农业机械中占 40%～70%，在风机、压缩机中约占 60%～80%。

它之所以能获得如此广泛地应用，是因为具有如下优点：①能够制造各种尺寸和形状复杂，特别是具有复杂内腔的铸件，如设备的箱体、阀体、螺旋桨、机座等；②应用范围广，既可用于单件小批量生产，也可用于大批大量生产；铸件的轮廓尺寸可小至几毫米，大至十几米；重量可小至几克，大至数百吨；铸件的形状和尺寸与零件很接近；③铸造常用的原材料来源广泛，价格较低，几乎凡能熔化成液态的合金材料均可用于铸造，如铸钢、铸铁、各种铝合金、铜合金、镁合金、钛合金及锌合金等铸件；铸造设备投资少，因此铸件的价格低廉；④铸件形状和尺寸与零件相近，因而切削加工余量可减少到最小，从而减少了金属材料消耗，节省了切削加工工时。

铸造生产也存在着不足之处：①铸造组织的晶粒比较粗大，且内部常有缩孔、缩松、气孔、砂眼等铸造缺陷，因而铸件的机械性能一般不如锻件；②铸造生产工序繁多，工艺过程较难控制，易出现缺陷，致使铸件的废品率较高，质量不稳定；③铸造工作环境粉尘多，工人的工作条件较差，劳动强度比较大，"三废"处理任务重。然而，随着科学和技术的不断发展，新工艺、新技术、新材料、新设备日益获得广泛的应用，使铸件质量和生产率得到很大的提高。

7.3 金属材料铸造成形加工工艺基础

金属材料铸造形成的方法很多，按造型方法可分为砂型铸造和特种铸造两大类。

砂型铸造是以型砂为主要造型材料制备铸型的传统铸造工艺方法，砂型铸造包括湿砂型、干砂型、化学硬化砂型三类。它具有原料来源丰富、生产批量和铸件尺寸不受限制、成本低廉、适应性广、生产准备简单、成本低廉等优点，是应用最广泛的铸造方法，是最基本的液态成形方法，其生产的铸件占铸件总量的80%以上。

特种铸造是除砂型铸造以外其他铸造方法的总称，常用的特种铸造方法有金属型铸造、压力铸造、熔模铸造、离心铸造、实型铸造、低压铸造、陶瓷型铸造等。特种铸造一般是将熔融金属浇注、压射或吸入到铸型型腔，经冷却凝固后，获得一定形状和性能的零件或毛坯的金属成形工艺，它广泛用于某些特定领域。

7.3.1 砂型铸造

砂型铸造是利用具有一定性能的原砂为主要造型材料，液态金属依靠重力充满铸型型腔，经冷却后，获得铸件的一种铸造方法。

1. 砂型铸造的工艺过程及特点

砂型铸造的主要工序包括制造模样和芯盒、配砂、造型、造芯、合型、熔炼、浇注、落砂、清理和检验等。如图7.2和7.3所示，砂型铸造首先是根据零件图设计出铸件图或模型图，制出模型及其他工装设备，并用模型、砂箱等和配制好的型砂制成相应的砂型，然后把熔炼好的合金液浇入型腔。等合金液在型腔内凝固冷却后，破坏铸型，取出铸件。最后清除铸件上附着的型砂及浇冒系统，经过检验即可获得所需铸件。

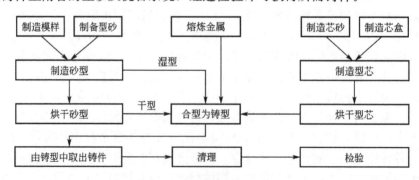

图 7.2 砂型铸造的工艺过程

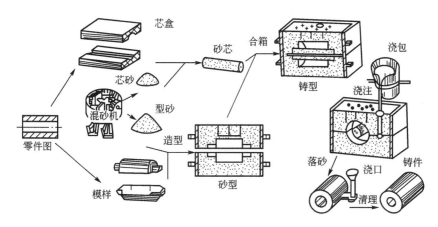

图7.3 砂型铸造的工艺过程

（1）模样是用来形成铸型型腔的工艺装备(模具)，按组合形式可分为整体模和分开模。芯盒是制造砂芯或其他种类耐火材料芯所用的装备。

制造模样和芯盒常用的材料有木材、金属和塑料。木模样具有质轻、价廉和易于加工等优点，但强度和硬度较低，易变形和损坏，常用于单件小批量生产。金属模样强度高、尺寸精确、表面光洁、寿命长，但制造较困难，生产周期长，成本高，常用于机器造型和大批量生产。

（2）制造铸型或型芯用的材料，称为造型材料，它一般指砂型铸造用的材料，包括砂、有机或无机粘结剂、水和其他附加物。用于制造砂型的砂子称为型砂，型砂由粘结剂、附加物、旧砂和水组成。合理选用和配制造型材料，对提高铸件质量、降低成本具有重要意义。造型材料应具有良好的流动性，以便于造出轮廓完整、清晰而准确的砂型(芯)；应具有足够的强度，可保证铸型在制造、搬运及浇注时，不致变形或毁坏；应具有良好的透气性，可保证气体及时从液态金属中排出，避免铸件产生气孔缺陷；应具有高的耐火度，可保证型砂在高温液态金属作用下不熔化，避免铸件产生粘砂缺陷。

铸型由型砂、金属或其他耐火材料制成，包括形成铸件形状的空腔、上下砂型、型芯、浇冒口系统和砂箱等。铸型由外型和型芯两部分组成。外型也称为铸型，它是成形铸件的外部轮廓；型芯是形成铸件的内腔。所以用型砂制成的铸型和型芯又叫做砂型和砂芯。

（3）造型是指用型砂、模样、砂箱等工艺装备制造砂型的过程。造型(造芯)是砂型铸造最基本的工序，造型方法的选择是否合理，对铸件质量和成本有着重要的影响。

按紧实型砂和起模方法的不同，砂型铸造的造型方法分为手工造型和机器造型两类。

手工造型是用手工来完成紧砂、起模和合箱等造型过程。手工造型的特点：操作灵活，工艺装备(模样、芯盒、砂箱等)简单，不需要复杂的造型设备，只需简单的造型平板、砂箱和一些手工造型工具，适应性强，所以手工造型大小铸件均可适应，它可通过分离模、活块、挖砂、三箱、劈箱等方法生产出形状复杂、难于起模的铸件，但手工造型对工人的技术水平要求较高，生产效率低，劳动强度大，铸件质量不稳定，尺寸精度和表面质量较差，因此适合单件或小批量生产。

在成批、大量生产时，应采用机器造型。机器造型指用机器完成全部或至少完成紧砂和起模操作的造型方法。与手工造型相比，机器造型生产效率高，铸件尺寸精度高，表面粗糙度低，改善了劳动条件，便于组织生产流水线，铸件质量高，但设备及工艺装备费用高，生产准备时间长，投资大，只适于大批量生产和具有一个分型面的两箱造型。

① 手工造型方法：手工造型的关键是起模问题。对于形状较复杂的铸件，需将模型分成若干部分或在几只砂箱中造型。根据模型特征，手工造型方法可分为整模造型、分模造型、挖砂造型、活块造型、刮板造型和假箱造型等。按砂型特征，手工造型方法可分为两箱造型、地坑造型、三箱造型和组芯造型等。

a. 整模造型：模型为一整体，分型面为一平面，造型时整个模样全部置于一个砂箱内，造型简单，不会产生错箱。它适用于铸造最大截面靠一端且为平面的铸件，如齿轮坯、轴承座、罩、壳、盘、盖等，其造型基本过程如图7.4所示。

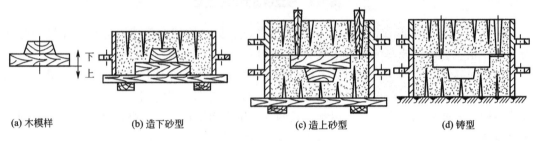

(a) 木模样   (b) 造下砂型   (c) 造上砂型   (d) 铸型

图7.4　整模造型基本过程

b. 分模造型：当铸件的最大截面不在铸件的端部时，为了便于造型和起模，模样要分成两半或几部分，这种造型称为分模造型。模型在最大截面处分开，型腔位于上、下砂箱内。模型制造较为复杂，造型方便。造型时模样分别置于上、下砂箱中，分模面（模样与模样间的接合面）与分型面（砂型与砂型间的接合面）位置相重合。分模造型广泛用于形状比较复杂的回转体类铸件生产，如管类、筒类和阀体类等有孔铸件，其造型基本过程如图7.5所示。

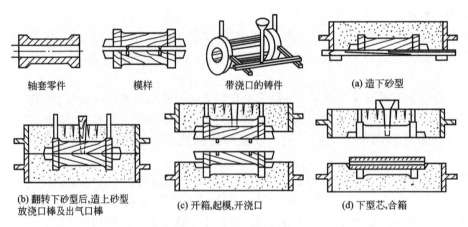

轴套零件   模样   带浇口的铸件   (a) 造下砂型

(b) 翻转下砂型后，造上砂型　放浇口棒及出气口棒   (c) 开箱，起模，开浇口   (d) 下型芯，合箱

图7.5　分模造型过程

c. 挖砂造型：当铸件的外部轮廓为曲面（如手轮等）其最大截面不在端部，且模样又不宜分成两半时，应将模样做成整体，造型时挖掉妨碍取出模样的那部分型砂，这种造

型方法称为挖砂造型。挖砂造型的模型是整体的,分型面为曲面,造型时为了保证顺利起模,必须把砂挖到模样最大截面处。其造型费工,对工人的操作技能要求高,生产率低。这种造型只适用于分型面不是平面的单件、小批铸件的生产,其造型基本过程如图 7.6 所示。

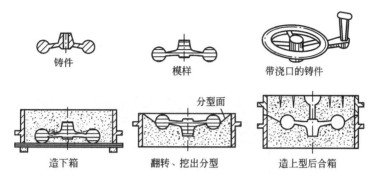

图 7.6 手轮的挖砂造型工艺过程

d. 活块模造型:模样上可拆卸或能活动的部分叫活块。将模样上阻碍起模的部分(如凸台、肋、耳等)做成活动的,用销子或燕尾结构使活块与模样主体形成可拆连接。起模时,先取出模样主体,活块模仍留在铸型中,起模后再从侧面取出活块的造型方法称为活块模造型。活块造型工艺复杂,生产率较低,主要用于生产带有凸台、难以起模的单件、小批铸件的生产,其造型基本过程如图 7.7 所示。

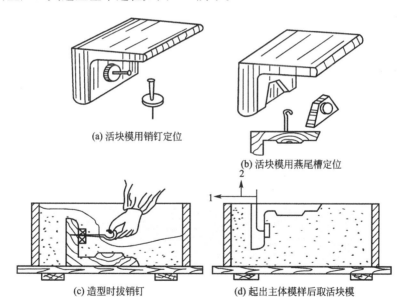

图 7.7 活块造型工艺过程

e. 假箱造型:利用预选制备好的半个铸型简化造型的操作方法叫做假箱造型。为了克服挖砂造型的缺点,在造型前预先做个假箱,然后再在假箱上制下箱体,假箱只是代替模板用于造型,而不用来浇铸铸件。它比挖砂操作简便,且分型面整齐,造型效率高,质量较好。它主要用于成批生产需要挖砂的铸件,其造型基本过程如图 7.8 所示。

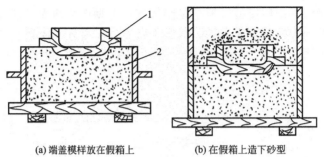

(a) 端盖模样放在假箱上   (b) 在假箱上造下砂型

图 7.8　假箱造型过程

1—端盖模样；2—假箱

f. 刮板造型：刮板造型是用与铸件断面形状相适应的刮板代替模样的造型方法。造型时，刮板绕固定轴回转，将型腔刮出。刮板造型可省去制模工序和工时，降低模型成本，缩短生产周期，但生产率低、操作复杂，铸件的尺寸精度低。此类造型多用于等截面或回转体的大、中型铸件的单件、小批量生产，如轮类、管类等零件，其造型基本过程如图 7.9 所示。

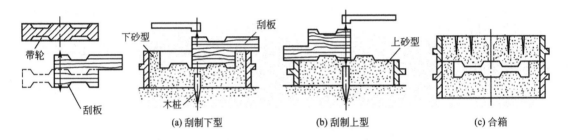

(a) 刮制下型   (b) 刮制上型   (c) 合箱

图 7.9　刮板造型示意图

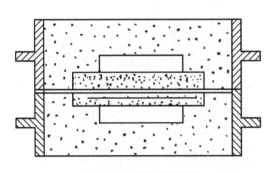

图 7.10　两箱分模造型

g. 两箱分模造型：模样沿最大截面分为两半，型腔位于上、下两个砂箱内。造型时，先将下半模型放在底板上，摆好砂箱，填砂，紧实后翻转下箱 180°，再放上上半模型，撒上分型砂，套好上箱，然后进行其他工序。两箱造型便于操作，适用于各种批量和各种尺寸的铸件，其造型简图如图 7.10 所示。

h. 三箱分模造型：当工件两端尺寸较大而中间部位尺寸较小时，就很难取一个分型面采用两箱造型法。此时可将铸件模样分割为 3 部分，这 3 部分模样分别位于上箱、中箱和下箱中。上、中、下三个砂箱组成铸型，有两个分型面，铸件的中间截面小、中箱高度与两个分型面间的距离适应。三箱造型费时，模样必须是分开的，铸件高度方向的尺寸精度较低，操作复杂，生产效率低，主要用于手工造型，生产有两个分型面的铸件，适合于中间截面小、两端截面大的铸件，其造型基本过程如图 7.11 所示。

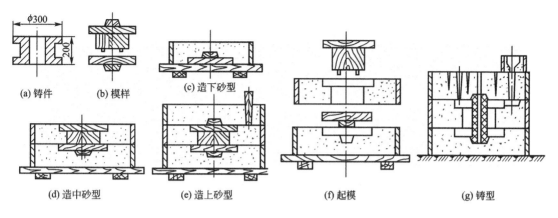

图 7.11 三箱分模造型

i. 地坑造型：直接在铸造车间的砂地上或砂坑内造型的方法称为地坑造型。大型铸件单件生产时，为降低铸型高度，便于浇注操作，多采用地坑造型。地坑造型可节省砂箱，但是铸型制造过程比较复杂，准备砂床要用较多的工时，所以地坑造型只适用于单件生产，其造型简图如图 7.12 所示。

j. 组芯造型：是用若干块砂芯组合成铸型的造型方法。组芯造型无需砂箱，可提高铸件精度，但成本高。它适用于大批量生产形状复杂的铸件，其造型简图如图 7.13 所示。

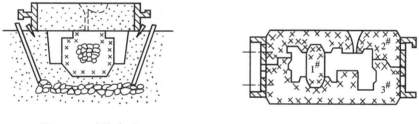

图 7.12 地坑造型　　　　　　图 7.13 组芯造型

造型方法的选择具有较大的灵活性。某个铸件往往有多种造型方法可供选择，应根据铸件结构特点、形状及尺寸、生产批量和车间具体条件等进行分析比较，合理选择造型方法，以获得合格铸件，减小制模和造型工作量，缩短生产周期，从而降低铸件生产成本。

图 7.14(a)所示为轴承座铸件简图。该轴承座形状左右对称，顶部有小凸台，供钻出加注润滑油的孔。从俯视图看，铸件的一端为平面，若采用整模造型，顶部小凸台会影响起模，故在单件小批生产时，可采用活块造型，如图 7.14(b)所示。在生产数量较多时，小凸台形状可用型芯做出，这样会增加造芯和下芯的工作量，但不必采用活块，给起模带来方便，如图 7.14(c)所示，在大批量生产条件下，应把模型沿铸件最大截面分开，进行分模造型，如图 7.14(d)所示，该造型方法的模型制造稍复杂，容易产生错箱缺陷，但简化了造型操作，具有较高生产率。

② 各种机器造型方法的特点和适用范围见表 7-1。

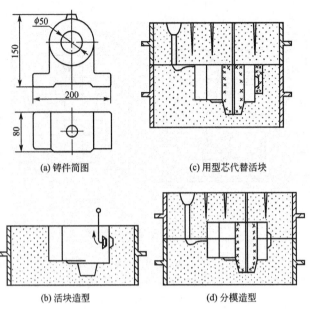

(a) 铸件简图   (c) 用型芯代替活块

(b) 活块造型   (d) 分模造型

图 7.14　轴承座铸件造型

表 7－1　各种机器造型方法的特点和适用范围

种类	简图	主要特点	适用范围
压实造型		单纯借助压力紧实砂型。机器结构简单、噪声小、生产率高、消耗动力少。型砂的紧实度沿砂箱高度方向分布不均匀,上下紧实度相差很大	适用于成批生产高度小于200mm薄而小的铸件
高压造型		用较高压实比压(一般在 0.7～1.5MPa)压实砂型。砂型紧实度高、铸件尺寸精度高、表面粗糙度值小、废品率低、生产率高、噪声小、灰尘小、易于机械化自动化,但机器结构复杂、制造成本高	适用于大量生产中、小型铸件,如汽车、机车车辆、缝纫机等产品较为单一的制造业

（续）

种类	简图	主要特点	适用范围
震击造型		依靠震击力紧实砂型。机器结构简单，制造成本低，但噪声大、生产率低，要求厂房基础好。砂型紧实度沿砂箱高度方向越往下越大	成批生产中、小型铸件
震压造型	压头　模板　砂箱　震击活塞　震击气缸（压实活塞）　压实气缸	经过多次震击后再压实砂型。该造型生产率高，能量消耗少，机器磨损少，砂型紧实度较均匀，但噪声大	广泛用于成批生产中、小型铸件
微震压实造型		在加压紧实型砂的同时，砂箱和模板作高频率、小振幅震动。该造型生产率高、紧实度均匀、噪声小	广泛用于成批生产中、小型铸件

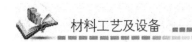

（续）

种类	简图	主要特点	适用范围
抛砂造型	胶带运输机 弧行板 叶片 转子	用离心力抛出型砂，使型砂在惯性力作用下完成填砂和紧实。该造型生产率高，能量消耗少、噪声低、型砂紧实度均匀、适用性广	单件、小批、成批大量生产中、大型铸件或大型芯
射压造型		由于压缩空气骤然膨胀，将型砂射入砂箱进行填砂和紧实，再进行压实。该造型生产率高，紧实度均匀，砂型型腔尺寸精确、表面光滑、工人劳动强度低、易于自动化，但造型机调整维修复杂	大批、大量生产形状简单的中、小型铸件
射砂紧实	砂斗 砂闸板 射砂筒 射腔 射砂阀储气包 射砂孔 排气孔 射砂头 射砂板 型芯盒 工作台	用压缩空气将型（芯）砂高速射入砂箱（或芯盒）而进行紧实。将填砂、紧实两个工序同时完成，故生产率高，但紧实度不高，需进行辅助压实	广泛用于制芯，并开始造型

　　机器造型是将填砂、紧实和起模等主要工序实现了机械化，并组成生产流水线。机器造型生产率高，质量稳定，劳动条件好，在大批量生产中已代替大部分手工造型，但设备和工艺装备费用高，生产准备时间较长，适用于大批量生产。按紧实型砂的方法，机器造型可分为压实、震实、震压、微震压、射砂紧实和抛砂紧实等造型方法。

　　（4）造芯是将芯砂制成符合芯盒形状的砂芯的过程，其工艺过程和造型过程相似。砂芯主要用于形成铸件的内腔或局部外形，它可用手工和机器制造，可用芯盒制造，也可用刮板制造(图 7.15)。其中手工芯盒制芯是最常用的方法。单件、小批生产时采用手工制芯，大批生产时采用机器制芯。

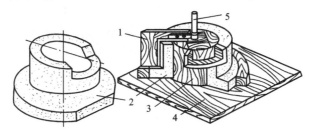

(a) 在底板上刮制中空砂芯

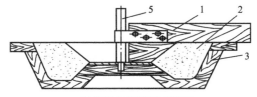

(b) 在芯盒内刮制中空砂芯

图 7.15　水平刮板造芯示意图

1—刮板；2—砂芯；3—模样(芯盒)；4—底板；5—轴

(5) 为了防止铸件产生粘砂、夹砂及砂眼等缺陷，提高铸件表面质量，将一些防粘砂材料制成悬浮液，涂刷在铸型和型芯表面，这种防粘砂材料悬浮液称为铸造涂料。

(6) 在铸型中引导液体金属进入型腔的通道称为浇注系统，其作用是承接和导入金属液，控制金属液流动方向和速度，使金属液平稳地充满型腔；调节铸件的凝固顺序；阻挡夹杂物进入型腔；调节铸件各部分温度，起到补缩作用。它通常由浇口杯(外浇口)、直浇道、横浇道、内浇道和冒口组成，如图 7.16 所示。浇口杯承接浇注的熔融金属；直浇道是以其高度产生的静压力，使熔融金属充满型腔的各个部分，并能调节熔融金属流入型腔的速度；横浇道将熔融金属分配给各个内浇道，同时起到挡渣作用；内浇道的方向不应对着型腔壁和砂芯，以免型壁或型芯被熔融金属冲坏。

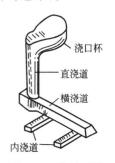

图 7.16　浇注系统

浇注系统按熔融金属注入铸型的位置不同分为以下 4 种。

① 顶注式浇注系统：从铸型顶部注入熔融金属，其特点是金属易于充满，补缩作用好，金属液消耗少，造型和清理方便，但金属液对铸型的冲击大，易产生砂眼、飞溅等。一般用于结构较简单、壁不厚、高度不大的铸件以及要求铸件致密、采用顶部冒口补缩的中小型厚壁铸件，易氧化的合金一般不宜采用。

② 底注式浇注系统：从铸型底部注入熔融金属，其特点是金属液对铸型的冲击小，金属氧化小，有利于排气、排渣，但不利于补缩，易产生浇不足缺陷。它适用于大、中型尺寸，壁部较厚、高度较大、形状复杂的铸件。

③ 阶梯式浇注系统：在铸型的高度方向上，从底部开始逐层在不同高度上注入熔融金属，具有顶注式和底注式的优点，充型平稳，排气好，过热现象小，但结构复杂，造型和清理不方便。它主要用于高度大的重型铸钢件和形状较复杂的薄壁铸件。

④ 中注式浇注系统：引注位置位于铸件中部某一高度上，是介于顶注式和底注式之间的一种浇注系统，兼具有顶注和底注的优点，造型简单、方便，中注式浇注系统对于分型面以下的铸件部分是顶注，金属液以大股流的形式从铸件侧面流入型腔，有可能造成冲砂、夹砂等缺陷。它适用于各种壁厚均匀、高度不大的中小型铸件，生产中应用最普遍。

（7）将铸件的各个组元如上型、下型、砂芯等按照工艺要求装配成铸型的操作过程称为合型，又称合箱，包括清理型腔和砂芯、合型和铸型的紧固 3 个工序。合箱是浇注前的最后一道工序，若合箱操作不当，会使铸件产生错箱、偏芯、跑火及夹砂等缺陷。

（8）在加热炉中将金属原料熔化，并调整其成分使其满足铸造生产要求的过程，称为熔炼，其任务是要获得符合一定化学成分和温度要求的熔融金属。熔炼时的合金成分是保证材料各种使用性能的前提，熔炼质量不好时，也可能使铸件产生各种缺陷。浇注是指将熔融金属从浇包中浇入铸型的操作，它是铸造生产中的一个重要环节。浇注工作组织的好坏、工艺是否合理不仅影响铸件质量，还涉及工人的安全。铸铁的浇注温度为液相线以上 200℃（一般为 1250～1470℃）。若浇注温度过高，金属液吸气多、体积收缩大，铸件易产生裂纹、缩孔、粘砂等缺陷；若浇注温度过低，金属液流动性差，铸件易产生浇不到、冷隔和气孔等缺陷；浇注速度过快，会使铸型中的气体来不及排出而产生气孔，并易造成冲砂、抬箱和跑火等缺陷；浇注速度过慢，使型腔表面烘烤时间长，导致砂层翘起脱落，易产生冷隔、结疤和夹渣等缺陷。

（9）落砂是指用手工或机械方法使铸件与型（芯）砂、砂箱分开的操作。落砂应在铸件充分冷却后进行，若落砂过早，铸件的冷速过快，会使灰铸铁表层出现白口组织，导致切削困难；若落砂过晚，由于收缩应力大，会使铸件产生裂纹，且影响生产率，因此浇注后应及时进行落砂。落砂后要及时从铸件上清除表面粘砂、型砂、多余金属（包括浇冒口、氧化皮）等。清理后的铸件应根据其技术要求仔细检查，判断铸件是否合格。技术条件允许补焊的铸造缺陷应进行补焊。合格的铸件应进行去应力退火或自然时效，变形的铸件应加以矫正。

2. 铸造生产流水线概念

在大批量生产的铸造车间机械化程度高，有条件把造型、浇注、落砂等主要工序组成流水线，进行有节奏的高效率生产。

图 7.17 为铸造生产流水线示意图。造型机配置在输送带旁边，合箱后的砂型放在输送带上，沿箭头方向运送到浇注平台前。浇包沿单轨被浇注工人推至浇注平台上进行

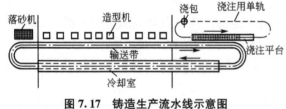

图 7.17　铸造生产流水线示意图

浇注。浇注后的砂型经冷却室到达落砂机旁边，用推杆或吊车把砂型放在落砂机上落砂。落砂后的旧型砂被送至型砂处理工段，铸件被送至清理工段，空砂箱被送回造型机旁，以供继续造型。

7.3.2　铸造工艺的制定

铸造工艺概括地说明了铸件生产的基本过程和方法，它包括的内容和范围很广，其中重点是浇注位置、分型面和工艺参数的选择。确定合理而先进的铸造工艺方案，对获得优质铸件、简化工艺过程、提高生产率、降低铸件成本起着决定性的作用。

1. 浇注位置的确定原则

浇注位置是指浇注时铸件在铸型中所处的状态和位置，即确定哪个部位在上或在下，哪个面朝上或呈侧立状态或朝下。浇注位置的确定是工艺设计中的重要环节，它关系到铸件的内在质量、铸件的尺寸精度及造型工艺过程的难易程度，因此往往须制订出几种方案加以分析、对比，择优选用。浇注位置对铸件的质量影响很大，选择时应考虑以下原则。

（1）对于具有大平面的铸件，应将铸件的大平面放在铸型的下面。大平面长时间受到金属液的烘烤容易掉砂，在平面上易产生夹砂、砂眼、气孔等缺陷，故平板、圆盘类铸件的大平面应尽量朝下。例如在浇注带有筋条的平板时，应选如图7.18(a)所示的浇注位置，这样可使铸件的大平面不容易产生夹砂等缺陷，不应选图7.18(b)所示位置。

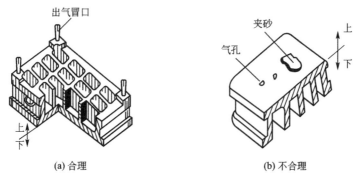

图 7.18　大平面的浇注位置

（2）浇注位置的选择应有利于型腔中气体的排出，铸件的薄而大的平面应放在铸型的下部或侧立或倾斜，以保证金属液能充满，避免产生浇不足、冷隔等缺陷，如图7.19所示的箱盖浇注位置。

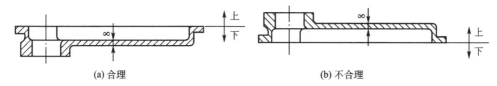

图 7.19　箱盖浇注位置的比较

（3）铸件的重要加工面应朝下或侧立。一般情况下，气体、夹杂物总是漂浮在金属液上面，朝下的面及侧立的面处金属液质量纯净、组织致密，因此铸件的上半部分比下半部分的铸造缺陷多。所以应将铸件的重要加工面或主要受力处放到下面，若有困难则可放到侧面或斜面，当铸件的重要加工表面有多个时，应将较大的平面朝下。例如各种机床床身的导轨是关键部位，表面不允许有砂眼、气孔、渣孔、裂纹和缩松等缺陷，而且要求组织致密、均匀以保证硬度值在规定范围内，因此尽管导轨面比较肥厚，对于灰铸铁件而言，床身的最佳浇注位置是导轨面朝下，如图7.20所示。

（4）浇注位置应有利于所确定的凝固顺序。当铸件壁厚不均需要补缩时，应按顺序凝固的原则，一般将铸件厚大的部分置于浇注位置的上面或侧面，以便于安放冒口和冷铁。如图7.21中的卷扬筒，其厚端位于顶部是合理的，可使金属液按自下而上的顺序凝固，在最后凝固部分便于采用冒口补缩，以防止缩孔的产生。

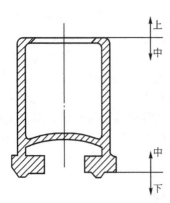

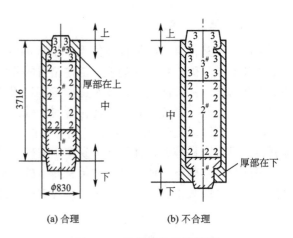

(a) 合理   (b) 不合理

图 7.20   铸铁床身的正确浇注位置   图 7.21   卷扬筒浇注位置图

(5) 应使合型位置、浇注位置和铸件冷却位置相一致，这样可避免在合型后或浇注后再次翻转铸型。翻转铸型不仅劳动量大，而且易引起砂芯移动、掉砂、甚至跑火等缺陷。只在个别情况下，如单件、小批生产较大的球墨铸铁曲轴时，为了造型方便和加强冒口的补缩效果，常采用横浇竖冷方案，即浇注后将铸型竖立起来，让冒口在最上端进行补缩。当浇注位置和冷却位置不一致时，应在铸造工艺图上注明。

此外，应注意浇注位置、冷却位置与生产批量密切相关。同一个铸件，例如球墨铸铁曲轴，在单件小批生产的条件下，采用横浇、竖冷是合理的；而当大批、大量生产时，则应采用造型、合型、浇注和冷却位置相一致的卧浇、卧冷方案。

2. 分型面的确定

分型面是指铸型砂箱之间相互接触的表面，是保证铸件能否合理取出的关键。分型面的选择合理与否，对铸件尺寸精度、生产成本、制模、造型、制芯、合箱或清理等工序影响很大。通常情况下，合箱后不再翻动铸型就进行浇注，所以分型面也决定了铸件的浇注位置。选择分型面时应注意以下原则。

(1) 分型面应选在铸件的最大截面上，并力求采用平面。这样可使模样顺利取出，简化造型工艺，不用或少用挖砂造型或假箱造型。如图 7.22 所示，图(a)若采用俯视图弯曲对称面作为分型面，则需要采用挖砂或假箱造型，使铸造工艺复杂化；图(b)起重臂按图中所示分型面为一平面，可用分模造型，起模方便。

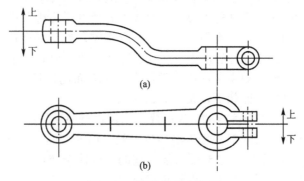

图 7.22   起重臂的分型面

（2）铸件的重要加工面应朝下或在侧面。图 7.23 表示圆锥齿轮的两种分型面方案，齿轮部分质量要求高，不允许产生砂眼、夹杂和气孔等缺陷，应将其放在下面，如图（a）所示；图（b）为不合理方案。

（3）有利于铸件的补缩。对收缩大的铸件，应把铸件的厚实部分放在上面，以便放置补缩冒口如图 7.24（a）所示；对收缩小的铸件，则应将厚实部分放在下面，依靠上面金属液体进行补缩如图 7.24（b）所示。

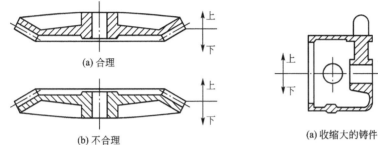

图 7.23　圆锥齿轮的分型面

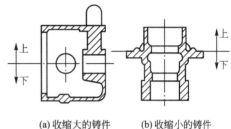

图 7.24　有利于铸件补缩

（4）应使铸件全部或大部置于同一砂箱内。尽量将铸件的重要加工面或大部分加工面与加工基准面放在同一个砂箱中，而且尽可能放在下型，以便保证铸件的尺寸精确，但下箱型腔也不宜过深。如图 7.25 所示，床身铸件的顶部为加工基准面，导轨部分属于重要加工面。若采用图 7.25（b）方案分型，错箱会影响铸件精度。图 7.25（a）在凸台处增加一外型芯，可使加工面和基准面处于同一砂箱内，保证铸件的尺寸精度。

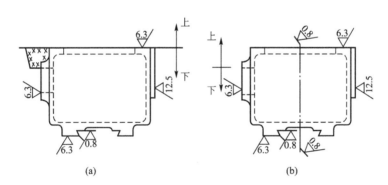

图 7.25　床身的分型面方案

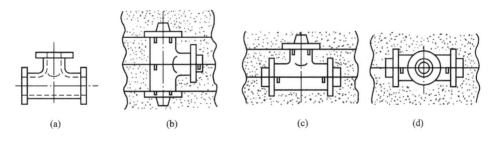

图 7.26　三通铸件的分型方案

（5）应尽量减少分型面数目，减少活块的数目，并取平直分型面。分型面少，铸件精度容易保证，且砂箱数目少。三通铸件如图 7.26(a)所示，图(b)方案用四箱造型，三个分型面，操作复杂，图(c)方案用三箱造型，两个分型面；图(d)方案用两箱造型，两个分型面，既简化了造型过程，又保证了铸件质量，提高了生产率。

多一个分型面，就要增加一只砂箱，使造型工作复杂化，还会影响铸件精度的提高。对中、小型铸件的机器造型，只允许有一个分型面。在手工造型时，选择平直分型面可以简化造型操作，如果选择曲折分型面，则必须采用较复杂的挖砂或假箱造型。

（6）应尽量减少砂芯的数目。图 7.27 为接头铸件的分型面方案，按图 7.27(a)，接头内孔的形成需用型芯；如改成图 7.27(b)，上箱用吊砂，下箱用砂垛，可省掉型芯，而且铸件外形整齐、容易清理。

（7）应便于铸件清理。图 7.28 为摇臂铸件的分型面方案。图 7.28(a)方案采用分模造型，具有平直分型面的优点，但浇注后会在分型面处产生飞边，清理时由于砂轮厚度大，无法打磨铸件中间的飞边。若选择图 7.28(b)方案，是曲折分型面，则采用整模、挖砂造型，不易错箱，清理工作量大为减少。

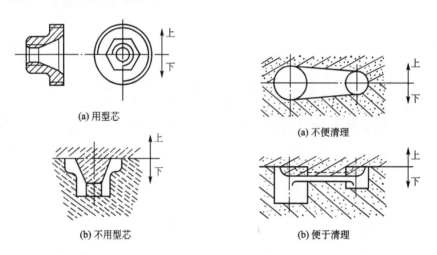

(a) 用型芯

(a) 不便清理

(b) 不用型芯

(b) 便于清理

图 7.27　接头铸件的分型面　　　　图 7.28　摇臂铸件的分型面

（8）受力件分型面的选择不应削弱铸件的结构强度。图 7.29 的图(b)方案所示的分型面，合型时如产生微小偏差将改变工字梁的截面积分布，因而有一边的强度会削弱，故不合理。而图 7.29(a)方案则没有这种缺点。

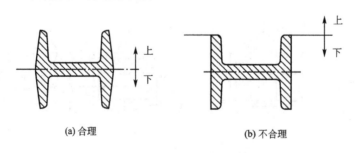

(a) 合理

(b) 不合理

图 7.29　工字梁分型面的选择

（9）应便于起模：分型面应选择在铸件的最大截面处。对于阻碍起模的突起部分，手工造型时可采用活块、机器造型时用型芯代替活块。

除了上面提到的 9 个原则外，选择分型面时，还应考虑减轻铸件清理、机械加工量和便于下芯、合型和检查型腔尺寸的原则。上述各原则对于某个具体铸件来说很难全面满足，有时甚至互相矛盾。对质量要求很高的铸件，应在满足浇注位置要求的前提下，再考虑造型工艺的简化；对于没有特殊质量要求的一般铸件，则以简化铸造工艺、提高效率为主要依据。因此必须抓住主要矛盾，全面考虑，根据生产的具体情况，选出最优的方案。

3. 工艺设计参数的确定

铸造工艺设计参数（称工艺参数）通常是指铸造工艺设计时需要确定的某些数据，这些工艺数据一般都与模样及芯盒尺寸有关，即与铸件的精度有密切关系，同时也与造型、制芯、下芯及合型的工艺过程有关。这些工艺设计参数是铸造收缩率（缩尺）、机械加工余量、起模斜度、最小铸出孔的尺寸、工艺补正量、工艺肋、反变形量、非加工壁厚的负裕量、分型负数、砂芯负数（砂芯减量）等。下面着重介绍铸造收缩率、机械加工余量、铸孔尺寸和起模斜度工艺参数的概念和应用条件。

1）机械加工余量

机械加工余量，也称加工余量，是指在铸造工艺设计时，为了保证零件的尺寸精度和表面质量，在铸件加工面上预先增加的，在机械加工时需切除的金属层厚度。加工余量过大，浪费材料和机械加工工时；加工余量过小，不易保证加工面的质量，降低刀具寿命。机械加工余量的大小，要根据铸件的材料、生产方法、尺寸大小、复杂程度、设备及工装水平、生产批量、加工面与基准面的距离和所处的浇注位置等因素来确定。表 7-2 列出了灰口铸铁的机械加工余量。

确定机械加工余量的原则如下：

（1）一般碳钢铸件的加工余量比灰铸铁件要大。

（2）机器造型比手工造型生产的铸件的加工余量小。

（3）尺寸较大、结构复杂、精度不易保证的铸件的加工余量大些。

（4）铸件加工面在浇注位置上面时比在下面时加工余量大。

（5）铸件内孔和槽表面比铸件外表面的加工余量大。

（6）铸件加工面在浇注时的位置，一般上面比下面和侧面的加工余量要大些。

表 7-2　灰口铸件的机械加工余量/mm

铸件最大尺寸/mm	浇注位置	加工面与基准面的距/mm					
		<50	50~120	120~260	260~500	500~800	800~1250
<120	顶面	3.5~4.5	4.0~4.5	—	—	—	—
	底面、侧面	2.5~3.5	3.0~3.5	—	—	—	—
120~260	顶面	4.0~5.0	4.5~5.0	5.0~5.5	—	—	—
	底面、侧面	3.0~4.0	3.5~4.0	4.0~4.5	—	—	—
260~500	顶面	4.5~6.0	5.0~6.0	6.0~7.0	6.5~7.0	—	—
	底面、侧面	3.5~4.5	4.0~4.5	4.5~5.5	5.0~6.0	—	—

（续）

铸件最大尺寸/mm	浇注位置	加工面与基准面的距/mm					
		<50	50～120	120～260	260～500	500～800	800～1250
500～800	顶面	5.0～7.0	6.0～7.0	6.5～7.0	7.0～8.0	7.5～9.0	—
	底面、侧面	4.0～5.0	4.5～5.0	4.5～5.5	5.0～6.0	6.5～7.0	
800～1250	顶面	6.0～7.0	6.5～7.5	7.0～8.0	7.5～8.0	8.0～9.0	8.5～10
	底面、侧面	4.0～5.5	5.0～5.5	5.0～6.0	5.5～6.0	5.5～7.0	6.5～7.5

注：加工余量数值中，下限用于大批量生产，上限用于单件小批量生产。

2）铸出孔的大小

机械零件上往往有许多孔、槽，这些孔和槽是否铸出，不仅取决于工艺上的可能性，还必须考虑其必要性。一般来说，较大的孔、槽应尽可能地铸出，这样既可节约金属，减少机械加工的工作量，又可使铸件壁厚比较均匀，减少形成缩孔、缩松等铸造缺陷的倾向。但是，铸件上的孔尺寸太小会增加铸造难度。为了铸出小孔，必须采用复杂而且难度较大的工艺措施，而实现这些措施还不如机械加工孔更为方便和经济；有时由于孔距要求很精确，铸孔很难保证质量。因此，一般小孔都不铸出，而是加工出。灰铸铁件成批生产时，最小铸孔径为15～30mm，单件小批量生产时为30～50mm，大量生产时为12～15mm，铸钢件最小铸孔径为30～50mm。对于零件图上不要求加工的孔、槽，无论大小都要铸出。表7-3所列为最小铸出孔的数值。

表7-3　铸件的最小铸出孔

生产批量	最小铸出孔直径/mm	
	灰铸铁件	铸钢件
大量生产	12～15	—
成批生产	15～30	30～50
单件、小批量生产	30～50	50

注：1. 若是加工孔，则孔的直径应为加上加工余量后的数值。

2. 有特殊要求的铸件例外。

3. 最小铸出孔直径指的是毛坯孔直径。

3）铸造收缩率

铸件在冷却时，由于合金的线收缩，铸件冷却后的尺寸将比型腔尺寸略为缩小，为保证铸件尺寸的要求，需将模样（芯盒）的尺寸加上（或减去）相应的收缩量。铸件收缩率 K 定义为单位铸件尺寸的收缩量，即：

$$K = \frac{L - L_1}{L_1} \times 100\%$$

式中，L_1 为铸件尺寸；L 为模型尺寸。

在铸件冷却过程中，其线收缩率除受到铸型和型芯的机械阻碍外，同时还受到铸件各部分之间的相互制约，因此铸造收缩率除与合金的种类和成分有关外，还与铸件结构、大小和砂芯的退让性能、浇冒口系统的类型和开设位置、砂箱的结构等有关。因此，要十分准确地给出铸造收缩率是很困难的。表 7－4 为砂型铸造时，各种合金的铸造收缩率的部分经验数据。

表 7－4　几种合金的砂型铸造收缩率

铸件种类		收缩率/%	
		阻碍收缩	自由收缩
灰铸铁	中小型铸铁件 大型铸铁件 特大型铸铁件	0.8～1.0 0.7～0.9 0.6～0.8	0.9～1.1 0.8～1.0 0.7～0.9
球墨铸铁	珠光体球墨铸铁件 铁素体球墨铸铁件	0.6～0.8 0.4～0.6	0.9～1.1 0.8～1.0
蠕墨铸铁	蠕墨铸铁件	0.6～0.8	0.8～1.2
可锻铸铁	黑心可锻铸铁件　壁厚＞25mm 壁厚＜25mm	0.5～0.6 0.6～0.8	0.6～0.8 0.8～1.0
	白口可锻铸铁件	1.2～1.8	1.5～2.0
铸钢	碳钢与合金结构钢铸件 奥氏体、铁素体钢铸件 纯奥氏体钢铸件	1.3～1.7 1.5～1.9 1.7～2.0	1.6～2.0 1.8～2.2 2.0～2.3
硅铝合金	—	0.8～1.0	1.0～1.2
锡青铜	—	1.2	1.4
无锡青铜	—	1.6～1.8	2.0～2.2
硅黄铜	—	1.6～1.7	1.7～1.8

4）拔模斜度

为便于把模型（或型芯）从铸型（或芯盒）中取出，凡垂直于分型面的立壁在制造模样时，必须流出一定的倾斜度，此倾斜度称为拔模斜度或铸造斜度。拔模斜度一般用角度 α 或宽度 a 表示，其标注方法如图 7.30 所示。拔摸斜度的大小取决于模型的种类、垂直壁的高度、造型材料的特点和造型方法等。起模斜度在工艺图上用角度或宽度表示。垂直壁

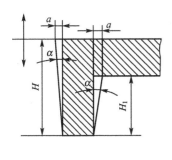 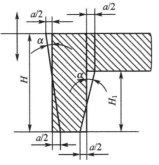 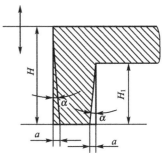

(a) 增加铸件厚度法　　(b) 增加和减少铸件厚度法　　(c) 减少铸件厚度法

图 7.30　起模斜度的 3 种形式

越高，则拔模斜度越小。例如，木模外壁高度 $H>40\sim100$mm 时，起模斜度 $\alpha\leqslant0°40'$；而 $H>100\sim160$mm 时，$\alpha\leqslant0°30'$。金属模比较光洁，拔模斜度可比木模小些。此外，机器造型的拔模斜度较手工造型的小；外壁的拔模斜度小于内壁。表 7-5 给出了拔模斜度的参考数值，供设计时参考。

表 7-5　起模斜度

测量面高度 h/mm	粘土砂造型时，模样外表面的起模斜度			
	起模斜度≤			
	金属模样、塑料模样		木模样	
	α	a/mm	α	a/mm
≤10	2°20′	0.4	2°55′	0.6
>10~40	1°0′	0.8	1°25′	1.0
>40~100	0°30′	1.0	0°40′	1.2
>100~160	0°25′	1.2	0°30′	1.4
>160~250	0°20′	1.6	0°25′	1.8
>250~400	0°20′	2.4	0°25′	3.0
>400~630	0°20′	3.8	0°20′	3.8
>630~1000	0°10′	4.4	0°20′	5.8
>1000~1600	—	—	0°20′	7.0
>1600~2500	—	—	0°15′	11.0
>2500	—	—	0°15′	—
粘土砂造型时，模样凹处内表面的起模斜度				
≤10	4°35′	0.8	5°45′	1.0
>10~40	2°20′	1.6	2°50′	2.0
>40~100	1°05′	2.0	1°15′	2.2
>100~160	0°45′	2.2	0°55′	2.6
>160~250	0°40′	3.0	0°45′	3.4
>250~400	0°40′	4.6	0°45′	5.2
>400~630	0°35′	6.4	0°40′	7.4
>630~1000	0°30′	8.8	0°35′	10.2
>1000	—	—	0°35′	—

注：1. 当凹处过深时，可用活块或芯子形成；芯盒的起模斜度可参照本表选择。

2. 对于起模困难的模样，允许采用较大的起模斜度，但不得超过表中数值的一倍。

3. 当造型机工作比压在 700kPa 以上时，允许将本表的起模斜度增加，但不得超过 50%。

4. 铸件机构本身在起模方向上有足够的斜度时，不再增加起模斜度。

5. 同一铸件上、下两个起模斜度应取在分型面上同一点。

7.4 金属材料特种铸造成形加工工艺简介

砂型铸造是应用最普遍的一种铸造方法，但由于其铸件精度低，表面粗糙度差，内部质量差，不易实现机械化等弱点，对于一些特殊要求的零件，例如薄壁件、管子等，常常不用砂铸方法铸出，而采用特种铸造。另一方面，随着科学技术和生产的发展，人们对铸造提出了更高的要求，要求生产更加精确、性能更好、成本更低的铸件。为适应这些要求，铸造工作者发明了许多新的铸造方法。这些新的方法在铸型材料、造型方法、金属液充型形式和随后的冷凝条件等方面与普通砂型铸造有着显著区别，这些铸造方法被称为特种铸造方法。

特种铸造是指与砂型铸造不同的其他铸造方法。特种铸造有近二十种，如熔模铸造、离心铸造、壳型铸造、压力铸造、低压铸造、金属型铸造、陶瓷型铸造、挤压铸造、真空吸铸等。与砂型铸造相比，这些铸造方法在提高铸件质量、简化铸造生产工艺、降低金属消耗和铸件废品率、实现机械与自动化、提高劳动生产率、改善劳动条件和降低铸造成本等方面，各有其优越之处，其中一些方法属于近净形成形的先进工艺。由于以上的优点，近些年来特种铸造在我国发展得相当迅速，其地位和作用日益提高。但每种特种铸造方法也都存在着一些缺点，其应用范围也有一定的局限性。下面仅对几种常用的特种铸造方法做以简单介绍。

7.4.1 熔模铸造

熔模铸造是指用易熔材料(如蜡料)制成模样并组装成蜡模组，然后在模样表面涂上数层耐火涂料制成模壳，经硬化干燥后，再将其中的模样熔化、排出型外而制成模壳，模壳再经高温焙烧后浇注获得铸件的一种铸造方法。熔模铸造也称"失蜡铸造"或"熔模精密铸造"，是发展较快的一种精密铸造方法，它的产品精密、复杂，接近于零件最后形状，可不加工或很少加工就能直接使用，故熔模铸造是一种近净形的生产金属零件的先进工艺。

1. 熔模铸造的工艺过程

熔模铸造是用可熔(溶)性一次模和一次型(芯)使铸件成形的铸造方法，其工艺流程如图 7.31 所示，主要包括以下几个步骤。

1) 压型制造

压型是用来制造单个蜡模的专用模具，是熔模铸造生产中主要的工艺装备。为了保证蜡模质量，压型必须有高的尺寸精度和表面光洁度，而且型腔尺寸必须包括蜡料和铸造合金的双重收缩率。当铸件精度高或大批量生产时，一般用钢、铜或铝经机械加工而成；小批量生产时，常采用易熔合金(Sn、Pb、Bi 等组成的合金)、塑料或石膏直接在模样(母模)上浇注而成。

2) 蜡模的压制

制造蜡模的材料有石蜡、蜂蜡、硬脂酸、松香等，最常采用50%石蜡和50%硬脂酸的混合料。压制时，将蜡料加热至糊状后，在一定的压力(2~3 个大气压)下，将蜡压入到压型内,如图7.31(c)、(d)所示,待蜡料冷却凝固后从压型内取出,然后修去分型面上的毛刺,即得单个蜡模,如图7.31(e)所示。用同样的方法再合型、注蜡,就可生产出许多个蜡模。

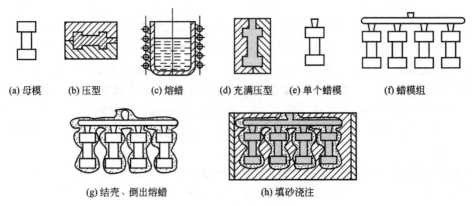

(a) 母模　　(b) 压型　　(c) 熔蜡　　(d) 充满压型　　(e) 单个蜡模　　(f) 蜡模组

(g) 结壳、倒出熔蜡　　　　　(h) 填砂浇注

图7.31　熔模铸造工艺过程

3) 蜡模组装

熔模铸件一般均较小,为提高生产率、降低铸件成本,通常将若干个蜡模焊在一个预先制好的直浇口棒上,构成蜡模组,如图7.31(f)所示,从而实现一型多铸。

4) 结壳

它是在蜡模表面上涂挂耐火材料,以制成一定强度的耐火型壳过程。由于型壳质量对铸件的精度和表面粗糙度有着决定性的影响,因此结壳是熔模铸造的关键环节。结壳要经过多个工序,首先将蜡模组浸渍入涂料中,使涂料均匀地覆盖在模组表面。涂料是由耐火材料(常用石英粉)、粘砂剂(水玻璃、硅溶胶等)搅拌均匀混合而成;然后向模组上均匀地撒上一层较粗的石英砂,将模组浸入氯化氨质量分数为25%左右的水溶液中进行硬化,分解出来的硅溶胶将石英砂粘牢。如此重复5~7遍,制成5~10mm的耐火型壳。撒砂的主要目的是迅速增厚型壳。小批生产时采用手工撒砂,而大批量生产时在专门的撒砂设备上进行;最后为使耐火材料层结成坚固的型壳,如图7.31(h)所示,撒砂之后应进行化学硬化和干燥。

5) 脱模、造型和焙烧、落砂及清理

(1) 脱模　为了取出蜡模以形成铸型空腔,必须进行脱模。最简便的脱模方法是将附有型壳的蜡模组浸泡于85~95℃的热水中或高压蒸汽中,使蜡料熔化后从浇铸系统中流出。脱出的蜡料经过回收处理仍可重复使用。蜡模熔出后的型壳即为具有空腔的铸型。

(2) 造型　造型又称填砂。若型壳的强度不足,为防止浇注时型壳变形而破裂,可将型壳置于铁箱之中,周围用粗砂填充,即"造型",然后再浇注。实践证明,若在加固层涂料中加入一定比例的粘土制成高强度型壳,则可不经过造型填砂便可直接进行浇注,因而缩短了生产周期、降低了铸件成本。

(3) 焙烧、浇注　为进一步去除型壳中的水分、残余蜡料和其他杂质,提高型壳质量,浇注前,将型壳送入加热炉内,加热到800~1000℃以上进行焙烧,焙烧后趁热进行浇注。

(4) 落砂和清理　铸件冷却之后,将型壳打碎取出铸件,然后切去浇注系统、清理毛刺，获得铸件，对于铸钢件还需进行退火或正火，以便获得所需的机械性能。

2. 熔模铸造的特点和使用范围

熔模铸造有如下优点。

(1) 铸件尺寸精度高，表面粗糙度值低。由于铸型精密，没有分型面，型腔表面极光洁，铸件尺寸的精度可达 IT11～IT14，粗糙度 Ra 可达 $6.3～1.6\mu m$，可实现少、无切削加工。如熔模铸造获得的涡轮发动机叶片，无需机加工便可直接使用。

(2) 由于型壳用高级耐火材料制成，故能适应各种合金的铸造，如碳钢、合金钢、耐热合金、不锈钢、永磁合金、轴承合金、铜合金、铝合金、镁合金、钛合金和球墨铸铁等；对于生产高熔点合金及难切削加工合金，更显出其独特的优越性，如耐热合金、磁钢和不锈钢等。

(3) 铸型在热态浇注可铸出形状复杂、轮廓清晰的薄壁铸件以及不便分型的铸件。熔模铸造能生产出形状复杂，难于用其他方法生产的零件如飞机发动机空心叶片等，也能铸造最小壁厚为 0.5mm，最小孔径为 0.5mm，轮廓尺寸从几毫米到上千毫米，质量从几十克到几十公斤的铸件。可以用熔模铸造的整铸件代替由许多零件组成的部件，降低成本和零件重量。

(4) 生产灵活性高，适应性强。熔模铸造的工装模具可采用多种材料和工艺制造，大批量生产采用金属压型，小批量生产可采用易熔合金压型等，样品研制则直接采用快速原型代替蜡模。

熔模造型的主要缺点：材料昂贵、工艺过程烦琐、铸件冷却速度较慢、生产周期长（4～15 天），铸件成本比砂型铸造高数倍。此外，难以实现全盘机械化和自动化生产，且不能用于生产大型的铸件。

熔模铸造是少、无切削加工工艺的重要方法，最适于高熔点合金精密铸件的成批、大量生产，也可用于单件生产，可实现机械化流水线生产。它主要适用于形状复杂、难以切削加工的中小型铸件。目前，它几乎已应用于所有的工业部门，主要用于航空航天、汽轮机与燃气轮机、造船与兵器、电子、石油化工、交通运输、泵和阀、汽车、拖拉机和机车等领域的中小型精密铸件的生产。

7.4.2 金属型铸造

金属型铸造是在重力作用下将液态合金浇入到用金属材料制成的铸型中，以获得铸件的一种铸造方法。由于铸型是用金属制成，一副金属型可以反复浇注，少则几十次，多则数万次，故又称为永久型铸造或硬模铸造。低压铸造、压力铸造、真空吸铸等方法，虽然也使用金属型，但由于金属液不是在重力下充型，而是采用特殊的方式充型，故各自形成了单独的特种铸造方法。金属型铸造既适用于批量生产形状较复杂的铝合金等非铁合金铸件，也适合于生产钢铁金属的铸件、铸锭等，由于金属型铸造具有很多优点，故应用非常广泛。

1. 金属型构造

金属型的材料一般采用铸铁，要求较高时可用碳钢或低合金钢。铸件的内腔可用金属型芯或砂芯形成，薄壁复杂件或铸铁、铸钢件多采用砂芯，而形状简单或有色金属件多采用金属型芯。为了能在开型过程中将高温的铸件从型腔中推出，大多金属型均设有推杆机构，金属型的排气依靠气口及分布在分型面上的许多通气槽。

根据分型面位置不同，金属型分为整体式、垂直分型式（图 7.32）、水平分型式（图 7.33）和复合分型式。其中，垂直分型式开设浇冒口，开、合型方便，取出铸件容易，易于实现机械化，应用最为广泛。

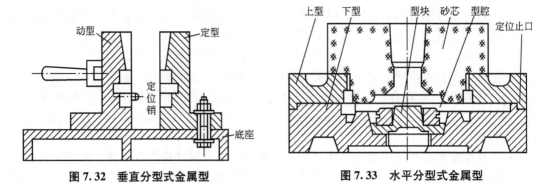

图 7.32　垂直分型式金属型　　　　　图 7.33　水平分型式金属型

2. 金属型的铸造工艺

金属型铸造工艺流程图如图 7.34 所示，包括准备、预热、装配金属型、浇注、冷却、开型、取出铸件、质量检验与后处理等工序。用金属型代替砂型，克服了砂型的许多缺点，但金属型也带来了一些新的问题，如无透气性，易使铸件产生气孔；金属型导热快，

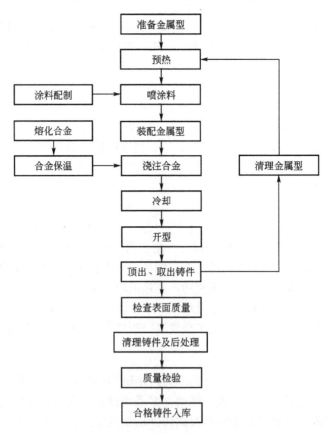

图 7.34　金属型铸造工艺流程

又无退让性，铸件易产生浇不到、冷隔、裂纹等缺陷；金属型在高温的金属液作用下，易损坏等。为了保证铸件质量、提高金属型的使用寿命，必须采取下列工艺措施。

1）喷刷涂料

在金属型的工作表面上喷刷涂料，可避免高温金属液与金属型内表面直接接触，延长金属型的使用寿命；同时，利用涂料层的厚薄可改变铸件各部分的冷却速度。不同合金采用的涂料不同，铝合金铸件常用氧化锌粉、滑石粉和水玻璃涂料；灰铸铁件的涂料一般由石英粉、石墨粉、炭黑等耐火材料和粘结剂调制而成。涂层厚度一般为 $0.1\sim0.5mm$。

2）预热金属型

金属型导热性好，液体金属冷却快，容易出现冷隔、浇不足、杂质、气孔等缺陷。未预热的金属型浇注时，铸型受到强烈的热冲击，应力很大，铸型寿命降低。为减少铸型与金属的温差，提高铸型的寿命和铸件质量，必须对金属型预热，预热温度由合金的种类、铸型结构和大小而定。通常生产铸铁件金属型的工作温度为 $250\sim350℃$，有色金属件为 $100\sim250℃$。

3）稍高的浇注温度

金属型浇注时，合金的浇注温度和浇注速度必须适当。如果浇注温度太低，将会使铸件产生冷隔、气孔和杂质等缺陷。金属型的浇注温度比砂型铸造时要高。由于金属的激冷和不透气性，浇注速度应做到先慢、后快、再慢。通常浇注温度应比砂型铸造高 $20\sim30℃$。铝合金为 $680\sim740℃$，铸铁为 $1300\sim1370℃$，锡青铜为 $1100\sim1150℃$。

4）适合的出型时间

浇注之后，铸件在金属型内停留的时间不能太长，否则由于收缩量增大，铸件的出型及抽芯困难，铸件的内应力和裂纹倾向加大。为此，应使铸件尽早地从铸型中取出。通常，小型铸铁件的出型时间为 $10\sim60s$，铸件温度约为 $780\sim950℃$。

3. 金属型铸造的特点和适用范围

金属型铸造与砂型铸造比较，在技术上与经济上有许多优点。

（1）金属型导热快，铸件冷却迅速，晶粒细小，结晶组织致密，其力学性能比砂型铸件高。同样的合金，其抗拉强度平均可提高约 25%，屈服强度平均提高约 20%，其抗蚀性能和硬度亦显著提高。

（2）铸件的精度和表面质量比砂型铸件高，而且质量和尺寸稳定，废品率低，表面粗糙度值 Ra 可达 $12.5\sim6.3\mu m$，加工余量小。

（3）铸件的工艺收得率高，液体金属耗量减少，一般可节约 $15\%\sim30\%$。

（4）不用砂或者少用砂，一般可节约造型材料 $80\%\sim100\%$。

（5）可承受多次浇铸，实现了"一型多铸"，易于实现机械化和自动化生产，生产率高。

（6）工序少，技术容易掌握，粉尘和有害气体少，劳动条件好，劳动强度低。

金属型铸造虽有很多优点，但也有不足之处。

（1）金属型制造成本高、生产周期长，对铸件的形状和尺寸有着一定的限制。在大量、成批生产时，才能显示出好的经济效果。

（2）金属型本身不透气，而且无退让性，易造成铸件浇不足、冷隔、开裂或铸铁件产生白口等缺陷，不适合用于热裂倾向大的合金。

（3）金属型铸造时，铸造工艺要求严格，否则容易出现浇不足、冷隔、裂纹等铸造缺陷，而灰铸铁件又难以避免白口缺陷，因此温度、出型时间等工艺参数需要严格控制。

除某些热裂倾向大的合金外，所有的铸造合金都可以用金属型铸造，其中以铝、镁、铜合金应用最广，如铝活塞、气缸盖、泵体、铜瓦、轴套、轻工业品等。对黑色金属铸件，只限于形状简单的中、小件。一般只有成批或大量生产时采用该法。在航空工业中，有时因铸件质量要求高，可不受生产批量的限制。

7.4.3　压力铸造

压力铸造是在高压下，将液态金属或半液态金属以较高的速度充填入铸模型腔中，并在压力下凝固成形，以获得轮廓清晰、尺寸精确铸件的成形工艺方法，简称压铸。压铸所用的压力一般为 5～150MPa，充填速度可达 5～100m/s，充填时间约为 0.01～0.2s。压铸工艺过程是向型腔喷射涂料、闭合压型、压射金属、打开压型、顶出铸件。

高压力和高速度是压铸时液体金属充填成形过程的两大特点，也是区别于其他铸造方法的最根本特征。此外，压型具有很高的尺寸精度和很低的表面粗糙度值。由于具有这些特点，使得压铸的工艺和生产过程，压铸件的结构、质量和有关性能都具有自己的特征。

1. 压力铸造的工艺方法

压铸机是压铸生产最基本的设备，主要由开合型、压射、抽芯、顶出铸件等机构组成，它所用的铸型称为压型。根据压室工作条件的不同，压铸机可分为热压室式和冷压室式两类。

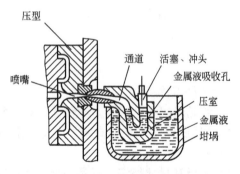

图 7.35　热压室压铸机工作原理

热压室式压铸机的工作原理如图 7.35 所示。其特点是压室和熔化合金的坩埚连成一体；压室浸在液体金属中，大多只能用于低熔点合金，如铅、锡、锌合金等；生产工序简单，生产效率高，容易实现自动化；金属消耗少，工艺稳定，压入型腔的液体金属干净、无氧化夹杂，铸件质量好。压室和冲头因长期浸在液体金属中，影响其使用寿命。

冷压室压铸机按其压室结构和布置方式分为卧式和立式压铸机两种，工作原理基本相似。目前应用最多的是冷压室卧式压铸机，主要有合型机构、压射机构、动力系统和控制系统等组成。压射机构的作用是将金属液压入型腔；合型机构用以开合铸型和锁紧铸型。压型与垂直分型的金属型相似，由定型和动型组成，定型固定在压铸机的定模板上，动型固定在压铸机的动模板上，由合型机构带动，可水平移动。压铸机的规格通常是以合型力的大小来表示的。

卧式冷压室压铸机工作原理如图 7.36 和图 7.37 所示。其工作过程如下：先闭合压型，用定量勺将金属液通过压室上的注液孔注入压室，如图 7.37(a)所示；活塞左行，将金属液压入铸型如图 7.37(b)所示；稍停片刻，铸件凝固后，抽芯机构将型腔两侧型芯同时抽出，动型左移开型，活塞退回，铸件被推杆推出如图 7.37(c)所示。

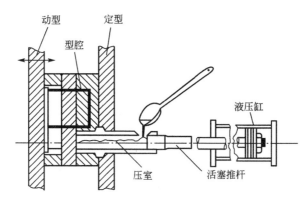

图 7.36　冷室压铸机工作原理

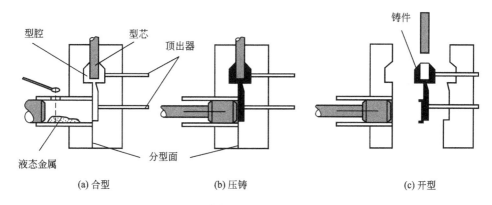

(a) 合型　　　　　　　　(b) 压铸　　　　　　　　(c) 开型

图 7.37　卧式压铸机工作过程示意图

为了制出高质量铸件，压型型腔的精度和表面质量必须很高。压型要采用专门的合金工具钢(如 3Cr2W8V)来制造，并需严格的热处理。压铸时，压型应保持 120～280℃的工作温度，并喷刷涂料。

2. 压力铸造的特点和适用范围

压力铸造有如下优点。

(1)压铸件尺寸精度高，稳定，互换性好，表面质量好，尺寸精度 IT11～IT13，表面粗糙度值 $Ra3.2～0.8\mu m$。大多数压铸件不需要切削加工即可直接进行装配，可实现少、无切削加工，省料、省工、成本低。

(2)力学性能好，压铸件组织细密，具有较高的强度、硬度，并具有良好的耐磨性和耐腐蚀性。压铸件抗拉强度一般比砂型铸件高 25%～30%，但延伸率有所下降。

(3)压铸的生产率比其他铸造方法均高，在所有铸造方法中，压铸生产率最高，一般冷室压铸机平均每小时压铸 60～80 次，热室压铸机平均每小时可压铸 400～1000 次，利用一型多腔，产量会更大，而且较易实现生产过程的机械化和自动化。

(4)可铸出结构复杂、轮廓清晰的薄壁、深腔、精密铸件，能铸出带有文字、花纹和图案的零件。目前锌合金压铸件最小壁厚可达 0.3mm，可铸出的螺纹最小螺距为 0.75mm。

压铸虽是实现少、无屑加工非常有效的途径，但也存在许多不足。

（1）压铸的设备投资大，制造压型的费用很高、周期较长、成本高，故压铸只适用于大批量生产。

（2）由于压铸的速度高，型内的气体很难及时排除，常以气孔形式存留在铸件中。故压铸件的切削加工余量不能过大，以防气孔露出表面。压铸件不能进行热处理，因加热时气体膨胀会造成表面鼓泡或变形。

（3）压铸合金的种类（如高熔点合金）常受到限制。由于液流的高速、高温冲刷，压型的寿命很低。目前黑色金属压铸在实际生产中应用不多。

压铸是最先进的金属成形方法之一，是实现少切屑、无切屑的有效途径，发展快，用途广，几乎涉及所有工业部门。如交通运输领域的汽车、造船、摩托车工业；电子领域中的计算机、通信器材、电气仪表工业；机械制造领域的机床、纺织、建筑、农机工业；国防工业、医疗器械、家用电器以及日用五金等均有应用。压铸件所用材料多为铝合金约占 70%～75 %，锌合金约占 20%～25%，铜合金占 2%～3%。压铸件的质量由几克到数十千克，其尺寸从几毫米到几百毫米以至上千毫米。目前用压铸生产的最大铝合金铸件质量达 50kg，而最小的只有几克，压铸件最大直径可达 2m。随着科学技术的发展，真空压铸、抽气加氧压铸、双冲头压铸以及半固态压铸技术的成熟应用，压铸件的应用范围将不断扩大。

7.4.4 低压铸造

低压铸造是介于重力铸造（如金属型铸造、砂型铸造等）和压力铸造之间的一种铸造方法。它是在 0.2～0.7 个大气压的低压下将金属液注入型腔，并在该压力下结晶凝固成形，以获得铸件的方法。铸型一般采用金属型或金属型与砂芯组合型。

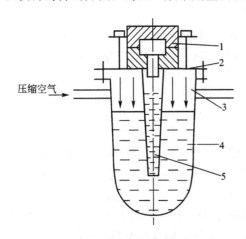

图 7.38　低压铸造原理示意图
1—铸型；2—密封盖；3—坩埚；
4—金属液；5—升液管

1. 低压铸造的基本原理

低压铸造的原理如图 7.38 所示，其工艺过程包括升液、充型、增压凝固、卸压冷却等阶段，具体过程是将熔炼好的金属液倒入电阻保温炉的坩埚中，装上密封盖、升液管及铸型，待锁紧上半型后，将干燥的压缩空气或惰性气体通入盛有金属液的密封坩埚中，使金属液在低压气体的作用下，沿升液管自下而上地上升，经浇口平稳地进入铸型型腔。当金属液充满型腔后，保持（或增大）压力直至铸件完全凝固，然后解除液面上的气体压力，使坩埚与大气相通，这时升液管和浇口中尚未凝固的金属液，在自重的作用下流回坩埚。最后开启上型，由顶杆顶出铸件。铸型为水平分型，金属型在浇注前必须预热，并喷刷涂料。

压缩空气

2. 低压铸造的特点和适用范围

低压铸造有如下特点。

(1) 充型压力和速度便于控制，适合于各种铸型、各种合金的铸件。如金属型、砂型、熔模型壳、树脂型壳等。

(2) 铸件的组织致密，轮廓清晰，力学性能高，金属液充型平稳，有利于铸件质量。

(3) 设备简单，劳动条件有所改善，易于实现机械化和自动化。

(4) 浇注系统简单，浇口可兼冒口，金属利用和工艺出品率高，通常可达 90%～98%。

低压铸造的主要缺点是升液管寿命短，且保温过程中金属液易氧化。

低压铸造主要应用于较精密复杂的中、小型铸件。合金不限，尤其适用于铝、镁合金。低压铸造广泛应用于汽车、拖拉机、船舶、摩托车、柴油机、汽油机、机车车辆、医疗机械、仪器等工业部门的大批量零部件的生产，如汽车轮毂、发动机缸体、缸盖，水泵体、油缸体、减震筒、密封壳体等。我国已成功地铸造了重达 200kg 的铝活塞、30t 的铜螺旋桨及大型球墨铸铁曲轴铸件。从 20 世纪 70 年代起出现了侧铸式、组合式等高效低压铸造机，开展了定向凝固及大型铸件的生产等研究，提高了铸件质量，扩大了低压铸造的应用范围。

7.4.5 离心铸造

离心铸造是将液态合金浇入高速旋转的铸型中，使其在离心力作用下充填铸型并结晶凝固的铸造方法。离心铸造时合金液在铸型内随着铸型做圆周运动，在离心加速度作用下，合金液质点就产生了离心力。离心铸造使合金液离开中心紧靠铸型，质点间依次紧密，使铸件组织致密。它有独特的工艺和质量特点，其工艺过程如图 7.39 所示。离心铸造可以用金属型，也可以用砂型、熔模壳；它既适合制造中空铸件，也能生产成形铸件。据统计，我国铸件的年产量中用离心铸造方法生产的占 15%。

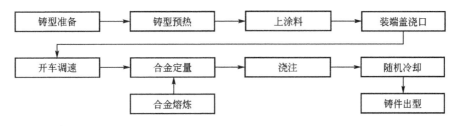

图 7.39　离心铸造工艺流程

1. 离心铸造的基本方法

离心铸造必须在离心铸造机上进行，按铸件工艺划分，可分为真离心铸造、半离心铸造、多型腔离心铸造等 3 种方法；按转轴方位不同，可分为立式和卧式和倾斜式 3 大类。立式离心铸造机上铸型是绕垂直轴旋转的(图 7.40)。其优点是便于铸型的固定和金属的浇注，但其自由表面(即内表面)呈抛物线状，使铸件上薄下厚，它主要用于生产直径大于高度的圆环、轮、辊类铸件，如活塞环。卧式离心铸造机上的铸型绕水平轴旋转(图 7.41)，铸件各部分的冷却条件相近，铸件沿轴向和径向的壁厚均匀，因此适于生产长度大于直径的套筒类和管类铸件(如铸铁水管、煤气管)，是最常用的离心铸造方法。

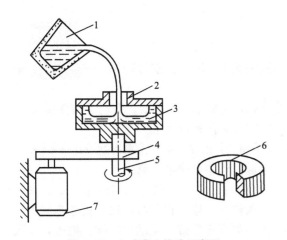

图 7.40　立式离心铸造示意图

1—浇包；2—铸型；3—液体金属；

4—带轮和传动带；5—旋转轴；

6—铸件；7—电动机

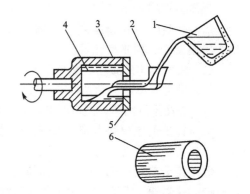

图 7.41　卧式离心铸造示意图

1—浇包；2—浇注槽；3—铸型；

4—液体金属；5—端盖；6—铸件

2. 离心铸造的特点和适用范围

由于液体金属是在旋转状态下离心力的作用下完成充填、成形和凝固过程的，所以离心铸造具有如下一些优点。

（1）离心铸造可以用金属型，也可以用砂型。它既适合浇铸中空铸件，又能铸造实形铸件。

（2）铸件组织细密，无缩孔、缩松、气孔、夹渣等缺陷，力学性能好。

（3）当铸造具有圆形内腔的铸件时，可省去型芯和浇注系统，这比普通砂型铸造既省工，又省料。

（4）离心铸造还便于铸造"双金属"铸件，可分层浇注，可铸造液—液、固—液双金属铸件。如钢套镶铜轴承等，其结合面牢固、耐磨，又节约许多贵重金属材料。

（5）铸件具有自由表面。合金液在铸型中能形成圆柱形或锥形自由表面。可不用型芯形成圆筒类铸件，简化了铸造工艺。

（6）合金液充填能力、工艺出品率高。对于流动性较差的合金或薄壁铸件用离心浇注，最小壁厚可到 1mm 左右，浇注率可达 95％以上，浇注后浇道无残留合金，工艺出品率可达 95％以上。

离心铸造的缺点是：①对于某些合金（如铅青铜、铅合金、镁合金等）容易产生重度偏析，不适于铸造比重偏析大的合金及轻合金；②在浇注中空铸件时，其内表面较粗糙，尺寸误差大；③因需要较多的设备投资，故不适宜单件、小批生产。

离心铸造发展至今已有几十年的历史。我国 20 世纪 30 年代开始采用离心铸造生产铸铁管。现在离心铸造已是一种应用广泛的铸造方法，常用于生产管套类、筒类、双金属类及其他成形零件。如轴套、滚筒、炉底辊、化工用管、铜合金轴瓦、涡轮、活塞环等。目前已有高度机械化、自动化的离心铸造机，有年产量达数十万吨的机械化离心铸管厂，铸件的最大重量可达十几吨。

7.4.6 其他特种铸造

1. 陶瓷型铸造

陶瓷型铸造是在砂型铸造和熔模铸造的基础上发展起来的一种精密铸造方法。它是将金属液浇注到陶瓷铸型中得到铸件的一种铸造方法，分为整体陶瓷铸型和复合陶瓷铸型两种。整体陶瓷型全由陶瓷浆料浇灌而成，其制作过程是先将模样固定于型板上，外套砂箱，再将调好的陶瓷浆料倒入砂箱，待结胶硬化后起模，经高温焙烧即成为铸型；复合陶瓷型采用衬套，在衬套和模样之间的空隙浇灌陶瓷浆料制造铸型。衬套可用砂型，也可用金属型。用衬套浇灌陶瓷壳层可以节省大量陶瓷浆料，在生产中应用较多。

1）基本工艺过程

陶瓷型铸造有多种工艺方法，较为普遍的工艺过程如图 7.42 所示。

（1）砂套造型。为了节省昂贵的陶瓷材料和提高铸型的透气性，通常先用水玻璃砂制出砂套（相当砂型铸造的背砂）。制造砂套的木模 B 比铸件的木模 A 应增大一个陶瓷料厚度，如图(a)所示。砂套的制造方法与砂型铸造相同如图(b)所示。

（2）灌浆与胶结，即制造陶瓷面层。其过程是将铸件木模固定于平板上，刷上分型剂，扣上砂套，将配置好的陶瓷浆由浇注口注满，如图(c)所示，经数分钟后，陶瓷浆便开始胶结。

陶瓷浆由耐火材料（如刚玉粉、铝矾土等）、粘结剂（硅酸乙酯水解液）、催化剂（如 Ca(OH)$_2$、MgO）、透气剂（双氧水）等组成。

（3）起模与喷烧。灌浆 5～15 分钟后，趁浆料尚有一定弹性便可起出模型。为加速固化过程，必须用明火均匀地喷烧整个型腔。

（4）焙烧与合箱。陶瓷型要在浇注前加热到 350～550℃焙烧 3～5 小时，以烧去残存的乙醇、水分等，并使铸型的强度进一步地提高。

（5）浇注：浇注温度可略高，以便获得轮廓清晰的铸件。

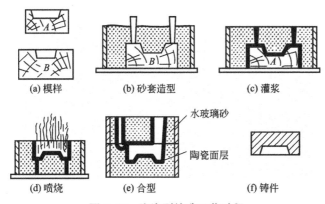

图 7.42　陶瓷型铸造工艺过程

2）陶瓷型铸造的特点及适用范围

（1）陶瓷型铸造获得的铸件尺寸精度高、表面粗糙度值低，约与熔模铸造相近。此外，陶瓷材料耐高温，故也可浇注高熔点合金。

（2）可用于各种铸件。陶瓷铸型高温化学稳定性好，可用来生产各种不同的合金铸件，对铸件的重量和尺寸没有什么限制，能铸造重达几十吨的大型精密铸件。

（3）在单件、小批量生产条件下，需要的投资少、生产周期短，在一般铸造车间较易实现。

（4）由于灌浆工序烦琐，陶瓷型铸造不适于批量大、重量轻和形状复杂的铸件，且生产过程难以实现机械化和自动化。

目前，陶瓷型铸造主要用于生产复杂的精密铸件，广泛用于铸造冲模、锻模、玻璃器皿模、压铸模、模板等，也可用于生产中型铸钢件。

2. 磁型铸造

磁型铸造是 20 世纪 60 年代发展起来的一种新工艺，70 年代传入我国后得到了一定地发展。磁型铸造是将装有气化模和铁丸的砂箱置于磁场中，铁丸在磁场作用下相互结合在气化模外形成铸型，当金属液浇入磁型时，高温金属将气化模逐渐烧失，而占据型腔，待冷却凝固后撤出磁场，则磁型自然散落，从而获得铸件的方法。

1）工艺流程

（1）气化模：磁型铸造采用气化模来造型，这种模型不需从铸型中取出，留待浇注时自行气化消失。气化模由聚苯乙烯珠粒在胎模中发泡制成。气化模应涂挂涂料，并装配上浇冒口。

（2）造型（埋箱）：磁型铸造是以磁丸代替型砂，以磁场应力代替型砂粘结剂。磁丸为 $\phi 0.5 \sim 1.5$ 铁丸。造型是指用磁丸将气化模埋入磁丸箱内，并微震紧实。

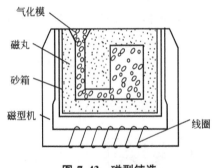

图 7.43　磁型铸造

（3）激磁、浇注：将磁丸箱推入磁丸机内（图 7.43）。接通电源，马蹄形电磁铁产生磁场，于是磁丸被磁化而互相结合成形，这种铸型既有一定的强度，又有良好的透气性。当金属液浇入磁型，高温的金属将气化模烧失，而遗留的空腔被金属液所填充。

（4）落丸：当金属冷凝，便可切除电源，由于磁场消失，磁丸随之松散，于是铸件自行脱落。落出的磁丸经净化处理后可重复使用。

2）磁型铸造的特点及适用范围

磁型铸造有以下优点。

（1）不用型砂，无灰尘危害，造型材料可反复使用。

（2）设备简单，占地面积小。

（3）造型、清理简单。

（4）不需起模，故铸件精度及表面质量高（精度 IT12～IT14，粗糙度 $Ra25 \sim 6.3\mu m$），加工余量小。

磁型铸造有如下不足。

（1）不适用于厚大复杂件。

（2）气化模燃烧时放出许多烟气，使空气污染。

（3）易使铸钢件表层增碳。

磁型铸造已在机车车辆、拖拉机、兵器、采掘、动力、轻工、化工等制造业得到应用，它主要适用于中、小型铸钢件的大批量生产。其重量范围为 $0.25 \sim 150 kg$，铸件的最大壁厚可达 80mm。

3. 实型铸造

实型铸造又称为气化模铸造或消失模铸造,其原理是用泡沫塑料(包括浇冒口系统)代替木模或金属模样进行制造,造型后模样不取出,在浇注时,迅速将模样燃烧气化消失掉,金属液充填了原来模样的位置,冷却凝固后获得铸件。由于这种铸型呈实体,不存有空腔,故名实型铸造。随着工艺的发展,先后出现了多种消失模铸造工艺,但工业上应用最为成功的主要分为两类即自硬砂消失模铸造和干砂消失模铸造。考虑到干砂消失模铸造应用更为广泛,这里仅以干砂消失模铸造为例,介绍消失模铸造。典型的干砂消失模铸造工艺流程如图 7.44 所示。

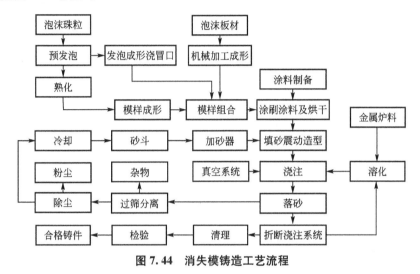

图 7.44　消失模铸造工艺流程

实型铸造由于铸型没有型腔和分型面,不必起模和修型,与普通铸造相比具有以下优点。

(1) 铸件精度高。消失模铸造是一种近无余量、精确成形新工艺。由于无需取模、无分型面、无砂芯,并减少了由于型芯组合、合型而造成的尺寸误差,因而铸件没有飞边、毛刺和起模斜度,尺寸精度高。消失模铸件尺寸精度可达 CT6~CT9,表面粗糙度可达 $Ra3.2$~$12.5\mu m$,加工余量最多为 1.5~$2mm$,和传统砂型铸造方法相比,可以减少 40%~50% 的机械加工费用。

(2) 工序简单、生产效率高。由于采用干砂造型,无型芯,因此造型和落砂清理工艺都十分简单,同时在砂箱中可将泡沫模样串联起来进行浇注,生产率很高。

(3) 零件的设计自由度大。消失模模样的制造可以通过分片黏结工艺来制作,而且无需考虑分型和取模等铸造工艺,因此铸件结构设计的自由度大。

(4) 清洁生产,被称为"21 世纪的绿色工程"。一方面消失模铸造型砂中无需添加化学粘结剂,低温下泡沫塑料对环境完全无害,浇注时它排放的有机物很少,而且排放时间短,地点集中,便于集中收集处理;另一方面采用干砂造型大大减少了铸件落砂、清理的工作量,大大减少了车间的噪声和粉尘等,旧砂回收率可达 95% 以上,有利于工人的身体健康和实现清洁生产。

(5) 投资少、成本低。由于生产工序少,各道工序操作简便,使工艺装备的品种和数量大为减少。消失模铸造不用庞大的砂处理设备，用振动台代替了各种类型的造型设备，旧砂可以完全回收使用，相对传统的砂型铸造而言其投资少。另外由于没有化学粘结剂等添加剂的开销，模具磨损小、寿命长、铸件加工余量小、重量轻、生产效率高等，其铸件综合生产成本低。

（6）工人劳动强度低、技术熟练程度要求低。干砂造型省去了起模、修型和开型等工序，落砂也方便，铸件质量通过泡沫模样、涂料和浇注等多道工序来保证，不仅大大减轻了劳动强度和改善了操作条件，而且对工人的技术要求也低。

消失模铸造工艺的优点是明显的，但也有其自身的缺点，主要表现在以下几个方面。

（1）实体模样带来的铸件内部质量问题。如球墨铸铁件的炭黑、皱皮缺陷，铸钢件的增碳缺陷，铝合金的针孔缺陷等。这些缺陷都需要从模样、涂料、工艺等方面采取综合措施加以避免。

（2）尺寸大的模样较容易变形，需采取适当的防变形措施。

（3）制作泡沫塑料模样的模具费用较高，生产周期长，因为要求产品有相当的批量才经济。

实型铸造应用范围较广，可适用于各类合金，几乎不受铸件结构、尺寸、重量和生产批量的限制，特别适用于生产形状复杂的铸件，如模具、汽缸头、管件、曲轴、叶轮、壳体、床身、机座等。

4. 半固态金属铸造

金属半固态铸造就是将球状初生固相的固液混合浆料，经压铸机压铸，形成铸件或先将这种固液混合浆料完全凝固成坯料，再根据需要将坯料切分，将切分的坯料重新加热至固液两相区，然后将这种半固态坯料进行压铸机压铸，铸造成形，这两种方法均称之为金属的半固态铸造。

目前，半固态金属铸造的工艺过程主要分为两大类：流变铸造和触变铸造。

（1）半固态金属的流变铸造：首先利用剧烈搅拌等方法制备出预定固相分数的半固态金属浆料，并对半固态金属浆料进行保温，将该半固态金属浆料直接送往成形机进行铸造或锻造成形，这种成形过程称为半固态金属的流变成形，如图 7.45 所示。根据成形机的种类，半固态金属流变成形又可分为流变压铸（采用压铸机成形）、流变锻造（采用锻造机成形）等。

（2）半固态金属的触变铸造：首先利用剧烈搅拌等方法制备出球状晶的半固态金属浆料，将该半固态金属浆料进一步凝固成锭坯或坯料，再按需要将金属坯料分切成一定大小，把这种切分的固态坯料重新加热至固液两相区，用机械搬运将该半固态坯料送往成形机（如压铸机、锻造机等）进行铸造或锻造成形，这种成形过程称为半固态金属的触变成形，如图 7.46 所示。根据成形机的种类，半固态金属触变成形也可分为触变压铸、触变锻造等。

与其他铸造技术相比较，金属半固态铸造技术具有一系列的优点，具体如下。

（1）铸件的收缩率小，铸件尺寸精度高，减少了零件毛坯的机加工量，降低了生产成本，机械搬运方便，也便于实现自动化操作。

（2）充型平稳，不易发生喷溅，铸件组织致密性和性能更均匀，不易产生缩孔、偏析等缺陷。

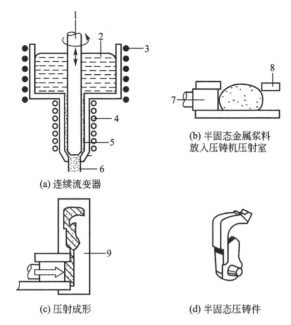

(a) 连续流变器

(b) 半固态金属浆料
放入压铸机压射室

(c) 压射成形

(d) 半固态压铸件

图 7.45　半固态金属流变压铸示意图

1—搅拌棒；2—合金液；3—加热器；4—冷却器；5—搅拌室；
6—半固态合金浆料；7—压射冲头；8—压铸压射室；9—压铸型图

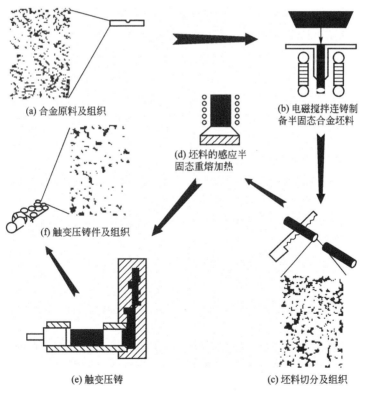

(a) 合金原料及组织

(b) 电磁搅拌连铸制
备半固态合金坯料

(d) 坯料的感应半
固态重熔加热

(f) 触变压铸件及组织

(e) 触变压铸

(c) 坯料切分及组织

图 7.46　半固态金属触变压铸示意图

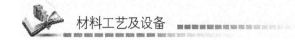

（3）充型温度和应力低，模具和压铸机寿命长，能耗小，生产效率高。半固态金属成形车间不需处理液态金属，工艺操作更安全，工作环境更优良。

欧洲与美国是半固态铸造技术研究与应用的主要地区。目前，铝、镁合金半固态铸造技术在西方发达国家已进入工业应用的成长期。国外的开发和生产表明，汽车工业中轿车、轻型车的转向节、泵体、转向器壳体、阀体、一些悬挂支架件和轮毂等高强度、高致密度、高可靠性要求的铸件，采用半固态铸造技术成形可以实现产品的低成本、高产出及高质量。

5. 悬浮铸造

悬浮铸造是指在浇注金属液时，将一定量的金属粉末加到金属液流中，使其与金属液掺和在一起而流入铸型的一种铸造方法。所添加的粉末材料称为悬浮剂，常用的有铁粉、铸铁丸、铁合金粉、钢丸等。

悬浮铸造可明显地提高铸钢、铸铁的力学性能，减少缩孔和缩松，提高铸件的抗热裂性能，减少铸锭和厚壁铸件中化学成分的不均匀性，提高铸件和铸锭的凝固速度。缺点是对悬浮剂和浇注温度的控制要求较高。

6. 连续铸造

连续铸造是一种先进的铸造方法，其工艺过程是将金属液不断地浇入一种称为结晶器的特殊金属型中，经过结晶器凝固形成一定厚度的表层凝壳后，通过机械运动方式，使已具有凝固外壳的铸件不断地从结晶器另一端拉出，从而获得连续凝固后的铸件。

连续铸造的工艺方法多种多样，根据铸造工艺特点，可分为连续铸造和半连续铸造，即每单个铸件达到设计长度就停止拉铸，清空结晶器移走铸件后，再重复原有工序步骤的工艺过程称为半连续铸造；反之称为完全连续铸造，也称连续铸造。从工艺及设备的不同特点考虑，可分为立式连续铸造、卧式连续铸造和立弯式连续铸造等方法。连续铸造工艺过程中铸件沿垂直于地平面方向运动的称为立式连铸；铸件沿水平方向运动的连续铸造工艺过程称为卧式连铸，也称水平连续铸造；将立式和卧式连铸相结合的铸造方法称为立弯式连续铸造。

与普通铸造相比，连续铸造工艺具有以下特点。

（1）连续铸造时，没有浇注系统的冒口，模具中不含或很少有型砂和各种粘结材料，节约了金属和成本，提高了材料利用率。

（2）工序简单，无造型工序，减轻了劳动强度，所需生产面积也大为减少，其生产过程粉尘少，劳动条件好。

（3）冷却速度快，铸件组织均匀，结晶致密，力学性能好。

（4）连续铸造生产便于实现机械化、自动或半自动化，铸件的工艺出品率可达95％以上。连铸工艺还可与连轧工艺相互卸接，形成连铸连轧，进一步提高冶金行业的生产效率。

连续铸造工艺具有以上优点，但也有缺点。主要的缺点是由于铸件凝固速度快，会造成较大的内部应力，控制不当也会造成裂纹及硬度分布不均匀等缺陷。

连续铸造在工业中应用广泛，可用来生产机械加工制造中的各种机械零件，也可为金属轧制成材提供铸锭及坯料。

7.4.7 金属液态成形方法的合理选择

各种铸造方法均有其特点和各自的适用范围，因此必须结合铸件的结构形状、质量要求、合金种类、生产批量及生产条件等具体情况认真进行综合分析，从而确定最佳的铸造方法。表7-6对几种常用铸造方法进行了全面比较，可为合理选择铸造方法提供参考。

表7-6 几种常用铸造方法的比较

铸造方法 比较项目	砂型铸造	熔模铸造	金属型铸造	压力铸造	低压铸造	离心铸造
适用金属	各种合金	各种合金，以铸钢为主	各种合金，以非铁金属为主	铝、镁、锌等低熔点合金	以非铁合金为主	铸钢、铸铁、铜合金
适用铸件大小	不限制	中、小型复杂铸件	中、小铸件	小铸件为主，也可中型铸件	中、小铸件，有时达数百千克	大、中、小型铸件
批量	各种批量	一般成批、大量，也可小批量	成批、大量	大批量	成批、大量	成批、大量
铸件最小壁厚/mm	铸铁大于3～4	0.5～0.7 孔 $\phi0.5$～2.0	铸铁大于3 铸钢大于5	铝合金0.5 锌合金0.3 铜合金2	一般2.0	优于同类铸型的常压铸件
表面粗糙度 $Ra/\mu m$	50～12.5	12.5～1.6	12.5～6.3	3.2～0.8	12.5～3.2	决定于铸型材料
铸件尺寸精度	IT14～16	IT11～14	IT12～14	IT11～13	IT12～14	决定于铸型材料
铸件内部质量	晶粒粗大	晶粒粗大	晶粒细小	晶粒细小	晶粒细小	晶粒细小
设备费用	较高(机械造型)	较高	较低	较高	中等	中等
铸件加工余量	最大	较小	较大	最小	较大	内孔大
毛坯利用率/%	70	90	70	95	90～95	70～90
生产率	低中	低中	中高	最高	中	中高
应用举例	各类铸件，如床身、箱体、支座、曲轴、缸体、缸盖等	刀具、叶片、机床零件、汽车及拖拉机零件、电讯设备等	铝活塞、水暖器材、水轮机叶片、一般非铁合金铸件等	汽车化油器、缸体、仪表、照相机壳体和支架等	发动机缸体、缸盖、壳体、箱体、纺织机零件等	各种铸管、套筒、环、叶轮、滑动轴承等

在适用合金种类方面，主要取决于铸型的耐热状况。砂型铸造所用石英砂耐火度达1700℃，比钢的浇注温度还高出100～200℃，因此砂型铸造可用于铸钢、铸铁、有色合金等各种材料；熔模铸造的型壳是由耐火度更高的纯石英粉和石英砂制成的，因此它还可以用于熔点更高的合金铸钢件；金属型铸造、压力铸造和低压铸造一般都使用金属铸型和金属型芯，因此一般只用于有色合金铸件。

在适用铸件大小方面，主要与铸型尺寸、金属熔炉、起重设备的吨位等条件有关。砂型铸造限制较小，可生产小、中、大件；熔模铸造由于难以用蜡料制出较大模样及型壳强度和刚度所限，一般只适宜生产小件；金属型铸造、压力铸造和低压铸造，由于制造大型金属铸型和型芯较困难，同时受设备吨位所限，一般用于生产中、小型铸件。

铸件的尺寸精度和表面粗糙度，主要与铸型的精度和表面粗糙度有关。砂型铸件的尺寸精度最差，表面粗糙度 Ra 值最大；其他特种铸造成形工艺方法均能获得较高的尺寸精度和表面质量；压力铸造由于压铸型加工的较精确，且在高压高速下成形，故压铸件的尺寸精度和表面质量很高。

从以上分析可以看出，砂型铸造尽管有着许多缺点，但其适应性最强，因此在铸造方法的选择中应优先考虑。而各种特种铸造方法仅是在相应的条件下，才能显示出其优越性。在实际生产中，一方面要根据铸件成本、生产批量来决定铸造方法，同时还要考虑到铸件的尺寸精度、表面质量等因素。采用特种铸造方法时，由于提高了铸件的尺寸精度和表面质量，降低了机械加工的工作量，使铸件的制造成本降低，即使生产批量小点，也可能是经济的，因此在选择各种铸造方法时，应进行全面的技术经济分析。

7.5 铸件结构设计

进行铸件设计时，不仅要满足零件的工作性能和机械性能的要求，还必须考虑铸造工艺和合金铸造性能对铸件结构的要求。这种相对于铸造工艺过程来说，零件结构的合理性称为铸件的结构工艺性。铸件结构是否合理，对选择铸造方法和铸件质量、生产率及成本有很大的影响。

7.5.1 铸造性能对铸件结构的要求

铸件的一些主要缺陷，如缩孔、裂纹、变形、浇不足等，有时是由于铸件的结构不合理，未能充分考虑合金的铸造性能要求所导致的。因此，铸件结构还应考虑合金的充型能力、收缩特性、吸气性等铸造性能对铸件质量的影响，避免各类缺陷的产生。

1. 合理设计铸件壁厚

1）铸件壁厚应适当

铸件的壁厚应保证力学性能，便于铸造生产。铸件的壁不能太薄，否则会受金属流动性的影响，产生浇不到、冷隔等缺陷。铸件的壁厚也不宜过大，否则会在壁的中心处形成粗大晶粒，产生缩孔、缩松、偏析等缺陷。每一种合金都有一个临界壁厚，当铸件的壁厚超过这个尺寸后，铸件的承载能力并不是按比例随之增加的。铸造合金的临界壁厚可按其最小壁厚的3倍来考虑，也可参照文献来选用。为保证铸件强度和刚度，可在铸件的脆弱处增设加强筋。铸件的最小壁厚主要取决于合金的种类、铸造方法和铸件尺寸等因素。表7-7为砂型铸造条件下铸件的最小壁厚。

表7-7 砂型铸造条件下铸件的最小壁厚/mm

合金种类	铸件轮廓尺寸/mm					
	<200	200~400	400~800	800~1250	1250~2000	>2000
碳素铸钢	8	9	11	14	16~18	20
低合金钢	8~9	9~10	12	16	20	25
高锰钢	8~9	10	12	16	20	25
不锈钢、耐热钢	8~10	10~12	12~16	16~20	20~25	
灰铸铁	3~4	4~5	5~6	6~8	8~10	10~12
孕育铸铁（HT 300 以上）	4~6	6~8	8~10	10~12	12~16	16~20
球墨铸铁	3~4	4~8	8~10	8~10	12~14	14~16
合金种类	铸件轮廓尺寸/mm					
	<50	50~100	100~200	200~400	400~600	600~800
铝合金	3	3	4~5	5~6	6~8	8~10
黄铜	6	6	7	7	8	8
锡青铜	3	5	6	7	8	8
无锡青铜	6	6	7	8	8	10
镁合金	4	4	5	9	8	10
锌合金	3	4	—	—	—	—

注：1. 如特殊需要，在改善铸造条件的情况下，灰铸铁件的壁厚可小于3mm，其他合金最小壁厚也可减小。
　　2. 在铸件结构复杂，合金流动性差的情况下，应取上限值。

2) 铸件壁厚要尽可能均匀

壁厚不均的铸件易在厚壁处形成金属积聚的热节，导致缩孔、缩松等缺陷。同时铸件各部分由于冷却速度不同会形成热应力，严重时导致使铸件厚薄连接处产生变形和开裂纹。图7.47为顶盖结构实例，图(a)的设计壁厚相差悬殊，会产生缩孔和裂纹；经改进成图(b)结构，在厚壁处改设加强筋，防止了铸造缺陷的产生。

必须指出，所谓壁厚的均匀是指铸件各壁的冷却速度相近，并非要求所有的壁厚完全相同。例如，铸件的内壁因散热慢，应比外壁薄些，而筋的厚度则应更薄些。检查铸件壁厚的均匀性时，必须将铸件的加工余量考虑在内。对于某些难以做到壁厚均匀的铸件，若合金的缩孔倾向大，则应使其结构便于实现顺序凝固，以便于安装冒口、进行补缩。

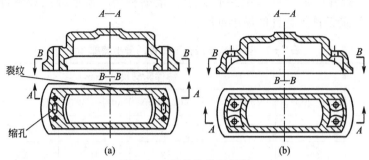

图 7.47 顶盖铸件的设计

3）铸件内壁应薄于外壁

铸件的内壁和肋等散热条件较差，应薄于外壁，以使内、外壁能均匀地冷却，减轻内应力和防止裂纹。内、外壁厚相差值见表 7-8。

表 7-8 砂型铸造铸件的内、外壁厚相差值

合金种类	铸铁件	铸钢件	铸铝件	铸铜件
内壁比外壁应减薄的值/%	10～20	20～30	10～20	15～20

注：铸件内腔尺寸大的取下限值。

2. 铸件壁的连接

铸件壁的接头断面类型主要有 L、V、K、T 和十字型 5 种，在接头处易产生应力集中、裂纹、缩孔、缩松等缺陷，设计铸件壁的连接或转角时，应尽量避免金属的积聚和内应力的产生，如图 7.48 所示。

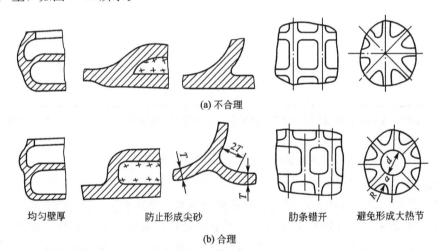

图 7.48 铸件壁的连接

1）设计结构圆角

铸件壁间的转角处容易产生缩孔和缩松，易产生应力集中，是铸件的薄弱环节，较易产生裂纹。故铸件壁的连接应尽可能地设计成结构圆角，以避免形成热节。另外，铸造外圆角可美化铸件的外形，避免划伤人体；铸造内圆角还可防止金属液流将型腔尖角冲毁，故圆角是铸件结构的基本特征，是不容忽视的。

　　铸造内圆角的大小应与铸件的壁厚相适应，通常应使转角处内接圆直径小于相邻壁厚的 1.5 倍，过大则增加了缩孔倾向。铸造内圆角半径的具体数值见表 7-9。

表 7-9　铸造内圆角半径 R 值/mm

$\dfrac{a+b}{2}$	≤8	8～12	12～16	16～20	20～27	27～35	35～45	45～60
铸铁	4	6	6	8	10	12	16	20
铸钢	6	6	8	10	12	16	20	25

　　2) 避免交叉和锐角连接

　　铸件壁的交叉处热量蓄积较多，易形成缩孔和缩松，因此要避免锐角或交叉。对中小型铸件可采用交错接头，大型铸件可用环状接头。铸件壁间若出现小于 90°的锐角，可采用过渡形式。如图 7.49 所示，图(b)结构比图(a)结构合理。

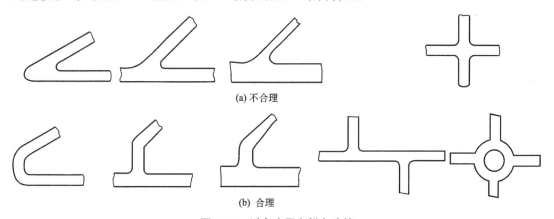

(a) 不合理

(b) 合理

图 7.49　避免交叉和锐角连接

　　3) 厚壁与薄壁间的连接要逐步过渡

　　当铸件各部分的壁厚不一致甚至相差较大时，容易产生应力集中现象，应采用逐步过渡和转变的方法，防止截面的突变。表 7-10 所示为壁厚过渡的几种形式和尺寸。

表 7-10　几种壁厚过渡的形式和尺寸

		尺　寸/mm	
	$b \leqslant 2a$	铸铁	$R \geqslant \left(\dfrac{1}{6} \sim \dfrac{1}{3}\right)\left(\dfrac{a+b}{2}\right)$
		铸钢	$R = \dfrac{a+b}{4}$
	$b > 2a$	铸铁	$L > 4(b-a)$
		铸钢	$L \geqslant 5(b-a)$

（续）

	尺　寸/mm	
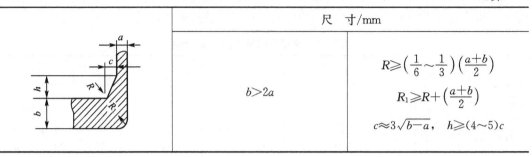	$b > 2a$	$R \geqslant \left(\dfrac{1}{6} \sim \dfrac{1}{3}\right)\left(\dfrac{a+b}{2}\right)$ $R_1 \geqslant R + \left(\dfrac{a+b}{2}\right)$ $c \approx 3\sqrt{b-a}, \quad h \geqslant (4 \sim 5)c$

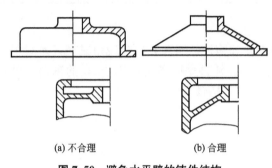

(a) 不合理　　　　　　(b) 合理

图 7.50　避免水平壁的铸件结构

3. 应避免过大的水平面

浇注时铸件的水平面容易产生气孔、夹渣、夹砂等缺陷，因此在设计铸件结构时，应尽量用稍带倾斜面或曲面壁来代替过大的水平面。图 7.50 所示铸件，图(a)结构废品率较高，若改成图(b)结构，浇注后金属液沿斜面上升，便于气体和非金属夹杂物上浮，容易保证铸件质量。

4. 避免易变形和裂纹的结构

1) 避免冷却收缩受阻碍

设计铸件的筋、辐时，应尽量使其得以自由收缩，以免产生裂纹和内应力。图 7.51 所示的轮辐设计，图(a)方案的轮辐数为偶数，直线型，这种轮辐易于造型，但每条轮辐与另一条成直线排列，收缩时相互牵制、彼此受阻，内应力过大，易产生裂纹。而改用图(b)方案的弯曲轮辐或图(c)方案的奇数轮辐设计，则可借轮辐或轮缘的微量变形减缓内应力，从而减小开裂的危险。

(a) 不合理　　　(b) 弯曲辐条以松弛应力　　　(c) 奇数辐条应力小

图 7.51　轮辐设计

2) 细长易绕曲的铸件应设计成对称截面

因为对称截面的相互抵消作用使变形大大减少，如图 7.52 中截面的设计图(b)方案比图(a)方案合理。另外生产经验表明，某些壁厚均匀的细长形铸件、较大的平板形铸件以及壁厚不均的长形箱体件，如机床床身等，会产生翘曲变形；前两种铸件发生变形的主要原因是结构刚度差，铸件各面冷却条件的差别引起不大的内应力，但却使铸件显著翘曲变形；后者变形的原因是壁厚相差悬殊，冷却过程中引起较大的内应力，造成铸件变形。可通过改进铸件结构、铸件热处理时矫形、塑性铸件进行机械矫形和采用反变形模样等措施予以解决。图7.53中铸件结构图(b)方案比图(a)方案设计合理。

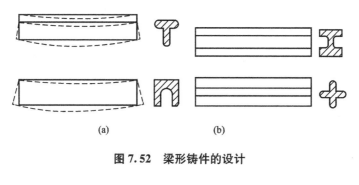

图7.52 梁形铸件的设计

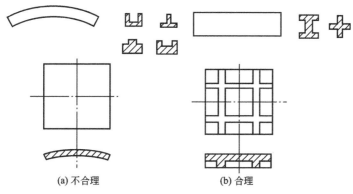

图7.53 防止变形的铸件结构

3) 设计防裂筋

应在铸件易产生变形或裂纹处增设防裂筋，以防止变形或热裂。图7.54所示的圆柱和法兰处应设计防裂筋。图7.55所示的平板铸件应设有加强筋。由于防裂筋很薄，故在冷却过程中迅速凝固而具有较高的强度，从而增大了壁间的连接力。防裂筋常用于铸钢、铸铝等易热裂合金。

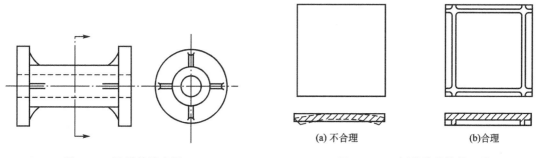

图7.54 防裂筋的应用　　　　**图7.55 平板铸件结构的设计**

5. 利于补缩和实现顺序凝固

对于铸钢等体收缩大的合金铸件，易于形成收缩缺陷，应仔细审查零件结构实现顺序

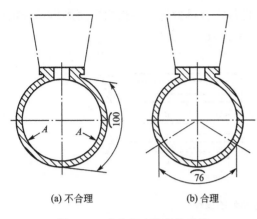

(a) 不合理　　　(b) 合理

图 7.56　合金钢壳体结构改进

凝固的可能性。图 7.56 为壳型铸造的合金钢壳体。图(a)方案铸出的件,在 A 点以下部分因超出冒口的补缩范围而有缩松,水压试验时出现渗漏;图(b)方案中,只在底部 76mm 范围内壁厚相等,由此向上,壁厚以 1°～3°角向上增厚,有利于顺序凝固和补缩,铸件质量良好。

必须指出,由于各类铸造合金的铸造性能不同,因而它们的结构也各有其特点。普通灰口铸铁因其缩孔、缩松、热裂倾向均小,所以对铸件壁厚的均匀性、壁间的过渡、轮辐形式等要求均不像铸钢那样严格,但其壁厚对机械性能的敏感性大,故以薄壁结构最为适宜。另一方面也要防止极薄截面,以防出现硬脆的白口组织。灰口铸铁的牌号愈高,其铸造性能随之变差,故对铸件结构的要求也愈高,但孕育铸铁可设计成较厚铸件。

钢的铸造性能差,应严格注意铸钢件的结构工艺性。由于其流动性差、收缩又大,因此铸件的壁厚不能过薄,热节要小,并便于通过顺序凝固来补缩。为防止热裂,筋、辐的布置要合理。

7.5.2　铸造工艺对铸件结构的要求

铸造工艺对铸件结构的要求主要是从便于造型、制芯、清理以减少铸造缺陷的考虑出发的,包括对铸件外形、铸件内腔和铸件结构斜度的要求。

1. 铸件的外形设计

1) 设计凸台、凸缘和肋板等突起部分时尽量不要妨碍起模

铸件侧壁上的凸台(搭子)、凸缘和肋板等常妨碍起模,为此机器造型中不得不增加砂芯;手工造型中也不得不把这些妨碍起模的凸台、凸缘、肋板等制成活动模样(活块)。无论哪种情况,都增加了造型(制芯)和模具制造的工作量。如能改进结构,就可避免此缺点。

图 7.57 所示为发动机油箱的筋条分布。图(a)结构中筋条垂直于与其连接的铸件表面,致使部分筋条与分型面倾斜,阻碍了起模;若改为图(b)结构,使筋条相互平行,并与分型面垂直,则可顺利起模。

2) 尽量减少分型面数目

分型面少且为平面可避免多箱造型和不必要的型芯,不仅可简化造型工艺,还能减少错型和偏芯,提高铸件精度。图 7.58 为底座铸件,若采用图(a)结构,需采用三箱造型或外芯辅助造型,工艺复杂;若将其外形改进为图(b)结构,则可采用简单的两箱造型,也有可能进行机器造型,而且不容易错箱,铸件毛刺少,便于清理。

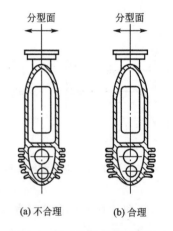

(a) 不合理　　(b) 合理

图 7.57　发动机油箱的筋条分布

3）避免外形侧凹

铸件在起模方向上若有侧凹，如图 7.59(a) 的机床铸件设计，就必须在造型时增加较大的外壁型芯才能起模。稍加改进，即可避免侧凹部分。若将其改成图 7.59(b) 的结构，将凹坑一直扩展到底部，则可省去外型芯。

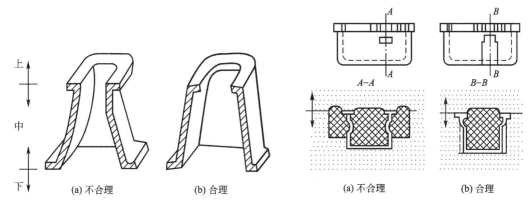

图 7.58 底座铸件　　　　　　　图 7.59 机车铸件结构的设计

4）应有结构斜度

在垂直于分型面的非加工面上应设计适当的结构斜度，以便于起模，避免在起模时损坏型腔，提高铸件精度。一般手工造型木模的结构斜度为 $1°\sim3°$；木模或手工造型的斜度大于金属模或机器造型，有结构斜度的内腔有时可采用吊砂或自带芯子。铸件结构斜度大小随垂直壁的高度而不同，高度愈小则斜度愈大；内侧斜度应大于外测，具体数值见表 $7-11$。在铸件凸台和壁厚过渡处，其斜度可大至 $30°\sim45°$。

表 7-11 铸件的结构斜度

图　　例	斜度 $a:h$	角度 β	适用范围
	$1:5$	$11°30'$	$h<25mm$ 的铸钢和铸铁件
	$1:10\sim1:20$	$5°30'\sim3°$	$h=25\sim500mm$ 的铸钢和铸铁件
	$1:50$	$1°$	
	$1:100$	$30'$	$h>500mm$ 的铸钢、铸铁件和有色金属合金件

5）应尽量使分型面平直

采用平直的分型面，可避免挖砂造型或假箱造型，减少制造模样和模板的工作量，同时铸件的毛边少，便于清理，因此应尽量避免弯曲的分型面。如图 7.60 所示杠杆铸件，在造型时只能采用不平分型面如图(a)所示或采用型芯如图(b)所示，若改成图(c)的形状，则铸型的分型面为一简单的平面。

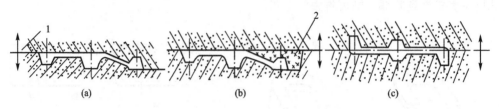

图 7.60　杠杆铸件结构

2. 铸件内腔设计

铸件内腔设计的好，不仅可以减少型芯的数量，降低工装费用，还有利于型芯的稳固、排气和清理，以防偏芯和气孔缺陷。

1) 尽量不用或少用型芯

铸件上的孔和内腔的凸台、凸缘和肋条等机构是用型芯来形成的，其数量的增加会使生产周期延长，成本增高，并使合型装配困难，降低铸件的精度，容易引起各种铸造缺陷。图 7.61 为悬臂支架的设计，图(a)是中空结构，需要用一型芯来铸出，改进后的图(b)为开式结构，可不用芯子，这样简化了铸造工艺。

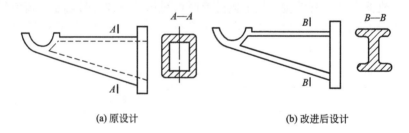

(a) 原设计　　　　　　　　(b) 改进后设计

图 7.61　悬臂支架的设计

2) 应利于型芯的固定和排气

在铸型中，支撑型芯主要依靠型芯头，必要时可采用型芯撑。型芯撑是用钢铁等金属材料制成的，浇注后就夹杂在铸件中，会影响铸件的内在质量和气密性，故型芯撑只适用于非工作表面或不承受液压或气压的铸件。图 7.62 所示的轴承架铸件内腔设计图(a)方案，需用两个型芯，且 2#砂芯呈悬臂式，须用型芯撑作辅助支撑。若改为图(b)方案，1#和 2#号砂芯连成一体，只需要一个型芯，提高了型芯的稳固性，省去了芯撑，而且型芯排气顺畅、容易清理。若无法更改结构时，可在铸件上增加工艺孔，这样就增加了芯头支撑点。铸件的工艺孔可用螺丝堵头封住，以满足使用要求。

3) 减少清砂的工作量

铸件的清理包括清除表面钻砂、内部残留砂芯，去除浇注系统、冒口和飞翅等操作。这些操作劳动量大且环境恶劣。铸件结构设计时应注意减轻清理的工作量。图 7.63 为机床床身结构示意图，图(a)采用闭式结构，给清砂带来一定困难。在铸件刚度足够的前提下，若改用图(b)所示的开式结构，清砂就很方便。

3. 简化模具的制造

单件、小批生产中，模样和芯盒的费用占铸件成本的很大比例。为节约模具制造工时和材料，铸件应设计成规则的、容易加工的形状。图 7.64 为一阀体，原设计为非对称结构(实线所示)，模样和芯盒难于制造；改进后(点划线所示)呈对称结构，可采用车(刮)板造型法，大大减少了模具制造的费用。

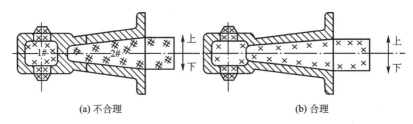

(a) 不合理　　　　　　　　　　　　　(b) 合理

图 7.62　撑架结构的改进

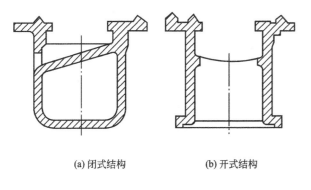

(a) 闭式结构　　　　(b) 开式结构

图 7.63　机床床身结构

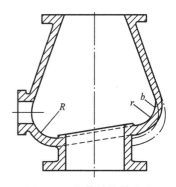

图 7.64　阀体结构的改进

7.6　金属材料铸造成形设备简介

金属材料铸造成形设备由铸造用砂处理设备、机器造型设备、铸造合金熔炼设备、铸件清砂、清理设备及辅助设备等组成，本节仅对部分设备做简单介绍。

7.6.1　造型设备

机器造型设备的种类很多，按驱动方式可分为手工、气动、机械传动、电磁、液压传动等造型机；按起模方式可分为手工起模、顶箱起模、转台和翻台式起模造型机；按是否带砂箱则又可分为有箱造型机和无箱造型机。按紧实成形机理不同，造型机可分为下列 5 类：震击造型机、震压造型机、压实造型机、射压造型机、气力紧实造型机。

选择造型设备时，应先根据所生产铸件的具体条件和要求、生产纲领、投资规模和机器造型类别选择造型机类型，再根据铸造工艺确定砂箱尺寸和造型机工作台尺寸，最后确定造型机的型号。

(1) 根据产量、批量和品种确定设备的生产率。产量大、批量大、品种少选用效率高的造型设备；多品种、少批量生产宜选用柔性大的设备。生产批量极大时还可考虑选用多工位设备，批量少则可考虑选用机械化或自动化程度较低的设备，造型设备的计算负荷率取 75%～85%。

（2）根据拟用在造型机台面上铸型（由每型布置铸件的数量、模样的形状及所需吃砂量等因素确定）的最大尺寸、砂箱的高度来选择造型设备。太大的砂箱不但难以在工作台上固定和起模，同时为了保证有足够的举重力，势必选用较大的造型机，增加投资。选用太小的砂箱，则模板上可布的铸件数量少。在生产纲领确定的前提下，需要提高设备的小时生产率，则应选用自动化程度高的高效造型机，对与之配置成造型线的辅机及控制系统要求也相应地提高，这将增加投资。因此砂箱尺寸的确定与造型设备的选择有着密切的关系。

（3）批量大、铸件形状比较复杂，对质量（指表面粗糙度、尺寸精度）要求高时，应选择能生产出的铸型刚性好、紧实度好的高压造型机、气冲造型机和静压造型机等。而且应组成自动造型线，以充分发挥其生产能力。

选择造型设备时不但要考虑纲领、批量品种、铸造工艺、投资规模等因素，还应了解各种造型机的性能、特点、适用性等因素，两者要综合比较，从而确定更加合适、相对合理的设备。

1. 震压造型机

带有辅助压实机构的振实造型机简称为震压造型机。震压造型机分脱箱震压造型机和顶箱震压造型机两种。震压造型机能使砂箱上部型砂得到紧实，工艺性能较好，多使用于中小型砂箱的造型。同时，由于机构比较简单，生产效率较高，价格也相对便宜，目前国内主要用于一般机械化铸造车间。它的主要缺点是型砂紧实度不够高、噪声大、工人劳动条件差，在现代化的铸造车间，一般震压式造型机已逐步被其他先进造型机所取代。

Z145 型顶箱震压造型机的结构总图如图 7.65 所示，它主要由震压结构、压实机构、起模机构和管路控制系统 4 部分组成，机架为悬臂单立柱结构。它是典型的以震击为主，压实为辅的小型造型机，具有结构简单、操作方便、维修容易、价格低等优点，广泛应用于中小型机械化铸造车间，最大的砂箱尺寸为 850mm×475mm×250mm，比压为 0.125MPa，单机生产率为 60 型/小时。

震压气缸的结构如图 7.66 所示，为了适应不同高度的砂箱，打开压板机构上的防尘罩，转动手柄，可以调整压板在转臂上的高度。转臂可以绕转臂中心轴 10 旋转，由转臂动力缸 9 推动一齿条带动转臂中心轴 10 上的齿轮，使转臂摇转。为了使转臂转动终了时能平稳停止，避免冲击，转臂动力缸 9 在形成两端都有油阻尼缸缓冲。

Z145 型震压造型机采用顶杆法起模。装在机身内的起模液压缸 7 带动起模同步架 3，3 带动装在工作台两侧的两个起模导向杆 5 在起模时同时向上顶起。5 带动起模架 14 和顶杆同步上升，顶着砂箱 4 个角而起模。为了适应不同大小的砂箱，顶杆在起模架上的位置可以在一定的范围内调节。

为了保证起模质量，起模运动要缓慢平缓，因而用气压油驱动，起模液压缸的结构如图 7.67 所示，空气由 3 进入起模缸，作用在缸内油液上，油液通过节流阀 2 的小孔进入下面的液压缸，推动起模缸向上，因此起模速度十分平稳，起模的速度可借节流阀调节。起模回程时，液压缸中的油液可以通过 5 的中心孔推开上面的单向阀 4，快速回流，所以回程的速度可以很快。

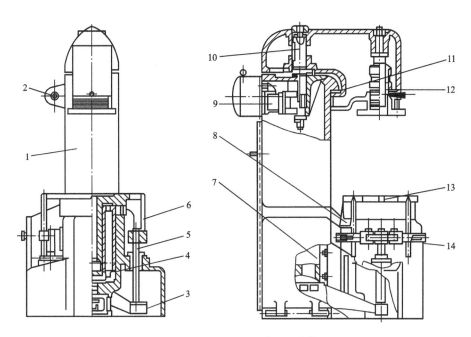

图 7.65　Z 145 型震压式造型机结构总图

1—机身；2—按压阀；3—起模同步架；4—震压气缸；5—起模导向杆；6—起模顶杆；7—起模液压缸；
8—振动器；9—转臂动力缸；10—转臂中心轴；11—整块；12—压板机构；13—工作台；14—起模架

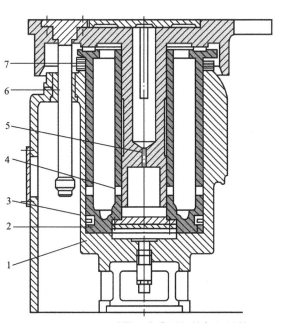

图 7.66　Z 145 型震压式造型机的气缸结构

1—压实气缸；2—压实活塞及震击气缸；3—密封阀；
4—震击气缸排气孔；5—震击活塞；
6—导杆；7—折叠式防尘罩

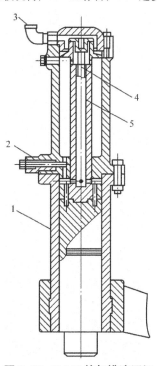

图 7.67　Z 145 的起模液压缸

1—起模缸；2—节流阀；
3—进气孔；4—单向阀；
5—芯杆

控制系统 Z 145 震压造型机是气动控制，其管路图如图 7.68 所示，造型机的所有动作由分配阀 4 控制，而分配阀则由按压阀 7 控制。当按压阀按下时，压缩空气送至分配阀。每按一次按压阀，转换一次工序动作，间盘转 360 度，依次完成以下动作：震击、转臂前转、压实、转臂旁转、压板移开、起模、起模架下落、机器恢复原始位置。图中梭阀 1 的作用是压实时，通向压实缸的压缩空气分出一支，经过梭阀把钢球推向左边，通到转臂动力缸 8，以防止转臂反转，保证压实的顺利进行。另外，起模缸 9 上升时，拨杆 2 也随着上升，拨动转阀 3，使震动器开动，辅助起模顺利进行。

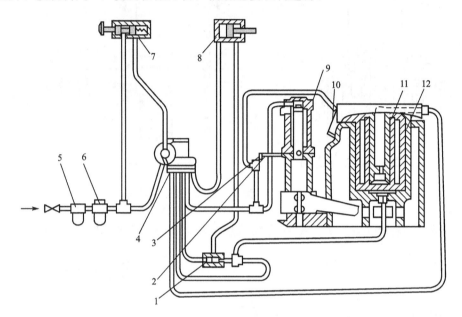

图 7.68　Z 145 的控制管路

1—梭阀；2—拨杆；3—转阀；4—分配阀；5—空气过滤器；6—油雾器；

7—按压阀；8—转臂动力缸；9—起模缸；10—震动器；11—震击气缸；12—压实气缸

2. 垂直分型无箱射压造型机

垂直分型无箱射压造型机造型时不用砂箱（无箱）或者在造型后能先将砂箱脱去（脱箱），这样可减少工序，节省砂箱；造型生产线所需辅机减少，布线简单，容易实现自动化。

1）垂直分型无箱射压造型的工作原理

垂直分型无箱射压造型的造型原理如图 7.69 所示，造型室由造型框及正、反压板组成。正、反压板上有模样，封住造型室后，上面射砂填砂，压板两面加压，紧实成形块如图（a）所示。然后反压板退出造型室并向上翻起让出型块通道如图（b）所示。接着压实板将造好的型块从造型室推出，使其与前一块型块推合，并且还将整个型块列向前推过一个型块的厚度如图（c）所示。压实板退回，放下封闭造型室，进入另一个循环。

这样的造型方法的特点如下。

（1）用射压方法紧实砂型，所得型块紧实度高而均匀。

（2）型块的两面都有型腔，铸型由两个型块间的型腔组成，分型面是垂直的。

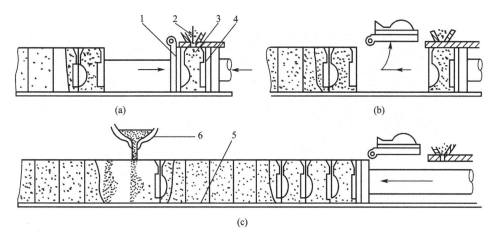

图 7.69　垂直分型无箱射压造型的造型原理

1—反压板；2—射砂机构；3—造型室；4—压实板；5—浇注台；6—浇包

（3）连续造出的型块互相推合，形成一个很长的型列。浇注系统设在垂直分型面上。由于型块互相推住，在型列的中间浇注时，几块型块与浇注平台之间的摩擦力可以抵住浇注压力，型块之间仍保持密合，不需卡紧装置。

（4）一个型块即相当一个铸型，而射压都是快速造型方法，所以造型机的生产率很高。造小型铸型时，生产率可达每小时 300 型以上。

2）垂直分型无箱射压造型机的结构组成及造型工序

垂直分型造型机如图 7.70 所示，由射砂机构、造型室、主辅液压缸的压实机构、导杆、机座、浇注台、液压传动和气动及电气控制系统等主要部件组成。组成造型室的主要零部件是侧框架、上下框架、耐磨底板、耐磨顶板和耐磨侧板、导柱等。在反压板上装有吹净模板的喷嘴，正反压板上还装有加热器。电气控制采用凸轮控制盘和印刷电路板或采用 PLC 控制技术。该造型机的造型过程有 6 道工序，如图 7.71 所示，主要包括射砂、压实、第一次脱模、合型、第二次脱模、关闭造型室。

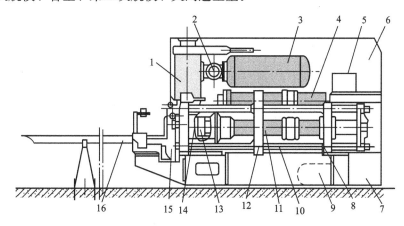

图 7.70　垂直分型无箱射压造型机

1—射砂筒；2—射砂阀；3—贮气罐；4—增速液压缸；5—控制系统；6—罩壳；
7—泵站；8—后框架；9—机座；10—导杆；11—上液压缸；12—中框架；13—正压板；
14—造型室；15—反压板；16—浇注台

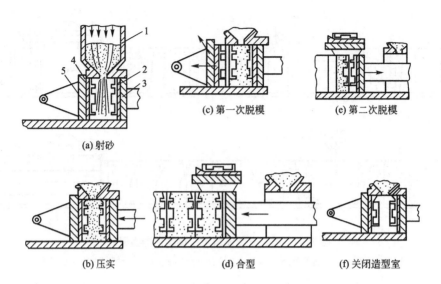

(a) 射砂
(c) 第一次脱模
(e) 第二次脱模
(b) 压实
(d) 合型
(f) 关闭造型室

图 7.71　垂直分型无箱射压造型过程

1—射砂筒；2—压实板上的模板；3—压实板；4—反压实板上的模板；5—反压板

3. 气冲造型机

气力冲击造型机被广泛应用于汽车、拖拉机、各类机械行业，是大批量流水生产的主要设备之一，目前用得最广泛的气力冲击造型气冲造型是利用压缩空气冲击的造型。

1）气冲装置

气冲装置是气冲造型机的核心，它的关键在于快开阀的结构及其开启速度。国内外的

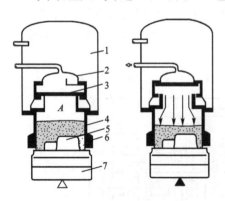

图 7.72　圆盘式气冲装置

1—压缩空气室；2—快开阀；3—阀门；
4—辅助框；5—模板；6—砂箱；
7—升降夹紧机构；A—砂型上部空腔

气冲装置很多，目前实际生产中使用较多的气冲装置有两种：一种是 GF 公司的圆盘式气冲装置；另一种是 BMD 公司的液控式气冲装置。圆盘式气冲装置如图 7.72 所示。在充满压缩空气的压力室 1 内有一个快开阀 2，其阀门 3 通常是处于受压关闭状态，一旦需要排气时阀门 3 便快速打开，开启时间为 0.018 秒左右，室内回内的压缩空气迅速进入 A 腔，在 $0.01\sim0.025\mathrm{s}$ 的时间内达到最高压力 $0.45\sim0.5\mathrm{MPa}$，这取决于气源压力、阀门开启快慢和大小，利用这种强大的气压冲击作用，可使型砂得到紧实。该阀结构简单，阀门为一金属圆盘，外层包覆一层塑料或橡胶薄膜。阀门开启速度快，使用寿命长。使用的压缩空气压力约为 $0.2\sim0.7\mathrm{MPa}$。

液控式气冲装置如图 7.73 所示。固定阀板 2 与活动阀板 3 都做成格栅形，两阀板的月牙形通孔相互错开，当两阀板贴紧时，通孔完全关闭；当液压锁紧机构放开时，在贮气室 7 的气压作用下，活动阀板 3 迅速打开，实现气冲紧实，紧实后液压缸 1 使活动阀板 3 复位，

液压锁紧机构再锁紧活动阀板 3，恢复关闭状态，贮气室补充进气，以待再次工作。

2）气冲造型机

气冲造型机中以压缩空气式使用最为广泛。它主要由机架、接箱机构、加砂机构、模板更换机构和气冲装置等组成。在结构形式上它与多触头高压造型机类似。气冲装置可以做成固定式或移动式，造型机有单工位或多工位，与高压造型机的不同之处主要是用气冲装置取代了多触头压实机构和微震机构，这不仅大大简化了结构，还减小了机械的磨损和噪声，改善了环境条件。

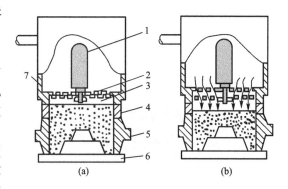

图 7.73 液控式气冲装置
1—液压缸；2—固定阀板；3—活动阀板；
4—辅助框；5—砂箱；6—模板；7—贮气室

气冲造型机和一般高压造型机一样，可与各种有箱造型辅机组成各种机械化或自动化造型生产线，它也适合于目前使用的造型生产线。AME 型气冲造型如图 7.74 所示，它主要用于单机生产的机械化或自动化造型生产线。砂箱尺寸可达 1000mm×800mm 左右，砂斗及 90° 回转机构可根据要求选用。生产率为 80～100 箱/小时，它取决于砂箱尺寸和机械化程度。

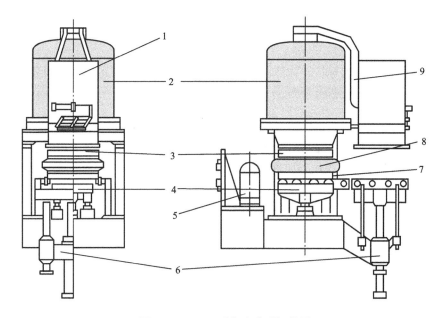

图 7.74 AME 型气冲造型机简图
1—定量斗；2—气冲装置；3—辅助框；4—举升工作台；5—泵站；
6—顶杆起模装置；7—模板框；8—砂箱；9—定量斗回转机构

AM-D 型气冲造型机如图 7.75 所示，该机具有气冲装置、定量斗及移动装置，能交替生产上、下型的模板回转机构和模板框更换机构。砂箱通过边辊进出、铸型紧实后，利用回程起模。该造型机可用于机械化或自动化造型生产线。砂箱尺寸可达 1200mm×

1000mm 左右，生产率达 120 箱/小时。

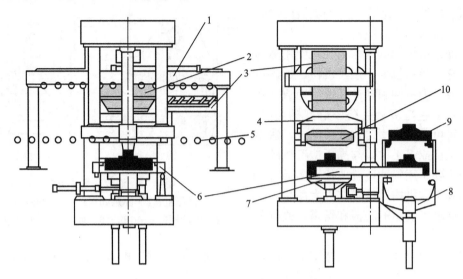

图 7.75　AM-D 型气冲造型机简图
1—移动式气冲装置及定量斗；2—气冲装置；3—定量斗；4—辅助框；
5—砂箱进出框；6—模板回转更换装置；7—举升工作台；
8—模板装卸装置；9—模板框；10—砂箱

7.6.2　造芯设备

造芯设备的结构型式与芯砂粘结剂和造芯工艺密切相关。常用的造芯设备有热芯盒射芯机、冷芯盒射芯机和壳芯机 3 类。

1. 热芯盒射芯机

热芯盒工艺是将液态热固性树脂和催化剂与原砂通过混砂机混合制成混合物，采用压缩空气射入芯盒内用 180～240℃加热。由于热的作用，固化剂中的酸释放出，使砂子混合物硬化。热芯盒射芯机生产率高，生产的砂芯质量好，溃散性好。粘结剂价格较低，加入量也少，故生产成本较低。热芯盒射芯机通常由供砂装置、射砂机构工作台、夹紧机构、立柱机座、升降工作台、加热板及空气管路盒电气控制系统组成，依次完成加砂、芯盒夹紧、射砂、加热硬化、取芯等工序。

图 7.76 所示为 ZZ 8612 热芯盒射芯机的结构示意图，工序如下。

（1）加砂：当震动电动机 1 工作时，砂斗震动并向射砂筒 3 加砂，震动电动机停止工作时，加砂完毕。

（2）芯盒夹紧：夹紧气缸 17 推动夹紧器 16 完成芯盒的合闭，升降气缸 7 驱动工作台上升，完成芯盒的夹紧。

（3）射砂：加砂完毕后，闸板伸出关闭加砂口，闸板密封圈 N 的下部进气使之贴合闸板以保证射腔的密封。射砂时，环形薄膜阀 22 上部排气，压缩空气由 B 室进入射腔 A，再通过射砂筒 3 上的缝进入射砂筒，完成射砂工作。

（4）射砂完毕后，射砂阀关闭（22 上方充气），快速排气阀 14 打开，排除射砂筒内的余气。

（5）加热硬化：加热板 15 通电加热，砂芯受热硬化。

（6）开盒取芯：加热延时后，升降气缸 7 下降，夹紧气缸 17 打开，取芯。

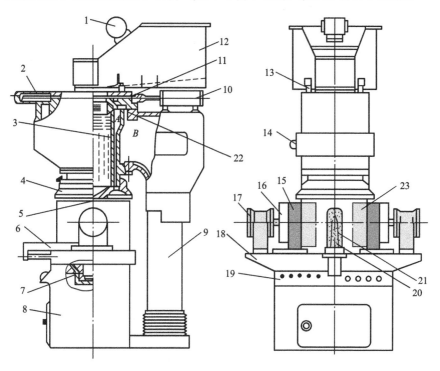

图 7.76　ZZ 8612 热芯盒射芯机

1—震动电动机；2—闸板；3—射砂筒；4—射砂头；5—排气塞；6—气动托板；
7—工作台及其升降气缸；8—底座；9—立柱；10—闸板气缸；11—闸板密封圈；
12—砂斗；13—减震器；14—快速排气阀；15—加热板；16—夹紧器；17—夹紧气缸；
18—工作台；19—开关控制器；20—取芯杆；21—砂芯；22—环形薄膜阀；23—芯盒

2. 壳芯机

壳芯法是一种生产直接从芯盒中取出处于硬化状态的壳芯的方法。生产时，先将树脂包覆在细砂粒上，以形成一种干燥的自由流动的材料，然后将其加到热的芯盒中，此时覆盖于砂粒上的树脂熔化，而后聚合成硬化状态。壳芯机就是采用壳芯法工艺生产壳芯的射芯机，用它可以生产实芯的砂芯(取决于硬化时间及芯子的截面厚度)，或者空心芯子。一旦从芯盒中取出及时进行冷却后，这些芯子可立即用于铸造。

壳芯机是利用吹砂原理制成的，其工作原理如图 7.77 所示，依次经过芯盒合拢、翻转吹砂加热结壳、回转摇摆倒出余砂硬化、芯盒分开取芯等工序。

壳芯是相对于实体芯而言的中空壳体芯，它是以强度较高的酚醛树脂为粘结剂的覆膜砂经过加热硬化而制成的。用壳芯所生产的铸件，由于砂粒细，铸件表面光洁，尺寸精度高，芯砂用量少，降低了材料消耗，加之砂芯中空，增加了型芯的透气性和溃散性，所以壳芯在大型芯制造上得到了广泛应用。

图 7.78 所示为 K 87 型壳芯机，它已被广泛使用，它由加砂装置、吹砂装置、芯盒开

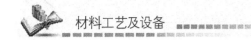

闭机构、翻转机构、顶芯机构和机架等组成。

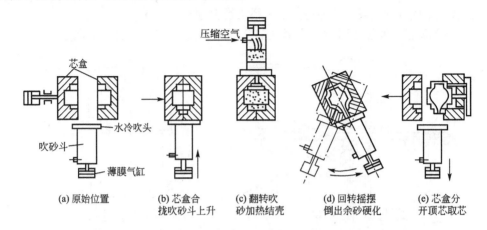

(a) 原始位置　(b) 芯盒合　(c) 翻转吹　(d) 回转摇摆　(e) 芯盒分
　　　　　　　拢吹砂斗上升　砂加热结壳　倒出余砂硬化　开顶芯取芯

图 7.77　壳芯机工作原理示意图

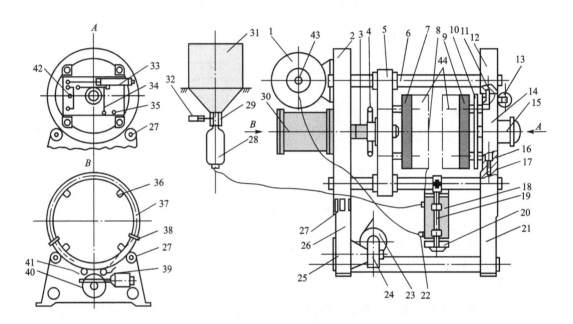

图 7.78　K 87 型壳芯机结构原理图

1—储气包；2—后转环；3—调节丝杆；4—手轮；5—滑架；6、36—导杆；7—后加热板；
8—加砂阀；9—前加热板；10—顶芯板；11—门转轴；12—前转环；13、33—摆动气缸；
14—门；15—顶芯气缸；16—门锁紧气缸；17—门锁销；18—吹砂斗；19—导杆；
20—薄膜气缸；21—前支架；22—接头；23—制动电动机；24—蜗轮蜗杆减速器；25—离合器；
26—后支架；27—托辊；28—送砂包；29—橡胶闸阀；30—合芯气缸；31—大砂斗；
32—闸阀气缸；34—顶芯同步杆；35—挡块；37—链条；38—挡块；39—导轮；
40—链轮；41—保险装置；42—机控连锁阀；43—吹砂阀；44—芯盒

3. 冷芯盒射芯机

冷芯盒工艺是使用两个组分的液态树脂按比例配合，并按砂量的百分比与原砂混合得到一种流动性好、容易吹进芯盒的树脂砂，射入芯盒后，通入以干燥空气、二氧化碳或氮气为载体的氨气固化剂(如三乙胺和二甲基乙胺)进行硬化。冷芯盒射芯是指采用气体硬化砂芯，即射芯后，通入气体(如三乙胺、SO_2 或 CO_2 等气体)，使砂芯硬化。与热芯盒及壳芯相比，冷芯盒造芯不用加热，降低了能耗，改善了工作条件。

冷芯盒射芯机就是采用冷芯盒工艺的制芯设备，目前已有各种类型的冷芯盒机。一套完整的冷芯盒制芯设备由射芯机、气体发生器、空气清净装置以及液压和电气控制系统等组成，有的还带有混砂、原砂气力输送系统和芯砂输送系统等。其结构与热芯盒射芯机的结构类似，也可以在原有热芯盒射芯机上改装而成，只需用一个吹气装置取代原有的加热装置，吹气装置主要是吹气板和供气系统。射砂工序完成后，将射头移开，并将芯盒与通气板压紧，通入硬化气体，硬化砂芯。砂芯硬化后，再通过通气板通入空气，使空气穿过已硬化的砂芯，将残留在砂芯中的硬化气体冲洗除去。

7.6.3 造型材料处理及旧砂再生设备

1. 烘干设备

目前常用的新砂烘干设备有热气流烘干装置、三回程滚筒烘干炉、振动沸腾烘干装置。

1) 热气流烘干装置

图 7.79 所示为热气流烘干装置，由给料器 2 均匀送入喉管 4 的新砂与来自加热炉的热气流均匀混合。在输送管道 5 中，砂粒受热后其表面水分不断蒸发而烘干。烘干的砂粒从旋风分离器 6 中分离出来，存于砂斗备用。从分离器 6 中的顶部排除的含尘气流经旋风除尘器 7 和泡沫除尘器 8 两级除尘，再经风机 10 和带消声器的排风管排至大气。由于风机装在尾端起抽吸作用，故该装置又称为风力吸送装置。

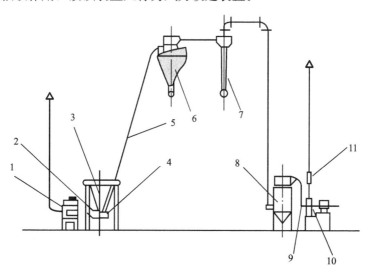

图 7.79 热气流烘干装置
1—加热炉；2—给料器；3—砂斗；4—喉管；5—输送管道；6—旋风分离器；
7—旋风除尘器；8—泡沫除尘器；9—滤水装置；10—风机；11—消声器

2）三回程滚筒烘干炉

图 7.80 所示为三回程滚筒烘干炉，它主要由燃烧炉和烘干滚筒组成。它以煤或碎焦炭为燃料，由鼓风机将热气流吸入烘干滚筒，与湿砂充分接触，将其烘干。

烘干滚筒由三个锥度 1∶10 及 1∶8 的大小不同的滚筒套装组成。在内滚筒、中滚筒与外滚筒间，用轴向隔板组成许多小室。滚筒由 4 个托轮支撑，其中两个托轮是主动轮，靠摩擦转动使滚筒旋转。工作时，湿砂均匀地加入进砂管，由滚筒端部的导向筋片将砂送入内滚筒中，举升板将其提升，然后靠自重下落，与热气流充分接触，进行热交换，温砂再举升。下降的同时，沿滚筒向其大端移动，然后落入中滚筒的各小室中，砂子在小室中反复滚动，与热气流继续接触，最后又落入外滚动的各个小室中，继续进行烘干，烘干后的砂子由滚筒右端卸出。

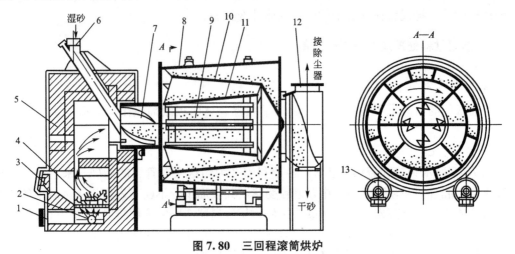

图 7.80　三回程滚筒烘炉

1—出灰门；2—进风口；3—操作门；4—炉箅；5—炉体；
6—进砂管；7—导向筋片；8—外滚筒；9—举升板；10—中滚筒；
11—内滚筒；12—漏斗；13—传动托轮

在这种烘干装置中，砂子的烘干行程并不短，但由于滚筒是套装组成的，所以它占地面积小，结构紧凑，热能利用率高。

2．混砂设备（混砂机）

混砂机种类繁多，结构各异。按工作方式分有间歇式和连续式两种。按混砂装置可分为碾轮式、转子式、碾轮转子式、摆轮式、叶片式、逆流式等。

1）碾轮式混砂机

碾轮式混砂机主要通过既自转又公转的碾轮和刮板对型砂进行碾压、搅拌、混合和搓揉作用。如图 7.81 所示，它由碾压装置、传动系统、刮板、卸砂门与机体等部分组成。工作时，传动系统带动混砂机主轴以一定的转速带动十字头旋转，碾轮和刮板就不断地碾压和松散型砂，达到混砂的目的。碾轮式混砂机具有结构较简单、维修比较方便、生产率低、能耗大和混砂质量一般等特点，适合各类黏土砂和普通水玻璃砂的面砂、芯砂、单一砂和背砂的混制。

2）转子式混砂机

转子式混砂机中没有碾轮，只有转子。它是根据强烈搅拌原理设计的。这种混砂机主

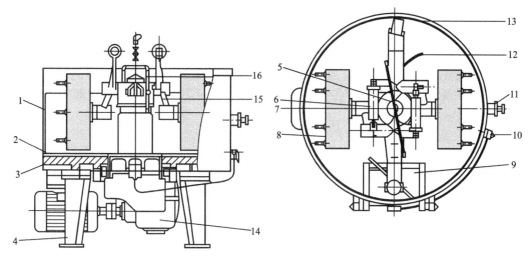

图 7.81　碾轮式混砂机结构图

1—围圈；2—辉绿岩铸石；3—底盘；4—支腿；5—十字头；6—弹簧加减压装置；

7—碾轮；8—外刮板；9—卸砂门；10—气阀；11—取样器；12—内刮板；

13—壁刮板；14—减速器；15—曲柄；16—加水装置

要混砂机构是高速转动的混砂转子。转子上叶片迎着砂的流动方向，对型砂施加以冲击力，使砂粒间彼此碰撞、混和，使黏土团破碎、分散；旋转的叶片同时对松散的砂层施加剪切力，使砂层间产生速度差，砂粒间相对运动，互相摩擦，将各种成分快速地混合均匀，在砂粒表面包覆上黏土膜。转子式混砂机转动机构重量轻，转速快，混砂周期短，生产率高。转子式混砂机适于混制各类型砂，是高压、气冲、静压和射压造型较为理想的混砂机。

　　转子式混砂机形式很多，图 7.82 是一种对流式转子混砂机，国外称为 CM 型混砂机，它的底盘是固定的。安装于底盘下面的电动机经减速装置使主轴转动，在主轴上有 3 个转动方向彼此相反的套筒，套筒上分别固定形状不同的刮板。刮板的绝对转速不高，以免消耗过多的功率和加快刮板的磨损，但是刮板间的相对运动速度大，以便增加砂层与砂层间的滑动，促使砂粒间产生摩擦，加速混砂过程。由于转动方向不同的刮板的推动作用，使相邻的砂层沿着相反方向运动，冲击和摩擦作用强烈，混出的型砂均匀而松散，湿度压强高，透气性好。

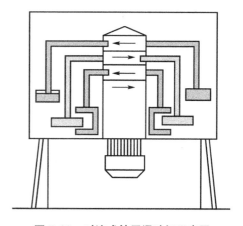

图 7.82　对流式转子混砂机示意图

　　3) 碾轮转子式混砂机

　　在碾轮式混砂机的基础上，去掉一个碾轮，增加一个混砂转子，便发展成为一种碾轮转子式混砂机，如图 7.83 所示。这种混砂机的混砂装置由碾轮、混砂转子和刮板组成。内外刮板将混合料喂送到碾轮底下，碾压后的型砂再被中刮板翻起，正好进入转子运动的轨迹范围内，经转子的剧烈抛击，便将碾压成块的型砂打碎和松散，并使砂流强烈地对流混合和相互摩擦，从而达到最佳的混砂效果。

由于这种混砂机既有碾轮对型砂的碾压和搓擦作用，又有转子对型砂的剪切、冲击和搅拌作用，因此碾轮转子混砂机兼有弹簧加压的碾轮式和转子式混砂机的各种优点，它是目前国内较完善而先进的高效混砂机，型砂质量较好。但由于增加了混砂转子，使传动机构变得复杂，功率消耗增加。它适用于各类黏土砂的混制，也可用于混制普通水玻璃砂、背砂。

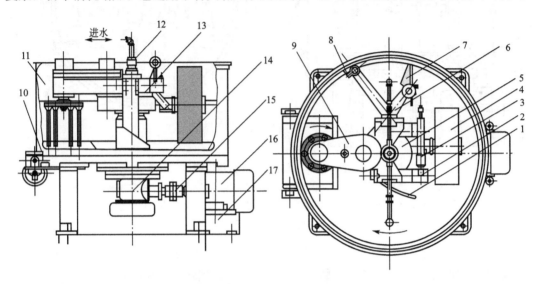

图 7.83　碾轮转子式混砂机

1—内刮板；2—曲臂；3—弹簧加压机构；4—碾轮；5—十字头；6—刮板臂；7—外刮板；
8—壁刮板；9—混砂转子机构；10—卸砂门；11—机体；12—加水机构；13—混碾机构；
14—减速器(摆线针轮)；15—弹性联轴器；16—电动机；17—电机座

4）摆轮式混砂机

摆轮式混砂机的工作原理如图 7.84 所示，由混砂机主轴驱动的转盘上有两个安装高度不同的水平摆轮以及两个与底盘分别呈 45°和 60°夹角的刮板，摆轮可以绕其偏心轴在水平面内转动，刮板的夹角与摆轮的高度相对应。围圈的内壁与摆轮的表面均包有橡胶，当主轴转动时，摆轮绕主轴公转，转盘带动刮板将型砂从底盘上铲起并抛出，形成一股砂流抛向围圈，与围圈产生摩擦后下落。

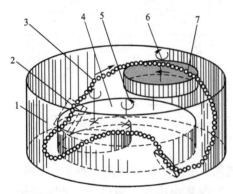

图 7.84　摆轮式混砂机工作原理图

1—围圈；2—刮板；3—砂流轨迹；4—转盘；
5—主轴；6—偏心轴；7—摆轮

由于这种混砂机主轴转速比较高，摆轮在离心惯性力的作用下，绕其垂直的偏心轴摆向围圈，在砂流上压过，碾压砂流，压碎黏土团。由于摆轮与砂流间的摩擦力，摆轮也绕其偏心轴自转。在摆轮式混砂机中，由于主轴转速、刮板角度与摆轮高度的配合，型砂受到强烈的混合、摩擦和碾压作用，混砂效率高。由于主轴电机功率较大、转速高，生产率高，型砂松散型好，但混砂质量不如碾轮式混砂机。摆轮式混砂机用于混制各类黏土砂的单一砂、背砂以及水玻璃砂。

off

264

3. 旧砂处理设备

粘土旧砂处理设备有磁分离设备、破碎设备、筛分设备和冷却设备。

（1）磁分离设备：磁分离的目的是将混杂在旧砂中的断裂浇冒口、飞边、飞翅与铁豆等铁块磁性物质去除。

（2）破碎设备：对于高压造型、干型粘土砂、水玻璃砂和树脂砂的旧砂块，需要进行破碎。

（3）筛分设备：旧砂过筛是主要排除其中的杂物和大的团块，同时通过除尘系统还可排除砂中的部分粉尘。旧砂过筛一般在磁分离和破碎之后，可进行1~2次筛分。常用的筛砂机有滚筒筛砂机、摆动筛砂机、振动筛砂机等。

（4）冷却设备：铸型浇注后，高温金属的烘烤使旧砂的温度增高。如用温度较高的旧砂混制型砂，水分不断蒸发，型砂性能不稳定，造成铸件缺陷。为此，必须对旧砂实施强制冷却。目前普遍采用增湿冷却方法，即用雾化方式将水加入到热旧砂中，经过冷却装置，使水分与热砂充分接触，吸热汽化，通过抽风将砂中的热量除去。常用的旧砂冷却设备有双盘搅拌冷却、振动沸腾冷却、冷却提升机和冷却滚筒等。

7.6.4 铸造熔化设备

熔炼是铸件生产的首要环节，也是决定铸件质量的基本因素。熔炼的基本任务是提供成分和温度合乎要求的金属液。熔化设备通常包括3大部分：熔炼设备、配料加料设备、浇注设备。

1. 熔炼设备

1）铸铁熔炼设备

铸铁的熔炼可以用冲天炉、非焦化铁炉、电炉、反射炉、坩埚炉或冲天炉与电炉双联等设备。其中，冲天炉的应用最为广泛，其优点是设备结构简单，以焦炭作为原料，热效率高，电能消耗低，操作和维修方便，生产率高，成本低，还能进行连续生产。

目前我国大多数工厂应用的冲天炉类型主要是两排大间距冲天炉、热风冲天炉和热风除尘水冷无炉衬冲天炉。尚有一些工厂还在应用多排小风口冲天炉、卡腰三节炉和中央送风冲天炉，但随着我国焦炭质量的不断提高，后3种冲天炉的应用正不断减少。冲天炉的结构如图7.85所示，主要由炉底与炉基、炉体与前炉、风机、热风装置、烟囱与除尘装置和送风系统等6部分组成。

炉底与炉基：它是冲天炉的支撑部分，对整座炉子和炉料柱起支撑作用。

炉体与前炉：炉体是冲天炉的基本组成部分，外形多是一个直立的圆筒，包括炉身、炉缸两部分，它的主要作用是完成炉料的加热、熔化和铁水

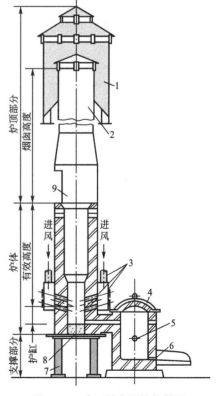

图7.85　冲天炉主要结构简图
1—除尘器；2—烟囱；3—送风系统；
4—前炉；5—出渣口；6—出铁口；
7—支柱；8—炉底板；9—加料口

的过热。炉体内壁砌以耐火砖，加料口处的炉壁由钢板圈或铁砖构筑，以承受加料时炉料的冲击。加料口下缘至第一排风口中心线之间的炉体称为炉身，其内部空腔称为炉膛。炉身的高度也称为有效高度，是冲天炉的主要工作区段。第一排风口中心线至炉底之间的炉体称为炉缸。有前炉冲天炉的炉缸，其主要作用是保护炉底，汇聚铁液和炉渣使之进入前炉；无前炉冲天炉的炉缸，则主要起储存铁液的作用。前炉由前炉体和可分离的炉盖构成；它的作用是储存铁液，使铁液成分和温度均匀，减少铁液在炉缸停留的时间，从而降低铁液在炉缸中的增碳与增硫作用，分离渣铁，净化铁液。

烟囱与除尘装置：烟囱在加料口上面，其外壳与炉身连成一体，内壁砌耐火砖或青砖。烟囱的作用是引导炉气向上流动并排出炉外。除尘装置的作用是消除或减少炉气中的烟灰及有害气体成分。

送风系统：冲天炉的送风系统是指自鼓风机出口至风口出口处为止的整个系统，包括进风管、风带、风口及鼓风机输出管道，其作用是将一定量的空气送入炉内，供底焦燃烧用。风管布置应尽量缩短长度，减少曲折，避免管道截面突变。

热风装置：热风装置的作用是加热供底焦燃烧用的空气，以强化冲天炉底焦的燃烧。常用热风装置有内热式和外热式两种。

风机：冲天炉常用风机有离心式（定压）和回转式（定容）两类。10t/h 以下的中、小型冲天炉一般选用离心式专用风机。

冲天炉的操作工艺是决定冲天炉工作效果的基本因素，它包括焦炭和原材料的选用、操作参数的选择、操作过程中各环节的控制等方面的内容。冲天炉的一般操作过程如下。

（1）修炉与烘炉：冲天炉经使用后再使用前必须先行修炉。修炉时先铲除表面的残渣和挂铁，然后刷上泥浆水，覆上修炉材料并敲打结实。修炉材料一般由质量分数为 40%～50% 的耐火泥和质量分数为 50%～60% 的硅砂与适量的水混制而成；修前炉则用老煤粉与耐火泥的混合料。修好后的炉壁必须结构紧实、尺寸正确、表面光滑。炉壁和过桥修毕后，合上炉底门，先放一层废干砂，再放一层旧型砂，并敲打结实，其厚度约为 200～300mm；也可用全部硅砂加入适量水分修筑炉底。修筑后底炉底必须保证开炉时不漏铁液，打炉时不易于松塌，且尺寸合乎要求。炉子修毕后，可在炉底和前炉加入木材，引火烘炉。前炉必须烘透，以保证铁液在前炉不会因水汽而产生沸腾和降温。

（2）点火及加入底焦：烘炉后加入木材，引火点着，并敞开风口盖作自然通风，待木材燃旺后由加料口往炉内加入约 1/3 的底焦；待其燃着后，再加入约一半的底焦量，然后鼓小风几分钟，并测量底焦高度，再加底焦至规定的高度。这里所指的底焦量是指加入金属炉料前加入炉内的全部焦炭量；而底焦高度是指从第一排风口中心线起至底焦顶面为止的高度，炉缸内的底焦不包含在底焦高度内。

（3）装料与开风：底焦加入完毕后，加入石灰石，其加入量约为层焦的两倍，以防止底焦烧结或过桥堵塞。然后封闭冲天炉工作门，关上风口盖鼓小风 3～4min，再敞开风口盖自然通风，并进行装料。每批金属炉料装料时按照配料一般先加废钢，然后是新生铁、回炉料和铁合金。加入一批金属料后再加层焦和石灰石，有时还加入少量氟石。石灰石加入量约占层焦用量的 30%，为确保熔炼效果，加入炉内的各种炉料应力求清洁，防止泥沙混杂，且尺寸符合要求。通常金属炉料的最大尺寸不得超过加料口附近炉膛直径的 1/3。

在冲天炉熔炼过程中的开始阶段，由于炉膛温度较低、焦炭燃烧尚未达到最佳状态，因此熔炼出的铁液温度较低，故应先安排熔炼低牌号铸铁或浇注一些不重要的铸件。大约在熔化完3~4批铁料后，冲天炉的熔炼逐渐进入正常状态，此时的铁液温度较高，熔炼质量较好，高牌号的铸铁应安排在这一阶段浇注。装料完毕后，应先熔炉1h左右而后开风。开风时，仍敞开部分风口，然后全部关闭，以免一氧化碳积聚而发生爆炸。

(4) 停风与打炉：熔炼结束后，先打开部分风口而后关闭风机停风。停风前应力求炉内有1~2批剩余炉料。停风后即可将炉底门打开，将炉内剩余炉料及焦炭通过炉底门排出炉内，并立即将打落的红热的焦炭及铁料用水浇灭。

冲天炉是利用对流原理熔炼的。熔炼时，热炉气自下而上运动，冷炉料自上而下运动，两股逆向流动的物、气之间进行热量交换和冶金反应，最终将金属炉料熔化成符合要求的。

冲天炉内铸铁熔炼过程：冲天炉内铸铁熔炼的过程并不是金属炉料简单重熔的过程，而是包含一系列物理、化学变化的复杂过程。冲天炉熔炼的基本过程包括预热、熔化、过热、储存和排渣等工序，这些工序均在冲天炉的炉身内完成。开炉前，在冲天炉底部分批装入底焦并预先燃烧，然后在底焦上面交替(呈层状)装入金属料(生铁、废钢、造渣剂)和层焦，随后空气经鼓风机升压后，送入风箱，然后均匀地由各风口进入炉内，与底焦层中的焦炭进行燃烧产生大量的热量和气体产物(炉气)。由此生成的高温气体向上流动，料柱中的炉料(金属料)被上升的热炉气加热，温度由室温逐渐升高到1200℃左右，即完成了预热阶段。此后，金属炉料被炉气继续加热，由固体块料熔化成为同温度的液滴，使底焦面上的第一批金属炉料熔化，即为熔化阶段。熔化后的铁滴在下落过程中，继续从炉气和炽热的焦炭中吸收热量，温度上升到1500℃以上，称为过热阶段。而后经炉缸和过桥进入前炉，在炉气的热作用下，石灰石分解成为二氧化碳和石灰，后者与焦炭中的灰分和侵蚀的炉衬结合成低熔点的炉渣，通过过桥到达前炉。随着底焦的燃烧消耗和金属炉料的熔化，层料逐渐下降，而通过加料口加入的层焦和批料不断补偿底焦的消耗和熔化的铁料，从而使熔化过程连续进行。高温的液滴在炉底汇集然后分离，炉渣与铁液分别由出渣口和出铁口放出，从而完成金属炉料由固体到一定温度的铁液的熔化过程。

2) 铸钢熔炼设备

铸钢熔炼分为熔化钢料、精炼和去除钢中夹杂物3个阶段。精炼又分为氧化期和还原期。在氧化期间，加入铁矿石等铁的氧化物，氧化钢中的有害元素磷，使其进入炉渣被排除。同时，还要氧化钢中的碳，通过吹氧或加入铁矿石使碳生成CO被去除，也要使溶解于钢中的氢和氮析出。在还原期，加入石灰石和焦炭粉制造还原渣，在还原氧化铁的同时还要还原硫化物，使硫进入炉渣被排除。钢水中加硅和铝可以脱氧。最后去除磷、硫、氧、氢和氮等夹杂物及调整铸钢化学成分后，就获得了铸件所需的钢水。

炼钢的方法有多种，应用最广泛的是电弧炉炼钢；在一些中小企业中，多采用感应电炉炼钢；而在重型机器制造企业中，为了能一次炼出大量的钢液，也有采用转炉或平炉炼钢的。感应电炉是一种以电磁感应产生热量来熔炼矿石和金属的电炉。

图7.86为电弧炉，利用电极电弧产生的高温熔炼矿石和金属的电炉。电弧炼钢炉主要由炉体、炉盖、装料机构、电极升降机构、倾炉机构、炉盖旋转机构、电气装置和水冷装置构成，其炉体由炉门、出钢槽和炉身组成，炉底和炉壁用碱性耐火材料或酸性耐火材

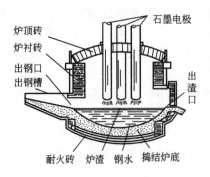

图7.86　电弧炉结构图

料砌筑。按电弧形式可分为三相电弧炉、自耗电弧炉、单相电弧炉和电阻电弧炉等类型。对于熔炼金属，电弧炉比其他炼钢炉工艺灵活性大，炉气性质容易控制，能有效地除去硫、磷等杂质，炉温容易控制，设备占地面积小，适于优质合金钢的熔炼，但废气、废渣多，噪声大，能耗较高。

图7.87为直流电弧炉的炉体部分构造示意图，该炉电弧在上部电极与底部电极之间产生，具有电极消耗少、噪声低、污染小，电弧温度稳定，炉体寿命长等优点，其炼钢工艺与交流电弧炉相同。图7.88所示为无芯中频感应电炉炉体部分构造图，其工作原理是在一个耐火材料筑成的坩埚外面，有螺旋形的感应器(感应线圈)。在炼钢过程中，装在坩埚内的金属炉料(或熔化成的钢液)，犹如插在线圈中的铁心。当往线圈中通以交流电时，由于感应作用，在炉料(或钢液)内部产生感应电动势，并因此产生感应电流(涡流)。由于炉料(或钢液)本身有电阻，故在涡

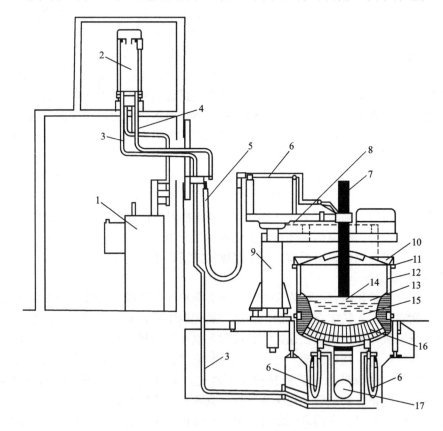

图7.87　直流电弧炉炉体部分构造示意图

1—电炉变压器；2—整流器；3—水冷汇流排管(正极)；4—水冷汇流排管(负极)；
5—水冷电缆(正极)；6—水冷电缆(负极)；7—石墨电极；8—电极支撑臂；
9—液压电极支撑装置；10—电炉炉盖；11—炉盖与炉体外壳间的电绝缘法兰；12—炉体外壳；
13—炉渣；14—电弧；15—钢液；16—导电炉底(镁砂石墨砖砌成)；17—炉底通风冷却装置

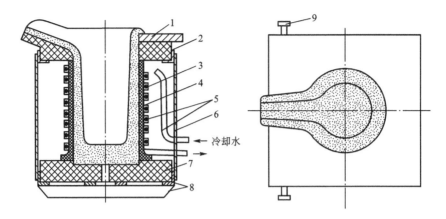

图 7.88　感应电炉炉体部分构造图

1—水泥石棉盖板；2—耐火砖上框；3—捣制坩埚；4—玻璃丝绝缘布；

5—感应器；6—水泥石棉防护板；7—耐火砖底座；

8—不锈钢制(不感磁)边框；9—转轴

流通过时会发出热量。感应电炉炼钢所需的热量就是利用这种原理产生的。与电弧炉炼钢相比，感应电炉炼钢具有熔化效率高、节电效果好、金属成分均匀、烧损少、温升快、温度易控制、操作简单等优点，适用于各种铸造工艺，但冶金反应能力弱，脱硫、脱磷和脱氧等冶金效果较差，对炉料的要求较高。

3）铸铝、铜合金熔炼设备

铝、铜合金在熔炼中突出的问题是元素容易氧化、合金易吸气。为了获得合格的合金液体，要求熔炼设备能快速熔化炉料和升温，减少元素烧损、氧化，使合金液体吸气小、纯净。铸造铝、铜合金熔炼炉有坩埚炉、火焰炉、电弧炉、电阻炉和感应炉等。其中坩埚炉在工厂中应用很普遍，它的优点是设备简单、灵活机动，适用于经常更换合金牌号及间歇生产的情况使用，其熔炼质量也较高。坩埚炉可以作为熔炼炉或保温炉，可由电加热，也可由煤气、重油、焦炭加热。这里主要介绍鼓风坩埚炉、火焰坩埚炉和电阻坩埚炉。

图 7.89 所示是以焦炭或白煤作燃料的鼓风坩埚炉，这种炉子的炉膛直径约为坩埚直径的 2 倍，具有结构简单、投资小、适应性强等优点，缺点是火焰直接与合金液体接触，温度不易控制，产量小，质量不能保证和劳动条件差。工作时，坩埚放在高于炉栅200mm 左右的底焦层上或填砖上，周围应填满焦炭。

图 7.90 所示是用焦炭作燃料的火焰反射坩埚炉。该炉子的特点：燃烧室与熔炼室分开，烟气由坩埚侧面的烟道排出，炉气不与铝合金液接触，减少合金吸气和氧化，炉温较均匀，劳动条件好。

图 7.91 所示为柴油燃料坩埚炉，由于燃料与空气混合均匀，燃烧速度快且稳定，所以这种炉子具有熔化速度快、炉温可以控制、合金液体质量高、劳动条件好等优点。熔炼时，通过喷嘴将风、油混合以切线方向喷入炉中，火焰自下而上旋绕坩埚运动。炉膛下部直径较大，有足够的空间和时间使燃料充分燃烧。炉口直径缩小，增加了气流速度，提高了传热效果。

图7.92 所示为电阻坩埚炉。炉子的电热体有镍铬合金和碳化硅两种，炉子是利用电流通过电热体发热加热熔化合金。炉内气氛为中性，适合铝合金熔化，且铝液不会强烈氧化，炉温可控制，操作方便，劳动条件好，缺点是熔炼时间长，耗电大，生产效率低。

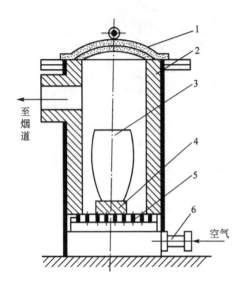

图7.89 鼓风坩埚炉结构
1—炉盖；2—炉身；3—坩埚；
4—填砖；5—炉栅；6—风管

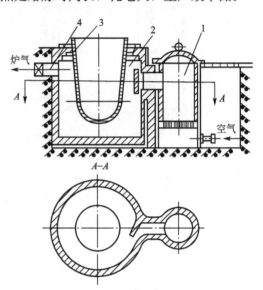

图7.90 焦炭火焰反射坩埚炉结构
1—燃烧室；2—熔炼室；
3—坩埚；4—烟道

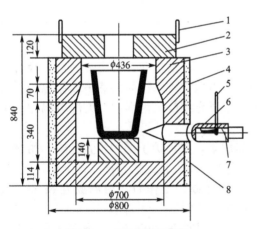

图7.91 柴油坩埚炉结构
1—吊环；2—炉盖；3—炉身；
4—炉壳；5—油管；6—低压喷嘴；
7—风管；8—填料

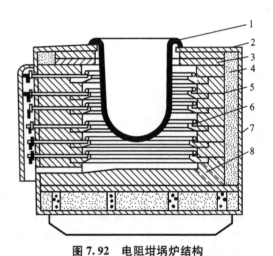

图7.92 电阻坩埚炉结构
1—坩埚；2—坩埚托板；3—耐热铸铁板；
4—石棉板；5—电阻丝托砖；6—电阻丝；
7—炉壳；8—耐火砖

2. 配料加料设备

炉料主要包括金属料(生铁、回炉料、废钢)、焦炭和石灰石等。配料过程主要包括称量、装运和给料等工序。

1）称量设备

焦炭和石灰石等非金属料，常采用磅秤式称量装置称量，用震动给料装置给料，采用过渡小车送料，而对金属料一般采用电磁配电秤配料，如图 7.93 所示。电子秤利用电阻式荷重传感器 3 中的电阻应变片将因载荷作用而产生的应变信号输出，再经电子电位差计放大，检测荷重的大小。

2）加料设备

配料工序完成后，将各种炉料加入料桶内，由专用加料机完成加料工作。加料机又可分为单轨加料机和爬式加料机两类。

爬式加料机：结构如图 7.94 所示，动作简单，速度快，操作简单，易于实现自动化，但投资高，加工制造要求高。应特别注意安全，在机架上部要装断绳保险装置。开始时，料桶 2 位于倒料口下方的地坑内。由铁料翻斗或炉料斗从地面上将炉料倾斜倒入料桶。料桶悬挂在料桶小车支架的前端。料桶小车两侧有行走轮，可以在机架 3 的轨道上行走。加料时，卷扬机 4 以钢丝绳拉动料桶，同时料桶被炉壁上的支承圈托住，而小车的两个后轮进入轨道的交叉，被向上拉起，小车支架绕前轮轴旋转，支架前端向下运动，将底门打开，把料装入炉内。料桶在卸料位置保持一定的时间，以保证料卸完。然后，卷扬机放松钢丝绳，料桶由于自重下降，返回原始位置。

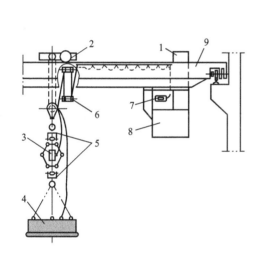

图 7.93　电磁配电秤的结构原理
1—控制屏；2—小车卷扬结构；3—荷重传感器；
4—电磁吸盘；5—万向挂钩；6—滑轮卷电缆装置；
7—电子秤；8—驾驶室；9—行车

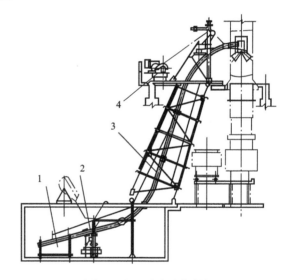

图 7.94　固定爬式加料机
1—料桶小车；2—料桶；
3—机架；4—卷扬机

单轨加料机：结构如图 7.95 所示，由活动横梁、料桶及电动葫芦等组成。料桶为双开底式，装料时，桶底关闭，由配料工段推到冲天炉旁，然后用加料机上的吊钩钩住，向上提升到冲天炉的装料口。开动电动葫芦，将料桶深入冲天炉装料口内，吊钩将料桶放下卸料，卸料完毕后，桶底上升并关上。带着桶体继续上升至一定高度，将料桶从冲天炉装料口退出，返回地面进行下一次装料。单轨加料机构结构简单，投资少，操作方便，但每次加料需要进行多次动作，不易实现自动化，且需要加料平台，一般适用于小型冲天炉。

3. 浇注设备

1）倾转式浇注机

图 7.96 所示为普通浇包倾转式浇注机，主要应用于气冲和静压造型线上的中大件浇注，是目前使用最为广泛的浇注设备。该浇注机主要的优点是结构简单，缺点是包嘴通常与铸型浇入口距离较大，浇注时不容易对准；浇包需要另设挡渣装置；除扇形倾转浇包外，浇注速度不易控制。

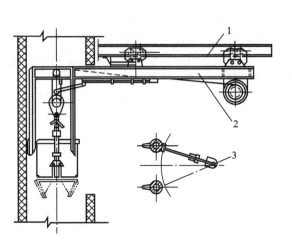

图 7.95　单轨加料机
1—单轨；2—活动横梁；3—立柱

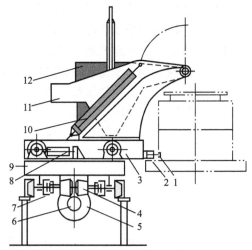

图 7.96　普通浇包倾转式浇注机
1—同步挡块；2、4—薄膜气缸；
3—横向移动车架；5—电动机；6—减速器；
7—摩擦轮；8—横向移动液压缸；
9—纵向移动车架；10—倾转液压缸；
11—倾转架；12—浇包

工作原理：浇包 12 由起重运输机吊运，置于倾转架上，浇注机沿平行于铸型输送机的轨道移动。当其对准铸型浇口位置后，电动机 5 的离合器脱开，同时薄膜气缸 2 将同步挡块推出，使之与铸型输送机同步。倾转液压缸 10 推动倾转架 11，浇包以包嘴轴线为轴心转动，同时进行浇注。浇完后，浇包返回，同步挡块 1 缩回，离合器合上，电动机 5 反转，将浇注机推到下一铸型位置再进行浇注。液压缸 8 使浇包做横向移动并与纵向移动相配合，以满足浇包对位置的要求。

2）气压式浇注机

图 7.97 所示为气压式浇注机，浇注时由气压调节装置 3 通入压缩空气，包室内的液体金属因气压作用向浇注槽中升起，并经下面的流出口浇入砂型。浇入槽用于补充铁液。为了克服浇注过程中的不稳定现象，浇出槽中装有塞杆，使浇注的开始和停止都能迅速实现，而且在浇注的间隙，包内不必撤压。优点是通过调节浇注机气压，可以容易地控制浇注速度，可获得干净的金属液；浇包本身无机械运动部件，使用寿命长；另外，该浇注机结构简单，控制方便，应用较多。

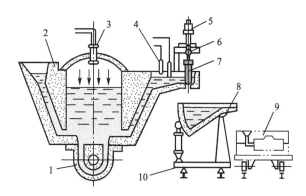

图7.97 气压式浇注机的原理图

1—感应器；2—气压浇包；3—气压调节装置；4—接触电极；

5—液缓冲气动塞杆控制器；6—电子定位器及指示器；

7—塞杆；8—倾转浇包；9—铸型；10—称重装置

3）电磁式浇注机

图7.98所示为电磁式浇注机。金属溶液储存在炉膛3内，由电阻加热棒保温。浇出槽下面装有导线4。如果将导线4中通以交变电流，产生直线移动磁场，该磁场就会在金属溶液中引起感应电流，产生电磁推动力，使金属溶液向上运动，从浇口溢出。调节感应电流的大小，可以调节金属溶液流动的速度，改变电流的方向，可以改变金属溶液流动的方向。导线4中空，可以通水冷却。电磁式浇注机主要用于铝、镁、铜等非铁合金，其特点是容易调节浇注速度和浇注量，容易实现自动化，设备也没有机械运动，此外电磁力对熔渣不起作用，浇入砂型的金属熔液纯净；缺点是电功率因素低，结构上用钢较多，成本高。

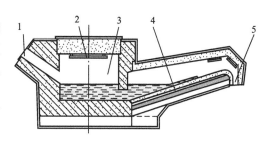

图7.98 电磁泵浇注装置的原理

1—加料口；2—电阻加芯棒；3—炉膛；

4—导线；5—浇出口

7.6.5 铸造车间的环保设备

铸造生产工艺过程较复杂，材料和动力消耗较大，设备品种繁多；高温、高尘、高噪声直接影响工人的身体健康；废砂、废水的直接排放严重污染环境，因此对铸造车间灰尘、噪声等进行控制，对所产生废砂、废气、废水进行处理或回用是现代铸造生产主要任务之一。

1. 除尘设备

铸造车间除尘设备系统的作用是捕集气流中的尘粒、净化空气，它主要由局部吸风罩、风管、除尘器、风机等组成。其中，除尘器在系统中是主要设备。它的结构形式很多，按工作原理可分为干式和湿式两大类。由于湿式除尘会产生大量的泥浆和污水，需要二次处理，相比之下，干式除尘的应用更为广泛。常见干式除尘器有旋风除尘器和袋式除尘器两种。

旋风除尘器基本结构如图7.99所示，其除尘原理与旋风分离器相同。含尘气体沿切向进入除尘器，尘粒受到离心调性力的作用与器壁产生剧烈摩擦而沉降，在重力的作用下沉入底部。旋风除尘器的主要优点是结构简单，造价低廉和维护方便，故在铸造车间中应用广泛。其缺点是对 $10\mu m$ 以下的细尘粒的除尘效率低。它可用于气体温度较高的场合，用于粗颗粒粉尘的净化，或与其他除尘器配套使用。常用于冷却设备抽风除尘系统和冲天炉、电弧炉的初级除尘。

袋式除尘器是目前效率最高、使用最广的干式除尘器，工作原理如图 7.100 所示，它是利用过滤袋把气流中的尘粒阻留下来从而使空气净化的。其优点是处理风量的范围很宽，含尘浓度适应性强，特别对分散度大的细颗粒粉尘，除尘效果好，一般一级除尘即可满足要求，工作中不产生废水。缺点是工作时间长了，滤袋的孔隙被粉尘堵塞，除尘效率下降，所以滤袋需要随时清理，通常以压缩空气脉冲反吹的方法进行清理。另外，阻力损失大，对气流的湿度有一定的要求，气流温度因滤袋材料耐高温的性能而需要限制。

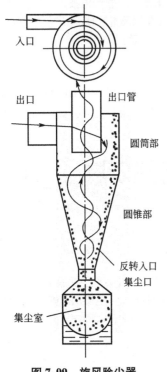

图 7.99 旋风除尘器

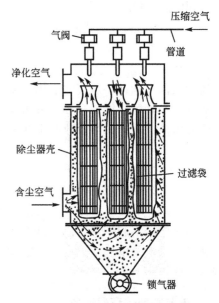

图 7.100 脉冲反吹袋式除尘器

2. 废气净化装置

相对于灰尘和噪声对环境的污染，铸造车间排放的各类废气对周围环境的污染，影响范围更广，随着环境保护措施的日趋严格，工业废气直接排放将被严格禁止，废气排放前都必须经过净化处理。常见的废气净化方法见表 7-12。

表 7-12 常见废气的净化方法

净化方法	基本原理	主要设备	特点	应用举例
液体吸收法	将废气通过吸收液，由物理吸附或化学吸附作用来净化废气	填料塔喷淋塔	能够处理的气体量大，缺点是填料塔容易堵塞	用水吸附冲天炉废气中的二氧化硫、氟化氢等废气

（续）

净化方法		基本原理	主要设备	特点	应用举例
固体吸收法		废气与多孔性的固体吸附剂接触时，能被固体表面吸引并凝聚在表面而净化	固定床	主要用于浓度低、毒性大的有害气体	活性炭吸附治理氯乙烯废气
冷凝法		在低温下使有机物凝聚	冷凝器	用于高浓度易凝有害气体，净化效率低，多与其他方法联用	用冷凝吸附法来回收氯甲烷
燃烧法	直接燃烧法	高浓度的易燃有机废气直接燃烧	焚烧炉	要求废气具有较高的浓度和热值，净化效率低	火炬气的直接燃烧
	热力燃烧法	加热使有机废气燃烧	焚烧炉	消耗大量的燃料和能源，燃烧温度高	应用较少
	催化燃烧法	使可燃性气体在催化剂表面吸附、活化后燃烧	催化焚烧炉	起燃温度低，能耗少，缺点是催化剂容易中毒	烘漆尾气催化燃烧处理

3. 噪声控制设备

国家规定，工人连续工作下的环境噪声不得超过 80～90dB(A)。对于一些产生噪声较大的设备，如风机、落砂机、射砂机等都应采取措施控制，常用的方法有消声器控制和隔离降噪两种。

（1）用消声器降低排气噪声：气缸、射砂机构、鼓风机的排气噪声可以通过在排气管道上装消声器降低。消声器是一种既允许气流通过又能阻止声音传播的消声装置。图 7.101 所示是一种适应性较广的多孔陶瓷消声器，它通常接在噪声排出口，使气体通过陶瓷的小孔排除。它的降噪效果好，大于 30dB(A)，不易堵塞，体积小，结构简单。

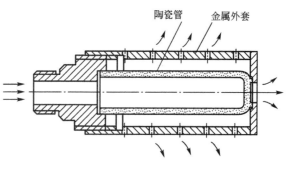

图 7.101　多孔陶瓷消声器

（2）隔离降噪：噪声传播有两种方式，一种通过空气，另一种通过结构。在铸造车间，有一些噪声源混杂着空气声和结构声。单纯的消声器无能为力，常用隔声罩、隔声室等办法隔离噪声源。它应用于空压机、鼓风机、落砂机等的降噪处理，均取得了令人满意的效果。

4. 污水处理设备

为实现无害排放和生产用水的循环使用，通常需对铸造污水进行处理。通常的做法是根据水质的不同，加化学药剂先将污水的 pH 调到 7 左右，然后加入混凝药剂等，将污水中的悬浮物凝絮、沉淀、过滤，所得的清水被回用，污泥被浓缩成浓泥浆或泥饼。

图 7.102 所示为我国自行研制开发的水玻璃旧砂湿法再生的污水处理及回用设备的工艺流程图。湿法再生产生的污水经过加酸中和后，pH 由 12～13 降至 7，然后排入污水池 1 内，由污水泵 3 抽入处理器 5，在抽水过程中加絮凝剂和净化剂，在处理器中经沉淀、过滤等工序，清水从出水管 6 排入清水池中回用，污浆定期从排泥口 11 排出，为了避免处理器中的过滤层被悬浮物阻塞，定期用清水进行反冲清洗。该污水处理设备将沉淀、过滤、澄清及污泥浓缩等工序集中于一个金属罐内，工艺流程短，净化效率高，占地面积小，操作简便，能较好地满足水玻璃旧砂湿法再生的污水处理及回用要求，也可以用于其他铸造污水及工业污水的再生利用。

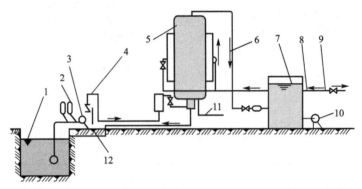

图 7.102 水玻璃旧砂湿法再生的污水处理及回用设备的工艺流程图
1—污水池；2—加药系统；3—污水泵；4—进水管；5—处理器；
6—出水管；7—清水池；8—反冲进水管；9—回用水管；
10—清水泵；11—排泥口；12—反冲排水

阅读材料7-1

计算机模拟技术在液态成形技术中的应用简介

随着计算机技术的飞速发展，各种铸造工艺过程的计算机数值模拟技术已发展到成熟阶段，可以对铸件的成形过程进行仿真设计。目前计算机模拟技术正朝着对铸件进行设计和开发的短周期、低成本、低风险、少缺陷或无缺陷的方向发展。

图 7.103 充型过程中热流耦合计算模拟

图 7.104 铸造热应力数值模拟

目前，液态成形数值模拟方法涉及的领域主要有以下几个方面：

1. 计算机在铸造测试与控制中的应用

利用计算机实现对生产设备和生产过程进行检测和控制是生产高质量铸件的必备条件，也是现代铸造生产的一个重要标志。其应用主要包括型砂性能及砂处理过程的计算机检测与控制、冲天炉熔炼的计算机检测与控制、金属液质量的炉前快速检测与计算机控制、铸件成形过程的计算机检测与控制和铸件成品质量的计算机检测等五个方面。

2. 铸造工艺计算机辅助设计(CAD)技术的应用

铸造生产中的计算机辅助设计是以计算机为主要手段，完成某项设计工作的建立、修改、分析和优化，输出信息全过程的综合性技术。与传统铸造工艺设计方法相比，可显著提高设计效率、缩短设计周期，能够实现设计和分析的统一，也为铸造工艺设计的科学化、精确化提供了良好的工具，成为铸造技术开发和生产发展的重要内容之一。铸造工艺计算机辅助设计程序的功能主要表现在以下几方面：(1)铸件的几何、物理量计算，包括铸件体积、表面积、重量及热模数的计算。(2)浇注系统的设计计算，包括选择浇注系统的类型和各部分截面积计算。(3)补缩系统的设计计算，包括冒口、冷铁的设计计算及合理补缩通道的设计。(4)绘图，包括铸件图、铸造工艺图、铸造工艺卡等图形的绘制和输出。

3. 铸件凝固过程数值模拟中的应用

铸造过程计算机数值模拟技术的应用，可在计算机屏幕上直观地显示铸造过程中金属的充型、铸件的冷却凝固过程、模拟结晶过程、晶粒的大小和形状、铸造缺陷的形成过程等，也可实现造型、制芯过程的数值模拟。通过数值模拟可预测铸件热裂倾向最大部位、产生缩孔和缩松的倾向，从而决定铸件的修改及判断冒口和冷铁设置的合理性，对优化铸造工艺，预测和控制铸件质量、各种铸造缺陷以及提高生产效率都非常重要。

目前，数值模拟技术在铸造行业已得到较为广泛的应用，成为利用高新技术改造传统产业的成功范例。与此同时，铸造数值模拟技术本身在广度和深度方面得到了快速发展，对推动铸造行业的技术进步起着越来越重要的作用。

习 题

1. 试述铸造生产的特点，并举例说明其应用情况。
2. 简述砂型铸造的工艺过程及特点。
3. 什么是手工造型？按砂型特征，手工造型可分为哪些方法？各自特点是什么？
4. 机械造型方法有哪些？各自有何特点及应用？
5. 砂型铸造时铸型中为何要有分型面？举例说明选择分型面应遵循的原则。
6. 为什么要规定铸件的最小壁厚？灰铸铁件的壁过薄或过厚会出现哪些问题？
7. 为什么铸件壁的连接要采用圆角和逐步过渡的结构？
8. 铸造工艺设计时需要注意哪些事项？
9. 铸造工艺参数设计包括哪些内容？如何确定？
10. 合金铸造性能和铸造工艺对铸件结构的要求有哪些？
11. 常见的特种铸造方法有哪些？各有何特点？应用范围如何？

12. 铸钢的熔炼设备有哪些？各自有什么特点？

13. 垂直分型无箱射压造型的原理和特点是什么？垂直分型无箱射压造型机的工序有哪些？

14. 简述 Z 145 型震压式造型机的工作过程和 ZZ 8612 热芯盒射芯机的工作过程。

15. 查阅相关资料，简述陶瓷型铸造和磁型铸造的工作原理及工艺过程和特点。

16. 结合本章的学习，自行设计一金属铸件，为其选择可行的铸造材料、铸造方法、浇注位置和分型面位置，说明选择理由，为其所在车间选择环保设备，简述其铸造成形过程。

17. 结合所学内容，分析国内外铸造成形技术的发展趋势。

18. 结合所学内容，写一篇与铸造技术有关的学习体会(不少于 2000 字)。

第 8 章
材料焊接成形工艺及设备

 本章教学要点

知识要点	掌握程度	相关知识
常见焊接方法	掌握	焊接技术特点及应用 各类常用焊接方法特点及应用
焊接技术基础理论	掌握	焊接过程及焊接冶金的特点，焊条的分类与选择 焊接接头的组织与性能
常用金属材料的焊接性	熟悉	焊接性能的评价方法，黑色、有色金属的焊接性 焊接应力与变形的产生及防止，焊接的缺陷与检测
焊接结构设计	掌握	焊接材料、方法的选择，接头工艺结构设计
焊接技术新发展	了解	国内外焊接技术的现状及发展趋势

导入案例

大负载点焊机器人"QH–165点焊机器人"项目通过验收

焊接技术素有"钢铁裁缝"之称，是现代机械加工领域不可或缺的重要材料成形技术，在现代工业中占有重要地位。生活中的许多领域都离不开焊接，可以说焊接技术在生活中发挥着重要作用。住的楼房的钢筋需要焊接，使用的微波炉、冰箱等家电需要焊接，大到航天飞机、桥梁、船舶，小到电子器件，焊接发挥着举足轻重的作用。今天，电子束焊、真空钎焊、CO_2激光焊、搅拌摩擦焊、自动焊和焊接机器人等现代焊接技术和装备正在改变着人们的生活，焊接技术正朝着智能化、高效化、自动化的方向发展。

2009年9月7日，由哈尔滨工业大学和奇瑞汽车联合开发的国内首台自主研制的大负载点焊机器人(图8.0)"QH–165点焊机器人"项目通过验收，同时"哈工大-奇瑞机器人研究中心"在哈工大挂牌。

由奇瑞投资与哈工大合作开发，由李瑞峰教授、杜志江教授负责研制的"QH–165点焊机器人"在技术上突破了高速、大负载工业机器人的机械系统优化设计，高速大负载运动平稳性控制的技术难点，实现了良好的人机交互操作。"165点焊机器人"在奇瑞公司焊接生产线应用近一年来，已经焊接几万套汽车车身部件。目前双方已联合申请并获得了"863计划"和NC重大专项的支持。

自20世纪80年代开始，哈工大曾先后研制成功10kg、30kg、100kg、120kg级系列点焊机器人，并在汽车焊接领域获得了成功应用。实践证明，焊接机器人具有性能稳定、工作空间大、运动速度快和负荷能力强等特点，焊接质量明显优于人工焊接，大大地提高了点焊作业的生产率。随着汽车工业的发展，焊接生产线要求焊、钳一体化，重量越来越大，165kg点焊机器人是目前汽车焊接中最常用的一种机器人。2007年起开始，奇瑞公司与哈工大在机器人领域开展合作。2008年9月，机器人研究所研制完成国内首台165kg级点焊机器人，并成功应用于奇瑞汽车焊接车间。2009年9月，经过优化和性能提升的第二台机器人完成并顺利通过验收，该机器人整体技术指标已经达到国外同类机器人水平。

图8.0 大负载点焊机器人

资料来源：http://Heilongjiang.dbw.cn/system/2009/09/07/052097125.html.

8.1 常见焊接方法

　　焊接俗称"钢铁裁缝"，是一种低成本、高科技连接材料的可靠工艺方法。到目前为止，还没有另外一种工艺比焊接更为广泛地应用于材料间的连接，并对所焊产品产生更大的附加值。因此无论现在还是将来，焊接都是成功地将各种材料加工成可投入市场产品的首选工艺。焊接技术已发展成为融材料学、力学、热处理学、冶金学、自动控制学、电子学、检验学等学科为一体的综合性学科。作为一种现代的先进主导制造工艺技术和广泛的系统工程，焊接技术在现代工业中占有十分重要的地位，已广泛应用于机械制造、建筑工程、造船、海洋开发、汽车制造、石油化工、航空航天、原子能、电力电子、微电子、医疗器械和通信工程等工业部门的金属构件和机器零部件的制造和修复。据工业发达国家统计，每年仅需要进行焊接加工之后使用的钢材就占钢总产量的45%左右。

　　焊接是利用局部加热或加压等手段，借助金属原子间的结合与扩散作用使分离的两部分金属牢固地结合起来的一种永久性连接材料的工艺方法。焊接过程的实质就是通过适当的物理化学过程使两个分离表面的金属原子接近到晶格距离（0.3～0.5nm）形成金属键，从而使两金属连为一体。焊接方法的种类很多，按照焊接过程中材料所处的状态不同，可分为熔化焊、压力焊和钎焊，如图8.1所示。

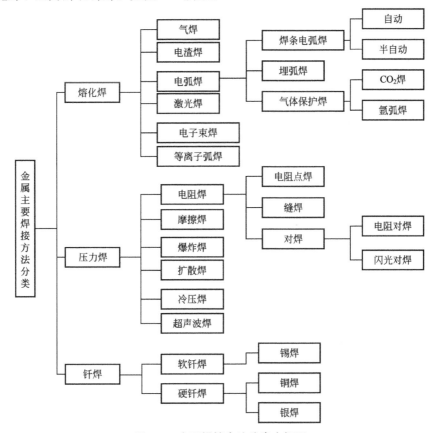

图 8.1　主要焊接方法分类方框图

熔化焊（简称熔焊）是利用电弧放电产生的热量使被焊工件及填充金属局部加热至熔化状态，形成液态熔池，保证原子间的充分扩散和紧密接触，然后凝固冷却结晶成一体接头的一类焊接方法。按热源的种类不同，可分成气焊和电焊两大类，常用的熔焊有电弧焊、气焊、电渣焊、电子束焊、激光焊和等离子弧焊等，适用于各种常用金属材料的焊接。

压力焊（简称压焊）是将被焊工件在固态下通过加压（加热或不加热）措施使其接头处紧密接触并产生塑性变形，挤除表面氧化物及污染物，使原子相互接近到晶格距离，从而在固态条件下实现原子间结合的一类焊接方法。常用的压焊有电阻焊、摩擦焊、扩散焊、爆炸焊、冷压焊和超声波焊等，多用于塑性较好的金属材料的焊接。

钎焊是采用液相线温度比母材固相线温度低的金属材料作钎料，将零件和钎料加热到钎料熔化，利用液态钎料润湿母材，填充接头间隙并与母材相互溶解和扩散，然后冷却结晶形成结合面的一类焊接方法。它与熔化焊有相似之处，常用的钎焊有锡焊、铜焊等，可用于同种或异种金属的焊接，也可用于金属与玻璃、陶瓷等非金属材料的连接。

焊接方法具有以下优点。

（1）方法灵活多样，能满足特殊连接要求，工艺简便。

能在较短的时间内生产出复杂的焊接结构。在制造大型、复杂结构和零件时，可结合采用铸件、锻件和冲压件化大为小，以简拼繁，再逐次装配焊接而成。许多结构都以铸—焊、锻—焊形式组合，简化了加工工艺，加工快，工时少，生产周期短。例如万吨水压机的横梁和立柱的生产便是如此。另外，不同材料焊接在一起能使零件的不同部分或不同位置具备不同的性能，达到使用要求。如防腐容器的双金属筒体焊接、钻头工作部分与柄的焊接、水轮机叶片耐磨表面堆焊等。

（2）适应性强，可焊范围较广，而且连接性能较好。

采用相应的焊接方法既能生产微型、大型和复杂的金属构件，也能生产气密性好的高温、高压设备和化工设备；既适应单件、小批量生产，也适应于大批量生产。同时，采用焊接方法还能连接异类金属和非金属。例如原子能反应堆中金属与石墨的焊接、硬质合金刀片与车刀刀杆的焊接。现代船体、车辆底盘、各种桁架、锅炉、容器等都广泛采用了焊接结构。

（3）节省材料，减轻重量，生产成本低。

与铆接相比，焊接结构可节省材料 10%～25%，并可减少划线、钻孔、装配等工序。另外，采用焊接结构能够按使用要求选用材料。在结构的不同部位按强度、耐磨性、耐腐蚀性、耐高温等要求选用不同材料具有更好的经济性。

但是，目前的焊接技术尚存在一些问题：生产自动化程度较低，结构不可拆，更换修理不方便；焊接接头组织性能不稳定；不同焊接方法的焊接性有较大差别；存在焊接应力，容易产生焊接变形、焊接缺陷等。

近年来，焊接技术迅速发展，新的焊接方法不断出现，随着计算机技术在焊接领域的应用，各种先进焊接工艺方法的普及和应用，以及焊接生产机械化、自动化程度的提高，焊接质量和生产率也将不断提高，目前，焊接技术正朝着精密化、智能化、高效高质、低能耗的方向发展。

8.1.1 手工电弧焊

电弧焊属于熔化焊，是利用电弧产生的热能进行焊接的一类焊接方法，它包括：焊条电弧焊、埋弧焊、钨极气体保护电弧焊、等离子弧焊、熔化极气体保护焊等。由于电弧能有效而简便地将电能转换成熔化焊焊接过程的热能和机械能，因此电弧焊是目前应用较广的一种焊接方法。

手工电弧焊(MAW)也称焊条电弧焊，是以电弧的热量熔化金属，并用手工操作焊条进行焊接的方法。手工电弧焊的优点是设备简单、轻便、操作灵活、适应性广、成本低、可不受场地和焊接位置等因素的限制，是目前应用最为广泛的焊接方法。但对操作人员的技能要求较高，此外，手工电弧焊生产率低，工作环境差，劳动强度大。适用于大多数工业用的金属和合金的焊接，不适宜焊接钛等活泼金属、难熔金属及低熔点金属。

1. 焊接电弧

电弧是电弧焊的热源，也是作用在熔滴和熔池上的力源。所谓焊接电弧，是指发生在电极与焊件之间的气体介质中强烈、持久的放电现象，即在局部气体介质中有大量电子流通过的导电现象。产生电弧的电极可以是金属丝、钨丝、碳棒或焊条。一般手工电弧焊都使用焊条。

1) 电弧的引燃

常态下的气体由中性分子或原子组成，不含带电粒子。要使气体导电必须使气体的中性粒子电离成为带电的正离子和负离子。生产中一般采用接触引弧。先将电极(碳棒、钨极或焊条)和焊件接触形成短路(图 8.2(a))，此时在某些接触点上产生很大的短路电流，温度迅速升高，为电子的逸出和气体电离提供能量条件；而后将电极提起一定距离(小于5mm，图 8.2(b))，在电场力的作用下，被加热的阴极有电子高速逸出，撞击空气中的中性分子和原子，使空气电离成阳离子、阴离子和自由电子。这些带电粒子在外电场作用下定向运动，阳离子奔向阴极，阴离子和自由电子奔向阳极。在它们的运动过程中不断碰撞和复合，产生大量的光和热，形成电弧(图 8.2(c))。电弧的热量与焊接电流和电压的乘积成正比，电流越大，电弧产生的总热量就越大。

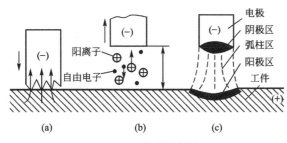

图 8.2 电弧的点燃

2) 电弧的组成

焊接电弧沿其长度方向分为 3 个区域，即阴极区、阳极区和弧柱区(图 8.3)。由于阴极区和阳极区的长度极小，所以弧柱区的长度一般认为是电弧长度。

阴极区：电弧与电源负极所接的区域，是发射电子的区域。由于发射大量电子而消耗一定能量，所以阴极区产生的热量较少。在焊条电弧焊焊接钢材时，阴极区的平均温度

为 2400K，阴极区热量约占总热量的 36％。

阳极区：电弧与电源正极所接的区域，因受高速电子的撞击和吸入电子而传入较多的能量，因此产生的热量较多。用钢焊条焊接材料时，温度可达 2600K，占总热量的 43％。

弧柱区：阴极区和阳极区之间的区域，是电弧中心区，温度最高。在用钢焊条焊接材料时，温度高达 6000～8000K，弧柱区的热量约占总热量的 21％。

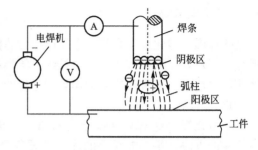

图 8.3　焊接电弧结构

由于电弧在阴极和阳极上产生的热量不同，因而用直流弧焊机焊接时就有正接和反接两种方式(图 8.4)。正接是工件接到阳极(电源正极)，焊条接到阴极(电源负极)；反接是将工件接到阴极(电源负极)，焊条接到阳极(电源正极)。正接时，电弧热量主要集中在焊件上，可以加快焊件熔化，保证足够的熔深，适用于焊接较厚的焊件；反接法常用于薄件焊接，以及非铁合金、不锈钢、铸铁等的焊接，以避免烧穿焊件。当采用交流弧焊机焊接时，由于两极极性不断变化，两极温度都在 2500K 左右，所以不存在正接和反接问题。

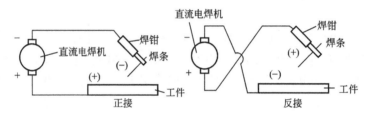

图 8.4　直流弧焊时的正接和反接

2. 焊接电源

焊接电源是弧焊设备的核心部分，是给焊接电弧提供能源的专用装置，它必须具备电弧焊接所要求的电气特性。只有使用工作稳定、性能良好的焊接电源才能保证焊接过程顺利进行。

1) 对焊接电源的基本要求

为了保证焊接质量及焊机的工作效率及安全性，焊接电源应满足以下要求。

(1) 具有一定的空载电压以满足引弧的需要。电焊机的空载电压就是焊接开始时的引弧电压，一般为 50V 至 90V。

(2) 限制适当的短路电源，以保证焊接过程频繁短路时的电流不致无限增大而烧毁电源。短路电源一般不超过工作电流的 1.25～2 倍。

(3) 电弧长度发生变化时能保证电弧的稳定。电弧稳定燃烧时的电压降称为电弧电压，它与电弧长度(即焊条与工件之间的距离)有关。电弧长度越大，电弧电压也越大。一般情况下，电弧电压在 16～35V 范围内。

(4) 焊接电源的端电压短路后从零值恢复到工作值的时间间隔不应过长。在电弧引弧或焊条金属熔滴过渡的过程中必然会产生短路现象。但脱离短路后，电源的输出端电压应能很快回复，如果时间延迟过长，电弧可能会熄灭，通常要求电压回复时间不大于 0.05s。

（5）具有适当的功率。对于不动的产品，需要不动的焊接电源。用于大规范、长时间工作时，选择的功率太小将会使焊机过热而烧坏；用于小规范、短期工作时，若选用功率过大的电源，则设备不能充分利用，会造成浪费。

（6）焊接规范要能在较大的范围内做均匀调节。正确地选择焊接电源是保证焊接质量的重要条件之一，因此要求焊接电源能均匀地调节电流，并调节范围要大，以便于选择合适的电流值以适应不同材料和板厚的焊接要求。

此外，从电源的外特性与电弧的静特性的关系上考虑，要保证电源电弧的稳定还需满足 2 个条件，即抗干扰能力和回复能力。

2）常用焊接电源的类型

弧焊电源具有一定的通用性，即不同的电源可以焊接同一种材料。但不同类型的弧焊电源在焊接的适用性方面却各有特点，在应用时只有合理的选择才能确保焊接过程的顺利进行，以获得最好的焊接质量和最大的经济效益。

手工电弧焊设备简称电焊机，实质上是焊接电源，按供给焊接电源种类不同，其类型主要有交流弧焊机、直流弧焊机和交、直流两用弧焊机。

交流弧焊机又称弧焊变压器，是一种特殊的变压器，它将网路电压的交流电变成适宜于弧焊的低压交流电，由主变压器及所需的调节部分和指示装置等组成。交流弧焊机主要有动铁芯式、同体式和动圈式 3 种。它具有结构简单、制造和维修方便、磁偏吹现象很少产生、空载损耗小、成本低、效率高等优点。但其电流波形为正弦波，输出为交流下降外特性，电弧稳定性较差，功率因数低，焊接质量在一些重要构件的生产中不能满足要求。一般应用于手弧焊、埋弧焊和钨极氩弧焊等方法。

直流电焊机是以交流电通过整流转换器转为直流电的电能进行焊接的，具有体积小、重量轻、稳弧性好、经久耐用等优点，它的使用性能可以完全替代交流电焊机，应用更加广泛，但结构相对复杂，成本高，空载损耗大，维修有一定难度。

交直流两用弧焊机采用硅整流电路设计，具有直流手工弧焊/交流手工弧；焊接电流无级调节，引弧容易，电弧稳定，工作可靠，使用方便，维修简单，效率高，寿命长，用途广等特点，适用于焊接低碳钢、中碳钢、低合金钢及铸件等。

3）弧焊机的选用

弧焊机选用时主要考虑焊接电流种类、功率、工作条件及节能等要求。使用酸性焊条焊接低碳钢一般构件时，应优先考虑选用价格低廉、维修方便的交流弧焊机；使用碱性焊条焊接高压容器、高压管道等重要钢结构或焊接合金钢、有色金属、铸铁时，则应选用直流弧焊机。购置能力有限而焊件材料的类型繁多时，可考虑选用通用性强的交、直流两用弧焊机。

4）常用工具和辅助设备

焊条电弧焊常用工具和辅具有焊钳、焊接电缆、快速接头、面罩、防护服、敲渣锤、钢丝刷和焊条保温筒等。焊钳是用来夹持焊条进行焊接的工具，主要由上下钳口、弯臂、弹簧、直柄、胶木手柄及固定销等组成。快速接头是一种快速方便地连接焊接电缆与焊接电源的装置，其主体采用导电性好并具有一定强度的黄铜加工而成，外套采用氯丁橡胶。焊接电缆是焊接电路的一部分，利用焊接电缆将焊钳和接地夹钳接到电源上，焊接电缆应采用多股细铜线电缆，一般可选用弧焊电源，YHH 型橡套电缆或 YHHR 型橡套电缆。面罩及护目玻璃是为了防止焊接时的飞溅物、强烈弧光及其他辐射对焊工面部及颈部灼伤的一种遮蔽工具，有手持式和头盔式两种。护目玻璃安装在面罩正面，用来减弱弧光强度，吸收由电弧发射的红外线、紫外线和多数可见光。防护服包括皮革手套、工作帽、白帆布工作服、绝缘鞋等，目的是防止焊接时触电及被弧光和金属飞溅物灼伤。其他焊条电弧焊辅助机具还包括焊条烘干设备、焊条保温筒、焊缝检测尺、钢丝刷、清渣锤、扁铲和锉刀等。另外，在排烟情况不好的场合焊接时，应配有电焊烟雾吸尘器或排风扇等辅助器具。

3. 焊接过程与焊条

1）焊接过程

由图8.3、图8.5和图8.6可知，焊接电路以弧焊电源为起点，通过焊接电缆、焊钳、焊条、焊件、接地电缆形成回路，在有电弧存在时形成闭合回路，从而形成焊接过程，焊条和焊件既作为焊接材料，也作为导体，如图8.6所示。焊接时首先将焊条夹在焊钳上，将工件同电焊机相连接。在焊接过程中，电弧在焊条与被焊工件之间燃烧，电弧热瞬间使工件表面和焊条端部同时熔化形成熔池。当电弧向前移动时，焊件和焊条不断熔化汇成新的熔池，原来的熔池不断冷却凝固，从而形成连续的焊缝。覆盖在焊缝表面的熔渣也逐渐凝固成为固态渣壳。这层熔渣和渣壳对焊缝成形和减缓金属的冷却速度有重要的作用。焊接时，焊条药皮熔化后与液态金属发生物理化学反应，形成的熔渣不断从熔池中浮起，分解产生的大量 CO_2、CO 和 H_2 等气体围绕在电弧周围，熔渣和气体能防止空气中的氧和氮侵入，起保护熔化金属的作用。

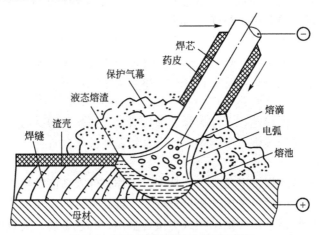

图8.5 焊条电弧焊焊接过程示意图

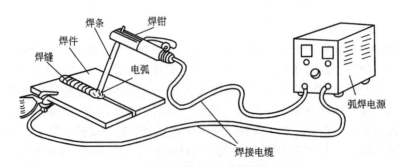

图8.6 焊条电弧焊基本装置示意图

2）焊接冶金特点

在进行电弧焊时，像在小型电弧炼钢炉中炼钢一样，焊接区的填充材料及母材在焊接热源的作用下从固态熔化为液态的熔滴及熔池。而后熔池又从液经经过冷却，凝固转变成为固态的焊缝，在这个过程中，被熔化的金属、熔渣、气体三者之间进行着一系列物理化学反应，如金属的氧化与还原，气体的溶解与析出，杂质的去除等。焊接的冶金过程与一般的冶炼过程相比较，主要有以下特点。

（1）冶金温度高。在焊接碳素结构钢和普通低合金钢时，熔滴的平均温度约 2300℃，熔池在 1600℃以上，高于普通冶金温度，因此使金属元素强烈蒸发，并使电弧区的气体分解成原子状态，增大了气体的活泼性，容易造成合金元素的烧损与蒸发。

（2）冶金过程短。焊接时，由于焊接熔池体积小（一般 $0.2 \sim 0.3 cm^3$），冷却速度快（熔池周围是冷金属），液态停留时间短（熔池从形成到凝固约 10s），使各种化学反应无法达到平衡状态，在焊缝中会出现化学成分不均匀的偏析现象。

（3）冶金条件差。焊接熔池一般暴露在空气中，熔池周围的气体、铁锈、油污等在电弧的高温下将分解成原子态的氧、氮等，极易同金属元素产生化学反应。反应生成的氧化物、氮化物混入焊缝中，使焊缝的力学性能下降；液态金属氧化生成的 FeO 熔解于钢水中，冷凝时因溶解度减小而析出，杂质则滞留在焊缝里；FeO 与钢中的 C 起作用，化合成 CO，易在焊缝中产生气孔；液态金属氮化生成 Fe_4N，冷凝时呈针状夹杂物分布在晶粒内，会显著降低焊缝塑性和韧性；空气中水分分解成氢原子，在焊缝中产生气孔、裂缝等缺陷，会出现"氢脆"现象。

综上所述，为了保证焊缝质量，焊接过程中必须采取必要的工艺措施来限制有害气体进入焊缝区，并补充一些烧损的合金元素。手工电弧焊焊条的药皮、埋弧自动焊的焊剂等均能起到这类作用。气体保护焊的保护气体虽不能补充金属元素，但也能起到保护作用。

3）焊条

（1）焊条的组成及作用。焊接材料是焊接时所消耗材料的通称，它包括焊条、焊丝、焊剂、气体等。焊条是电弧焊的焊接材料，它由金属焊芯和药皮两部分所组成。

焊芯是焊条中被药皮包覆的金属芯，通常用含碳、硫、磷较低的专用金属丝（称为焊丝）制成，具有一定的直径和长度，其化学成分直接影响焊缝质量。焊芯材料有低碳钢、不锈钢、有色金属等，化学成分要求较严。依据被焊材料的性能、国家标准 GB 3429—1982《碳素焊条钢盘条》、GB 4241—1984《焊接用不锈钢盘条》等选择相应的焊丝作为焊芯。焊丝材料的牌号通常表示为"H××"，其中，"H（焊）"表示焊条用钢丝，数字"××"表示焊芯的平均含碳量，如 H08、H0Cr14、H1Cr18Ni9Ti 等，焊芯牌号中带"A"字符号者，其硫、磷含量不超过 0.03%。常用焊丝的牌号及主要化学成分见表 8-1。

焊芯的作用：一是作为电极传导电流，产生电弧，为焊接提供热源；二是作为填充金属与熔化的母材共同组成焊缝金属。焊芯的化学成分和杂质含量直接影响焊缝质量。生产中有不同用途的焊丝（焊芯），如焊条焊芯、埋弧焊焊丝、CO_2 焊焊丝、电渣焊焊丝等。

药皮是由矿石粉末、铁合金粉、有机物和化工制品等原料按一定比例配制后压涂在焊芯表面上的一层涂层。其作用有 3 个方面：①改善焊接工艺性，如药皮中含有稳弧剂，可使电弧易于引燃和保持燃烧稳定；②机械保护作用，药皮中含有造渣剂、造气剂等，造渣后熔渣与药皮中有机物燃烧产生的气体对焊缝金属起双重保护作用；③冶金处理作用，药皮中含有脱氧剂、合金剂、稀渣剂等，使熔化金属顺利地进行脱氧、脱硫、脱磷、去氢等焊接冶金反应，可最大限度地取出有害杂质，并渗入需要的合金成分，补偿被烧损的合金元素，提高焊缝的力学性能。

表 8-1 常用焊芯的主要化学成分

焊丝牌号	化 学 成 分/%						
	C	Mn	Si	Cr	Ni	S	P
H08	≤0.10	0.30～0.55	≤0.03	≤0.20	≤0.30	≤0.040	≤0.040
H08A	≤0.10	0.30～0.55	≤0.03	≤0.20	≤0.30	≤0.030	≤0.030
H08E	≤0.10	0.30～0.55	≤0.03	≤0.20	≤0.30	≤0.020	≤0.020
H08Mn2SiA	≤0.11	1.80～2.10	0.65～0.95	≤0.20	≤0.30	≤0.030	≤0.030
H10Mn2	≤0.12	1.50～1.90	≤0.07	≤0.20	≤0.30	≤0.040	≤0.040
H08CrMoA	≤0.10	0.40～0.70	0.15～0.35	0.80～1.10	≤0.30	≤0.030	≤0.030
H0Cr20Ni10Ti	≤0.06	1.00～2.50	≤0.60	18.50～20.50	9.00～10.50	≤0.020	≤0.020
H1Cr21Ni10Mn6	≤0.10	5.00～7.00	0.20～0.60	20.00～22.00	9.00～11.00	≤0.020	≤0.030
H1Cr24Ni13	≤0.12	1.00～2.50	≤0.60	23.00～25.00	12.00～14.00	≤0.020	≤0.030
H0Cr21Ni10	≤0.06	1.00～2.50	≤0.60	19.50～22.00	9.00～11.00	≤0.020	≤0.030
H0Cr14	≤0.03	0.30～0.70	0.30～0.70	13.00～15.00	≤0.60	≤0.030	≤0.030
H1Cr17	≤0.10	≤0.60	≤0.50	15.50～17.00	—	≤0.030	≤0.030
H1Cr13	≤0.12	≤0.60	≤0.50	11.50～13.50	—	≤0.030	≤0.030
H1Cr5Mo	≤0.12	0.40～0.70	0.15～0.35	4.00～6.00	≤0.60	≤0.030	≤0.030

（2）焊条的分类与型号。焊条种类非常多，国产焊条约有 300 多种。同一类型焊条的特性不同，型号也不同。某一型号的焊条也可能有一个或几个品种。同一型号的焊条在不同厂家成产，牌号也不同。

按焊条的用途，可分为以下十大类。

① 结构钢焊条：主要用于焊接碳钢和低合金高强钢。

② 铬和铬钼耐热钢焊条：主要用于焊接珠光体耐热钢和马氏体耐热钢。

③ 不锈钢焊条：主要用于焊接不锈钢和热强钢，可分为铬不锈钢焊条和铬镍不锈钢焊条两类。

④ 堆焊焊条：主要用于堆焊，以获得具有热硬性、耐磨性及耐蚀性的堆焊层。

⑤ 低温钢焊条：主要用于焊接在低温下工作的结构，其熔敷金属具有不同的低温工作性能。

⑥ 铸铁焊条：主要用于焊补铸铁构件。

⑦ 镍及镍合金焊条：主要用于焊接镍及高镍合金，也可用于异种金属的焊接及堆焊。

⑧ 铜及铜合金焊条：主要用于焊接铜及铜合金，其中包括纯铜焊条和青铜焊条两类。

⑨ 铝及铝合金焊条：主要用于焊接铝及铝合金。

⑩ 特殊用途焊条：例如用于水下焊接、水下切割等特殊工作的需要。

按焊接熔渣的碱度，焊条可以分为酸性焊条和碱性焊条两大类。

① 酸性焊条：药皮中含有较多酸性氧化物（SiO_2、FeO、TiO_2 等）的焊条，氧化性较强，熔渣呈酸性，能交、直流焊机两用，焊接工艺性好，焊缝外表成形美观，波纹细密，但是焊缝金属冲击韧性较差，适用于一般低碳结构钢。典型的酸性焊条为 E4303(J422)。

② 碱性焊条：又称低氢焊条，药皮中碱性氧化物（大理石和萤石）较多的焊条，熔渣呈碱性。碱性焊条一般需要用直流电源，焊接工艺性较差，对水分、油污、铁锈敏感性大，同时有毒气体和烟尘多，使用时必须严格烘干，但是焊缝具有较高的塑性和冲击韧度值，适用于焊接重要结构件。典型的碱性焊条为 E5015(J507)。

按焊条药皮的类型可分为：氧化钛型焊条、钛钙型焊条、钛铁矿型焊条、氧化铁型焊条、纤维素型焊条和低氢型焊条等。

① 氧化钛型（简称钛型）。氧化钛质量分数大于 35%，该类焊条为酸性焊条，引弧性和脱渣性好，飞溅小，熔深浅，成形美观，主要用于焊接一般碳钢结构，特别是薄板结构。

② 氧化钛钙型（简称钛钙型）。氧化钛质量分数小于 30%，钙、镁的碳酸盐质量分数小于 20%。该类焊条电弧稳定，飞溅小，脱渣性好，熔深适中，适于低碳钢及低合金钢结构的全位置焊接。

③ 低氢型。药皮主要为钙、镁的碳酸盐及萤石。此类焊条是碱性焊条，宜于短弧焊，熔深适中，可进行全位置焊接，具有良好的抗裂性能，适用于焊接重要的结构件和对焊缝力学性能要求较高的产品。

④ 钛铁矿型。钛铁矿质量分数大于 30%，该类焊条为酸性焊条，脱渣性好，熔深大，适合于全位置焊接。

焊条用途类别与焊条牌号表示方法见表 8-2。

表 8-2 焊条用途类别与焊条牌号表示方法

名称	焊条牌号	名称	焊条牌号
结构钢焊条	J×××	铸铁焊条	Z×××
钼及铬钼耐热钢焊条	R×××	镍及镍合金焊条	Ni×××
低温钢焊条	W×××	铝及铝合金焊条	L×××
不锈钢焊条	G×××	铜及铜合金焊条	T×××
	A×××	特殊用途焊条	TS×××
堆焊焊条	D×××		

焊条牌号是焊条行业统一的代号，是对产品的具体命名。焊条牌号的编制方法是：汉字拼音字首加上 3 位数字组成，即"字母×××"。焊条牌号前的字母表示焊条大类别，"×××"代表数字，前两位数字代表焊缝金属抗拉强度等级，末尾数字表示焊条的药皮类型和焊接电流种类，见表 8-2 和表 8-3。例如 J422（结 422），"J"表示结构钢焊条；"42"表示焊缝金属抗拉强度不低于 420MPa；"2"表示药皮为氧化钛钙型，适用于直流或交流电源。

表8-3　焊条牌号末尾数字与焊条药皮类型及焊接电流种类之间的关系

末尾数字	药皮类型	焊接电流种类	末尾数字	药皮类型	焊接电流种类
××0	不属已规定的类型		××5	纤维素型	交流或直流正、反接
××1	氧化钛型	交流或直流正、反接	××6	低氢钾型	交流或直流反接
××2	氧化钛钙型		××7	低氢钠型	直流反接
××3	钛铁矿型		××8	石墨型	交流或直流正、反接
××4	氧化铁型		××9	盐基型	直流反接

　　焊条型号是国家标准及权威性国际组织的有关法规中，根据焊条特性指标明确划分规定的焊条代号，是焊条生产、使用、管理及研究等相关单位必须遵照执行的，可查阅有关国家标准。

　　焊接结构生产中应用最广的是碳钢焊条和低合金钢焊条。相应的国家标准为GB/T 5117—1995和GB/T 5118—1995。GB/T 5117—1995《碳钢焊条》国家标准中，包括熔敷金属抗拉强度 $\sigma_b \geqslant 420$、490MPa 的 E43 及 E50 系列的碳钢焊条；GB/T 5118—1995《低合金焊条》国家标准中，包括熔敷金属抗拉强度 $\sigma_b \geqslant 490$、540、590、690、740、780、830、880、980MPa 的 E50、E55、E60、E70、E75、E80、E85、E90、E100 系列的低合金焊条。例如，GB/T 5117—1995 规定的碳钢焊条型号以字母"E"加4位数字组成。如"E4303"，其含义如下："E"表示焊条；前两位数字"43"表示焊缝金属抗拉强度的最低值为 430MPa；第三位数字表示焊接位置，"0"或"1"表示焊条使用于全位置焊接（平焊、立焊、仰焊、横焊），"2"表示焊条适用平焊及平角焊，"4"表示焊条适用于向下立焊；第三位与第四位的组合数字表示焊接电流种类及药皮类型（如"03"为钛钙型药皮，交流或直流正、反接；"15"为低氢钠型药皮，直流反接；"16"为低氢钾型药皮，交流或直流反接）。又如"E5015"，"E"表示焊条；前两位数字"50"表示焊缝金属抗拉强度不低于500MPa；第三位数字"1"表示焊条适用于全焊位焊接；第三位与第四位的组合数字"15"表示低氢钠型焊条药皮，电流种类为直流反接。

　　国家标准所规定的焊条型号是根据熔敷金属的力学性能、化学成分、药皮类型、焊接位置及焊接电流种类及极性等进行划分的。但同一种焊条型号可能有不同性能的几种焊条牌号与之对应，如 J427 和 J427Ni 属于同一种焊条型号 E4315。表8-4列举出部分常用碳钢焊条型号与对应的焊条牌号及数字含义，以便供用户选焊条时参考。

　　（3）焊条的选用原则。焊条的种类和牌号很多，各有使用范围。选用是否恰当将直接影响焊接质量、劳动生产率和产品成本等。在选择焊条时，通常根据焊件化学成分、机械性能、抗裂性、耐腐蚀性和高温性能等要求选用相应的焊条种类，然后再根据焊接结构形状、施工条件和焊接工艺综合考虑来选用具体的型号与牌号。主要依据的原则如下。

　　① 等强度原则。对于焊接低碳钢和低合金钢焊接，一般应使焊缝金属与母材等强度，即选用抗拉强度等于或稍高于母材的焊条。

　　② 同成分原则。焊接耐热钢、不锈钢等金属材料时，应使焊缝金属的化学成分与母材的化学成分相同或相近，即按母材化学成分选用相应成分的焊条。

　　③ 抗裂纹原则。焊接厚度和刚度大、形状复杂、承受动载荷的焊接结构时，应选用抗裂性好的碱性焊条，以免在焊接和使用过程中接头产生裂纹，若被焊件在腐蚀介质中工

作，应选用相应的不锈钢焊条或其他耐腐蚀的焊条。

表 8-4　部分常用碳钢焊条型号与牌号对应表

焊条型号	焊条牌号	熔敷金属抗拉强度数值(≥)		药皮种类	焊条类别	电流种类与极性	用途
		kgf/mm²	MPa				
E4301	J423	43	420	钛铁矿型	酸性焊条	交流或直流正、反接	较重要的碳钢结构
E5001	J503	50	490				
E4303	J422	43	420	钛钙型			
E5003	J502	50	490				
E4311	J425	43	420	高纤维素钾型		交流或直流反接	一般碳钢结构
E5011	J505	50	490				
E4320	J424	43	420	氧化铁型		交流或直流正接	较重要的碳钢结构
E4327	J424Fe	43	420	铁粉氧化铁型			
E4315	J427	43	420	低氢钠型	碱性焊条	直流反接	重要碳钢、低合金钢结构
E5015	J507	50	490				
E4316	J426	43	420	低氢钾型		交流或直流反接	
E5016	J506	50	490				
E5018	J506Fe	50	490	铁粉低氢钾型			

④ 抗气孔原则。受焊接工艺条件的限制，如对焊件接头部位的油污、铁锈等清理不便，应选用抗气孔能力强的酸性焊条，以免焊接过程中气体滞留于焊缝中，形成气孔。

⑤ 低成本原则。在满足使用要求的前提下，尽量选用工艺性能好、成本低和效率高的焊条。在高温或低温条件下，应选用相应的耐热钢或低温钢焊条。

⑥ 环保性原则。在满足使用要求的前提下，应尽量选用无毒或少毒的焊条。对焊接部位难以清除干净的焊件，应选用对油污不敏感的酸性焊条。

此外，应根据焊件的厚度、焊缝的位置、施工条件及设备条件等选用不同的焊条。一般焊件越厚，选用的焊条直径越大。

4. 焊接接头的金属组织与性能

焊接接头是指两块被焊母材连接的地方，它由焊缝、热影响区及其邻近的母材组成。如图 8.7 所示，左侧下部是焊件的横截面，上部是相应各点在焊接过程中被加热的最高温度曲线，图中 1~4 各段金属组织的获得可用右侧所示的部分铁-碳合金状态图来对照分析。在熔化焊焊接的过程中焊缝的形成是一次冶金过程，焊缝附近区域的金属材料相当于受到一次不同规范的热处理，因此会引起相应组织和性能的变化。现以低碳钢为例，来说明焊缝和焊缝附近区由于受到电弧不同加热而产生的金属组织与性能的变化。

1) 焊缝金属

焊接加热时，焊缝处的温度在液相线以上，母材与填充金属共同形成熔池，冷凝后成

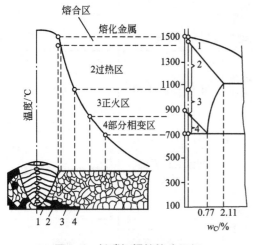

图 8.7　低碳钢焊接接头组织

为铸态组织。由于焊接熔池小，冷却快，焊缝组织比通常铸钢件组织细小。结晶时各个方向的冷却速度不同，因此形成柱状铸态组织，由铁素体和少量珠光体所组成。焊缝金属的化学成分主要取决于焊芯金属的成分，但也受熔化母材的影响。由于焊条药皮在焊接过程中具有合金化作用，使焊缝金属的化学成分往往优于母材，因此，如能合理选择焊接材料和母材，恰当控制冶金反应，可以使焊缝中的有害元素（如钢中的硫、磷）低于母材，而有益元素（如锰、硅等）高于母材，焊缝金属的强度一般不低于母材强度，但冲击韧性比轧制母材稍差。

2）热影响区

焊接热影响区是指焊缝两侧因焊接热作用而发生组织和性能变化的区域。由于热影响区各部位的最高加热温度不同，因此其组织变化也不同。热影响区的宽度与焊接规范大小和焊接材料的性质有关，一般电弧焊焊接接头的热影响区在 5～40mm 之间。低碳钢的热影响区分为熔合区、过热区、正火区和部分相变区。

熔合区，也称不完全熔化区或半熔化区，是焊缝与热影响区的交界区（0.1～1mm），宽度小，在显微镜下观察时很难分辨，焊接过程中母材部分熔化，部分未熔化（处于塑性状态）。加热温度约为 1490～1530℃，相当于加热到固相线和液相线之间，冷却后，熔化金属为铸态组织，此区成分不均匀，金属组织晶粒粗大，强度下降，塑性和韧性极差，是产生裂纹及局部脆性破坏的发源地，在很大程度上决定着焊接接头的性能。

过热区，又称粗晶区，紧靠着熔合区，是热影响区内具有过热组织或晶粒显著粗大的区域（1～3mm），被加热到 Ac_3 以上 100～200℃至固相线温度区间，加热温度约为 1100～1490℃。由于加热温度超过 Ac_3，奥氏体晶粒急剧长大，冷却后得到的是晶粒粗大的过热组织，使塑性及韧性大大降低，冲击韧性值下降 25％～75％左右，对于易淬火硬化钢材，此区脆性更大。

正火区，又称细晶区，是热影响区内相当于受到正火处理的区域（1.2～4mm），加热到 Ac_3 至 Ac_3 以上 100～200℃区间，温度约为 850～1100℃，金属发生重结晶，形成细小的奥氏体组织，冷却后得到均匀而细小的铁素体和珠光体组织，其力学性能优于母材，是热影响区中组织和性能最好的区域。

部分相变区，也称不完全重结晶区或不完全正火区，是热影响区内部分相变的区域，加热到 Ac_1～Ac_3 温度区间，温度为 727～850℃。因为热的影响，珠光体和部分铁素体发生重结晶，使晶粒细化；部分铁素体来不及转变，仍为原来的组织。冷却后组织和晶粒大小不均，是个粗晶粒和细晶粒的混合区，因此力学性能比母材稍差。

在焊接热影响区中，熔合区和过热区的性能最差，产生裂纹和局部破坏的倾向也最大，因此，焊接结构往往不在焊缝上破坏，而在热影响区内破坏。热影响区宽度增加会使焊缝金属的冷却速度减慢，晶粒变粗，并使焊接变形增大。因此，热影响区越窄越好。

热影响区的宽度主要取决于焊接方法和焊接规范、接头形式等因素。凡温度高、热量集中的焊接方法，热影响区则小。合理选用不同的焊接方法和焊接规范（如保证焊透的条件下提高焊速、减小焊接电流）可以缩小热影响区，但在焊接过程中无法消除热影响区。对于重要的焊接件，常在焊后进行正火处理，以减弱热影响区的危害。在焊接含碳量和合金元素含量较高的钢时，可采用焊前预热、焊后热处理等措施，以避免焊接接头的脆性断裂。

8.1.2　埋弧自动焊

埋弧焊（SAW）是使电弧在熔剂层下燃烧进行焊接的方法，也称焊剂层下自动焊。它因电弧埋在焊剂下，看不见弧光而得名。根据自动化程度的不同，可分为半自动焊和自动焊。半自动焊已基本由气体保护焊代替，现在所说的埋弧焊都是指埋弧自动焊。埋弧自动焊是埋弧焊的一种自动化焊接方法，常用颗粒状的焊剂代替焊条药皮，用自动连续送进的焊丝代替焊芯，由自动焊机取代人工操作。因其引弧、送丝、电弧的前移等过程全部由机械来完成，故生产率、焊接质量均得以提高。图8.8所示为埋弧自动焊机的外形图，通常由机械部分（焊车）、电源部分和控制部分组成。机械部分主要由送丝机头、控制箱、焊丝盘、焊剂头和行走机构等组成。控制系统由中间继电器、接触器、变压器、整流器和开关等组成。焊接电源可以采用交流或直流电源进行焊接，两极分别接焊件和焊车上的导电嘴。

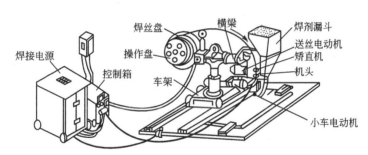

图8.8　埋弧自动焊机外形图

1. 埋弧自动焊的焊接过程

如图8.9所示，埋弧自动焊时，焊剂由给送焊剂管流出，均匀地堆敷在装配好的焊缝接口区，堆敷高度约为30～60mm。焊丝由自动送丝机构自动送进，经导电嘴进入焊接电弧区，焊接电源分别接在导电嘴和焊件上，以便产生电弧。焊丝盘、焊剂漏斗、给送焊剂管、自动送丝机构及控制箱等通常都装在一台电动小车上，小车可以按调定的速度沿着焊缝自动行走。焊接时，调整好需要的焊接规范，按下启动按钮，焊接过程就自动进行了。

埋弧焊时，插入颗粒状焊剂层下的焊丝末端与母材之间产生电弧，电弧热使邻近的母材、焊丝和焊剂熔化，并有部分被蒸发。焊剂蒸气将熔化的焊剂（熔渣）排开，形成一个与外部空气隔绝的封闭空间，这个封闭空间不仅很好地隔绝了空气与电弧和熔池的接触，而且可完全阻挡有碍操作的电弧光的辐射。电弧在这里继续燃烧，焊丝便不断地熔化，呈滴状进入熔池与母材熔化的金属和焊剂提供的合金化元素混合。熔化的焊丝不断地被补充，送入到电弧中，同时不断地添加焊剂。随着焊接过程的进行，电弧向前移动，电弧力将液

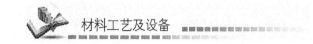

态金属推向后方，随之冷却而凝固，形成焊缝。密度较小的熔化焊剂浮在焊缝表面形成熔渣层，未熔化的焊剂可回收再用。

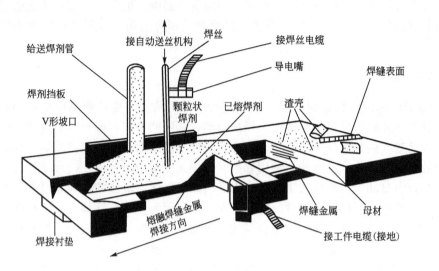

图8.9 埋弧自动焊方法

埋弧自动焊焊接时，电弧引燃、焊丝送进和沿焊接方向移动电弧（或移动工件）全部由焊机自动完成。埋弧自动焊机由焊接电源、焊车和控制箱三部分组成。按用途划分，埋弧焊机可分为通用自动焊机和专用自动焊机；按焊丝数目分，可分为单丝和多丝焊剂；按行走机构形式分，可分为小车式、门架式和悬臂式3种。通用焊机大都采用小车式行走机构，常用的焊机型号有 MZ－1000 和 MZl－1000 两种。"MZ"表示埋弧自动焊机，"1000"表示额定电流为 1000A。

埋弧焊时，焊接电源可以配交流弧焊电源和整流弧焊电源。直流电源包括弧焊发电机、硅弧焊整流器、晶闸管弧焊整流器和逆变式弧焊机等多种形式，可提供平特性、缓降特性、陡降特性、垂降特性的输出。交流电源通常是弧焊变压器类型的，一般提供陡降特性的输出。

埋弧焊时还应有辅助设备与焊机配合，常用的辅助设备有焊接夹具、工件变位设备、焊机变位设备、焊缝成形设备和焊剂回收输送设备等。

焊丝和焊剂是埋弧焊的消耗材料，从普通碳素钢到高级镍合金多种金属材料的焊接都可以选用焊丝和焊剂配合进行埋弧焊接。埋弧自动焊焊丝的作用相当于焊条芯，常用的焊丝有 H08、H08A、H08MnA 等。焊剂的作用相当于焊条药皮，有熔炼焊剂和陶质焊剂两大类。

国家标准 GB/T 5293—1999、GB/T 12470—1999 规定，埋弧焊容积焊剂型号标注方法如下。

$HJ\times_1\times_2\times_3 H\times\times\times$，其中"$\times_1$"表示焊缝金属的拉伸力学性能；"$\times_2$"表示拉伸和冲击试样的状态；"$\times_3$"表示焊缝金属冲击吸收功不小于27J的最低试验温度；"$H\times\times\times$"表示可配用焊丝牌号。但生产厂商的牌号是按成分类型区分的，即 HJABC。"A"表示含锰量；"B"表示含硅含氟量；"C"表示同类不同牌号，实际中应注意辨明。国产熔炼型常见焊剂的使用范围及配用焊丝见表8－5。

表 8-5　国产焊剂使用范围及配用焊丝

牌　号	焊剂类型	配用焊丝	使用范围	电源种类
焊剂 HJ130	无锰高硅低氟	H10Mn2	低碳钢及普通低合金钢	交直流
焊剂 HJ131	无锰高硅低氟	Ni 基焊丝	镍基合金	交直流
焊剂 HJ150	无锰高硅低氟	2Cr13	轧辊堆焊	直流
焊剂 HJ230	低锰高硅低氟	H08MnA, H10Mn2	低碳钢及普通低合金钢	交直流
焊剂 HJ250	低锰中硅中氟	H08MnMoA, H08Mn2MoA	低合金高强度钢	直流
焊剂 HJ260	低锰高硅中氟	Cr19Ni9	焊接不锈钢	直流
焊剂 HJ251	低锰中硅中氟	Cr-Mo 钢焊丝	珠光体耐热钢	直流
焊剂 HJ330	中锰高硅低氟	H08MnA, H08Mn2	重要低碳钢及低合金钢	交直流
焊剂 HJ350	中锰中硅中氟	H08MnMoA, H08MnSi	重要低合金高强度钢	交直流
焊剂 HJ430	高锰高硅低氟	H08A, H08MnA	低碳钢及普通低合金钢	交直流
焊剂 HJ431	高锰高硅低氟	H08A, H08MnA	低碳钢及普通低合金钢	交直流
焊剂 HJ433	高锰高硅低氟	H08A	低碳钢	交直流

2. 埋弧自动焊的特点及应用

埋弧自动焊具有以下优点。

1）生产效率高

埋弧焊时，焊接电流和电流密度大，可达1000A以上，可实现大电流高速焊接，埋弧焊电流比焊条电弧焊高6～8倍，不需更换焊条。由于焊剂和熔渣的隔热作用，电弧的热辐射损失小，同时没有飞溅，焊接速度快。同时，焊件厚度在14mm以内的对接焊缝可不开坡口、不留间隙、一次焊成，故其生产率高。

2）焊缝质量好

埋弧焊的电极被掩埋在颗粒状焊剂及其熔渣之下，电弧及熔池均处在渣相保护之中，对外界的隔离作用好，焊缝金属的含氧量、含氮量大大降低；熔池体积大，保持液态时间长，冶金过程进行得比较充分，气体和熔渣易于浮出，焊缝成分稳定、机械性能比较好；焊接过程自动进行，工艺参数稳定，对焊工技术要求不高，焊缝成形稳定。

3）节省材料

由于埋弧焊热量集中，熔深大，20～25 mm 以下的工件可不开或少开坡口直接焊接，所以可减少焊缝中焊丝的填充量，同时没有焊条电弧焊时的焊条头损失、金属飞溅很少，因此能有效地节省大量金属材料。

4）劳动条件好

除了大大减轻了焊工的劳动强度外，埋弧自动焊还消除了弧光对人体的有害影响，同时埋弧焊放出的有害气体也较少，易实现自动化，操作简单。

埋弧自动焊的缺点如下。

（1）适应性比较差，施焊位置受限制。埋弧焊依靠颗粒状焊剂堆积形成保护条件，而且熔池体积大，液态金属和熔渣的量多，在非平焊位置时焊剂不易保持，液态金属和熔渣

也易流淌。对于短焊缝、曲折焊缝及薄板焊接困难，一般不能立焊、仰焊和横焊，不能焊接空间焊缝和不规则焊缝，只适用于平焊和平角焊。对于狭窄位置的焊缝及薄板焊接则受到一定限制。

（2）准备工作量大，设备费用高。因为焊接以前埋弧焊要求更仔细地下料、准备坡口和装配，焊缝两侧 50～60mm 内的污垢与铁锈要清除干净，以免产生气孔，并要在接缝两端焊上引弧板和引出板等。另外，其工艺装备复杂，设备投资费用高。

（3）不适于焊接易氧化的金属材料。埋弧焊使用的焊剂主要成分为 MnO、SiO_2 等金属及非金属氧化物，具有一定氧化性，故难以焊接铝、镁等氧化敏感性强的金属及其合金。

埋弧自动焊通常用于碳钢、低合金结构钢、不锈钢和耐热钢等中厚板结构的长直缝、直径大于 300mm 环缝的平焊，主要用在压力容器、船舶、锅炉、起重机械、海洋结构、冶金机械等工业中。此外，它还用于耐磨、耐腐蚀合金的堆焊，大型球墨铸铁曲轴，以及镍合金铜合金等材料的焊接。

8.1.3　气体保护焊

气体保护电弧焊是用外加气体作为电弧介质并保护电弧和焊接区的电弧焊方法，简称气体保护焊。气体保护焊是明弧焊接，焊接时便于监视焊接过程，故操作方便，可实现全位置自动焊接，焊后还不用清渣，可节省大量辅助时间，大大提高了生产率。另外，由于保护气流对电弧有冷却压缩作用，电弧热量集中，因而焊接热影响区窄，工件变形小，特别适合于薄板焊接。

常用的气体保护焊方法有非熔化极气体保护焊和熔化极气体保护焊。根据使用的保护气体，气体保护焊又可分为氩气保护焊（简称氩弧焊）和 CO_2 气体保护焊（CO_2 保护焊）。

1. 氩弧焊

氩弧焊是以氩气（Ar）作为保护气体的电弧焊。氩气是惰性气体，它不与金属起化学反应，也不溶于金属，另外，氩的导热系数小，高温时它也不分解，不会产生气孔。所以，氩气可以保护电弧区的熔池、焊缝和电极不受空气的有害作用，电弧在氩气中燃烧时热量损失小，燃烧稳定，焊缝质量高，是一种较理想的保护气体。但氩气电离势高，引弧较困难，氩气纯度要求达到 99.9%。

按使用电极不同，氩弧焊可分为熔化极氩弧（MIG）焊和不熔化极氩弧焊即钨极氩弧（TIG）焊。

1）不熔化极氩弧焊

不熔化氩弧焊是采用高熔点的纯钨（或钨合金）棒作为电极，在惰性气体的保护下利用电极与母材金属之间产生的电弧热熔化母材和填充焊丝的焊接过程。焊接时，钨极不熔化，仅起引弧和维持电弧的作用需另加焊丝作为填充金属。整个焊接过程是在氩气保护下进行的（图 8.10(a)）。所用的惰性气体有氩气、氦气或氩氦混合气体。在某些使用场合可加入少量的氢气，用氩气保护的称钨极氩氢弧焊，用氦气保护的称钨极氦弧焊，两者在电、热特性方面有所不同。

TIG 焊根据被焊工件的材料和要求可选择直流、交流和脉冲等 3 种焊接电源。直流焊接电源有正极性和反极性两种接法。钨极氩弧焊的电流种类与极性的选择原则是：焊接铝、镁及其合金时，采用交流电；焊其他金属(低合金钢、不锈钢、耐热钢、钛及钛合金、铜及铜合金等)时，采用直流正接。

钨极氩弧焊的特点是：①保护作用好，焊缝金属纯净，不需使用焊剂就可以焊接几乎所有的金属；②焊接过程稳定，工艺性能好，明弧，无飞溅，焊缝成形美观；③能进行全位置焊接，焊接过程便于自动化；④TIG 的引弧较困难；⑤钨极载流能力有限，惰性气体仅起保护隔离作用，焊前对焊件清理要求严格；⑥焊接速度慢，生产效率较低。

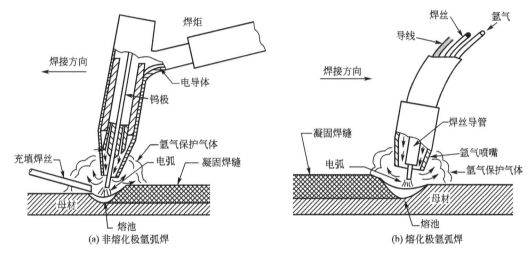

图 8.10　氩弧焊的原理示意图

TIG 焊可用于几乎所有金属和合金的焊接，但由于其成本较高，主要用于不锈钢、高合金钢、高强钢，以及铝、镁、铜、钛等有色金属及其合金的焊接。TIG 焊生产率虽然不如其他的电弧焊高，但是容易得到高质量的焊缝，它特别适宜于薄件、精密零件的焊接。通常采用 I 形坡口，可不添加填充金属。TIG 焊特别适用于薄板焊接，焊接厚度可达 0.1mm，在焊接较厚的工件时，开 Y 形坡口或双 Y 形坡口并添加填充金属。TIG 焊已广泛应用于航空航天、原子能、化工、纺织、锅炉、压力容器、医疗器械及炊具等工业部门。

2) 熔化极氩弧焊

熔化极氩弧焊以连续送进的金属焊丝作为电极和填充金属，可采用较大的焊接电流。为使电弧稳定，通常采用直流反接法。熔化极氩弧焊可分为半自动焊和自动焊两种，一般采用直流反接法。

与手工电弧焊相比，熔化极氩弧焊效率高；与 TIG 焊相比较，MIG 焊焊丝和电弧的电流密度大，母材熔深大，填充金属熔敷速度快，焊接变形小，生产率高；与 CO_2 气体保护焊相比较，由于熔化极氩弧焊采用的是惰性气体保护，熔化极氩弧焊电弧稳定，熔滴过渡稳定，焊接飞溅少，焊缝成形美观。另外，MIG 焊的保护气体是没有氧化性的纯惰性气体，电弧空间无氧化性，能避免金属氧化，焊接中不产生熔渣，在焊丝中不需要加入脱氧剂，可以使用与母材同等成分的焊丝进行焊接；MIG 焊的保护气体虽然具有氧化性，但相对较弱。MIG 焊的缺点是抗风能力差，对焊件清理要求严格，成本高。

MIG 焊适合焊接 25mm 以下的中厚板(图 8.10(b))。MIG 焊和 TIG 焊一样，几乎可焊接所有的金属，尤其适合于铝、镁、铜、钛及其合金，以及不锈钢等金属材料的焊接，广泛应用于汽车制造、工程机械、化工设备、矿山设备、机车车辆、船舶制造、电站锅炉等行业。由于熔化极氩弧焊焊出的焊缝内在质量和外观质量都很高，该方法已经成为焊接一些重要结构时优先选用的焊接方法之一。目前采用熔化极脉冲氩弧焊可以焊接薄板，进行全位置焊接，实现单面焊双面成形，以及封底焊。

3）氩弧焊的特点及应用

（1）机械保护效果好，焊缝金属纯净，焊缝成形美观，焊接质量优良。

（2）金属飞溅少，焊缝致密，焊缝质量好，成形美观。氩气是惰性气体，不与金属反应，又不溶于液体金属中，因此对熔池保护作用好。

（3）电弧在气流压缩下燃烧，热量集中，熔池小，焊接速度快，焊接热影响区较窄和变形小。

（4）明弧焊接，操作性好，可进行全位置焊接，焊后无渣，易实现机械自动化。工业中应用的焊接机器人一般采用 $Ar+He$ 或 $Ar+CO_2$ 混合气体保护焊。

（5）电弧稳定，特别是小电流时也很稳定，熔池温度容易控制，容易做到单面焊双面成形。

氩弧焊的主要不足是氩气成本高，氩弧焊设备贵，焊前清理要求严格，因此焊接成本高。

目前氩弧焊主要用于焊接铝、镁、铜、钛等化学性质活泼的有色金属和合金，以及不锈钢、耐热钢、部分重要的低合金钢和稀有金属，适用于单面焊双面成形，如打底焊和压力管道焊接；钨极氩弧焊，尤其脉冲钨极氩弧焊；还适用于薄板焊接。

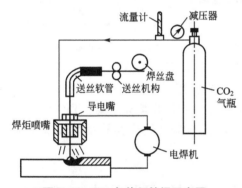

图 8.11　CO_2 气体保护焊示意图

2. CO_2 气体保护焊

用 CO_2 气体作为保护气体的电弧焊称为 CO_2 气体保护焊，它是一种比较经济的气体保护焊接方法，常用于碳钢和低合金钢的焊接。CO_2 保护焊是熔化极焊接，用焊丝作电极，由送丝机构送进，靠焊丝和焊件之间产生的电弧熔化金属与焊丝，以自动或半自动方式进行焊接（图 8.11）。目前常用的是半自动焊，即焊丝送进是靠机械自动进行并保持弧长，由操作人员手持焊枪进行焊接。CO_2 气体保护焊的设备主要包括焊接电源、送丝机构、焊枪、供气装置和控制电路等。

CO_2 气体保护焊的焊接过程：焊接开始时，焊丝盘送出的焊丝利用送丝机构经软管和焊枪的导电嘴送出，电源的两极分别接在工件和焊枪上。然后，CO_2 气体从焊炬喷嘴中以一定流量喷出，形成一层保护气罩覆盖在焊接区上方，焊丝与工件接触，电弧引燃。电弧引燃后，在高温下工件局部熔化，形成熔池，焊丝端部熔化的金属以颗粒状或短路形式过渡到熔池中，与工件熔化的金属混合形成焊缝，随着焊枪的移动焊缝连成一个整体。

CO_2 气体保护焊特点如下。

（1）生产率高。焊丝自动送进，焊接速度快，电流密度大，熔深大，焊后无熔渣，不需清渣，生产效率比焊条电弧焊提高 1～3 倍。

（2）焊接质量好。由于 CO_2 气体的保护，焊缝氢含量低，焊丝中锰含量高，脱硫效果好，电弧在气流压缩下燃烧，热量集中，熔池较小，焊接速度快，变形和开裂倾向也小。

（3）成本低。CO_2 气体价格低，来源广泛，而且节省了熔化焊剂或焊条药皮的电能。因此，成本仅是埋弧焊和焊条电弧焊的 $40\%\sim50\%$。

（4）操作性能好。由于 CO_2 气体保护焊是明弧焊，无渣，熔池便于控制，易于发现焊接问题并及时处理，适用于各种位置焊接，操作灵活。

CO_2 气体保护焊缺点是焊接熔滴飞溅大，焊缝外形较为粗糙，烟雾大，电弧辐射较强，劳动保护差，如果操作或控制不当易产生气孔；设备复杂，使用和维修不便；送丝机构容易出故障，需要经常维修。

目前，CO_2 保护焊已广泛用于机车车辆、船舶制造、金属结构和汽车制造等部门，主要用于焊接 30mm 以下厚度的低碳钢和部分低合金结构钢。从焊接接头的角度看，CO_2 焊可以进行对焊、角焊等方式的焊接，不仅可以平焊，也可以立焊和仰焊。对单件小批生产和不规则焊缝也可采用半自动 CO_2 气体保护焊，大批生产和长直焊缝也可用 CO_2+O_2 等混合气体保护焊。

8.1.4 气焊和气割

气焊是利用可燃气体与助燃气体混合燃烧的火焰作热源，将工件和焊丝熔化而达到金属间牢固连接的一种方法。最常用的是氧-乙炔焊。用乙炔和氧气在焊炬中混合，然后从焊嘴喷出燃烧，将焊件和焊丝熔化形成熔池，冷却凝固后形成焊缝，如图 8.12 所示。气焊时气体燃烧，产生大量的 CO_2、CO、H_2 等气体笼罩熔池，起到保护作用。气焊使用不带药皮的光焊丝作填充金属，和熔化的母材一起组成焊缝。气焊铸铁、不锈钢、铝、铜等金属材料时应使用气焊剂，以去除焊接过程中形成的氧化物，改善液态金属的流动性，并起到保护作用。

气割是指利用气体火焰的热能将工件切割处预热到一定温度后喷出高速切割氧流，使其燃烧并放出热量，利用切割氧流将熔化状态的金属氧化物吹掉，从而实现切割的方法。气割使用的气体和供气装置可与气焊通用。气割时，先用氧-乙炔焰将金属加热到燃点，然后打开切割氧阀门，放出一股纯氧气流，使高温金属燃烧。燃烧后生成的液体熔渣被高压氧流吹走，形成切口，如图 8.13 所示。金属燃烧放出大量的热，又预热了待切割的金属，所以气割过程是预热→燃烧→吹渣形成切口不断重复进行的过程。

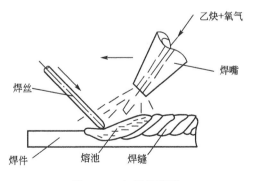

图 8.12　气焊示意图

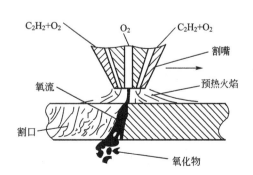

图 8.13　气割示意图

气焊特点是热源温度较低，热量分散，加热缓慢，生产率低，不易于实现机械化；加热面积大，接头热影响区宽，工件变形大；另外，接头组织晶粒粗大，综合力学性能差。但气焊火焰易于控制、操作简便、灵活，容易实现单面焊双面成形；气割的特点是设备简单、使用灵活，但对切口两侧金属的成分和组织产生一定的影响，且引起被割工件的变形。

目前，气焊和气割主要应用于建筑、安装、维修及野外施工等条件下的黑色金属焊接。还用于铸铁件、硬质合金刀具等材料的焊接和工件变形的火焰矫正等。

8.1.5 电渣焊

电渣焊是一种利用电流通过液态熔渣所产生的电阻热为热源同时熔化母材与焊丝来进行焊接的方法。它与电弧焊不同，除引弧外，焊接过程中不产生电弧。根据焊接时使用电极的形状不同，可分为丝极电渣焊、板极电渣焊、熔嘴电渣焊和带极电渣焊等。

1. 电渣焊的焊接过程

电渣焊的焊接过程可分为以下几个步骤(图 8.14)。

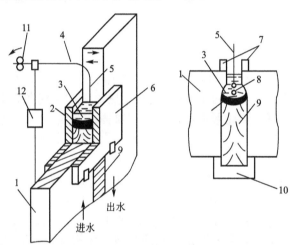

图 8.14 丝极电渣焊过程示意图
1—工件；2—金属熔池；3—渣池；4—导电嘴；5—焊丝；6—强迫成形装置；
7—引出板；8—金属熔滴；9—焊缝；10—引弧板；11—牵引装置

(1) 形成焊接空间。电渣焊前，先将焊件垂直放置(呈立焊缝)，在两工件间留有一定的间隙(25～35mm)。连接面两侧装有水冷铜块(用水冷却，使焊缝成形)，在工件下端加装引弧板，在顶部加装引出板。这样，在焊接前先在焊接部位形成一个封闭的空间，以建立渣池和焊接熔池。

(2) 建立液态熔渣池。焊接时，先将部分颗粒状焊剂放入焊接接头间隙中(引弧板上也需加上少量焊剂)，然后送进焊丝，并与引弧板短路起弧。电弧热使焊剂熔化，形成液态熔渣，在熔渣液面升到一定高度，形成渣池后，迅速将电极(焊丝)埋入渣池中，并降低焊接电压，使电弧熄火，电渣焊开始。

(3) 电渣焊过程。渣池产生后，焊接电流从焊丝端部经过熔渣时产生大量电阻热(温度可达1700～2000℃)，将连续送进的焊丝和焊件接头边缘金属迅速熔化，形成熔滴，穿过渣池进入渣池下面的金属熔池。随着焊丝不断送进，熔池逐渐上升，冷却铜块上移，熔池底部逐渐凝固成焊缝。

(4)电渣焊结束。减少送线速度和焊接电流,适当增加电压,最后连续送丝,以填满尾部和防止裂纹产生。

2.电渣焊的特点及应用

(1)适合焊接厚件,生产率高,成本低。焊前不要求预热,焊接接头的准备和装配要求低,节省了大量时间。无焊接飞溅,金属熔敷率高,焊剂能耗低。同时,焊接40mm以上厚度的工件可不开坡口,焊接同等厚度的工件焊剂消耗量只是埋弧自动焊的1/50~1/20。电能消耗量是埋弧焊的1/3~1/2、焊条电弧焊的1/2,因此,电渣焊的经济效果好,成本低。

(2)焊接质量好。由于渣池覆盖在熔池上,保护严密,金属熔池的凝固速率低,冶金过程进行比较完善,气体和杂质较易浮出,因此出现气孔、夹渣等缺陷的倾向小,焊缝成分较均匀,焊接质量好。

(3)焊件冷却慢,焊接应力小。由于熔池在高温下停留时间较长,因此焊接热影响区大(可达25mm左右),接头处晶粒粗大,易产生过热组织,需焊后须进行热处理(一般是正火处理),或在焊丝、焊剂中配入钼、钛等元素以细化焊缝组织。

(4)电渣焊适用范围小,只能焊接碳钢、低合金钢、某些不锈钢和少数有色金属,另外不适用于板厚小于19mm的薄板焊件。

电渣焊广泛应用在锅炉制造、重型机械、石油化工等制造业中,它是制造大型铸-焊或锻-焊联合结构的重要工艺方法。例如制造大吨位压力机,重型机床的机底,水轮机转子和轧钢机上的大型零部件等。电渣焊除焊接碳钢、低合金、中合金钢、高合金钢及铸铁外,也可用来焊接铝及铝合金、镁合金、钛及钛合金和铜。

8.1.6 电阻焊

根据加热加压的方式不同,压力焊可分为电阻焊、摩擦焊、超声波焊、扩散焊和爆炸焊等。电阻焊是利用电流通过接触处及焊件产生的电阻热作为热源,将焊件局部加热到塑性或熔化状态,再施加压力形成焊接接头的焊接方法。

电阻焊焊接电流较大(几千~几万安培),但焊接电压很低(几伏~十几伏),因此焊接时间极短,一般为0.01~几秒,生产率高,焊接变形小。另外,电阻焊不需用填充金属和焊剂,焊接成本较低,而且操作简单,易实现机械化和自动化,在自动化生产线上(如汽车制造)应用较多,甚至采用机器人。焊接过程中无弧光、烟尘且有害气体少,噪声小,劳动条件较好。但是,由于影响电阻大小和引起电流波动的因素均导致电阻热的改变,因此,电阻焊接头质量不稳,从而限制了在某些受力构件上的应用。此外,电阻焊设备复杂,价格昂贵,耗电量大,接头形式和工件厚度受到一定限制。

电阻焊按接头形式可分为点焊、缝焊和对焊3种形式。

1.点焊

电阻点焊简称点焊,是将焊件装配成搭接或对接接头后,压紧在两电极之间(图8.15),然后通电,利用电阻热熔化固态金属,在搭接工件接触面之间形成一个个焊点的焊接方法。点焊的焊接过程分预压、通电加热和断电冷却几个阶段。

(1)预压:将表面已清理好的工件叠合起来,置于两电极之间预压夹紧,使工件欲焊

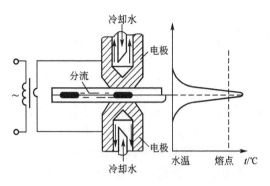

图 8.15 点焊示意图

处紧密接触。

（2）通电加热：接通电流，由于电极内部通水，电极与被焊工件之间所产生的电阻热被冷却水带走，故热量主要集中在两工件接触处，将该处金属迅速加热到熔融状态而形成熔核，熔核周围的金属被加热到塑性状态，在压力作用下发生较大塑性变形。

（3）断电冷却：在塑性变形量达到一定程度后切断电源，并保持压力一段时间后去除压力，两焊件接触处的熔核凝固而形成组织致密的焊点。焊完一个焊点后，电极将移另一点进行焊接。

点焊是一种高速、经济的重要连接方法，适用于制造可以采用搭接、接头不要求气密、厚度小于 4 mm 的冲压、轧制的薄板构件，尤其是汽车、车厢和飞机等薄板结构的生产中。当然，它也可焊接厚度达 6 mm 或更厚的金属构件，但这时其综合技术经济指标将不如某些熔焊方法。

2. 对焊

对焊是利用电阻热将两工件端部对接起来的一种压力焊方法。按工艺过程特点，对焊又分为电阻对焊和闪光对焊。

1）电阻对焊

电阻对焊是焊件以对接的形式利用电阻热在整个接触面上被焊接起来的电阻焊（图 8.16(a)）。

（1）电阻对焊焊接过程。电阻对焊时，将工件装夹在对焊机的两个电极夹具上，对正，夹紧，并施加预压力，使两工件的端面接触并挤紧，然后通电。当电流通过工件和接触端面时就会在此产生大量的电阻热，使接触面附近金属迅速加热到塑性状态，然后对工件施加较大的顶锻力并同时断电，使高温接触处产生一定的塑性变形而形成接头。

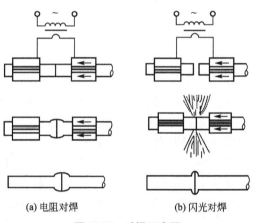

(a) 电阻对焊　　　(b) 闪光对焊

图 8.16 对焊示意图

（2）电阻对焊的特点及应用。电阻对焊操作简便，生产率高，接头较光滑，刺小，易于实现自动化等优点，但是焊前对被焊工件的端面应严格除锈和修整，否则易造成加热不均匀，连接不牢靠的现象。另外，焊接时高温端面易发生氧化夹渣，质量不易保证。

因此，电阻对焊一般用于接头强度和质量要求不太高，形状简单，直径（或边长）小于 20mm 的工件。

2）闪光对焊

闪光对焊时将工件装配成对接接头，接通电源，并使其端面逐渐移近达到局部接触，利用电阻热加热这些接触点(产生闪光),使端面金属熔化,直至端部在一定深度范围内达到预定温度,迅速施加顶锻力完成焊接的方法。

(1) 闪光对焊焊接过程。闪光对焊焊接过程如图 8.16(b) 所示,将工件在电极钳夹头上夹紧,先接通电源,然后逐渐靠拢。由于接头端面不平,开始只是个别点接触,当强大的电流通过接触面积很小的几点时就会产生大量的电阻热,使接触点处的金属迅速熔化甚至气化,在电磁力和气体压力作用下,金属液发生爆破,连同表面的氧化物一起向四周喷射,产生火花四溅的闪光现象。继续推进焊件,闪光现象便在新的接触点处产生,待两工件的整个接触端面都有一薄层金属熔化时迅速加压并断电,两工件便在压力作用下冷却凝固而焊接在一起。

(2) 闪光对焊的特点及应用。

① 接头质量好,强度高。闪光对焊的焊件端面加热均匀,工件端面的氧化物及杂质一部分随闪光火花带出,一部分在最后顶锻压力下随液态金属挤出,即使焊前焊件端面质量不高,但焊接时接头中的夹渣仍较少,因此焊接接头质量好、强度高。

② 焊接适应性强。闪光对焊可用于相同金属或异种金属(如铜-钢、铝-钢、铝-铜等)的焊接。被焊工件可以是直径小到 0.01mm 的金属丝,也可以是截面积为 20000mm² 的金属型材或钢坯。

③ 闪光对焊的主要不足是耗电量大,金属损耗多,操作较复杂,闪光火花易污染其他设备与环境。接头处焊后有长刺需要加工清理。

闪光对焊常用于重要工件的焊接,主要用于钢轨(如钢管、钢轨的接长)、锚链、管子等的焊接,也可用于异种金属(如高速钢与中碳钢对焊成的铰刀、铣刀、钻头等)的焊接。

3. 缝焊

缝焊过程与点焊基本相似,只是用旋转的圆盘状滚动电极代替了柱状电极,可以认为是连续的点焊过程。缝焊焊缝是由许多焊点相互依次重叠而形成的连续焊缝。缝焊机的电极是两个可以旋转的盘状电极,可以对焊件加压导电,同时依靠自身的旋转带动焊件前移,完成缝焊,缝焊又称滚焊。

1) 缝焊的焊接过程

缝焊是将工件装配成搭接或对接接头,并置于两滚轮电极之间,滚轮加压工件并转动,自动开关按一定的时间间隔断续送电,两工件接触面间就形成许多连续而彼此重叠的焊点,这样就形成一条连续的焊缝的电阻焊方法(图 8.17)。

2) 缝焊的特点及应用

缝焊由于焊缝中的焊点相互重叠约 50% 以上,所以密封性好。缝焊分流现象严重,只适用于 3mm 以下的薄板焊件。缝焊主要用于制造要求密封性好的薄壁结构,如油箱、消音器、小型容器和管道、自行车大梁等。缝焊焊缝表面光滑美观,气密性好。缝焊已广泛应用于家用电器(如电冰箱壳体)、交通运输(如汽车、拖拉机油箱)及航空

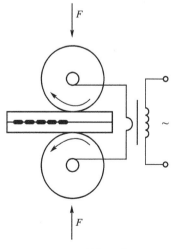

图 8.17 缝焊示意图

航天(如火箭燃料储箱)等工业部门中要求密封的焊件的焊接。

8.1.7 摩擦焊

摩擦焊是利用工件相互摩擦产生的热量同时加压而进行焊接的一种焊接方法。摩擦焊是一种优质、高效、节能、无污染的固相连接方法。几乎所有能进行热锻的金属都能摩擦焊接,摩擦焊还可以用于异种金属的焊接。

1. **摩擦焊焊接过程**

摩擦焊焊接过程如图 8.18 所示,将焊件 1、2 分别夹持在焊机的旋转夹头和移动夹头上,加上预压力使两工件紧密接触。然后使焊件 1 高速旋转,焊件 2 在一定的轴向压力作用下不断向焊件 1 方向缓缓移动。于是两焊件接触端面强烈摩擦而发出大量的热并被加热到塑性状态,同时在轴向压力作用下逐步发生塑性变形。变形的结果使覆盖在端面上的氧化物和杂质迅速破碎并被挤出焊接区,剩余的塑性金属就构成焊缝金属。随着焊接区金属塑性变形的增加,接触端部很快被加热到焊接温度。当达到要求的变形量后,利用刹车装置使焊件 1 停止旋转并加大轴向压力,保持一定的时间,使两焊件在高温高压下焊接起来。

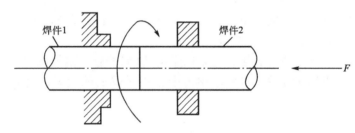

图 8.18 摩擦焊示意图

2. **摩擦焊的特点及应用**

(1) 接头质量好且稳定。摩擦焊温度一般都低于焊件金属的熔点,热影响区很小;接头在顶锻压力下产生塑性变形和再结晶,因此组织致密;同时摩擦表面层的杂质(如氧化膜、吸附层等)随变形层和高温区金属一起被破碎清除,接头不易产生气孔、夹渣等缺陷。另外,摩擦面紧密接触,能避免金属氧化,不需外加保护措施,所以摩擦焊接头质量好。

(2) 焊接生产率高。由于摩擦焊控制参数少、操作简单,同时焊接工艺对工件的焊接面要求较低,焊前准备时间短,焊好一个接头所需时间一般不超过 1min,焊接时不需添加其余焊接材料,因此,操作容易实现自动控制,生产率高。如我国蛇形管接头摩擦焊为 120 件/小时,而闪光焊只有 20 件/小时。

(3) 适应性强。摩擦焊接头一般是等截面的,也可以是不等截面的。摩擦焊可焊接的金属范围较广,除用于焊接普通黑色金属和有色金属材料外,还适于焊接在常温下力学性能和物理性能差别很大,不适合熔焊的特种材料和异种材料,甚至还可以将金属和非金属焊接起来。如碳钢、不锈钢、高速工具钢、镍基合金间、铜与不锈钢、铝与钢焊接等。

(4) 成本低、效益好。摩擦焊设备简单(可用车床改装);电能消耗少(只有闪光对焊的 1/10~1/15);焊接余量小,焊前不需作特殊清理;焊接时不需外加填充材料进行保护,因此经济效益好。

（5）焊件尺寸精度高。由于摩擦焊焊接过程及焊接参数容易实现自动控制，因此焊件尺寸精度高，可实现高精度的焊接，但要求对刹车和加压控制装置灵敏。

（6）生产条件好。摩擦焊无火花、弧光及有害气体，劳动条件好，操作方便，降低了工人的劳动强度。

摩擦焊的缺点主要有：工件的形状和尺寸受限制，要求其中一个工件必须有对称轴；由于受摩擦焊机主轴电动机功率和压力不足的限制，不能焊接断面尺寸较大的工件；摩擦焊设备相对复杂，焊机的一次性投资较大，大批量生产时才能降低生产成本。

摩擦焊作为一门新技术，在国内外已得到很大发展，世界各国投入使用的摩擦焊机逐年增多。摩擦焊已大量应用于汽车拖拉机工业焊接结构钢产品，以及圆形工件、棒料及管类件的焊接。近年来航空工业中重要零部件（如叶片、轴、压气机盘）也广泛采用了摩擦焊工艺。我国目前已能焊接直径 168mm 的大型石油钻杆，并对摩擦焊机实现了微机控制。随着研究的深入和生产的发展，摩擦焊将会得到更广泛应用。

8.1.8　钎焊

钎焊属于物理连接，亦称钎接，是利用熔点比焊件低的钎料作为填充金属，加热时钎料熔化，通过液态钎料在母材金属表面或间隙中润湿、铺展、毛细流动填缝、最终凝固结晶而实现原子间结合的一种材料连接方法。

钎焊的过程：将表面清理好的工件以搭接形式装配在一起，将钎料放在接头间隙附近或接头间隙之间。当工件与钎料被加热到稍高于钎料的熔点温度后，钎料熔化（此时工件不熔化），借助毛细管作用钎料被吸入并充满固态工件间隙，液态钎料与工件金属相互扩散溶解、冷凝后即形成钎焊接头。

钎剂是钎焊时使用的熔剂，钎焊过程中一般都需要使用钎剂（参照 GB/T 15829—1995 选用）。钎焊接头的质量在很大程度上取决于钎剂。钎剂的作用是：清除被焊金属表面的氧化膜及其他杂质，改善钎料流入间隙的性能（即润湿性），保护钎料及焊件不被氧化，保护接触面，并改善钎料的润湿性和毛细流动性。

钎焊方法有多种，据采用热源不同可分类为电弧钎焊、火焰钎焊、电阻钎焊、激光钎焊、电子束钎焊、超声波钎焊、红外钎焊、感应钎焊和浸渍钎焊（液体介质中钎焊）等。根据钎焊过程的保护环境进行钎焊方法分类，有保护气体钎焊和真空钎焊。这些保护环境可结合使用的加热设备来定义钎焊方法，如采用真空保护可以结合炉中电阻加热，称为真空炉中钎焊，简称真空钎焊。真空钎焊结合高频感应加热方式成为真空高频感应钎焊。钎焊根据所用钎料的熔点不同，可分为硬钎焊和软钎焊两大类。

1. 硬钎焊

硬钎焊是使用熔点高于 450℃ 的钎料（称为硬钎料或难熔钎料）进行的钎焊。常用的硬钎料有铜基、银基、铝基合金。硬钎焊钎剂主要有硼砂、硼酸、氟化物、氯化物等。

硬钎焊接头强度较高（>200MPa），工作温度也较高，常用于受力较大或工作温度较高的钢铁及铜合金构件的焊接，以及工具和刀具的焊接。

2. 软钎焊

软钎焊亦称锡焊，它是使用熔点低于 450℃ 的钎料（称为软钎料或易熔钎料）进行的钎

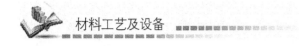

焊。常用的软钎料是锡基和铅基合金。这种钎料熔点低，渗入接头间隙的能力强，焊接工艺性好，但焊缝强度较低。软钎焊钎剂主要有松香、氯化锌溶液等。

软钎焊接头强度低（60～190MPa），工作温度在100℃以下。常用于强度要求低或无强度要求的焊件或工作温度不高的场合，如电子产品和仪表中线路的焊接。

3. 钎焊的特点及应用

与一般焊接方法相比，钎焊的加热温度较低，焊件的应力和变形较小，对材料的组织和性能影响很小，接头光滑平整，焊缝平整美观，尺寸精确，焊件不需加工。另外，工件厚度不受限制，可以焊接异种材料和一些其他方法难以焊接的特殊结构（如蜂窝结构等）。钎焊焊接过程简单、投资费用少、生产率高，易于实现机械化和自动化。但钎焊前期准备工作（加工、清洗、装配等）要求高，接头强度较低，耐热能力比较差。

钎焊适宜于小而薄，且精度要求高的零件，广泛应用于机械、仪表、电机、航空、航天等部门中的精密电仪表、电气零部件、异种金属构件、复杂薄板结构，如夹层结构、蜂窝结构等，也常用于各类导线和硬质合金刀具的焊接。

8.2 常用金属材料的焊接

8.2.1 金属材料的焊接性

1. 焊接性概念

焊接性是指材料在限定的施工条件下焊接成按规定设计要求的构件，并满足预定服役要求的能力。它是说明材料对于焊接工艺的适应性，用以衡量材料在一定的焊接工艺条件下获得优质焊接接头的难易程度，以及该焊接接头能否在使用条件下安全可靠地运行。它包括两个方面内容：

（1）工艺焊接性。工艺焊接性是指在一定的焊接工艺条件下能否获得优良、致密、无缺陷的焊接接头的能力，主要指焊接接头产生工艺缺陷的倾向，尤其是出现各种裂纹的可能性。

（2）使用焊接性。使用焊接性是指整个结构或焊接接头满足产品技术条件规定的使用性能的程度。主要指焊接接头在使用中的可靠性，包括焊接接头的力学性能及其他特殊性能（如耐热、耐蚀性能等）。

金属材料的焊接性是金属的一种加工性能，这种性能不是一成不变的。它不仅与金属材料的本身性质有关，还与加工条件有关。母材的化学成分、金属厚度、焊接方法、使用要求及其他工艺条件都会影响金属的焊接。同一金属材料的焊接性随所采用的焊接方法、焊接材料、焊接工艺的改变而可能产生很大差异。例如，焊铸铁时用普通焊条焊接质量就很难保证，但采用镍基铸铁焊条则质量较好；焊接铝及铝合金、钛及钛合金时，用手弧焊和气焊难以获得优质焊接接头，但采用氩弧焊则容易达到质量要求。

根据目前的焊接技术水平，工业上应用的绝大多数金属材料都是可焊的，只是焊接时的难易程度不同而已。当采用新的材料制作焊接构件时，了解和评价其焊接性是产品设计、施工准备和正确制定焊接工艺的主要依据。金属材料的工艺焊接性和使用焊接性可通过估算和试验方法来确定。

2. 焊接性的评定

影响金属材料焊接性的因素很多，一些新材料、新结构或新的工艺方法在正式投产之前必须进行焊接性的评定，以确保能获得良好的焊接接头。焊接性的评定一般是通过理论估算或试验方法确定的。理论分析可以避免试验的盲目性，试验结果可以验证理论分析。下面简单介绍两种常用的焊接性理论评定方法。

1) 碳当量法

实际焊接结构所用的金属材料绝大多数是钢材，影响钢材焊接性的主要因素是化学成分。各种化学元素加入钢中以后，对焊缝组织性能、夹杂物的分布，以及对焊接热影响区的淬硬程度等影响不同，产生裂缝的倾向也不同。

在各种元素中，碳的影响最明显，其他元素的影响可折合成元素以换算成碳的相当含量来计算它们对焊接性的影响，换算后的总和称为碳当量。碳当量用符号 W_{CE} 表示，它是常用来评定钢材焊接性的一种参考指标。该法使用方便，是目前评定焊接性能应用最广的方法。

世界各国和各个研究单位所采用的试验方法和钢材的合金体系不同，碳当量计算公式也各不相同。国际焊接学会（IIW）推荐计算碳素结构钢和低合金结构钢的碳当量公式为：

$$W_{CE} = \left(W_C + \frac{W_{Mn}}{6} + \frac{W_{Mo} + W_V + W_{Cr}}{5} + \frac{W_{Ni} + W_{Cu}}{15} \times 100\% \right)$$

式中，化学元素符号表示该元素在钢中的百分数，各元素含量取其成分范围的上限。

由于钢材焊接时的冷裂倾向和热影响区的淬硬程度主要取决于化学成分，碳是引起钢材淬硬、冷裂的主要元素，而其他合金元素也有一定影响，因此，换算成碳当量后，碳当量越高，焊接性越差。

当 $W_{CE} < 0.4\%$ 时，钢材塑性良好，淬硬倾向不明显，焊接性良好。在一般的焊接工艺条件下焊件不会产生裂缝，但厚大工件或低温下焊接时应考虑预热。

$W_{CE} = 0.4\% \sim 0.6\%$ 时，钢材塑性下降，淬硬倾向明显，焊接性较差。焊前工件需要适当预热，焊后应注意缓冷，要采取一定的焊接工艺措施才能防止裂缝。

当 $W_{CE} > 0.6\%$ 时，或 $> 0.5\%$ 时，钢材塑性较低，淬硬倾向很强，焊接性差；焊前工件必须预热到较高温度。焊接时要采取减少焊接应力和防止开裂的工艺措施，焊后要进行适当的热处理才能保证焊接接头的质量。

2) 冷裂纹敏感系数法

由于碳当量法仅考虑了钢材的化学成分，忽略了焊件板厚，焊缝含氢量等其他影响焊接性的因素。因此，无法直接判断冷裂纹产生的可能性大小。采用焊接冷裂纹敏感系数指标进行判断，则可弥补这一方面的不足。显然，冷裂纹敏感系数越大，则产生冷裂纹的可能性越大，焊接性越差。冷裂纹敏感系数以符号"P_c"表示，对于含碳量 $\leqslant 0.17\%$ 的低合金钢，且为斜 V 形坡试件，扩散氢含量为 $1 \sim 5$mL/100g，其计算公式为：

$$P_C = \left(W_C + \frac{W_{Si}}{30} + \frac{W_{Mn} + W_{Cu} + W_{Cr}}{20} + \frac{W_{Ni}}{60} + \frac{W_{Mo}}{15} + \frac{W_V}{10} + 5W_B + \frac{h}{600} + \frac{H}{60} \right) \%$$

式中，h 为板厚，mm；H 为焊缝金属扩散氢含量，mL/100g。

通过试验还得出了防止裂纹的最低预热温度 T_p(℃)的公式：

$$T_p = 1440P_C - 392$$

用 P_C 值判断冷裂纹敏感性比碳当量法更好。根据 T_p 得出的防止裂纹的预热温度在多数情况下是比较安全的。

在实际生产中，金属材料的焊接性除了按碳当量法、冷裂纹敏感系数法等评定方法估算外，为确定材料的焊接性，应根据具体情况进行焊接性试验。工艺焊接性试验方法有："焊接热裂纹试验"、"焊接再热裂纹试验"、"焊接气孔敏感性试验"、"焊接冷裂纹试验"等。使用性能试验有："焊接接头常规力学性能试验"、"焊接接头低温脆性试验"、"焊接接头的断裂韧性试验"、"焊接接头的动再疲劳试验"、"压力容器爆破试验"等。

8.2.2　黑色金属材料的焊接

1. 钢的焊接

1）低碳钢的焊接

低碳钢的含碳量≤0.25%，碳当量数值≤0.40%，具有良好的塑性和冲击韧性，一般没有淬硬倾向，对焊接过程不敏感，焊接性好。一般情况下，焊这类钢时不需要采取特殊的工艺措施，用各种焊接方法都能获得优质焊接接头，通常焊前不需要预热，在焊后也不需进行热处理（电渣焊除外）。对厚度大于 50 mm 的低碳钢结构常用大电流多层焊，焊后应进行消除内应力退火。低温环境下焊接刚度较大的结构时，由于焊件各部分温差较大，变形又受到限制，焊接过程容易产生较大内应力，有可能导致结构件开裂，因此应进行焊前预热。当母材含碳量偏高，或母材、焊接材料成分（如 S、P）不合格时，焊接时有可能产生热裂纹，应调整焊缝成形系数或采用碱性低氢焊条加以防止。

低碳钢常用的焊接方法有焊条电弧焊、埋弧自动焊、CO_2 气体保护焊、电渣焊和电阻点焊等。

采用熔焊法焊接结构钢时，焊接材料及工艺的选择主要应保证焊接接头与工件材料等强度。焊条电弧焊焊接一般低碳钢结构，根据母材强度等级一般选用酸性焊条 E4313(J421)、E4303(J422)、E4320(J424)。焊接承受动载荷、结构复杂的厚大焊件选用抗裂性好的碱性焊条 E4316(J426)、E4315(J427)或 E5015(J507)。埋弧焊时，一般采用 H08A 或 H08MnA 焊丝配合焊剂 HJ431 进行焊接。CO_2 气体保护焊时，选用 H08Mn2SiA 焊丝焊接。若焊接薄板（3mm 以下）不密封结构件，可选用电阻点焊，而有密封要求的结构则可选用电阻缝焊或钨极氩弧焊；型材焊接件可选用闪光对焊等。

2）中碳钢焊接

中碳钢含碳量在 0.25%～0.6% 之间。随着含碳量的增加，热影响区组织淬硬倾向和裂纹敏感性越加明显，焊接性能逐渐变差，容易出现裂纹和气孔。当碳含量接近 0.30% 而 Mn 含量不高时，焊接性较好。另外，焊缝热裂纹在弧坑处更为敏感，特别是硫杂质控制不严时更易显示出来。实际生产中主要是焊接各种中碳钢的铸件与锻件。为了保证中碳钢焊件的焊接质量，一般采取以下措施进行保护。

（1）采用焊前预热，焊后缓冷措施。预热温度取决于碳当量、结构刚性、母材厚度、焊条种类和工艺方法等。这种保护措施主要目的是减小焊件各部分的温差，降低冷却速度，减小焊接应力，从而有效防止焊接裂纹的产生。例如：35 钢和 45 钢的预热温度可选为 150～250℃；结构刚度较大或钢材含碳量较高时，预热温度应再提高些，达 250～400℃；对厚度大、刚度大和苛刻条件下的钢材，焊后应进行去应力回火，回火温度一般为 600～650℃。

（2）尽量选用碱性低氢型焊条。由于碱性低氢型焊条药皮成分有还原性，合金元素烧蚀少，有较多的 CaO，脱硫、脱磷能力强，同时含氢量低，因此具有高的抗裂性能，能有效防止焊接裂纹的产生。

（3）采用细焊丝、小电流焊接，焊件开坡口，多层焊等措施。这些措施是尽量减少含碳量高的母材金属过多地熔入焊缝，从而使焊缝的碳当量低于母材，达到改善焊接性的目的。细丝焊条和小电流慢速焊接可以防止出现裂纹，焊接电流比低碳钢小 10%～15%。采用 U 或 V 形坡口可以降低母材熔化比，减少热裂纹和消除气孔。

（4）选用合适的焊接方法和焊接规范，降低焊件冷却速度，减少裂纹的产生。如采用直流反接和锤击焊缝等。中碳钢焊接常选用手工电弧焊，尽量选用碱性低氢型焊接材料，不要求焊缝等强时，焊条强度可比母材强度等级低一挡。对于一些不重要的结构件也可以选用非碱性低氢焊条，可以用钛铁矿型或钛钙型焊条，但工艺措施应严格控制，中碳钢焊接工艺参数可参考低碳钢的焊接工艺参数下限值，焊接速度应稍慢一些。根据母材强度级别，选用焊条 E5015(J507)、E5016(J506)、E5515 -×(J557)、E5516 -×(J556)等（"×"代表后缀字母，表示熔敷金属化学成分分类的代号）。

3）高碳钢的焊接

高碳钢碳当量数值在 0.60% 以上，由于碳当量高，焊接性很差，淬硬倾向大，易出现各种裂纹和气孔，而且焊接时应采取更高的预热温度及更严格的工艺措施。因此，高碳钢材通常不用做焊接结构，主要用来修复损坏的机件。焊接时，一般要采用焊前退火、预热和焊后处理。高碳钢一般用于制作高硬度与耐磨的零部件，应在退火条件下焊接这类钢，然后热处理。例如修复断裂的高碳钢零部件前，如条件许可，建议先将修复部位进行退火。

高碳钢焊补时通常采用焊条电弧焊或气焊，尽量采用小的焊接电流和小的焊接速度，以减小熔深，减少母材的熔入；选择合适的坡口形式，以尽量减少母材金属熔入焊缝中的比例，从而降低焊缝金属的含碳量，提高焊缝金属的韧性，降低产生冷裂纹的倾向；焊前应注意烘干焊条，可以采用锤击方法，以减小焊接应力；气焊时，为了防止过热，应尽量提高焊接速度。焊条选用 E6015 -×(J607)、E7015 -×(J707)等，预热 250～350℃，焊后缓冷，并立即进行 650℃以上高温回火，以消除应力。中、高碳钢焊条电弧焊时，若焊件无法预热，应选用奥氏体不锈钢焊条进行焊接。

4）低合金高强度钢的焊接

低合金高强度钢广泛应用于制造压力容器，桥梁、船舶和其他各种金属焊接构件。它按屈服强度可分为 6 个等级。在我国，低合金高强度钢的含碳量很低，但因其他元素种类和含量不同，所以性能上的差异较大，焊接性的差别也比较明显。强度级别较低的钢合金元素含量较少，碳当量低，焊接性能接近于低碳钢，具有良好的焊接性。一般 σ_s<400MPa 的低合金高强度钢在常温下焊接时不用复杂的工艺措施便可获得优质的焊接接头。但对于强度级别较高的钢，由于合金元素含量较多，碳当量较高，因此，焊接性差，焊接时应采取严格的工艺措施。低合金高强度结构钢常用的焊接方法有焊条电弧焊、埋弧自动焊、气体保护焊、激光焊等，在选用时要考虑被焊的钢材种类、结构特点、使用性能要求及生产批量等。

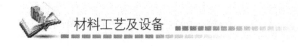

低合金高强度钢焊接性具有以下特点。

(1) 热影响区的淬硬倾向。低合金结构钢焊接时，热影响区可能产生淬硬组织。淬硬程度与钢材的化学成分和强度级别有关。钢中含碳及合金元素越多，钢材强度级别越高，则焊后热影响区的淬硬倾向越大。如 300MPa 级的 09Mn2、09Mn2Si 等钢材的淬硬倾向很小，其焊接性与一般低碳钢基本一样；350MPa 级的 16Mn 钢淬硬倾向也不大，但当含碳量接近允许上限或焊接参数不当时，过热区也完全可能出现马氏体等淬硬组织。强度级别较大的低合金钢淬硬倾向增加，热影响区容易产生马氏体组织，硬度明显增高，塑性和韧度下降。

(2) 焊接接头的裂纹倾向。随着钢材强度级别的提高，产生冷裂纹的倾向也加剧。影响冷裂纹的因素主要有 3 个方面：①焊缝及热影响区的含氢量；②热影响区的淬硬程度；③焊接接头的应力大小。对于热裂纹，由于我国低合金结构钢系其含碳量低，且大部分含有一定的锰，对脱硫有利，因此产生热裂纹的倾向不大。

根据低合金结构钢的焊接特点，生产中可分别采取以下措施进行焊接。

(1) 焊前预热，焊接时调整焊接规范以控制热影响区的冷却速度。有淬硬倾向时，可适当加大焊接电流和减小焊速，以减缓冷却速度，防止冷裂纹的产生。

(2) 焊接后及时进行热处理，以消除焊件内应力。对于生产中因故不能立即进行焊后热处理的焊件，则应先进行消氢处理将焊件加热至 200～350℃，保温 2～6 小时使氢逸出，从而减少冷裂纹产生的可能性。

5) 高合金不锈钢的焊接

一般来说，不锈钢的焊接性还是比较好的，目前生产中常用的一些焊接方法大多适用于不锈钢的焊接，不同类型的不锈钢焊接时出现的主要问题也不同。

在所用的不锈钢材料中，奥氏体不锈钢应用最广。其中以 18-8 型不锈钢（如 lCrl8Ni9）为代表，虽然 Cr、Ni 元素含量较高，但 C 含量低，焊接性良好，焊接时一般不需要采取特殊工艺措施，但焊接时容易出现晶间腐蚀，可通过在焊缝中加入一定的稳定化元素，采用较小的焊接线能量，焊后进行固溶处理等措施进行改善，适用于焊条电弧焊、氩弧焊和埋弧自动焊。焊条、焊丝和焊剂的选用应保证焊缝金属与母材成分类型相同，如焊 1Cr18Ni9Ti 时选用 H0Cr20Ni10Nb 焊丝，埋弧焊用 IU260 焊剂。焊接时采用小电流、快速不摆动焊，焊后加大冷速，接触腐蚀介质的表面应最后施焊。

奥氏体不锈钢的主要问题是焊接工艺参数不合理时容易产生晶间腐蚀和热裂纹。奥氏体不锈钢的热膨胀系数比较大，焊接时容易产生较大的参与应力，同时焊缝柱状晶比较发达，结晶时成分易于偏析。为防止产生晶间腐蚀，不锈钢焊接时必须合理选择母材和焊接材料，焊接时用细焊条、小电流、快速焊、强制冷却等措施来防止晶间腐蚀的产生；为防止热裂纹的产生，不锈钢焊接时需严格控制磷、硫等杂质的含量，减少热裂纹产生的可能性。

马氏体不锈钢导热性较差，焊接残余应力大，另外，焊接时过热区的晶粒容易长大，产生粗晶脆化，焊后淬硬倾向大，对弧坑裂纹比较敏感，焊接接头易出现冷裂纹，焊接性较差。因此，应尽可能地降低焊缝金属中扩散氢的含量，焊前预热温度 200～400℃，焊后要进行热处理。如果不能实施预热或热处理，应选用奥氏体不锈钢焊条。

铁素体不锈钢焊接时，过热区晶粒较容易长大，氢的溶解度低且扩散速度快，容易引起脆化和失塑裂纹。通常在 150℃ 以下预热，减少高温停留时间，并采用小线能量焊接工艺，以减少晶粒长大倾向，防止过热脆化。

马氏体不锈钢、铁素体不锈钢和奥氏体不锈钢在热物理性能和焊接性方面有较大的区别，在选择焊接方法和制定焊接工艺时应有所区别。当厚度大于 2mm 时，奥氏体不锈钢、马氏体不锈钢和铁素体不锈钢均可选用手工电弧焊。不锈钢焊接首选的焊接方法应该是惰性气体保护焊，对于厚度小于 3mm 不锈钢，可以采用钨极氢弧焊；对于厚度小于 1mm 的不锈钢，可以采用微束等离子氩弧焊或小电流脉冲氩弧焊，也可用激光焊；对于厚度大于 3mm 的不锈钢，可以采用熔化极氢弧焊；厚度在 6～12mm 的不锈钢用等离子弧焊较合适；对于厚度较大的不锈钢，可采用真空电子束焊，采用适当的工艺措施也可采用埋弧焊。

工程上有时需要将不锈钢与低碳钢或低合金钢焊接在一起，如 1Cr18Ni9Ti 与 Q235 焊接，通常用焊条电弧焊。焊条选用即不能用奥氏体不锈钢焊条，也不能用焊低碳钢（如 E4303）焊条，而应选 E307—15 不锈钢焊条，使焊缝金属组织是奥氏体加少量铁素体，防止产生焊接裂纹。

2. 铸铁的焊接

铸铁含碳量高（大于 2.11%），组织不均匀，Si、Mn、S、P 的含量也比碳钢高，其塑性差、强度低、焊接性能不好，因此不能作为焊接结构件。但铸铁件生产常出现铸造缺陷，使用中时常会发生局部损坏断裂，用焊接手段将其修复很有经济价值，所以铸铁的焊接主要是焊补工作，即修复铸件缺陷或损坏的部位。

1）铸铁的焊接性特点

铸铁焊补的主要有以下 4 个特点。

（1）由于焊接时为局部加热，焊后铸铁件上的焊补区冷却速度远比铸造成形时快得多，焊接接头易生成白口组织和淬硬组织，焊后难以机加工。

（2）铸铁强度低，塑性差。当焊接应力较大时，焊缝及热影响区内易出现裂纹，甚至使焊缝整体断裂。此外，当采用非铸铁组织的焊条或焊丝冷焊铸铁时，铸铁因碳、硫、磷等杂质含量高，基体材料过多熔入焊缝中易产生裂纹。

（3）易产生气孔，铸铁含碳量高，焊接时容易生成一氧化碳、二氧化碳等气体，铸铁凝固中由液态转为固态所需时间很短，熔池中的气体来不及逸出。

（4）铸铁的流动性好，立焊时熔池金属很容易流失，故只适用于平焊。

2）铸铁的补焊方法

铸铁的补焊一般采用气焊、焊条电弧焊（个别大件可采用电渣焊）来进行。对焊接接头强度要求不高时也可采用钎焊。根据焊前预热的温度，可分为热焊与冷焊（不预热焊或半热焊）两大类。

（1）热焊。焊前将焊件整体或局部预热到 600～700℃，焊后在炉中缓冷或去应力退火。热焊能防止工件产生白口组织和裂纹，补焊质量较好，焊后可进行机械加工。但其需要加热设备，工艺复杂，生产率低，成本高，劳动条件差，主要用于形状复杂、焊后要求机械加工和要求承载较大载荷的重要铸件，如汽车的缸体、机床导轨及床头箱等。

常用的焊补方法是焊条电弧焊和气焊。电弧焊适于中等厚度以上（＞10mm）的铸铁件，可选用铁基铸铁焊条或低碳钢芯铸铁焊条。10mm 以下薄件为防止烧穿可采用气焊，用气

焊火焰预热和缓冷焊件，选用铁基铸铁焊丝并配合焊剂使用。气焊火焰还可以用于预热工件和焊后缓冷，也可以用铸铁焊条进行焊条电弧焊焊补，药皮成分主要是石墨、硅铁、碳酸钙等，以补充焊补处碳或硅的烧损，并造渣清除杂质。

（2）冷焊。焊前工件不预热（或局部进行 400℃ 以下的低温预热，也称半热焊），焊补时主要依靠焊条来调整焊缝的化学成分和采用钻止裂孔、焊后缓冷、捶击焊缝等方法防止白口组织生成和避免裂纹。冷焊法操作方便、灵活、生产率高、成本低、劳动条件好，但焊接处切削加工性能较差，焊补质量不如热焊，生产中多用于焊补要求不高的铸件，以及不允许高温预热引起变形的铸件。焊接时应尽量采用小电流、短弧、窄焊缝、短焊道（每段不大于 50mm），以防止焊后开裂。

冷焊法一般采用焊条电弧焊。根据铸铁性能、焊后对切削加工的要求及铸件的重要件等来选定焊条。铸铁焊补的焊条有多种，如镍基铸铁焊条、纯铁芯和低碳钢芯铸铁焊条和铁基铸铁焊条等。镍基铸铁焊条的焊缝金属有良好的抗裂性和加工性，但价格较贵，主要用于重要铸铁件的加工面的焊补，如机床导轨面的不预热焊法。铜基铸铁焊条用于焊后需要加工的灰口铸铁件的焊补。纯铁芯和低碳钢芯铸铁焊条与铁基铸铁焊条的熔合区和焊缝区易出现白口组织和裂纹，适于非加工面或刚度小的小型薄壁件的焊补。

8.2.3 非铁金属的焊接

常用的非铁金属有铝、铜、钛及其合金等。由于非铁金属具有许多特殊性能，所以在工业中的应用越来越广，其焊接技术也越来越重要。

1. 铜及铜合金的焊接

1）焊接特点

铜及铜合金属于焊接性很差的金属，焊接结构件常用的是紫铜和黄铜，其焊接特点如下。

（1）难熔合，易变形。铜及铜合金的导热性很强，焊接时热量易损失，不易达到焊接所需温度，容易出现金属难熔合、工件未焊透、焊缝质量差等缺陷。另外，铜及铜合金的线膨胀系数及凝固收缩率都较大，从而使焊接热影响区范围变宽，导致焊接应力大，易产生变形。

（2）热裂纹倾向大，易开裂。铜和铜合金中一般含有 S、P、Bi 等杂质，铜及铜合金在高温液态下易氧化形成 Cu_2O，硫化形成 Cu_2S、Cu_2O、Cu_2S、P、Bi 都能与铜形成低熔点共晶体分布于晶界上，使焊缝脆化，易引起结晶裂纹。

（3）易产生气孔和氢脆现象。氢在固态和液态铜中的溶解度差别极大，铜在液态时能溶解大量氢，焊缝凝固时溶解度急剧下降，氢来不及完全析出，从而在焊缝中形成气孔；另外，氢和 CO 还与熔池中的 Cu_2O 作用形成水蒸气和 CO_2，也形成气泡，导致裂缝产生氢脆现象。

（4）铜的电阻极小，不适于电阻焊。

（5）某些铜合金比纯铜更容易氧化，使焊接的困难增大。例如，黄铜（铜锌合金）中的锌沸点很低，极易烧蚀蒸发并生成氧化锌（ZnO）。锌的烧损不但改变了接头的化学成分，降低了接头性能，而且所形成的氧化锌烟雾易引起焊工中毒。铝青铜中的铝在焊接中易生成难熔的氧化铝，从而增大熔渣粘度，生成气孔和夹渣。

2）焊接工艺措施

根据铜及铜合金的焊接特点，焊接过程中必须采取以下工艺措施，以保证焊接质量。

（1）选择焊接强热源设备和焊前预热，防止难熔合、未焊透现象并减少焊接应力与变形。

（2）选择适当的焊接顺序，并在焊后锤击焊接接头，以减小应力，防止变形、开裂。

（3）焊后进行退火热处理，以细化晶粒并减轻晶界上低熔点共晶的不利影响，进而消除应力的存在。

（4）严格限制杂质含量，加入脱氧剂，控制氢来源，降低溶池冷速等，以防止裂纹、气孔缺陷，同时有利于避免出现未焊透和未熔合等焊接缺陷。

（5）焊接过程中使用熔剂对熔池脱氢；在电焊条药皮中加入适量萤石，以增强去氢作用；降低熔池冷却速度，以利氢的析出。

3）焊接方法

铜和铜合金的焊接的常用方法有氩弧焊、气焊、埋弧焊、钎焊等。氩弧焊是焊接紫铜和青铜合金应用最广的熔焊方法。厚度小于 3mm 的工件采用 TIG 焊，可不开坡口不加焊丝；厚度 3～12mm 的工件采用填丝 TIG 焊或 MIG 焊；厚度大于 12mm 的工件一般采用 MIG 焊。选用焊丝除满足一般工艺、冶金要求外，应注意控制其杂质含量和提高脱氧能力。气焊黄铜采用弱氧化焰，其他均采用中性焰，由于温度较低，除薄件外，焊前应将工件预热至 400℃ 以上，焊后应进行退火或锤击处理。埋弧焊适用于中、厚板长焊缝的焊接。厚度 20mm 以上的工件焊前应预热，单面焊时背面应加成形垫板。铜及铜合金的钎焊性优良，硬钎焊时可采用铜基钎料、银基钎料，配合硼砂、硼酸混合物等作为钎剂；软钎焊时可用锡铅钎料，配合松香、焊锡膏作为钎剂。

2. 铝及铝合金的焊接

1）焊接特点

铝及铝合金的焊接性能较差，工业上用于焊接的主要有纯铝（熔点 658℃）、铝锰合金、铝镁合金及铸铝。其焊接特点如下。

（1）容易氧化。铝容易氧化成 Al_2O_3 薄膜（熔点高达 2050℃），密度比铝大，组织致密，易覆盖于金属表面和进入焊缝，阻碍金属熔合，易造成夹渣。

（2）易形成气孔。液态铝能吸收大量的氢，铝在固态时又几乎不溶解氢，因此在溶池凝固时易生成气孔。另外 Al_2O_3 能吸潮，使焊缝出现气孔的倾向增大。

（3）易变形、开裂。由于铝高温强度低，塑性差，而膨胀系数较大，焊接应力大，故极易使焊件变形开裂。除纯铝外，各种铝合金由于易熔共晶的存在极易产生热裂纹。

（4）操作困难。铝及铝合金热反射能力较强，熔化前后无明显的颜色变化，致使操作工人难以识别，熔融实践和温度不易控制，易出现焊缝塌陷、烧穿等缺陷。

（5）铝的导热系数较大，焊接时热量散失快，要求使用大功率或能量密集的热源，厚度较大时应考虑预热。

2）焊接工艺措施

根据铝及铝合金焊接性的特点，焊接过程中主要采取以下工艺措施，以保证焊缝质量。

（1）焊前清理。焊前清理除去焊口表面和焊丝的氧化膜、油污、水分，并进行干燥，便于熔焊及防止气孔、夹渣等缺陷。

（2）焊前预热。厚度超过5～8mm的焊件应焊前预热，以减小应力，避免裂纹，并有利于氢的逸出，防止气孔的产生。

（3）焊接时在焊件下放置垫板。为了保证焊件焊透而不致烧穿或塌陷，焊前可在焊口下面放置垫板加以防护。

3）焊接方法

铝及铝合金的焊接无论采用哪种焊接方法，焊接前都必须进行氧化膜和油污的清理。目前，氩弧焊是焊接铝及铝合金最理想的熔焊方法，也可使用电阻焊、钎焊方法焊接铝材。氩弧焊不仅有良好的保护作用，且有阴极破碎作用，可去除氧化铝膜，使合金熔合良好，焊接质量好，成形美观，焊件变形小，常用于要求较高的结构件。气焊灵活方便，成本低，但生产率低，且焊件变形大，焊接接头耐蚀性差。气焊主要用于焊接质量要求不高的纯铝和非热处理强化的铝合金构件，一般采用中性焰。

3. 钛及钛合金的焊接

钛（熔点1725℃，密度为4.5g/cm³）及钛合金具有高强度、低密度、强抗腐蚀性和好的低温韧性，是航天工业的理想材料，因此焊接该种材料成为在尖端技术领域中必然要遇到的问题。

由于钛及钛合金化学性质非常活泼，极易出现多种焊接缺陷，焊接性差，所以主要采用氩弧焊，此外还可采用等离子弧焊、真空电子束焊和钎焊等。

钛及钛合金极易吸收各种气体，使焊缝出现气孔。过热区晶粒粗化或钛马氏体生成，以及氢、氧、氮与母材金属的激烈反应都使焊接接头脆化，产生裂纹。氢是使钛及钛合金焊接出现延迟裂纹的主要原因。

3mm以下薄板钛合金的钨极氩弧焊焊接工艺比较成熟，但焊前的清理工作、焊接中工艺参数的选定和焊后热处理工艺都要严格控制。

8.2.4 焊接质量

1. 焊接应力与变形的产生原因及危害

焊接应力是指在焊接过程中被焊工件内产生的应力，焊接变形是指焊接过程中被焊工件所产生的变形。焊接的热过程除了引起焊接接头金属组织与性能的变化外，还会产生焊接应力与变形。焊接过程是一个极不平衡的热循环过程，焊缝区及过热区都要由室温被加热到很高温度（焊缝金属被熔化成液态），然后再快速冷却下来。在这个热循环过程中，焊件各部位被加热的温度不同，随后的冷却速度也不同，因此对焊件进行不均匀加热和冷却是导致焊接应力和变形的根本原因。此外，材料热物理性质随温度而改变，以及焊接结构的复杂性等也是产生焊接应力和变形的原因之一。焊接应力与变形问题是一个十分复杂的热弹塑性空间三维力学问题，至今人们只掌握了它的一部分规律。

金属构件在焊接以后总要发生变形和产生焊接应力，且二者是同时存在，又相互制约的。焊接应力的存在对焊接构件质量、使用性能和焊后机械加工精度都有很大影响，甚至使构件产生新的塑性变形，导致整个构件断裂；焊件出现变形会使结构形状尺寸不符合要求，使焊接困难，同时给装配工作带来很大困难，还会影响结构的工作性能，变形量超过允许数值时必须进行矫正，矫正无效时只能报废；对于接触腐蚀性介质的焊件（如化工容器），由于应力腐蚀，会产生应力腐蚀裂纹，减少焊件的使用寿命，甚至报废。因此，在设计和制造焊接结构时应采取相应措施预防和减少焊接应力与变形。

当材料塑性较好、结构刚度较小时，焊件能自由收缩，焊接变形较大，焊接应力较小，此时应主要采取预防和矫正变形的措施，使焊件获得所需的形状和尺寸；当材料塑性较差，结构刚度较大时，焊接变形较小，焊接应力较大，此时应主要采取减小或消除应力的措施，以避免裂缝的产生。

2. 焊接变形的基本形式

焊接应力的存在会引起焊件的变形。焊接变形的基本类型有收缩变形、角变形、弯曲变形、波浪变形和扭曲变形等5种形式（图8.19）。具体焊件会出现哪种变形与焊件结构、焊缝位置、焊接工艺和应力分布等因素有关。一般情况下，结构简单的小型焊件焊后仅出现收缩变形，焊件尺寸减小。当焊件坡口横截面的上下尺寸相差较大或焊缝分布不对称，以及焊接次序不合理时，则焊件容易发生角变形、弯曲变形或扭曲变形。对于薄板焊件，最容易产生不规律的波浪变形。

（1）收缩变形：由于焊缝的纵向（沿焊缝方向）和横向（垂直于焊缝方向）收缩引起焊件的纵向和横向尺寸缩小。

（2）角变形：V形坡口对接焊，由于焊缝截面形状上下不对称造成焊缝上下横向收缩量不均匀而引起的变形。

（3）弯曲变形：T形梁焊接后，由于焊缝布置不对称，焊缝多的一面收缩量大，引起弯曲变形。

（4）扭曲变形：工字梁焊接时，由于焊接顺序和焊接方向不合理引起扭曲变形，又称螺旋形变形。

（5）波浪变形：在薄板焊接中，由于焊缝收缩使薄板局部引起较大的压应力而失去稳定，焊后使构件呈波浪形。

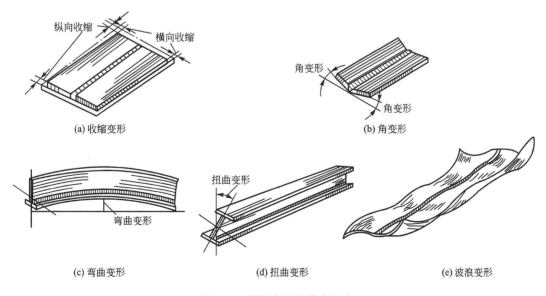

(a) 收缩变形　　(b) 角变形　　(c) 弯曲变形　　(d) 扭曲变形　　(e) 波浪变形

图 8.19　焊接变形的基本形式

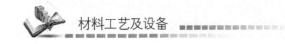

3. 焊接应力和变形的预防与矫正

防止和消除焊接变形的主要方法有：预防和减小焊接应力；当对焊接变形有比较严格的限定时，应采用对称结构、大刚度结构或焊缝对称分布的焊接结构，焊接时采用反变形措施或刚性夹持法焊接；对于焊后变形量已经超过允许值的焊件，可以采用机械矫正法或火焰加热矫正法消除焊接变形。

1）减少焊接应力和变形的措施

（1）选择合理的焊接工艺参数。根据焊接结构的具体情况，尽可能选择能量集中和热输入低的焊接方法，尽可能采用直径较小的焊条和较小的焊接电流，或采用较大的焊接速度，以减小被焊工件的受热范围，从而减小焊接应力。

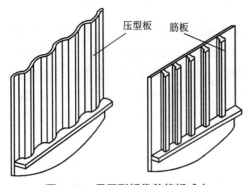

图 8.20　用压型板代替筋板减少
焊缝数量和焊接变形

（2）焊接结构设计应避免使焊缝密集交叉，避免焊缝截面过大和焊缝过长，以减小焊接局部过热，选用塑性好的焊工材料。同时，在保证承载能力的情况下，应选择合理的接头、坡口形式，多采用型材、冲压件。如图 8.20 所示，采用压型结构代替筋板结构，有利于防止薄板结构的变形。

（3）加余量法。根据理论值和经验值，在焊件备料及加工时预先考虑收缩余量，以便焊后工件达到所要求的形状、尺寸。根据经验在工件下料尺寸上加一定的余量，通常为 0.1%～0.2%，以弥补焊后的收缩变形。

（4）反变形法。与防止铸件变形的反变形法原理相同。根据理论计算和经验，预先确定焊后可能发生的变形大小和方向，然后提前将工件安放在与焊接变形方向相反的位置上，或在焊前使工件反方向变形，以抵消焊后产生的变形，补正焊接变形（图 8.21）。

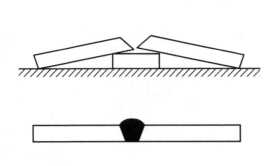
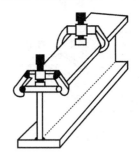

(a) 变形补偿式反变形　　　　　　　　　　　(b) 翼板强制反变形

图 8.21　反变形措施

（5）选择合理的装配和焊接顺序，尽量让焊缝自由收缩而不受到较大约束或牵制。原则是：先期焊缝产生的焊接应力和变形应尽量不影响或少影响后期焊接的残余应力和变形。对于复杂的焊件结构，在进行装配焊接时，可以将其分成几个简单的部分进行分别组装焊接，然后再进行总状焊接。如图 8.22 所示，应先焊错开的短焊缝，后焊直通的长焊缝；应先焊工作时受力较大的焊缝；应先焊收缩量较大的焊缝；以防在焊缝交接处产生裂纹。如焊缝较长，可采用图 8.23 所示的逐步退焊法和跳焊法，使温度分布较均匀，从而减少焊接应力和变形。

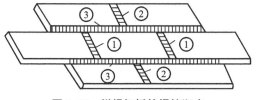

图 8.22　拼焊钢板的焊接顺序

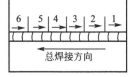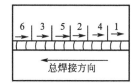

图 8.23　长焊缝的分段焊法

（6）刚性固定法。焊前采用强制手段将焊件固定在夹具上，或经定位点焊来约束焊接变形，焊后待焊件冷却到室温后再去掉刚性固定可有效防止角变形和波浪变形，但会增大焊接应力，焊后去除约束后焊件会出现少量回弹，只适用于塑性较好的低碳钢结构，不能用于铸铁和淬硬倾向大的钢材，以免焊后断裂。图 8.24 和图 8.25 所示分别为刚性固定法拼焊薄板和焊接法兰盘的例子。

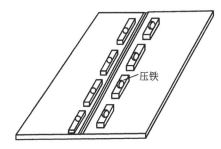

图 8.24　拼焊钢板的刚性固定法

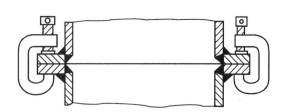

图 8.25　法兰盘的刚性夹固

（7）焊前适当预热和焊后缓冷及去应力退火。预热可减少焊缝区与焊件其他部分的温差，降低焊缝区的冷却速度，焊后焊件能较均匀地冷却下来，从而减少焊接应力与变形。预热焊件可以局部加热或整体加热，预热温度一般为 100～600℃。在允许的条件下，焊后进行去应力退火或用锤子均匀迅速地敲击焊缝，使之得到延伸，均可有效地减小残余应力，从而减小焊接变形。焊后缓冷也能起到同样的作用，但这种方法使工艺复杂化，只适用于塑性差、容易产生裂缝的材料，如高、中碳钢，铸铁和合金钢等。

2）焊接变形的矫正

在焊接过程中，即使采用了上述措施，有时也会产生超过允许值的焊接变形，因此，需要对变形进行矫正。其实质是使焊接结构产生新的变形，以抵消原有的焊接变形。

（1）机械矫正。焊后，通过压力机和矫直机施加外力、辗压或锤击、电磁等方法产生新的塑性变形来矫正焊接变形（图 8.26）。这种方法适用于矫正刚性较小、塑性较好的低碳钢，普通低合金钢和厚度不大的焊件。

（2）火焰矫正。采用火焰对焊接构件局部加热，在高温处，材料的热膨胀受到构件本身刚性制约，产生局部压缩塑性变形，冷却后收缩，抵消了焊后在该部位的伸长变形，达到矫正目的。加热火焰通常选用氧-乙炔火焰，加热方式有点状加热、三角加热和条状加

317

热(图 8.27)，加热温度一般为 $600\sim800℃$，不需专用设备，简便，机动，适用面广。但加热位置、加热面积和加热温度的选择需要有一定的经验和焊接变形力学知识，否则不仅达不到目的，还会增大原有的变形。火焰矫正法适用于塑性好和无淬硬倾向的普通低合金钢。

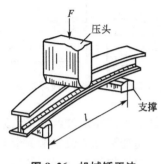

图 8.26　机械矫正法

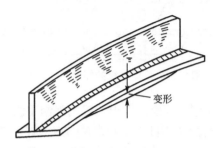

图 8.27　火焰矫正法

8.2.5　焊缝常见缺陷

　　焊接接头的不完整性称焊接缺陷。在焊接过程中，焊接接头区域有时会产生不符合设计或工艺文件要求的各种焊接缺陷。焊接缺陷的存在不但降低承载能力，更严重的是导致脆性断裂，影响焊接结构的使用安全。所以，焊接时应尽量避免焊接缺陷的产生，或将焊接缺陷控制在允许范围内。

　　焊接缺陷一般可分为两大类，即工艺缺陷和冶金缺陷。工艺缺陷是指咬边、焊瘤、未熔合、未焊透、烧穿、未焊满、烧穿、弧表面擦伤等。这种缺陷大都是由于操作工艺造成的，只要选择合适的焊接方法和焊接材料，优化工艺参数，严格工艺管理，此类缺陷是不难解决的。而冶金缺陷主要是指各种裂纹、气孔、偏析及夹杂、夹渣等。这种缺陷是在液相冶金和固相冶金过程中产生的，影响因素极为复杂，对接头质量影响极大。

　　1. 焊缝尺寸不符合要求

　　焊缝尺寸不符合要求主要包括表面高低不平、波形粗劣、宽度不均匀、余高过高或过低等，如图 8.28 所示。表面高低不平、波形粗劣、宽度不均匀，除造成焊缝成形不美观外，还影响焊缝与母材金属的结合强度。余高过高，则易形成应力集中；余高太低，则不能得到足够的接头强度。产生焊缝尺寸不符合要求的原因主要由焊件坡口角度不当、装配间隙不均匀或焊接参数不当等因素所致。

　　2. 裂纹

　　裂纹是指焊接接头中局部地区金属原子结合力遭到破坏而形成的新界面所产生的缝隙(图 8.29)。焊接裂纹是危害最大的缺陷，是焊接结构和压力容器发生突发事故的重要原因之一。焊接裂纹不仅直接降低了焊接接头的有效承载面积，而且还会在裂纹尖端形成强烈的应力集中，使裂纹尖端的局部应力大大超过焊接接头的平均应力。因此，焊接结构中是不允许有大的裂纹存在的。

　　焊接生产中，产生的裂纹形式多种多样，有的焊后立即产生，有的焊后延续一段时间才产生，有的出现在焊缝表面，有的在焊缝内部，有的产生在焊缝中，有的则产生在热影

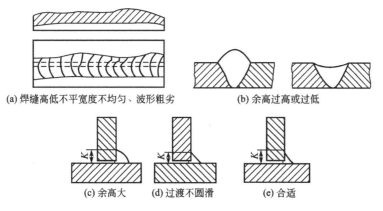

(a) 焊缝高低不平宽度不均匀、波形粗劣　(b) 余高过高或过低

(c) 余高大　(d) 过渡不圆滑　(e) 合适

图 8.28　焊缝尺寸不符合要求

响区。无论在焊缝还是热影响区的裂纹，按与焊缝相对位置的关系可分为纵向裂纹(平行于焊缝的裂纹)、横向裂纹(垂直于焊缝的裂纹)和火口裂纹，也称弧坑裂纹(产生在收尾处弧坑的裂纹)；按裂纹产生的温度，又可分为热裂纹、冷裂纹和再热裂纹。热裂纹是指冷却到固相线附近在高温时产生的裂纹，裂纹有氧化色泽，一般发生在焊缝，有时也发生在紧临焊缝的热影响区。冷裂纹是指在焊接接头冷却到 200～300℃以下的较低温度形成的裂纹。再热裂纹是指在焊后热处理

图 8.29　裂纹

过程中产生的裂纹。焊接裂纹产生的主要原因：焊接材料化学成分不当；工件含碳、硫、磷较高；焊接措施和顺序不正确；熔化金属冷却速度过快；被焊工件设计不合理；焊缝过于集中；焊接应力过大等。

3. 气孔与夹渣

气孔和夹渣是焊接产品的常见缺陷，它不仅削弱焊缝的有效工作面积，同时也会带来应力集中，显著降低焊缝的承载强度和韧性，特别是降低焊缝的弯曲韧性和冲击韧性。夹杂物不规则形状还会导致焊缝裂纹的产生或扩展，对动载强度和抗疲劳强度尤为不利。气孔是指焊接时熔池中的气泡在凝固时没能逸出而残留下来所形成的空穴。夹渣是指焊接熔

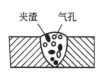

图 8.30　气孔与夹渣

渣残留于焊缝金属中的现象(图 8.30)。产生的主要原因包含两个方面：外因(工艺因素)和内因(冶金因素)。外因主要包括焊接规范、电流种类和极性，以及工艺操作方面，如焊接速度过快、电压过高、电流过小、操作不当等。内因主要指熔渣的氧化性、焊条药皮和焊剂成分、保护气体和工件表面的杂质等，如被焊工件焊前清理不干净和焊接材料化学成分不对等。

4. 未焊透与未熔合

未焊透是指焊接时根部未完全熔透的现象。未熔合是指熔焊时焊道与母材之间或焊道与焊道之间未完全熔化结合的现象(图 8.31)。未焊透与未熔合常伴有夹渣，同时易引起应力集中，这些都使焊接接头的力学性能降低。

产生未熔合的主要原因是：焊接电流过小，焊接速度过快；焊件清理不良，杂质阻碍母材边缘与根部之间，以及焊层之间的熔合；起焊温度低，先焊的焊道开始端未熔合。

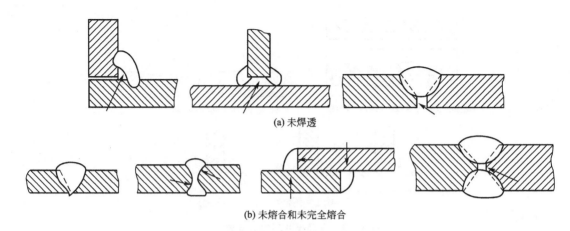

(a) 未焊透

(b) 未熔合和未完全熔合

图 8.31　未焊透和未熔合

产生未焊透的主要原因是：焊接电流过小，焊接速度过快；坡口角度过小，间隙过窄或钝边过大；焊条直径选择不当，焊条角度不对等也易引起未焊透。

5. 咬边

电弧将焊缝边缘熔化后，没有得到填充金属的补充而留下缺口的现象叫咬边，是焊缝表面与母材交界处附件产生的沟槽或凹陷，如图 8.32 所示。咬边减弱了母材的有效承载截面，使焊接接头强度降低，并且在咬边处形成应力集中。产生原因：焊接电流过大，焊接速度太快，运条方法不当；焊条角度不对，电弧长度不适当。

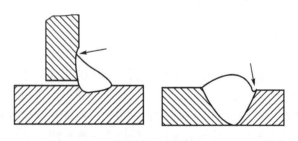

图 8.32　咬边

6. 烧穿与焊瘤

烧穿是指焊接过程中，熔化金属自坡口背面流出，形成穿孔的缺陷，如图 8.33 所示。产生原因：焊接电流过大；电弧在焊缝某处停留时间过长；焊接速度过慢；被焊工件间隙大，操作不当等。

焊瘤是指焊接过程中，熔化金属流淌到焊缝之外未熔化的母材上所形成的金属瘤。产生原因：电弧过长；熔池温度过高，操作不熟练，运条不当；立焊时，焊接电流过大等。

7. 弧坑

焊后在焊缝表面或焊缝背面形成的低于母材表面的局部低洼部分称为弧坑，如图 8.34 所示。弧坑可减少焊接接头的有效工作截面，并易产生弧坑裂纹。产生弧坑的原因主要是

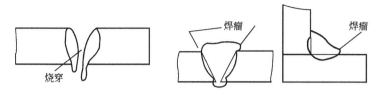

图 8.33　焊瘤与烧穿

熄弧过快、填充金属不足及熄弧时电流过大等。为防止产生弧坑，收弧时可延长焊条停留时间，渐渐拉开电弧，使填充金属填满熔池。焊接薄件时电流不宜过大。在埋弧焊收尾时应分两步"停止"，不可一下突然熄弧。另外，若在焊接设备上设置电流衰减装置，可有效地避免弧坑。

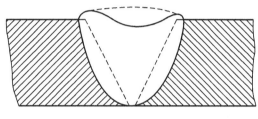

图 8.34　弧坑

8.2.6　焊接检验

焊接检验包括焊前检验、焊接过程检验和成品检验。焊接质量检验的方法很多，常用检验方法如图 8.35 所示。

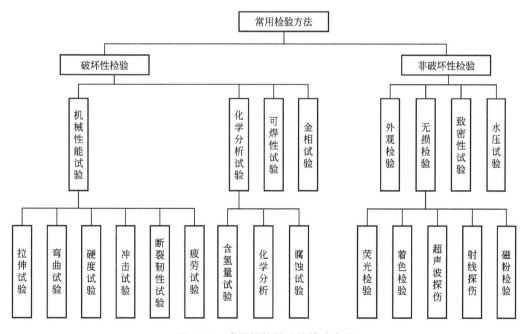

图 8.35　常用焊接接头的检验方法

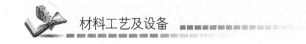

1. 焊接检验过程

焊接检验过程贯穿于焊接生产的始终，包括焊前、焊接生产过程中和焊后成品检验。焊前检验主要内容有原材料检验(工件金属质量检验，焊丝、焊条及其他焊接材料的质量检验)、焊接结构、技术文件和焊工资格考核。焊接过程中的检验主要是针对制造过程各工序的完成质量进行跟踪检查，内容包括焊接工艺参数检验(如焊接电流、焊接速度等)、结构装配检验和焊缝尺寸检验，以便发现问题及时补救，通常以自检为主。焊后成品检验是检验的关键，对焊接质量的综合评定，尤其是对有特殊性能要求的产品，焊后检验成为决定其能否投入使用的关键。焊后检验的内容主要包括焊缝的外观检查、焊缝密封性检验和焊缝内部缺陷检验等。

2. 焊接检验方法

焊接检验的主要目的是检查焊接缺陷。焊接缺陷包括外部缺陷(如外形尺寸不合格、弧坑、焊油、咬边、飞溅等)和内部缺陷(如气孔、夹渣、未焊透、裂纹等)。针对不同类型的缺陷通常采用破坏性检验和非破坏性检验(无损检验)。破坏检验是从焊件或试件上切取试样，或以产品(或模拟体)的整体破坏做试验，以检查其各种力学性能的试验法。常用的破坏性检验方法包括机械性能试验、化学分析试验、金相检验和可焊性试验；非破坏检验是利用不同的物理方法，在不破坏焊接结构和焊接接头状态的条件下，直接检查和评定焊接质量。常用的非破坏检验方法包括外观检验、水压试验、致密性检验和无损检验等，主要方法如下。

1) 外观检验

用肉眼或借助标准样板、量规、低倍放大镜(小于 20 倍)等检查焊缝是否有可见的缺陷。如表面气孔、咬边、未焊透、裂缝等，并检查焊缝外形及尺寸是否合乎要求。一般情况下，外观检验合格后方可进行下一步检验。

2) 无损检验

(1) 射线探伤。借助射线(X 射线、γ 射线或高能射线等)的穿透作用检查焊缝内部缺陷，通常用照相法。射线经过不同物质时，会引起不同程度的衰减，从而使在金属另一面的照相底片得到不同程度的感光。若焊缝中有缺陷，则通过缺陷处的射线衰减程度小，因此相应部位的底片感光较强，底片冲洗后就在缺陷部位上显示出明显可见的黑色条纹和斑点。

(2) 超声波探伤。频率在 20000Hz 以上的超声波具有能透入金属材料深处的特性，而且由一种介质进入另一种介质截面时，在界面上发生反射波，故检测焊件时，在荧光屏上可看到始波和底波，若焊接接头内部存在缺陷，将另外发生脉冲反射波形，处于始波和底波之间，根据脉冲波反射波形的相对位置和形状可判断缺陷的位置和种类、大小。

(3) 磁粉检验。其原理是在工件上外加一些磁场，当磁力线通过完好的焊件时它是直线进行的。当有缺陷时，磁力线会发生扰乱。在焊缝表面撒上铁粉时，磁扰乱部位的铁粉就吸附在裂缝等缺陷上，其他部位的铁粉并不吸附。进而根据通过焊缝上吸附磁粉的情况可判断焊缝中缺陷所在位置和大小。

(4) 着色检验。借助渗透性强的渗透剂(着色剂)、清洗剂、显示剂和毛细管的作用检查焊缝表面缺陷。将工件表面加工打磨光滑，用清洗剂除去杂质污垢，然后涂上渗透剂(渗透剂可通过工件表面渗入缺陷内部)，10 分钟后，将表面的渗透剂擦除掉，再一次清洗，而后涂上白色的显示剂，借助毛细管作用，缺陷处的红色渗透剂就能够显示出来，可用4～10倍放大镜形象地看到缺陷位置和形状。

3）机械性能试验

该试验主要是为了评定焊接接头或焊缝金属的机械性能，主要用于研究试制工件（如新钢种的焊接）、焊条试制、焊接工艺试验评定和焊工技术考核等。试验件的形状、尺寸与截取方法、试验方法等应按国家标准执行，常做的试验有拉伸试验、冲击试验、弯曲试验、断裂韧性试验、硬度试验和疲劳试验等。

4）致密性检验

用于检验常压或低压的容器或管道的焊缝致密性，看是否有穿透性缺陷。常用的方法如下。

（1）煤油检验。在被检焊缝及热影响区的一侧刷上石灰水溶液，另一侧涂煤油，因为煤油的穿透能力强，若有裂缝等穿透性缺陷，煤油便会渗透过缺陷，石灰粉上便呈现出黑色斑痕，据此发现焊接缺陷。

（2）吹气检验。在容器或管道内融入一定压力的压缩空气，小体积焊件可放在水槽中，看水槽是否有冒泡；对于大型容器或管道，在焊缝一侧吹压缩空气，另一侧刷肥皂水，若有穿透性缺陷，该部位便现出气泡，即可发现焊接缺陷。

5）水压试验

用于检验压力容器、锅炉、压力管道和储罐等的焊接接头致密性和强度，同时能起到降低结构焊接应力的作用。该试验应在焊缝内部缺陷及有关检查项目全部完成合格后进行。试验时，容器或管道内装满水，堵塞好孔眼，按有关产品技术条件要求，用水泵将容器内水压提高并保压，看压力表指示的压力是否下降。再降到工作压力，全面检查试件焊缝和金属外壁是否有渗漏现象。

8.3 焊接结构设计

焊接结构件种类各式各样，设计焊接结构时，除了应考虑焊件的使用性能外，还应依据各种焊接方法的工艺过程特点，考虑结构材料、焊接方法、接头形式及结构工艺性等方面的内容，以达到焊接工艺简单、焊接质量好、生产成本低的目的。

8.3.1 焊接结构件材料的选择

焊接结构件在选材时，总的原则是在满足使用性能的前提下选用焊接性好的材料。根据焊接性的概念可知，碳的质量分数小于0.25%的碳钢和碳质量分数小于0.2%的低合金高强度钢，由于碳当量低，因而具有良好的焊接性。所以，焊接结构件应尽量选用这一类材料制造。碳质量分数大于0.5%的碳钢和碳质量分数大于0.4%的合金钢，由于碳当量高，焊接性不好，一般不宜作为焊接结构构件材料。若必须选用，应在设计和生产工艺中采取必要措施，常用金属材料的焊接性能见表8-6。

对于不同部位选用不同强度和性能的钢材拼焊而成的复合构件，应充分注意不同材料焊接性的差异，一般要求焊接接头强度不低于被焊钢材中的强度较低者，因此，设计时应对焊接材料提出要求。另外，焊件结构应尽可能选用同一种材料的焊接。因为异种金属材料彼此的物理、化学性能不同,常因膨胀、收缩不一致而使焊接接头产生较大的焊接应力。表8-6为各种常用金属材料的焊接性能表,可供设计焊接结构件选用材料时参考。当焊接结构中需采用焊接性不确定的新材料时,则必须预先进行焊接性试验,以便保证设计方案及工艺措施的正确性。焊接结构应尽量采用工字钢、槽钢、角钢和钢管等型材,这样可以减少焊缝数量,简化焊接工艺,增加结构件的强度和刚性。对于形状比较复杂的部分甚至可采用铸钢件、锻件或冲压件焊接而成。

表 8-6 常用金属材料的焊接性能表

焊接方法 金属材料	气焊	焊条电弧焊	埋弧焊	CO_2保护焊	氩弧焊	电子束焊	电渣焊	点焊缝焊	对焊	摩擦焊	钎焊
低 碳 钢	A	A	A	A	A	A	A	A	A	A	A
中 碳 钢	A	A	B	B	A	A	A	B	A	A	A
低 合 金 钢	B	A	B	B	A	A	A	A	A	A	A
不 锈 钢	B	A	A	A	A	A	A	B	A	A	A
耐 热 钢	B	A	B	C	A	A	D	B	C	D	A
铸 钢	A	A	A	A	A	A	A	(—)	B	B	B
铸 铁	B	B	C	C	B	(—)	B	(—)	D	B	B
铜及其合金	B	B	C	C	B	A	B	D	D	A	A
铝及其合金	B	C	C	D	A	A	D	A	A	B	C
钛及其合金	D	D	D	D	A	A	D	B~C	C	D	B

注:A—焊接性良好;B—焊接性较好;C—焊接性较差;D—焊接性不好;(—)—很少采用。

8.3.2 焊接方法的选择

各种焊接方法都有其各自的特点及适用范围,选择焊接方法时要根据被焊材料的焊接性、接头的类型、焊件厚度、焊缝空间位置、焊件结构特点及工作条件等方面综合考虑后予以选择,在综合分析焊件质量、经济性和工艺可能性之后,确定最适宜的焊接方法。表8-7为常用焊接方法的比较表,可供焊接方法选择时参考。

表 8-7 各种焊接方法特点比较

焊接方法	热源	生产率	可焊空间位置	适用板厚/mm	设备费用
气焊	气体	低	全	0.5~3	低
焊条电焊弧	电弧	较低	全	可焊1以上,常用3~20	较低
埋弧自动焊	电弧	高	平	可焊3以上,常用6~60	较高
氩弧焊	电弧	较高	全	0.5~25	较高
CO_2保护焊	电弧	较高	全	0.8~30	较低~较高
电渣焊	电阻热	高	立	可焊25~1000以上,常用35~450	较高

（续）

焊接方法	热源	生产率	可焊空间位置	适用板厚/mm	设备费用
等离子焊	激光热	高	全	可焊 0.025 以上，常用 1～12	高
电子束焊	极小	高	平	5～60	高
点焊	电阻热	高	全	可焊 10 以上，常用 0.5～3	较低～较高
缝焊	电阻热	高	平	3 以下	较高
对焊	电阻热	高	平	焊接杆状零件	较低～较高
钎焊	多种	高	立、平	电子元件、仪器仪表、精密机械零件	较高

选择原则是在保证产品质量的条件下优先选择常用的方法。若生产批量较大，还必须考虑提高生产率和降低生产成本。选择焊接方法时应依据下列原则。

（1）焊接接头使用性能及质量要符合结构技术要求。选择焊接方法时既要考虑焊件能否达到力学性能要求，又要考虑接头质量能否符合技术要求。如点焊、缝焊都适于薄板轻型结构焊接，缝焊才能焊出有密封要求的焊缝。又如氩弧焊和气焊虽都能焊接铝材容器，但接头质量要求高时应采用氩弧焊。又如焊接低碳钢薄板，若要求焊接变形小时，应选用 CO_2 焊或点（缝）焊，而不宜选用气焊。

（2）提高生产率，降低成本。例如，低碳钢材料制造的中等厚度（10～20mm）焊件，由于材料的焊接性能优良，任何焊接方法均可保证焊件的质量。但考虑到生产成本及生产率等条件，则应具体情况具体分析。如果是平焊长直焊缝或大直径环焊缝、批量生产，应选用埋弧焊。如果是位于不同空间位置的短曲焊缝、单件或小批量生产，采用焊条电弧焊为好。氩弧焊几乎可以焊接各种的金属及合金，但成本较高，所以主要用于焊接铝、镁、钛合金结构及不锈钢等重要焊接结构。焊接铝合金工件时，板厚＞10mm 采用熔化极氩弧焊为好，板厚＜6mm 采用钨极氩弧焊适宜。若是板厚＞40mm 钢材直立焊缝，采用电渣焊最适宜。

（3）焊接现场设备条件及工艺可能性。选择焊接方法时要考虑现场是否具有相应的焊接设备，野外施工有没有电源等。此外，要考虑拟定的焊接工艺能否实现。例如，对于无法采用双面焊工艺又要求焊透的工件，采用单面焊工艺时，若先用钨极氩弧焊（甚至钨极脉冲氩弧焊）打底焊接更易于保证焊接质量。对于稀有金属或高熔点合金的特殊构件，焊接时可考虑采用等离子弧焊接、真空电子束焊接、脉冲氩弧焊焊接，以确保焊件质量。对于微型箔件，则应选用微束等离子弧焊或脉冲激光点焊。

8.3.3 焊接接头工艺设计

焊接接头设计包括焊接接头形式设计和坡口形式设计。设计接头形式主要考虑焊件的结构形状和板厚、接头使用性能要求和焊接成本等因素。设计坡口形式主要考虑焊缝能否焊透、坡口加工难易程度、生产率、焊条消耗量、焊后变形大小等因素。

1. 焊接接头形式和坡口选择

焊接接头按其结合形式分为对接接头、盖板接头、搭接接头、T 形接头、十字形接头、角接接头和卷边接头等，如图 8.36 所示，其中对接接头、T 形接头、搭接接头和角接接头是常用的 4 种基本形式。

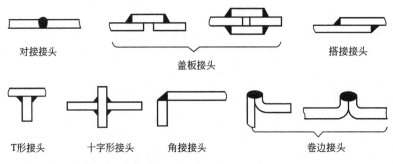

图 8.36 焊接接头形式

(1) 对接接头：这是两工件端面相对平行的接头，是在焊接结构中常采用的接头形式。对接接头优点是应力分布均匀，节省材料，强度较高，易于保证焊透和排除工艺缺陷。缺点是焊前对下料尺寸和焊前定位装配尺寸要求精度高、准备工作量大、组装耗时、焊接变形大。常用于连接在同一轴线上的两个金属构件，重要的受力焊缝应尽量选用。

(2) 搭接接头：这是两焊件部分重叠构成的接头。搭接接头优点是不需开坡口，装配时尺寸要求不高，焊前准备工作量少，装配较容易，对焊工技术水平要求较低，焊接的横向收缩量较小。缺点是因两工件不在同一平面内，接头处部分相叠，会产生附加弯矩，消耗材料也大，另外，搭接面间有间隙，易发生腐蚀。搭接接头一般应避免采用，对于某些受力不大的平面连接与空间构架，采用搭接接头可节省工时，接头强度好。薄板、细杆焊件，如厂房金属屋架、桥梁、起重机吊臂等桁架结构常用搭接接头。点焊、缝焊工件的接头常为搭接，钎焊也多采用搭接接头，以增加结合面。

(3) 角接接头：角接接头是两焊件端面间构成大于 30°，小于 135°夹角的一种接头。角接接头多用于箱体结构，接头成一定角度时，多用这种接头形式。该种接头根部易出现未焊透和应力集中现象，因此接头处常开坡口，以保证焊接质量。另外，由于承载能力不如对接接头，有时用型材代替角接接头，如用角钢、圆钢使其接头变为对接接头。在设计角接接头时，应考虑工作应力的作用方向，使其焊缝受力以压应力为主，力求避免焊缝承受拉应力或剪切应力。减小焊角尺寸及较小过渡斜率可降低接头的应力集中。

(4) T 形接头：也称丁字接头，是一焊件端面与另一焊件端面构成直角或近似直角的接头，是一种典型的电弧焊接头，在焊接结构中被广泛应用，特别是在船体结构中，约70%的焊缝采用 T 形接头。T 形接头受力与角接接头类似。

坡口是根据设计或工艺需要在焊件的待焊部位加工的一定几何形状的沟槽，开坡口的根本目的：一是为使接头根部焊透，便于清除焊渣，获得较好的焊缝；二是调节焊件和填充金属在焊缝中的熔合比，使焊缝金属达到所需的化学成分，提高接头质量。

目前，坡口的常用加工方法有：剪切(适于 I 形坡口)、气割(适于 V 形、X 形、Y 形、K 形等坡口)、刨边(适于直边任何形式的坡口，且尺寸精度较高)、车削(主要适于管子的坡口加工)和碳弧气刨(常用于清理焊根时的坡口加工)。焊条电弧焊的对接接头、角接接头、T 形接头和搭接接头中有各种形式的坡口，其选择主要取决于焊件板材厚度，其主要形式如图 8.37 所示(部分)，通常是随板厚的增加，坡口角度减小。

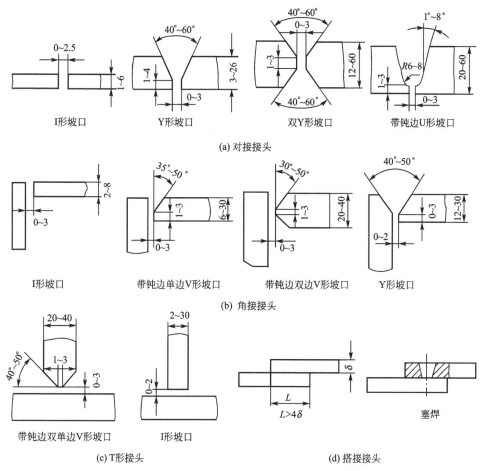

(a) 对接接头

(b) 角接接头

(c) T 形接头

(d) 搭接接头

图 8.37 坡口的基本形式

选择坡口形式时，主要考虑以下几方面因素：板材厚度，也要考虑加工方法和焊接工艺性、焊接变形、焊接缺陷等。对于要求焊透的受力焊缝，能双面焊尽量采用双面焊，以保证接头焊透，这样变形小，但生产率下降。若不能双面焊时才开单面坡口焊接。焊条电弧焊对板厚在 6mm 以下的对接接头施焊时，一般采用 I 形坡口直接焊成。但当板厚大于 3mm 时，为了保证焊透，接头处应根据工件厚度预制出各种形式的坡口。坡口角度和装配尺寸应按标准选用。板厚在 6~26mm 之间可采用 Y 形坡口，这种坡口加工简单，焊接性好，但焊后角变形大。板厚在 12~60mm 之间可采用双 Y 形坡口，受热均匀，变形较小，焊条消耗量较少，但有时受结构形状限制；两个焊接件板厚相同时，双 Y 形坡口比 Y 形坡口需要的填充金属量约少 1/2，且焊后角变形小，但需双面焊。带钝边 U 形坡口比 Y 形坡口省焊条，省焊接工时，但坡口加工麻烦，需切削加工。双 Y 形坡口双面施焊、U 形坡口根部较宽时，允许焊条深入，这样容易焊透，而且坡口角度小，焊条消耗量较小。但因坡口形状复杂，一般只在重要的受动载的厚板结构中采用。双单边 V 形坡口主要用于 T 形接头和角接接头的焊接结构中。

2. 焊缝的布置

焊接结构设计中焊缝位置是否合理将影响焊接接头质量和生产率，对其进行工艺设计

327

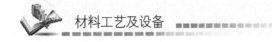

时要考虑以下因素。

1）焊缝位置应便于焊接操作

各种位置的焊缝，其焊接操作难度不同。以焊条电弧焊焊缝为例，其中平焊操作最方便，易于保证焊接质量，生产效率高，是焊缝位置设计中的首选方案，立焊、横焊位置次之。立焊时焊缝成形较困难，不易操作；横焊时易产生咬边、焊瘤及未焊透等缺陷；仰焊位置施焊难度最大，不易保证焊接质量。

焊缝布置应考虑焊接操作时有足够的空间，以满足焊接时的需要。例如，焊条电弧焊时，需考虑留有一定焊接空间，以保证焊条的运动自如；气体保护焊时，应考虑气体的保护作用；埋弧焊时，应考虑焊缝接头处的位置能否存放焊剂并应保持熔融合金和熔渣；点焊与缝焊时，应考虑电极伸入方便等。图 8.38 所示为焊缝位置设计方案示例。

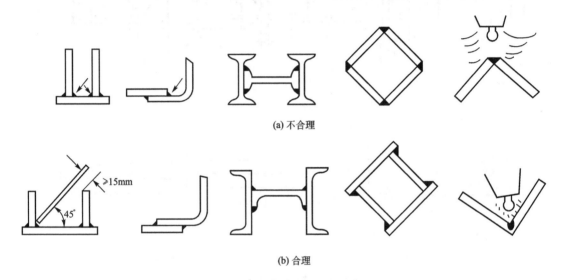

图 8.38　焊缝位置设计方案示例

2）焊缝布置要有利于减少焊接应力和变形

（1）尽量减少焊缝数量及长度，缩小不必要的焊缝截面尺寸。设计焊件结构时可通过选取不同形状的型材、冲压件来减少焊缝数量。如图 8.39 所示的箱式结构，若用平板拼焊需 4 条焊缝，若改用槽钢拼焊需 2 条焊缝，而焊缝数量的下降既可减少焊接应力和变形，又可提高生产率。焊缝截面尺寸的增大会使焊接变形量随之加大，但过小的焊缝截面尺寸又可能降低焊件结构强度，且截面过小焊缝冷速过快易产生缺陷，因此在满足焊件使用性能前提下应尽量减少不必要的焊缝截面尺寸。

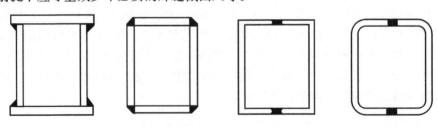

图 8.39　减少焊缝数量示例

(2) 焊缝应尽量分散布置，避免密集和交叉焊缝。焊缝密集或交叉会造成金属严重过热，导致热影响区加大，组织恶化，使焊接应力与变形增大，力学性能下降。因此，两条焊缝间距一般要求大于3倍板厚，且不小于100mm。例如图8.40中的图(a)、(b)、(c)焊缝布置不合理，应改为图(d)、(e)、(f)中的焊缝位置。

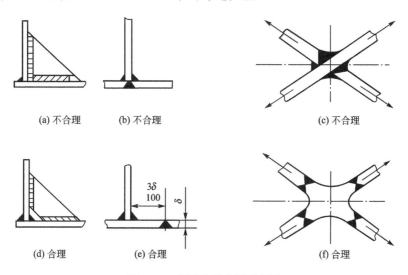

(a) 不合理　　(b) 不合理　　　　　　　　(c) 不合理

(d) 合理　　(e) 合理　　　　　　　　(f) 合理

图 8.40　焊缝分散布置的设计

(3) 焊缝布置应尽量对称。焊缝对称布置可使焊接变形互相约束，抵消而减轻焊后总的变形程度。如图8.41所示的焊件，如果采用图(a)、(b)所示的方案，焊缝布置在非对称位置，则焊缝冷却收缩时就会产生较大的弯曲变形，不合理。如果采用图(c)、(d)、(e)所示的方案，使焊缝对称布置于重心，可减少弯曲变形。

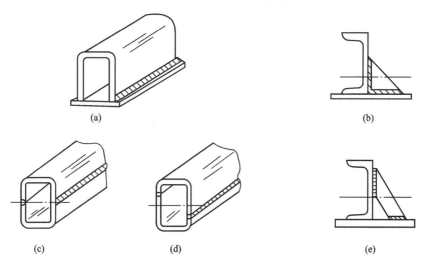

(a)　　　　　　　　　　　　　　(b)

(c)　　　　　(d)　　　　　　　　(e)

图 8.41　焊缝对称布置的设计

3) 焊缝布置应避开最大应力和应力集中位置

对于受力较大、结构较复杂的焊接构件，在最大应力断面和应力集中位置不应该布置焊缝。如图8.42所示的压力容器，焊接时焊缝应避开应力集中的转角位置(图8.42(a))，而应布置在距封头留有一直段(一般不小于 25mm)的区段内(图 8.42(b)),从而改善焊缝受力状况。同理,在构件截面有急剧变化的位置或尖锐棱角部位由于易产生应力集中而不应布置焊缝。如图 8.43(a)所示的焊缝布置应改为图 8.43(b)所示的位置。

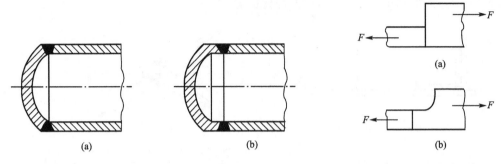

图 8.42 压力容器凸形封头的焊缝布置   图 8.43 构件截面有急剧变化的焊缝布置

4)焊缝布置应避开机械加工表面

有些工件,如要求先机械加工后焊接,则焊缝位置的设计应尽可能距离已加工表面远一些,如轮毂、配管件和焊接支架等,如图 8.44 所示。为机加工方便,避免内孔加工精度受焊接变形影响,必须采用图 8.44(c)所示的结构,焊缝布置离加工面远些。对机加工表面要求高的零件,由于焊后接头处的硬化组织会影响加工质量,所以焊缝布置应避开机加工表面,如图 8.44(d)中的结构比图 8.44(b)中的更合理。

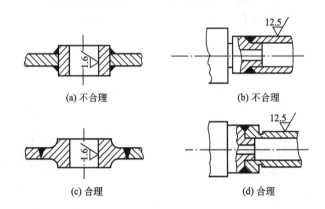

图 8.44 焊缝避开机械加工表面的设计

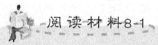

阅读材料8-1

计算机模拟技术在焊接成形技术中的应用简介

计算机模拟技术在焊接中的应用,是现代焊接技术的最新发展之一,其给焊接技术带来了革命性变化,在新的工程结构及新材料的焊接方面具有很重要的意义。焊接数值模拟技术是利用数值模拟方法,通过相关专业软件在计算机中模拟一个物理过程,例如焊接热过程、力学过程、熔池的形成过程、焊缝金属的结晶过程及接头组织性能预测、焊接裂纹的形成过程、焊接接头的力学行为、计算焊接力学、焊接电弧的热-力学行为、电源-电弧系统的稳定性、焊机控制系统的结构及静态和动态过程、焊工操作技术等。一旦焊接中的各个过程都实现了计算机模拟，就能够通过计算机系统来确定焊接各种结构和各种材料时的最佳设计方案、工艺方法和焊接参数，从而大大节约了人力、物力和时间。

图 8.45　焊接工程实例

图 8.46　焊接温度场数值模拟

常用的焊接数值模拟方法包括有限差分法、有限元法、蒙特卡洛法等。经过多年的发展，有限元数值模拟技术已经成为焊接数值模拟的主要方法。焊接数值模拟软件有两大类，一类是通用有限元软件，例如 MARC、ABAQUS、ANSYS 等，具有通用型强、对使用者专业知识要求高等特点；另一类是焊接专用有限元软件，例如 SYSWELD。专业焊接软件的特点是针对性强、建模方便和计算结果精度高等。

目前，焊接数值模拟方法涉及的领域主要有以下几个方面：

1. 焊接温度场的模拟(图 8.46)

焊接温度场的模拟主要包括焊接传热过程、熔池形成和演变、传热、电弧物理现象等。

2. 焊接金属学和冶金过程的模拟

焊接金属学的模拟主要包括焊接金属熔化、凝固、组织变化、成分变化、晶粒的长大、氢扩散等方面的模拟。焊接冶金过程的计算机模拟主要包括对焊缝金属的结晶过程、冶金组织的估计、最佳焊接规范的选择等方面的模拟。

3. 焊接应力场的模拟

研究的内容有：焊接时瞬时热应力及金属的运动、残余应力分析、焊件裂纹的生长、焊件的变形、焊接接头的力学行为和性能的数值模拟。

4. 其他方面的模拟

主要包括焊缝质量评估的数值模拟(如裂缝、气孔等各种缺陷的评估及预测等)和具体焊接工艺的数值模拟(如电子束焊、激光焊、离子弧焊、电阻焊等)。

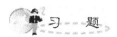习　题

1. 何谓焊接？其特点是什么？
2. 何谓电弧？电弧中各区的温度有多高？用直流或交流电焊接效果一样吗？
3. 简述埋弧自动焊、气体保护焊、电渣焊、电阻焊和钎焊的特点及应用。

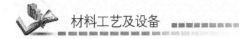

4. 焊芯和药皮的作用分别是什么? 如何选择焊条?

5. 何谓焊接热影响区? 低碳钢焊接时, 热影响区有哪些区段? 各区段组织性能变化如何?

6. 解释焊条牌号 J422 和焊条型号 E4303 的含义。

7. 焊接变形的基本方式有哪几种? 如何防止焊接变形?

8. 普通低合金钢焊接的主要问题是什么? 焊接时应采取哪些措施?

9. 奥氏体不锈钢焊接的主要问题是什么?

10. 铝、铜及其合金焊接常用哪些方法? 优先采用哪一种为好? 为什么?

11. 常见的焊接缺陷有哪些? 产生的原因是什么?

12. 如何选择焊接方法? 焊接检验的方法有哪些?

13. 布置焊缝的原则是什么?

14. 焊接接头的形式有哪些? 各自的特点是什么?

15. 查阅相关资料, 简述爆炸焊的焊接原理和工艺过程, 分析其特点及应用。

16. 结合本章的学习, 自行设计一金属焊件, 为其选择可行的焊条、焊接方法、焊接接头、坡口形式和焊缝位置, 说明选择理由, 预测焊接过程中可能出现的缺陷并给出防止措施。

17. 结合所学内容, 总结国内外焊接技术的发展趋势。

18. 结合所学内容, 写一篇与焊接技术有关的学习体会(不少于 2000 字)。

第四篇

材料工艺及设备课程设计

课程设计是材料工艺及设备课程的最后一个教学环节，同时是在其他课程设计基础上进行的一次较全面的工程设计训练。将设计和验证相结合，工艺和设备相对应，传统和创新相对照，以达到将设计创新、设备条件、原料选择、加工工艺、操作过程、制品表征、性能检测合理衔接的目的，并提高学生综合应用知识的能力，树立工艺创新的理念，认识工艺创新的途径，强化材料工艺及设备之间的依存关系。

第 9 章
材料工艺及设备课程设计教学大纲

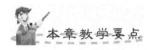 本章教学要点

知识要点	掌握程度	相关知识
课程设计的基本要求	掌握	正确使用标准和规范
课程设计的步骤	了解	设计准备、工艺参数和工艺流程图
课程设计的方法	掌握	从材料、工艺、设备的现有状况来设计
课程设计的选题范围	了解	金属、无机非金属、高分子材料器件的制备工艺

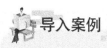 **导入案例**

高性能碳/碳航空制动材料的制备技术

黄伯云院士长期从事粉末冶金材料科学与工程研究工作，由他主持的"高性能碳/碳航空制动材料的制备技术"荣获了 2004 年度国家技术发明一等奖，这一重大发明创建了高性能碳/碳复合材料制备工业技术平台，在解决我国航空航天事业关键用材的同时也为国民经济高新技术部门提供了重要导热导电材料、热结构材料、减磨材料等。应用这一成果，我国自行研制开发的碳/碳复合航空制动材料与国外同类产品相比，其强度提高了 30%、耐磨性能提高了 10%、综合成本降低了 21%。碳/碳复合材料是新一代航空制动材料，性能好、寿命长，可在 3000℃高温环境中使用，比重仅为钢铁的 1/4，代表了当今航空制动材料的发展方向，也是一种高难度制备技术材料，世界上只有美、英、法掌握了这种技术。黄伯云率领的团队不仅冲破了技术封锁，而且走出了一条与国外完全不同的技术路线，建立了全新的、完整的高性能碳/碳复合技术体系，其关键技术处于世界领先水平，在理论上发现了 CVI 微区气氛原子堆积和摩擦膜形成的微观机理；在国内外首次设计并采用全碳纤维预制体，突破了国外的预氧丝预制体模式；首创了逆定向流-径向热梯度 CVI 热解碳沉积技术，并研发了具有自主知识产权的六大类共 30 台成套关键工艺设备。

采用"高性能碳/碳航空制动材料的制备技术"生产的高性能碳/碳复合材料航空刹车副(图 9.0)，与国外同类产品相比，使用寿命提高了 9%；价格降低了 21%；生产效率提高了 100%；高能制动性能超过了 25%。航空刹车副的研制成功不仅实现了我国高性能航空制动材料的国产化，确保了国家航空战略安全，同时打破了国外对我国军用飞机碳刹车材料的封锁，对我军数千架军用飞机减重和提高战技性能产生了重大影响，为我国航空航天和国防现代化建设作出了重要贡献。

图 9.0　高性能碳/碳航空制动材料的制备技术生产的刹车副

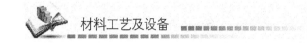

9.1 课程设计教学目的

课程设计是材料工艺及设备课程的一个教学环节，其教学目的如下。

（1）综合运用材料工艺、设备课程和其他有关先修课程的理论及生产实践的知识去分析和解决材料工艺设计中的一些基本问题，建立材料加工的基本概念和要求，同时使所学知识得到进一步的巩固和深化。

（2）在设计实践中学习和掌握典型成形件的工艺设计方法和步骤，培养学生分析问题和解决问题的能力。

（3）选择合适的设备，以实现成形工艺的要求。

（4）通过设计及加工过程，使学生在计算、绘图、运用并熟悉设计资料、简单设备的操作使用等方面进行一次基本技能训练，为走向工作岗位具备专业的综合素质打下初步基础。

9.2 课程设计的基本要求

1. 坚持正确的设计指导思想和工作态度

材料工艺及设备课程设计是学生一次较全面的设计训练，是在教师指导下由学生独立完成的，因此，在课程设计中学生应坚持理论联系实际的正确设计思想，独立思考、独立分析和解决问题，不能依赖教师，更不能照抄照搬或互相抄袭，应坚持严肃认真、刻苦钻研、一丝不苟、有错必改、精益求精的工作态度。教师的指导则主要在于启发学生思路，指出设计中的错误和解决途径，解答疑难问题及检查设计进度。

2. 贯彻"边分析、边画图、边修改"的设计方法

材料成形工艺课程设计需要综合考虑多种因素，采用多种方法进行分析、计算比较、选择、优化来确定成形工艺及各工艺参数。因此，在设计中应边设计、边检查、边计算、边优化、边修改。害怕返工、单纯追求进度或只图图样的表面美观都是不可取的。

3. 正确使用标准和规范

正确使用标准和规范有利于零件的成形工艺性，有利于提高设计质量，加快设计进程。因此，设计中要尽量采用标准和规范。

4. 正确处理继承与创新的关系

设计是继承与创新相结合的过程。善于掌握与利用已有资料是学习前人经验，提高设计质量的重要保证，也是设计能力的重要体现。但切忌盲目地、机械地照搬照抄，应在继承前人经验与成果的基础上独立思考、大胆创新。

5. 随时整理设计结果

在整个设计过程中要随时整理设计结果，并在设计稿本上记下重要的论据、结果、参

考资料的来源，以及需要进一步探讨的问题，以便于应用与查找，更便于最后编写设计说明书和进行答辩。

6. 注意掌握设计进度

学生应在教师指导下订好设计进程计划，注意检查和掌握进度，按预定计划保质、保量地完成设计任务。

9.3　课程设计的内容

课程设计是从实际的目标物出发，通过对所学知识的综合、概括选择合适的材料、工艺、设备，并通过实际生产过程的实践对制品进行检验、分析，得到成功与否的结论的过程。具体内容如下。

（1）生产制备工艺的基本原理。

（2）所选目标物设计图纸。

（3）工艺流程图。

（4）编写设计说明书，说明材料、工艺、设备选择依据及要求。

要求完成：生产制备工艺的基本原理示意图1张；所选目标物设计图纸一份；生产工艺流程图1张；制品照片1份；设计说明书1份。

9.4　课程设计的方法

1. 继承中的独立思考

任何设计都不可能由设计者完全凭空想象、不依靠其他资料所能完成的。设计时，要查阅和研究大量前人的资料，要借鉴其他生产设计人员的最新研究成果，但在设计中不能全盘照抄，应根据具体的生产环境、生产条件和要求独立思考，大胆进行改进和创新。只有如此，才能高质量地完成一个设计，也只有这样，才能通过课程设计来提高学生自身的综合素质。

2. 要从材料、工艺、设备的现有状况来设计

任何一个产品的设计都要考虑生产条件，工艺流程都需要合理配置，并且布局要合理，这对于一个连续生产的企业尤其重要。因此在设计中，应从材料、工艺、设备的现有状况来设计。

3. 设计方法

（1）设计产品零件图。

（2）设计产品生产工艺。

（3）按照产品要求选择原材料、各种辅料等。进行工艺计算，按照产量计算出所需的原材料、各种辅料的需求量。

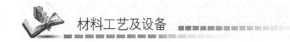

（4）根据产品要求和加工过程中的各个工序进行设备选型和模具设计、制造。

（5）对前面的设计工作进行全面校核、检查，然后送交技术负责人进行审核、审批。

（6）依据审查通过的技术文件组织生产。

（7）对制品进行检验、拍照、拣选、留存。

4．标准和规范

在设计、生产中应尽可能选用标准设备，一般只有在标准设备不能满足生产和产品质量要求的情况下才自己设计设备。在自己设计所需设备时，要注意使用机械行业的设计标准和规范，一般来说，凡有标准或规范的，要尽量按照标准或规范进行设计。

9.5　课程设计的步骤

1．设计准备

了解设计要求、设计任务和步骤，在设计前应通过查阅有关资料尽可能多地掌握设计任务的情况，了解设计对象，并准备好设计中所需的资料和工具。

2．计算各种工艺参数和工艺流程图

在设计准备的基础上计算各种工艺参数、所需原料和各种辅料、水电需求等，同时绘制出工艺流程图。

3．按照计算出的各种工艺参数进行设备选择

按照计算出的各种工艺参数选择所需设备，并查阅出各种设备的体积、高度等。

4．简单的成本核算

按照计算出的各种工艺参数，将产品价格、总值、各种原材料、辅料、水电、人工工资、各种税收等列表，计算出企业利润等。

5．编制设计说明书

设计说明书中应包括：目录（标题、页次）、设计的目的和意义、工艺参数的计算、设备的选择依据、成本核算、设计小节、参考文献等。

9.6　课程设计评分标准

课程设计是课程的最后一个教学环节，同时是在其他课程设计基础上对学生进行的一次较全面的工程设计训练。现根据教学大纲的要求对课程设计制定评分标准。具体评分细则如下。

（1）课程设计是以实际的目标物出发，通过对所学知识的综合、概括选择合适的材料、工艺、设备，并通过实际生产过程的实践对制品进行检验、分析，得到成功与否的结论，以及课程设计中各个部分是否按照规定要求完成，主要内容是否齐全。课程设计要求

338

分为封面、课程设计说明书的目录、设计项目的目的和意义、制品零件设计图、工艺流程说明、工艺参数计算、主要设备的选择、产品检测、参考文献、生产制备工艺的基本原理示意图 1 张；所选目标物设计图纸 1 份；生产工艺流程图 1 张；制品照片 1 份；设计说明书 1 份。主体内容基本齐全为合格，成绩可在 60～90 分之间，缺少一大项可酌情扣 5～10 分(不涉及严重缺项)。

(2) 各个单项部分撰写是否规范，内容是否齐全，原材料、生产工艺及设备的选择是否合理，说明的理由是否充分等。若某一单项部分撰写不够规范，内容不齐全，视制品与设计图纸符合程度等可酌情扣 3～5 分。

(3) 生产制备工艺的基本原理示意图，所选目标物设计图纸 1 份，生产工艺流程图是否合理、可行，各工序是否齐全可作为主要评分依据，若不太合理、缺少工序，可酌情扣 3～5 分。

(4) 在设计中有增加项目和内容、检索资料较多者，可酌情加分。

9.7 课程设计的选题范围

课程设计题目的设计可以由任课教师根据自己熟悉的课程内容及课程设计实施的实验室条件来设定；也可以由教学管理部门根据专业培养目标、社会对人才的需求，以及学生就业的需要来推荐确定。推荐的题目仅供参考，任课教师可对题目进行修改，也可以将题目分解为若干个部分，由学生合作完成。推荐题目如下。

(1) 粉末冶金制备固体材料。
(2) 陶瓷工艺制备陶瓷器件。
(3) 铸造成形工艺制备金属部件。
(4) 焊接成形工艺制备金属部件。
(5) 高分子材料嵌入浇铸成形。
(6) 高分子粉末冷压烧结成形。

第 10 章

课程设计实例：粉末冶金法制备 CuWSn 合金

 本章教学要点

知识要点	掌握程度	相关知识
工艺流程	掌握	本次课程设计的工艺流程
模具设计与加工	掌握	模具设计的原则和方法
制品的制备过程	掌握	机械合金化法制备混合粉末，成形工艺，烧结工艺参数的确定及执行，马弗炉的改造
制品缺陷分析	了解	制品表面处理及缺陷分析

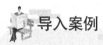

导入案例

CuWSn 合金纪念牌的制作

铜钨锡合金是主要由高熔点、高硬度的钨和高导电、导热率的铜所构成的假合金，因而具有低膨胀及高导热等优异特性，近些年在电工材料、电子、军工、航天等领域有着广泛的应用。随着科学技术的发展，实际应用对铜钨合金性能的要求越来越高。所以铜钨合金性能研究对改善其综合性能具有重要的实用价值。在材料工艺及设备的课程体系中，粉末冶金是重要的教学内容，选择以 Cu、W、Sn 粉末为材料，制作北方民族大学纪念牌(图 10.0)，取得了比较好的教学效果。学生设计、制作了 Cu-WSn 假合金纪念牌；学生可以在纪念牌背面留下自己喜欢的印记；学生也可以收藏或作为曾经从事此项课程设计的证据。

图 10.0 北方民族大学纪念牌

10.1 课程设计任务书

本课程设计是以粉末冶金制备工艺为基础，从实际目标物出发，通过对所学知识的综合、概括，选择合适的材料、工艺、设备，通过实际加工工艺过程的实践，并对制品进行检验、分析，得到结论。

10.1.1 课程设计任务

1. 回顾粉末冶金的基本原理，应用粉末冶金方法制备出 CuWSn 合金；简单部件的机械设计描述；所制备材料的主要力学性能检测及简要分析；课程设计报告的内容与撰写。

2. 熟悉 CuWSn 合金制备过程中所涉及的相关专业知识，主要内容包括：粉末的制备与性能；Cu 基材料的性能与应用；模具设计与制作；机械合金化制备合金粉末参数的选择；粉末成形工艺与设备；烧结设备的选择与烧结工艺曲线的确定；湿法制粉、压制坯体、烧结前干燥工艺的制定与设备的选择；制品的后处理工艺；制品性能检测与分析。

3. 了解粉末冶金及 CuWSn 合金的发展方向；三维 CAD 作图及 pro/eWildfire 5.0 建模过程；气氛保护烧结马弗炉的改造；烧结温度和保温时间的确定；金相显微组织观察、扫描电镜观察和 X 射线衍射分析。

4. 编写设计说明书，说明材料、工艺、设备选择依据及要求。

10.1.2 课程设计报告书的内容

1. CuWSn 合金制品；
2. 粉末冶金的基本原理示意图 1 张；
3. 所选目标物设计图纸一份；
4. 生产工艺流程图 1 张；
5. 制品照片 1 份；
6. 设计说明书 1 份。

10.2 粉末冶金法制备 CuWSn 合金的工艺流程

粉末冶金法制备 CuWSn 合金的工艺流程如图 10.1 所示。

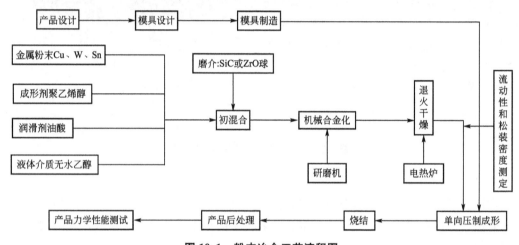

图 10.1 粉末冶金工艺流程图

10.3 模具设计与加工

10.3.1 模具设计原则

模具设计基本流程如图 10.2 所示。

图 10.2 模具设计制作流程图

粉末成形是粉末冶金的主要工序之一，而粉末冶金模具的设计是粉末成形的重要环节。粉末冶金模具设计的基本原则是：

1. 要充分发挥粉末冶金少、无切削工艺特点，保证坯件达到所需的几何形状、精度和表面光洁度、坯体密度及其分布这三项基本要求；

　　2. 合理设计模具结构和选择模具材料，使零件具有足够高的强度、刚度和硬度，具有耐磨性和使用寿命，同时还要便于操作、调节，保证安全可靠；

　　3. 注意模具结构的可加工性和模具制造成本问题，从模具设计要求和模具加工条件出发，合理地提出模具加工的技术要求(如公差、精度、表面光洁度和热处理硬度等)，既要保证坯件质量，又要便于加工制造。

10.3.2　基于 Pro/E Wildfire 5.0 软件模具设计

　　从简单到复杂，将每个零件在 Pro/E Wildfire 5.0 中建模(图 10.3–图 10.5)，然后再进行装配。

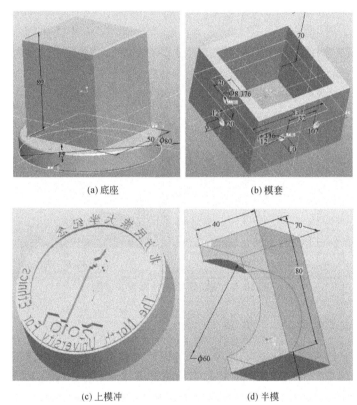

(a) 底座　　　　　　　　　　　(b) 模套

(c) 上模冲　　　　　　　　　　(d) 半模

图 10.3　部分零件图

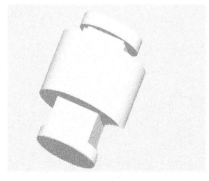
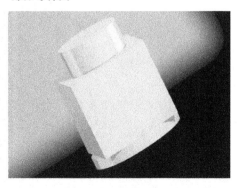

(a) 检测用模具　　　　　　　　(b) 制品用模具

图 10.4　模具装配图

(a) 为模具零件设计图　　　　　　　　(b) 为模具零件设计图

(c) 为模具零件实物图　　　　　　　　(d) 为模具零件实物图

图 10.5　模具零件设计图与实物图

10.3.3　模具加工与装配

根据设计出来的三维模具图，用 Auto CAD 软件转换成符合国家标准的二维零件图，根据零件图进行加工和装配，模具的装配实物图与设计图的对比如图 10.6 所示。

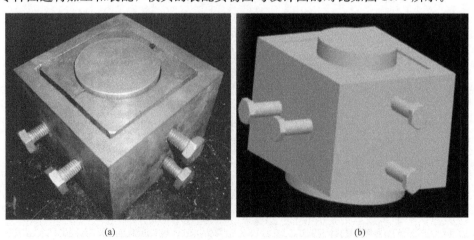

(a)　　　　　　　　　　　　　　(b)

图 10.6　模具装配图与设计图的对比

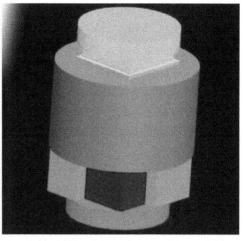

(c) (d)

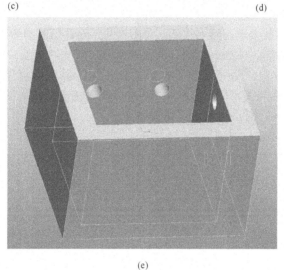

(e)

图 10.6(续)

10.4　机械合金化法制备 CuWSn 合金粉末

10.4.1　CuWSn 合金粉末的配比

1. 原材料的性能

(1) 铜及铜基合金简介

铜是人类发现最早的金属之一，也是最好的纯金属之一，稍硬、极坚韧、耐磨损。铜具有优良的导热和导电性能，以及良好的抗腐蚀和机械性能，易与其他元素形成合金，大量用于制造异型锻件、铸造件和粉末冶金制品。

在粉末冶金领域，纯铜粉主要用于生产电子和导热零部件。而含有锡、锌、镍或铁的铜基合金则被广泛用于汽车、草地公园设备、工具和电子工业。铜基摩擦材料工艺性较好，摩擦系数稳定，抗粘、抗卡性好，湿式工作条件下耐磨性优良。常用的铜基摩擦材料是青铜粉末与石墨粉末制成的合金，其硬度为20～40HBS，具有较好的导热性、耐蚀性和抗咬合性，但承压能力较差。

(2) 钨(W)、锡(Sn)对铜基合金性能的影响

由于铜基摩擦材料具有低的磨损率、高的热导率及热稳定性，得到了研究者较多的关注。为了提高铜基摩擦材料的摩擦性能，经常在铜基体中加入一些金属元素如钨、锡、镍、铝、锌等金属。

钨具有高的熔点，其熔点为3410℃，并极易和碳反应形成碳化钨。在铜基摩擦材料中加入钨，钨的高熔点有助于铜基摩擦材料吸收更多的摩擦热，从而提高材料的比热容；而与碳反应生成的具有高硬度的碳化钨可以起弥散强化基体的作用，使摩擦材料的抗磨损性能增强。此外，由于钨具有熔点高、高温强度优良、导热性好、热膨胀系数小以及耐蚀性良好的优点，对提高铜基摩擦材料的抗磨损性能非常有利。

锡是一种质地较软的金属，熔点较低，可塑性强。锡器以其典雅的外观造型和独特的功能效用早已风靡世界各国，成为人们的日常用品和馈赠亲友的佳品。锡在我国古代常被用来制作青铜。在铜基合金中，随着锡含量的增高，烧结的最佳温度下降。这是由于锡熔点(232℃)比较低，而且锡与铜、钨可形成低熔合金，随着锡含量的增加，合金强度显著降低。

表10-1列出了铜、钨、锡的基本物理性能。

表10-1　铜、钨和锡的物理性能

性能	铜(Cu)	钨(W)	锡(Sn)
密度/g/cm^3	8.96	19.32	7.28
热膨胀系数/10^{-3}℃	16.6	4.5	——
热容/J.$(Kg \cdot ℃)-1$	385	136	——
弹性模量/GPa	145	411	——
泊松比	0.34	0.28	——
熔点/℃	1083	3387	232
强度/MPa	120	550	——
热导率/$w.m^{-1}K^{-1}$	403	174	——

2. 配比设计

按每个样品重量70克计算，16块样品共需1120克混合粉末。考虑到制备过程中的损失，配制1160克混合粉末。设计了三种比例的合金(见表10-2)。

表10-2　CuWSn合金各组分百分含量

样品	总质量/g	Cu含量/%	W含量/%	Sn含量/%
样品a	400	82	13	5
样品b	380	85	8	7
样品c	380	85	5	10

根据表 10 - 2 计算出 CuWSn 合金各组分的质量(表 10 - 3)。

表 10 - 3　CuWSn 合金各组分质量

样品	总质量/g	Cu 质量/g	W 质量/g	Sn 质量/g
样品 a	400	328	52	20
样品 b	380	323	30.4	26.6
样品 c	380	323	19	38

3. 润滑剂、成形剂、液体介质

(1) 添加剂的加入量

在成形前，粉末混合料中常常要添加一些能改善成形过程的物质，即润滑剂和成形剂。本设计所添加的成形剂为聚乙烯醇，润滑剂为甘油，湿混液体介质为无水乙醇，设计中的加入量见表 10 - 4。

表 10 - 4　CuWSn 合金各样品添加剂的加入量

样品 a			样品 b			样品 c		
聚乙烯醇	油酸	无水乙醇	聚乙烯醇	油酸	无水乙醇	聚乙烯醇	油酸	无水乙醇
2g	4g	适量	1.99g	3.8g	适量	1.99g	3.8g	适量

(2) 各添加剂的性能及作用

① 成形剂：聚乙烯醇($[C_2H_4O]_n$)

聚乙烯醇的作用是为了提高压坯强度，防止粉末混合料离析以及压坯的物理缺陷。其为白色片状、絮状或粉末状固体，无味。在空气中加热至 100℃以上慢慢变色、脆化，加热至 160～170℃脱水醚化，失去溶解性，加热到 200℃开始分解，超过 250℃变成含有共轭双键的聚合物，溶于水，为了完全溶解一般需加热到 65～75℃，120～150℃可溶于甘油，但冷至室温时成为胶冻。

本设计中，聚乙烯醇的加入量是粉料的 0.5%，首先将其在 100℃左右的热水中溶解，并保温 2～2.5 小时，直到溶液不再含有微小颗粒，然后加入混合料中混合研磨。

② 润滑剂：油酸($C_{18}H_{34}O_2$)

添加油酸的目的是为了降低成形时粉末之间以及粉末与模壁和模冲间的摩擦，改善压坯密度分布，减少模具磨损，消除模具内表面的划伤，并有利于降低脱模压力。

油酸为无色油状液体，有动物油或植物油气味，久置空气中颜色逐渐变深，工业品为黄色到红色油状液体，有猪油气味；熔点 16.3℃，沸点 286℃(100 毫米汞柱)；易溶于乙醇、乙醚、氯仿等有机溶剂中，不溶于水；易燃，在高热下极易氧化、聚合或分解，无毒。

此次设计中其加入量是粉料的 0.1%。

③ 液体介质：无水乙醇(CH_3CH_2OH)

机械混料分为干混和湿混，本设计采用湿混，选用的液体介质为乙醇。乙醇的熔点为 −114.3℃，沸点为 78.4℃，无色、透明，具有特殊香味，易挥发，密度比水小，能跟水以任意比互溶，能溶解多种有机物和无机物。

4. 球磨介质

本设计所采用的磨介为颗粒状黑色 α-SiC 烧结球，含 SiC97% 以上。其硬度介于刚玉和金刚石之间，机械强度高于刚玉，可作为磨料和其他工业材料使用。表 10-5 为 Cu-WSn 合金各样品的磨料比。

表 10-5 CuWSn 合金各样品的磨介质量

样品	磨料与比例	黑色 α-SiC 碳化硅球/g
样品 a	4∶1	1600
样品 b	4∶1	1520
样品 c	4∶1	1520

10.4.2 机械合金化工艺参数的选择

机械合金化和机械粉碎由于目的不同，所以工艺参数的选择有较大的差别。机械粉碎主要以粉碎物料为目的，而机械合金化除粉碎物料外，各种成分的均匀混合、揉搓、冷焊也是非常重要并且最终的目的是机械合金化。

1. 影响机械合金化的主要因素

（1）球磨机转速和球磨时间

一般认为球磨机转速越高对粉末施加能量越高。实际上球磨机转速的选择取决于两个方面的因素，其一为球磨机的设计，如滚动球磨机存在临界转速问题，超过此临界转速磨球附在球磨筒壁上一起转动，球磨效果大大降低，因此滚动球磨机转速通常选择在临界转速以下。另外一个对最大转速的限制在于生成物的需要，由于高的转速使得容器的温度升得很高，对于需要扩散以提高均匀程度或粉末合金化的产物是有利的。但是在某些情况下温度的升高是不利的，这是因为高温会导致过饱和固溶体的脱落或其他亚稳相的形成，另外高温会导致粉末污染，高温使结晶加强，在纳米晶形成过程中会使平均晶粒尺寸增加，但可降低内应力。

球磨时间是一个重要的参数它取决于球磨机的类型、球磨强度、球料比和球磨温度。选择球磨时间必须考虑以上因素以及具体的粉末体系。必须指出当球磨时间超过所需时间时粉末污染程度会增加，所以球磨时间最好是所需要的球磨时间而不是超过该时间。

（2）球磨介质

在机械合金过程中工具钢、调质钢、不锈钢、轴承钢和 WC-Co 硬质合金是最常用的球磨介质材料。球磨介质的密度要足够高以产生足够的冲击力，然而在某些特定的情况下，球磨容器中使用了特殊材料，如铜、钛、铌、氧化锆、玛瑙、部分稳定的氧化锆、蓝宝石、氮化硅和 Cu-Be 合金。一般都希望球磨容器、球磨介质和被球磨粉末为同种材料以避免交叉污染。

球磨介质的尺寸对球磨效率也有影响。一般认为大尺寸、高密度的磨球对机械和金化有利，因为重的磨球具有更高的冲击能量。但是据有的文献报道，某些系统最终生成的相取决于磨球介质的尺寸。小尺寸的磨球有利于形成非晶相，这被认为是因为小尺寸的磨球能产生更多的摩擦行为，从而促进了非晶相的形成。

选用不同尺寸的磨球可以产生较大的冲击能，不利于粉末冷焊，其原因是大小不一样的磨球产生剪切力，有利于粉末从磨球上剥离出来。不管圆底和平底容器应用同种尺寸的磨球会产生摩擦痕迹。另外同种尺寸的磨球不是随意地撞击容器底面，而是沿一定的轨道滚动，所以必须应用几种不同尺寸的磨球。通常各种尺寸的磨球均有以使磨球运动更加随意。

（3）球料比和填充系数

球料比（BPR）是球磨过程中的一个重要参数，不同研究者对其变化作了研究，从低的球料比 1:1 到高的球料比 220:1。一般小容器的球磨机球料比常在 10:1，但是相对于容量的球磨机，如搅拌球磨机球料比为 50:1 甚至 100:1。球料比对生成某种特殊相所需要的球磨时间有显著影响，球料比越大，球磨所需要的时间越短。在高球料比下，磨球个数增加，单位时间碰撞次数增加，从而转移更多的能量给粉末颗粒非晶化时间变的更短。同时高球料比使粉末温升增加，但如果温度升得太高，非晶相甚至发生晶化。

机械合金化过程的填充系数一般为 0.5，如果填充系数过大，没有足够的空间使磨球运动，那么球的冲击作用会降低。如果填充系数太小，则机械合金化的产率较低。

（4）球磨气氛

粉末在进行机械合金化时，球磨筒要么抽真空，要么充入惰性气体如氩气或氮气。一般来说球磨时氮气会和很多金属反应污染粉末。高纯氩气是最常用的防止氧化或污染的气氛，在有些情况下氮气气氛也可以防止或降低氧化。另外气氛类型对最终生成相的类型也有影响。

（5）工艺控制剂

在球磨过程中，粉末颗粒产生了严重的塑性变形，粉末颗粒之间会发生冷焊影响破碎和机械合金化的进行。为了控制冷焊可以加入工业制剂（PAC），PAC 可以是固体、液体或气体，多为表面活性剂异类的有机化合物。在球磨时，PAC 被吸附在粉末表面，降低了冷焊，抑制了结块并且降低了粉末的表面活性，导致球磨时间缩短，或可以球磨得到更细的粉末，但过多的 PAC 也会影响原子扩散和污染粉末。PAC 的用量为粉末总量的 1%～5%（质量分数）。最重要的 PCA 为硬脂酸、乙烷、甲醇和乙醇。

大多数 PAC 在球磨时会发生分解，一些含有 C、H 的碳氢化合物和含有 C、H、O 的碳水化合物有可能导致弥散分布于基体中的碳化物和氢化物的形成。由于弥散强化作用可使材料的轻度和硬度提高。氢以气体的形式逸出或者在加热或烧结时被吸收到晶格中。尽管氢主要作为表面活性剂不会参与合金化过程但在富有 Ti 合金中氢可促进非晶相的形成。另外 PAC 起到了影响最终相的形成、改变固溶度、改善非晶形成范围和改变污染程度的作用。粉末的冷焊特性还取决于其他因素，如在低温下球磨空气也有引起冷焊减弱的效果，这主要是低温增加了氧化物粉末的脆性。金属粉末在氢气下球磨时变脆对球磨容器的黏附和冷焊降低，这也是由于氢化物相的形成引起的。

PAC 的特性和用量以及对球磨粉末类型将最终决定粉末的尺寸、形状和纯度使用大量的 PAC 可使颗粒尺寸降低 2-3 个数量级。

PAC 的选择还取决于粉末的特性和最终希望得到的产品的纯度。PAC 的特性和用量决定了粉末的粒度和产量实际上判断 PAC 效率的方法也是制定粉末产量的途径如果粉末产率高则 PAC 有效；如果粉末产率低则 PAC 的用量或种类不对。PAC 的用量最终取决于以下几个方面：

a. 粉末颗粒的冷焊特性；

b. PAC 的化学和热稳定性；

c. 粉末和球磨介质的量。

（6）球磨温度

球磨温度是决定混合粉末的最终相组成的一个重要参数。不管最终相是固溶体、金属间化合物、纳米相或者非晶相，球磨温度对合金系都有显著影响。

2. 机械合金化的主要参数

机械合金化相关技术参数见表 10 - 6。

表 10 - 6　机械合金化相关技术参数

转速		250r/min
球料比		4∶1
球磨温度		运用冷却水控制在室温
球磨气氛		无水乙醇
添加剂		聚乙烯醇、油酸
球磨介质	材质	SiC
	形状	球体
	大小	平均直径 3～5mm
	硬度	显微硬度为 2840～3320kg/mm²
湿混液体介质无水乙醇		适量
球磨时间		5h
机械合金化的装置		搅拌式球磨机

10.5　坯体的成形与干燥

10.5.1　压制成形

制取的粉末经过筛分与混合混料均匀，并加入适当的增塑剂再进行压制成形，粉粒间的原子通过固相扩散和机械咬合作用使制件结合为具有一定强度的整体。压力越大则制件密度越大，强度相应增加。有时为减小压力和增加制件密度，也可采用热等静压成形的方法。

粉末的压制成形是主要且基本的工序。它的过程包括称粉、装粉、压制、保压及脱模等。

压制成形的方法有很多如钢模压制、流体等静压制、三向压制、粉末锻造、挤压、振动压制、高能率成形等。本次试验采用单向压制成形。钢模压制是在常温下用液压机以一定的比压力将钢模内的松装粉末成形为压坯的方法。

1. 混合粉末及压坯的性能测量

(1) 混合粉末流动性与松装密度的测量

测量松装密度时选用的粉末质量为90g，杯重116.68g，杯容积为25ml。具体测试数据见表10-7。

表10-7　各样品的流动时间

Cu：W：Sn	样品a		样品b		样品c	
	82：13：5		85：8：7		85：5：10	
实验次数	流动时间(s)	杯与试样(g)	流动时间(s)	杯与试样(g)	流动时间(s)	杯与试样(g)
1	15.9	191.86	18.62	191.46	14.56	185.96
2	14.72	190.71	18.72	192.21	14.85	186.54
3	16.78	191.52	18.97	190.36	14.97	186.8

由以上数据可以得出 A、B、C 三组粉末的流动性与松装密度：

样品a：流动性$=\dfrac{(15.9+14.72+16.78)}{3}\times\dfrac{5}{9}=8.78s$，

松装密度$=\dfrac{(75.18+74.03+74.83)}{3\times25}=2.99g/cm^3$；

样品b：流动性$=\dfrac{(18.62+18.72+18.97)}{3}\times\dfrac{5}{9}=10.43s$，

松装密度$=\dfrac{(74.78+75.53+73.68)}{3\times25}=3.00g/cm^3$；

样品c：流动性$=\dfrac{(14.56+14.85+14.97)}{3}\times\dfrac{5}{9}=5.81s$，

松装密度$=\dfrac{(69.28+69.86+70.12)}{3\times25}=2.79g/cm^3$。

(2) 压坯密度的测量

由块体的重量及长宽厚可以计算各自的压坯密度 $\rho=m/v$，结果见表10-8，10-9及10-10。

表10-8　样品a的压坯密度

试样编号	a1	a2	a3	a4	a5
重量/g	69.23	68.89	68.88	63.5	61.3
长/mm	50.72	51.06	51.16	50.79	50.66
宽/mm	50.6	50.7	50.68	50.64	50.62
厚/mm	5.31	5.43	5.7	5.08	4.44
密度/g/cm³	5.08	4.9	4.67	4.86	5.38
平均密度/g/cm³	4.98	—	—	—	—

表 10 - 9　样品 b 的压坯密度

试样编号	b1	b2	b3	b4
重量/g	71.75	79.04	75.56	74.13
长/mm	50.42	50.27	50.49	50.58
宽/mm)	50.17	49.82	50.16	50.48
厚/mm	5.24	5.89	5.42	5.21
密度/g/cm³	5.38	5.36	5.5	5.57
平均密度/g/cm³	5.45	—	—	—

表 10 - 10　样品 c 的压坯密度

试样编号	c1	c2	c3	c4	c5
重量/g	67.91	67.67	67.85	66.83	66.76
长/mm	50.54	51.21	50.44	50.35	50.5
宽/mm	50.54	50.34	50.44	49.5	50.43
厚/mm	5.35	5.35	5.15	4.93	5.03
密度/g/cm³	4.97	4.91	5.18	5.43	5.21
平均密度/g/cm³	5.14	—	—	—	—

2. 设备和压制工艺参数的选择

本次设计所用的设备是液压式单向压制成形压机(图 10.7)，其最大压力可达 80t。考虑目标物(纪念牌和块体压制品，成形制品如图 10.8 和图 10.9 所示)的尺寸及其原料的性能，选择的最大压力为 35t。每个纪念牌称取 70 克的粉料，为了便于脱模，在主压头上铺一层塑料薄膜，再涂上一层油酸起到润滑作用。单向压制加压方式为先快后慢，时间为 30～60s，卸压方式为先慢后快，时间为 30～60s，保压时间为 2 分钟，压制曲线如图 10.10 所示。

图 10.7　液压式单向压机

图 10.8　块体

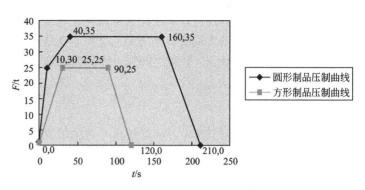

图 10.9　纪念牌　　　　　　　　　图 10.10　单向压制曲线

10.5.2　粉末成形坯体的干燥

在生产过程中，原料或半成品中常含有高于工艺要求的水分或溶剂，需要不同程度的脱除，同时干燥的成品便于装卸、运输、存储及使用。

干燥是一种加热去湿方法，是利用热能将固态、膏体或浆体中的液体蒸发排除，而获得固体产品的过程。坯体的干燥过程可以分为：传热过程、外扩散过程、内扩散过程三个同时进行又相互联系的过程。

（1）传热过程：干燥介质的热量以对流方式传给坯体表面，又以传导方式从表面传向坯体内部的过程。坯体表面的水分得到热量而汽化由液态变为气态。

（2）外扩散过程：坯体表面产生的水蒸汽通过层流底层在浓度差的作用下，以扩散方式由坯体表面向干燥介质中移动。

（2）内扩散过程：由于湿坯体表面水分蒸发，使其内部产生湿度梯度促使水分由浓度高的内层向浓度较低的外层扩散，称湿传导或湿扩散。

在干燥条件稳定的情况下，坯体表面温度、水分含量、干燥速率与时间有一定的关系。根据它们之间关系的变化特征可以将干燥过程分为加热、恒速干燥、降速干燥三个过程。按干燥制度是否进行控制，可分为自然干燥和人工干燥，由于人工干燥是人为控制干燥过程所以又称强制干燥。按干燥方法不同又可分为对流干燥，辐射干燥，真空干燥和联合干燥。按干燥制度是否连续分为间歇式干燥和连续式干燥，连续式干燥按干燥介质与坯体的运动方向不同又可分为顺流、逆流和混流；按干燥器的外形不同分为室式干燥器、隧道式干燥器等。

本设计参阅相关文献，依据实验室现有条件和压坯含水量等物理特性，采用电热鼓风干燥箱干燥，在一定干燥速率下 120℃ 干燥一定时间。

10.6　CuWSn 合金的烧结

10.6.1　烧结炉与烧结气氛的选择

烧结工艺是一种利用热能使粉末坯体致密化的技术。其实质是粉末坯块在适当的环境或气氛中受热通过一系列物理、化学变化使粉末颗粒间的粘结发生质的变化，坯体强度和密度迅速增加，其他物理、力学性能也得到明显的改善。烧结是减少成形体中的气孔、增加颗粒之间的结合、提高机械强度的工艺过程。烧结过程中，随着温度的升高，热处理时间的延长，气孔不断减少，颗粒之间结合力不断增加，当达到一定温度和热处理时间，晶粒增大机械强度降低。

1. 烧结炉

在实际生产及科研工作中，一般使用专业的气氛炉作为烧结炉，相对而言生产设备的成本较高。马弗炉作为一种通用的加热设备，具有结构简单、使用方便、运行成本低、适用范围广等优点。通过对马弗炉进行结构上的适当改造，添加简易的气氛保护装置，提高马弗炉的加热性能以满足金属材料在烧结时不同的气氛保护要求。针对 Cu - W - Sn 合金材料，比较了马弗炉改造前后，用于烧结所得烧结体的性能。实验结果表明，改造后的马弗炉具有气氛保护的功能，并在一定程度上改善了的炉体的密封性及加热性能。

马弗炉(图 10.11)的技术指标为：加热功率 8~10kW；加热温度<1300℃；炉膛容积适中；额定电压 380V。

马弗炉内部结构如图 10.12 所示，加热电阻在装配时与耐火材料之间存在一定的空隙，而这些空隙实则成为炉内环境与外界环境能量交换的窗口，也是炉内气体与外界空气交换的必经之路。在安装气氛保护系统前，为了保证炉体的密封性能优良，首先需要用耐火密封材料将各个空隙一一填充。考虑到本设备工作温度，选择石棉作为密封材料，并在炉体外部加以特定的软橡胶使其达到密封的效果。

图 10.11　马弗炉实物照

图 10.12　未经过改造时的炉内结构

2. 烧结气氛

烧结气氛对于保证烧结过程的顺利进行和产品质量十分重要。烧结气氛的主要作用是防止空气进入炉内、烧除润滑剂或是压坯脱蜡排除吸附气体、还原颗粒表面氧化物和控制或改变材料成分等。

按其功用一般可以将烧结气氛分为五种基本类型：氧化气氛、还原气氛、惰性或中性气氛、控碳势气氛和氮化气氛。目前工业上所用的烧结气氛主要有氢气、分解氨气、吸热或放热型气体以及真空氮气和氮基气体。

本设计中有金属的存在，在空气中加热会氧化，故应做气氛保护。考虑成本等因素，最终选择氩气作为保护气体。气氛保护通过将炉体与外接气源连接来实现的，具体过程是用电钻在箱体上打孔，并插入外径为 $0.5cm$ 内径为 $0.3cm$ 的铁管。铁管的一端与气瓶连接，另一端插入马弗炉内，在铁管上套以软橡胶使其达到密封的要求，如图 10.13 所示。气流大小通过气瓶上的流量计来控制，由此完成了炉体—铁管—气瓶这样一个简易的气氛提供及控制系统。

图 10.13　气氛控制装置

10.6.2　烧结温度和烧结时间的确定

1. 烧结温度的确定

实验选择了 7 个压坯，密度见表 10-11。通过黄培云烧结理论计算出压坯的理论烧结温度范围为 $628.2℃\sim768℃$。

表 10-11　7 个方块压坯的的密度

	1	2	3	4	5	6	7
质量/g	59.9995	67.3487	69.1721	65.6888	40.9692	647.2643	22.4558
体积/cm³	12.9845	13.3342	13.433	12.7172	8.1628	9.4588	4.7055

实际生产过程中，一般选择烧结温度为主要组分熔点(绝对温度)的 $2/3-4/5$，且下限略高于结晶温度。本设计中 Cu 为主要成分，故有 $(2/3-4/5)T_{m(Cu)}=(904-1084.8)K=(631-812)℃$。

考虑到 Sn 在 Cu 中的熔解扩散一般发生在 $800\sim830℃$，且 Sn 的熔化会在压坯中原先有锡粉存在的地方形成孔隙。综合考虑，最终确定定烧结温度为 $780℃$。

2. 烧结时间的确定

根据液相烧结致密化过程中致密化系数与烧结时间的关系(图 10.14)，可以得出保温时间。其中致密化系数 a 为：$\alpha=(d-d_0)/(d_m-d_0)\times100\%=(9.435-6.636)/(9.828-6.636)\times100\%=87.69\%$，对应的烧结时间约为 150min，结合相关文献，将保温时间定为 180min。

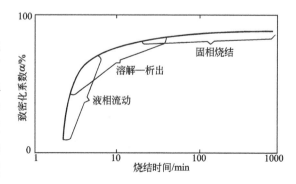

图 10.14　致密化系数与烧结时间的关系

3. 烧结曲线的确定

为去除压制操作过程中以及在空气中放置时吸收的水分，故需对坯料进行二次干燥。二次干燥温度为150℃，保温时间为15min。

在混料及磨粉过程中加入了成形剂油酸，并且在压坯过程中坯料上表面覆盖了聚乙烯薄膜，在烧结过程中必先将这些有机物除去。已知PE熔点为140℃，油酸的沸点为286℃。加热至350℃保温45min，可以将有机物全部除去得到纯净的合金成分。

由于Cu-Sn合金结晶间隔大，液相流动性差，Sn原子扩散较慢，难以达到平衡，组织容易产生偏析，所以不采用直接升温到烧成温度，而是先加热到500℃保温1h，这样有利于Cu-Sn合金中的Sn扩散，使其形成更加均匀的低共熔点的混合物，同时可减少高温区的保温时间，为后面的烧成创造条件。

关于烧成温度的确定，结合前面的综合烧结理论，T约为628～768℃，粉末冶金经验理论值温度631～812℃，根据实践经验，将烧成温度定在780，烧成时间3h。烧结曲线如图10.15所示。

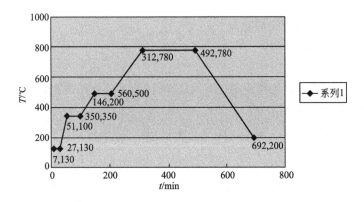

图10.15 Cu-W-Sn烧成曲线

4. Ar气流量的确定

将炉内装料完成之后，首先打开Ar气阀门，先通Ar气排尽炉腔内的空气。测量的炉腔内体积：$32\times25\times20=16000cm^3=16L$。

因炉门破裂漏气较为严重，同时考虑到氩气总量不是很足，故开始是设置流量为4L/min，通气5min完全排除炉内空气。然后开始升温加热，将流量调到5L/min，130℃保温结束之后，继续升温，考虑到在高温下金属原子活性更大更易被氧化，在350～500℃调到6L/min，在500～780℃调到7.5L/min，逐渐将流量加大，以对烧结体做更好的保护。在780℃以后，即随炉冷却阶段，考虑到气体的余量，可以适当减少流量，减小到6L/min，直到最后冷到室温。Ar气流量时间曲线为图10.16。

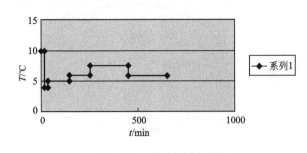

图10.16 Ar气流量时间曲线

10.7　制品的表面特征及缺陷分析

1. 制品的表面特征

由于时间和设备等因素的限制，烧结后，并没有对制品做其他处理。烧结后的制品表面(图 10.17)被氧化，颜色有点发黑，且表面有开裂现象并有细小的锡珠析出，正面形状模糊，图案已破坏，背面强度极差，用工具敲打可见分散的金属粉末脱落，观察粉末可以发现里面有析出的大小不一的锡珠。

(a)，(b) 为制品的正面，(c)，(d) 为制品的背面；
(a)，(c) 后处理前的制品，(b)，(d) 为后处理后的制品
图 10.17　后处理前后产品的实物图

为了使制品的颜色达到预期的要求的红褐色，将一定浓度的稀盐酸倒入一个干净的方形搪瓷盘中，再用刷子刷洗制品表面使黑色的氧化层反应溶解露出以铜为主的颜色，然后用砂纸对制品进行打磨使其恢复原有的色彩。

2. 制品缺陷分析

(1) 制品的氧化

实验所用为惰性气体保护，但由于马弗炉炉膛破裂导致密封性变差，不能完全排除空气，空气中的氧气与制品反应。

(2) 制品的变形

① 制品在机械合金化的过程中，粉末混合不均匀，在烧结过程中制品的各个部位内

应力不同造成变形。

② 制品在压制过程中没用严格按照压制曲线操作，在压制过程中制品局部不均匀，在烧结过程中制品的各个部位内应力不同造成变形。

（3）制品表面部分脱落

① 制品在机械合金化的过程中粉末混合不均匀，在烧结过程中制品的各个部位内应力不同造成脱落。

② 制品在压制过程中可能没有严格按照压制曲线操作，在压制过程中制品局部不均匀，在烧结过程中制品的各个部位内应力不同造成脱落。

③ 制品表面由于氧化与里面化学成分不同而发生脱落。

图 10.18 为部分制品的缺陷实物图。

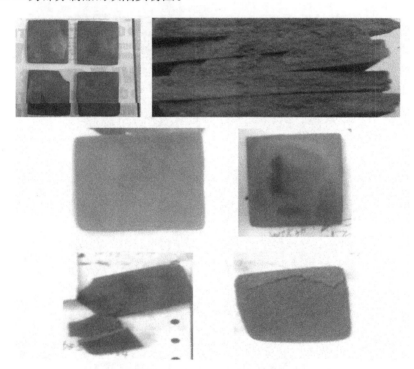

图 10.18　部分制品的缺陷实物图

3. 制品的物理性能检测

为了系统训练学生进行工科实验研究的素质，本设计中还要求学生对所得制品的密度、力学性能（主要包括硬度、抗弯强度、扭转强度、压缩强度等）、微观形貌（包括金相组织观察和扫描电镜观察）以及物相分析（X-射线衍射分析）等进行了测试分析。

参 考 文 献

[1] 谢建新. 材料加工新技术与新工艺 [M]. 北京：冶金工业出版社，2004.

[2] 张杏奎. 新材料技术 [M]. 南京：江苏科学技术出版社，1992.

[3] 殷声. 燃烧合成 [M]. 北京：冶金工业出版社，2004.

[4] 郑明新. 工程材料 [M]. 北京：清华大学出版社，1991.

[5] 殷声. 自蔓延高温合成技术和材料 [M]. 北京：冶金工业出版社，1995.

[6] 杨慧智. 工程材料及成形工艺基础 [M]. 北京：机械工业出版社，2000.

[7] 曾汉民. 高技术新材料要览 [M]. 北京：中国科学技术出版社，1993.

[8] 燕辉，王黎明，潘亮，潘敏强. 绿色制造工艺技术在机械工业中的应用研究 [J]. 机械设计与制造，2008，(03)：218 - 220.

[9] 王珺，王国荣，刘清友. 绿色制造工艺技术应用研究 [J]. 机械，2003，(S1)：1 - 3.

[10] 裘敏浩. 绿色制造工艺技术在机械加工中的应用 [J]. 中小企业管理与科技(上半月)，2008，(01)：111 - 113.

[11] 曾光廷. 材料成形加工工艺及设备 [M]. 北京：化学工业出版社，2001.

[12] 姚泽坤. 锻造工艺学 [M]. 西安：西北工业大学出版社，1998.

[13] 胡正寰，夏巨谌. 金属塑性成形手册(上) [M]. 北京：化学工业出版社，2009.

[14] 马修金，肖伯涛，齐卫东. 锻造工艺与模具设计 [M]. 北京：北京理工大学出版社，2007.

[15] 张应龙. 锻造加工技术 [M]. 北京：化学工业出版社，2008.

[16] 谷臣清. 材料工程基础 [M]. 北京：机械工业出版社，2004.

[17] 李永堂，付建华，白墅洁，张文杰. 锻压设备理论与控制 [M]. 北京：国防工业出版社，2005.

[18] 李红英. 金属塑性加工模具设计与制造 [M]. 北京：化学工业出版社，2009.

[19] 汤酞则. 材料成形基础 [M]. 长沙：中南大学出版社，2003.

[20] 徐洲，姚寿山. 材料加工原理 [M]. 北京：科学出版社，2003.

[21] 张海渠. 模锻工艺与模具设计 [M]. 北京：化学工业出版社，2009.

[22] 张海渠. 锻造技术问答 [M]. 北京：化学工业出版社，2009.

[23] 吕炎. 锻造工艺学 [M]. 北京：机械工业出版社，1995.

[24] 周作平，申小平. 粉末冶金机械零件实用技术 [M]. 北京：化学工业出版社，2006.

[25] 陈振华. 现代粉末冶金技术 [M]. 北京：化学工业出版社，2007.

[26] 韩凤麟，马福康，曹勇家. 粉末冶金技术手册 [M]. 北京：化学工业出版社，2009.

[27] 王盘鑫. 粉末冶金学 [M]. 北京：冶金工业出版社，1997.

[28] 韩凤麟. 粉末冶金基础教程-基本原理与应用 [M]. 广州：华南理工大学出版社，2005.

[29] 韩冬冰. 高分子科学与工艺学基础 [M]. 北京：中国石化出版社，2009.

[30] 张锡. 设计材料与加工工艺 [M]. 北京：化学工业出版社，2004.

[31] 周玉. 陶瓷材料学 [M]. 北京：科学出版社，2004.

[32] 宋晓岚，叶昌，余海湖. 无机材料工艺学 [M]. 北京：冶金工业出版社，2007.

[33] 姜洪舟. 无机非金属材料热工设备 [M]. 武汉：武汉理工大学出版社，2009.

[34] 戴金辉，葛兆明. 无机非金属材料概论 [M]. 哈尔滨：哈尔滨工业大学出版社，1999.

[35] 罗军明. 南昌航空航天大学《工程材料及热加工工艺基础》精品课程. http://metc. nchu. edu. cn/ec2006/C32/Course/Index. html.

[36] 李昂，吴密. 铸造工艺设计技术与生产质量控制实用手册. 北京：金版电子出版社，2003.

［37］汤小文. 西南石油大学《机械工程材料及成形工艺》精品课程. http：//desktop. swpu. edu. cn/C499/Asp/Root/Index. asp.

［38］严青松. 南昌航空工业学院《液态金属成形工艺》精品课程. http：//metc. nchu. edu. cn/ ec2006/C78/Course/Index. html.

［39］北华航天工业学院材料系模具教研室.《材料成形设备》课件. 中国高校课件下载中心，ht-tp：//download. cucdc. com/cw/comment - 3737 - 1 - asc. html.

［40］陈拂晓. 河南科技大学《金属材料成形基础》课件. 国家精品课程资源网，http：//www. jingpinke. com/course/details? uuid＝8a833999 - 1e4881f5 - 011e - 4881fd53 - 0c03&objectId＝ oid：8a833999 - 1e4881f5 - 011e - 4881fd53 - 0c02&courseID＝S0500225.

［41］邓文英. 金属工艺学［M］. 4 版. 北京：高等教育出版社，2006.

［42］中国机械工程学会，中国材料研究学会，中国材料工程大典编委会. 中国材料工程大典 18 卷：材料铸造成形工程上. 北京：化学工业出版社，2006.

［43］中国机械工程学会，中国材料研究学会，中国材料工程大典编委会. 中国材料工程大典 19 卷：材料铸造成形工程下. 北京：化学工业出版社，2006.

［44］中国机械工程学会，中国材料研究学会，中国材料工程大典编委会. 中国材料工程大典 22 卷：材料焊接工程上. 北京：化学工业出版社，2006.

［45］中国机械工程学会，中国材料研究学会，中国材料工程大典编委会. 中国材料工程大典 23 卷：材料焊接工程下. 北京：化学工业出版社，2006.

［46］中国机械工程学会，焊接学会. 焊接手册(第 2 版)第 3 卷：焊接结构. 北京：机械工业出版社，2001.

［47］中国机械工程学会，焊接学会. 焊接手册(第 2 版)第 1 卷：焊接方法及设备. 北京：机械工业出版社，2001.

［48］师昌绪，李恒德，周廉. 材料科学与工程手册上卷. 北京：化学工业出版社，2003.

［49］齐乐华，朱明，王俊勃. 工程材料及成形工艺基础［M］. 西安：西北工业大学出版社，2002.

［50］艾云龙. 工程材料及成形技术［M］. 北京：科学出版社，2007.

［51］曹瑜强. 铸造工艺及设备［M］. 2 版. 北京：机械工业出版社，2008.

［52］卢志文. 工程材料及成形工艺［M］. 北京：机械工业出版社，2005.

［53］夏巨谌，张启勋. 材料成形工艺［M］. 北京：机械工业出版社，2005.

［54］肖锦. 城市污水处理及回用技术［M］. 北京：化学工业出版社，2002.

［55］魏华胜. 铸造工程基础［M］. 北京：机械工业出版社，2002.

［56］陈培礼. 材料成形机热加工［M］. 北京：高等教育出版社，2007.

［57］陶治. 材料成形技术基础［M］. 北京：机械工业出版社，2003.

［58］范春华，赵剑峰，董丽华. 快速成形技术及其应用［M］. 北京：电子工业出版社，2009.

［59］焦立新. 焊接工艺仿真技术应用与未来发展. 搜狐网军事频道，http：//mil. news. sohu. com/ 20090313/n262783328. html.